环境监测

主编 李 诚 马少华

ZHEJIANG UNIVERSITY PRESS
浙江大学出版社
·杭州·

图书在版编目（CIP）数据

环境监测 / 李诚，马少华主编. —杭州：浙江大学出版社，2023.5

ISBN 978-7-308-23267-8

Ⅰ.①环… Ⅱ.①李… ②马… Ⅲ.①环境监测 Ⅳ.①X83

中国版本图书馆 CIP 数据核字（2022）第 216890 号

环境监测

HuanJing JianChe

李　诚　马少华　主编

责任编辑	王　波
责任校对	吴昌雷
封面设计	雷建军
出版发行	浙江大学出版社
	（杭州市天目山路 148 号　邮政编码 310007）
	（网址：http://www.zjupress.com）
排　　版	杭州青翊图文设计有限公司
印　　刷	杭州高腾印务有限公司
开　　本	787mm×1092mm　1/16
印　　张	23.5
字　　数	601 千
版 印 次	2023 年 5 月第 1 版　2023 年 5 月第 1 次印刷
书　　号	ISBN 978-7-308-23267-8
定　　价	68.00 元

《环境监测》编写人员

主　编　李　诚　马少华

副主编　石予白　卢　金　张　茵　陈　帅　陈海玲

编　者　（以姓氏笔画为序）

马少华（宁波卫生职业技术学院）

王艳芳（宁波卫生职业技术学院）

石予白（宁波卫生职业技术学院）

卢　金（宁波卫生职业技术学院）

李　诚（宁波卫生职业技术学院）

李刘成（立标检测认证（宁波）有限公司）

杨　勇（浙江中一检测研究院股份有限公司）

吴立山（美康生物科技股份有限公司）

张　茵（宁波卫生职业技术学院）

张秀晶（浙江中通检测科技有限公司）

陈　帅（浙江易测环境科技有限公司）

陈海玲（泉州医学高等专科学校）

赵洋甬（浙江易测环境科技有限公司）

保琦蓓（宁波卫生职业技术学院）

前　　言

　　环境监测是运用各种现代科学技术手段对影响代表环境污染和环境质量的各种环境要素进行的监视、监控和测定。习近平总书记在党的二十大报告中指出中国式现代化是人与自然和谐共生的现代化，破坏自然必然会遭到自然的报复。[①] 通过环境监测结果可以了解环境中各种污染物的水平。进行环境监测工作是开展一切环境保护工作的前提。

　　"环境监测"是环境保护类、环境监测类、卫生检验类相关专业的一门主要课程。课程教学的主要任务和目的是使学生领会环境空气、地表水、生活和工业废水、污染源废气以及噪声等的环境标准、技术规范及有关规定。根据高职类环境检测人才培养的需要，学生应具有从事环境监测工作的基本职业能力，并具有检验仪器设备维护、质量监督与控制、检验数据记录与处理、报告编写、采样等方面的基础能力。

　　本书为高职高专环境监测课程提供实用性强的配套教材。我们根据课程的目标和学生能力培养的需要，将全书内容一共分为七个项目：地表水质量监测、城镇生活污水监测、工业废水监测、环境空气质量监测、室内空气污染物监测、大气污染源废气监测、噪声监测。每个项目下又分为若干个任务。本教材主要具有以下特点：

　　（1）为了使教材更加适用于高职学生的学习，并贴近实际检测岗位，项目和任务内容的选择来源于环境监测的真实工作。

　　（2）根据目前全国高职院校环境、卫生检验类专业实验实训条件，教材选择了以重量法、滴定分析法、气相色谱法、液相色谱法、原子吸收法为主的项目，着重强调学生对常规检验方法的掌握。

　　（3）能力拓展项目中包含实验操作评价表。学生可以利用评价表，通过自评、互评，提高对于实验完整性和准确性的认识，提高实验操作能力；同时也可以帮助教师对学生的实验操作和结果及时进行评价。

　　本教材可以作为环境类、卫生检验类学生的学习用教材，也可作为环境监测从业人员的参考手册。

---

　　① 新华社.习近平:高举中国特色社会主义伟大旗帜 为全面建设社会主义现代化国家而团结奋斗——在中国共产党第二十次全国代表大会上的报告[EB/OL].（2022-10-25）[2022-12-01].http://www.gov.cn/xinwen/2022-10/25/content_5721685.htm.

在编写过程中,编者所在单位各级领导和同事给予了大力支持和帮助,在此表示衷心的感谢。

限于编者的水平,书中难免有错误和疏漏之处,恳请使用本书的师生和读者批评指正。

编者

2022 年 12 月

目　录

绪 论

一 环境监测的基本概念

(一)环境、环境污染与环境监测

1. 环境

按环境的属性,可以将环境分为自然环境和人文环境。《中华人民共和国环境保护法》从法学的角度对环境概念进行了阐述:"本法所称环境是指影响人类生存和发展的各种天然的和经过人工改造的自然因素的总体,包括大气、水、海洋、土地、矿藏、森林、草原、野生生物、自然遗迹,人文遗迹、风景名胜区、自然保护区、城市和乡村等。"

2. 环境污染

环境污染是指人类直接或间接地向环境排放超过其自净能力的物质或能量,从而使环境的质量降低,对人类的生存与发展、生态系统和财产造成不利影响的现象。

例如,超过国家和地方政府制定的排放污染物的标准,超种类、超量、超浓度排放污染物;未采取防止溢流和渗漏措施而装载运输油类或者有毒货物,致使货物落水造成水污染;非法向大气中排放有毒有害物质,造成大气污染事故,等等。

3. 环境监测

环境监测是运用各种现代科学技术手段对影响代表环境污染和环境质量的各种环境质量的要素的监视、监控和测定,从而科学评价环境质量(或污染程度)及其变化趋势(时间、空间)的过程。了解环境水平,进行环境监测,是开展一切环境保护工作的前提。

(二)环境监测的对象

1. 按污染类型划分

(1)环境要素:可分为大气污染、水污染和土壤污染等。

(2)污染物性质:可分为生物污染、化学污染和物理污染等。

(3)污染物形态:可分为废气污染、废水污染和固体废弃物污染以及噪声污染、辐射污染等。

(4)污染产生原因:工业污染、农业污染、交通污染和生活污染等。

(5)污染物分布范围:全球性污染、区域性污染、局部性污染等。

2. 按有害特性划分

根据《污水综合排放标准》(GB 8978—1996),将排放的污染物按其性质及控制方式分为两类。第一类污染物是指能在环境中或动物体内蓄积,对人体健康产生长远不良影响的污染物质。第一类污染物共有 13 项,包括总汞、烷基汞、总镉、总铬、六价铬、总砷、总铅、总镍、苯并[a]芘、总铍、总银、总 α 放射性、总 β 放射性。

第二类污染物是指长远影响小于第一类污染物质的污染物,如:悬浮物、石油类、挥发酚、总氰化物、硫化物、氨氮等。

3. 按影响时间

根据影响时间的长短,环境监测的对象可以分为持久性污染物和非持久性污染物。

大部分有机污染物是非持久性的,但是持久存在于环境中,具有很长的半衰期,且能通过食物网积聚,并对人类健康及环境造成不利影响,我们称之为持久性有机污染物(Persistent Organic Pollutants,POPs)。

2004 年 5 月,国际社会缔结的《关于持久性有机污染物的斯德哥尔摩公约》生效,主要是为了保护人类健康和环境,采取包括旨在减少或消除持久性有机污染物排放和释放的措施在内的国际行动。

目前,列入公约的化学物质共有 23 种,分别为艾氏剂、α-六氯环己烷、β-六氯环己烷、氯丹、十氯酮、狄氏剂、异狄氏剂、七氯、六溴联苯、六溴二苯醚、七溴二苯醚、六氯代苯、林丹、灭蚁灵、五氯苯、多氯联苯、四溴二苯醚、五溴二苯醚、毒杀芬、硫丹、六溴环十二烷、滴滴涕、全氟辛基磺酸及其盐类、全氟辛基磺酰氟、多氯二苯并对二恶英和多氯二苯并呋喃(最后两种合称"二恶英")。

4. 按污染源排放方式

污染源排放方式主要有无组织排放和有组织排放,这种分法主要针对空气污染现象。不通过排气筒或通过 15m 高度以下排气筒的有害气体排放,均属于无组织排放。

(三)环境监测的原则

世界上已知的化学品有 700 万种,而进入环境的化学物质已达 10 万种。有机污染物由于种类多、含量低、分析水平有限,故以综合指标 COD(化学需氧量)、BOD(生化需氧量)、TOC(总有机碳)等来反映。但随着生产和科学技术的发展,人们逐渐认识到一批有毒污染物(其中绝大部分是有机物),可在极低的浓度下于生物体内累积,对人体健康和环境造成严重的甚至不可逆的影响。许多痕量有毒有机物对综合指标 BOD、COD、TOC 等贡献甚小,但对环境的危害甚大,此时,常用的综合指标已不能反映有机污染状况。

世界各国都对众多有毒污染物进行分级排队,筛选出了一些毒性强、难降解、残留时间长、在环境中分布广的污染物优先进行监测和控制,称为优先污染物。对优先污染物进行的监测称为优先监测。

"中国环境优先监测研究"项目已完成,提出了"中国环境优先污染物黑名单",包括 14 种化学类别共 68 种有毒化学物质,其中有机物占 58 种,见表 0-1。

表 0-1 中国环境优先污染物黑名单

类别	污染物名称
卤代(烷、烯)烃类	二氯甲烷、三氯甲烷、四氯化碳、1,2-二氯乙烷、1,1,1-三氯乙烷、1,1,2-三氯乙烷、1,1,2,2-四氯乙烷、三氯乙烯、四氯乙烯、三溴甲烷
苯系物	苯、甲苯、乙苯、邻二甲苯、间二甲苯、对二甲苯
氯代苯类	氯苯、邻二氯苯、对二氯苯、六氯苯
多氯联苯类	多氯联苯
酚类	苯酚、间甲酚、2,4-二氯酚、2,4,6-三氯酚、五氯酚、对硝基酚
硝基苯类	硝基苯、对硝基甲苯、2,4-二硝基甲苯、三硝基甲苯、对硝基氯苯、2,4-二硝基氯苯
苯胺类	苯胺、二硝基苯胺、对硝基苯胺、2,6-二氯硝基苯胺
多环芳烃	萘、苯并[k]荧蒽、苯并[a]芘、苯并[g,h,i]芘、茚并[1,2,3-c,d]
邻苯二甲酸酯类	邻苯二甲酸二甲酯、邻苯二甲酸二丁酯、邻苯二甲酸二辛酯
农药	六六六、滴滴涕、敌敌畏、乐果、对硫磷、甲基对硫磷、除草醚、敌百虫
丙烯腈	丙烯腈
氰化物	氰化物
亚硝胺类	N-亚硝基二异丙胺、N-亚硝基二正丙胺
重金属及其化合物	砷及其化合物、镉及其化合物、铬及其化合物、铜及其化合物、铅及其化合物、汞及其化合物、镍及其化合物、铊及其化合物

二 环境监测单位的认证与认可

根据《全国环境监测管理条例》,全国环境保护系统设置四级环境监测站,包括总站、一级站、二级站、三级站。总站为中国环境监测总站。一级站为各省、自治区、直辖市设置的环境监测中心站,由总局批准的各专业环境监测中心站及国家各部门设置的行业监测总站。二级站为各省辖市、地区、盟(州)及直辖市所辖区设置的环境监测站。三级站为各县(市)旗及地级城市所辖区设置的环境监测站。各级环境监测站受同级环境保护主管部门的领导。业务上受上一级环境监测站的指导。

随着国家对环境质量监测的要求不断提高,监测范围、项目和频次不断扩大和增加,许多监测业务承包给第三方环境检测机构。目前,在全国检测市场中,国有检测机构和外资检测机构分别占据了55%和30%以上的市场份额。第三方的民营检测机构起步虽然比较晚,资本实力弱,但在近几年检测市场逐渐放开的大环境下,其市场份额也占据近10%。

为了满足社会对测试报告/证书的质量要求,《环境监测管理条例》第四章第五十七条拟设置环境检测机构的资质行政许可,实验室不仅要对测试报告/证书的校核和审定把关,而且要对影响测试报告/证书质量的各类因素进行全面控制,因此实验室必须采取预防措施以减少或消除质量问题的产生,这就要求我们必须以管理体系的理念去处理好各项质量活动。

(一)环境监测单位的认证

《中华人民共和国计量法》第二十二条规定:"为社会提供公证数据的产品质量检验机构,必须经省级以上人民政府计量行政部门对其计量检定、测试的能力和可靠性考核合格。"

因此,所有对社会出具公证数据的产品质量监督检验机构及其他各类实验室必须取得中国计量认证,即CMA认证。取得计量认证合格证书的检测机构,允许其在检验报告上使用CMA计量认证标记。有CMA计量认证标记的检验报告可用于产品质量评价、成果及司法鉴定,具有法律效力。未经计量认证的技术机构为社会提供公证数据属于违法行为,违法必究。

实验室资质认定(计量认证)分为两级实施。一个为国家级,由国家认证认可监督管理委员会组织实施;另一个为省级,由省级质量技术监督局负责组织实施,具体工作由计量认证办公室(计量处)承办。不论是国家级还是省级,实施的效力均是完全一致的,不论是国家级还是省级认证,对通过认证的检测机构在全国均同样法定有效,不存在办理部门不同效力不同的差异。

对检测机构的认证是严格按照省或国家计量认证工作程序规定进行的。大致可以分为以下几个主要步骤:

(1)向省或国家计量认证办公室提交计量认证申请资料(包括:质量手册、程序文件、作业指导文件等);

(2)省或国家计量认证办公室对申请资料进行书面审查;

(3)通过书面审查,依据计量认证的评审准则,由省或国家计量认证办安排委托技术评审组进行现场核查性评审;

(4)通过现场评审,符合准则要求的检测机构,由省或国家质量技术监督局核发计量认证证书、计量认证机构印章,并上互联网公布。

(二)环境监测单位的认可

实验室认可是由权威机构对检测/校准实验室及其人员有能力进行特定类型的检测/校准做出正式承认的程序,是对检测/校准实验室进行类似于应用在生产和服务的ISO9001认证的一种评审,但要求更为严格,属于自愿性认证体系。在我国"权威机构"就是中国合格评定国家认可委员会(CNAS)。能力考核和评价是依据国际标准ISO/IEC 17025进行的,其组织和运作也是依据相应的国际标准实施的。

CNAS代表我国参加了国际实验室认可合作组织(ILAC)以及亚太实验室认可合作组织(APLAC),并与APLAC成员签订了检测结果互认协议。因此实验室认可是一项国际化的活动。通过认可的实验室出具的检测报告可以加盖国家实验室认可委员会(CNAS)和国际实验室认可合作组织(ILAC)的印章,所出具的数据国际互认。

(三)认证与认可的区别

1.适用范围不同

CMA 在中国境内有效,面向社会出具公证性检测报告,而 CNAS 是在国际互认的。

2.性质不同

CMA 是政府强制性的行政认可。根据《中华人民共和国计量法》,为保证检测数据的准确性和公正性,所有向社会出具公证性检测报告的质量检测机构必须获得"计量认证"资质,否则构成违法。

而 CNAS 认可则属于机构的自愿行为。

3.法律依据不同

CMA 计量认证的法律依据是《中华人民共和国计量法》第二十二条,CNAS 实验室认可的法律依据是 GB/T 27025—2019(等同采用 ISO/IEC 17025:2017)。

4.适用对象不同

CMA 主要适用于第三方检测机构。

CNAS 适用对象是所有从事实验室活动的组织,包括那些将检测或校准作为检查和产品认证工作一部分的实验室。

5.管理、评审机构不同

CMA 由 CNCA(中国国家认证认可监督管理委员会)和各省、自治区、直辖市人民政府质量技术监督部门及国家 CMA 计量认证行业评审组进行评审和管理工作。

CNAS 由中国合格评定认可委员会进行评审和管理。

(四)环境监测方案的实施

在环境监测站的建设中,实施环境监测方案需要有足够的、配套的采样、制样和分析设备,还需要有一支技术过硬的监测队伍。此外,我国计量法规定,凡是对社会提供公证数据的单位必须通过"计量认证"审查,也只有达到"计量认证"要求,加盖 CMA 印章的监测数据才有法律效力。实验室认可单位也是为社会提供公证数据的委托单位,通过实验室认可的监测单位也可实施监测方案。

三 环境监测数据的处理及表示方法

(一)准确度

1.定义

准确度是指测得值与真实值之间相符合的程度,其高低常以误差的大小来衡量,即误差越小,准确度越高。通常用绝对误差或相对误差来表示。

对单次测定值:绝对误差 $= X - X_T$

$$相对误差 = \frac{X - X_T}{X} \times 100\%$$

对一组测定值:绝对误差 $= \overline{X} - X_T$

相对误差 $= \dfrac{\overline{X} - X_T}{\overline{X}} \times 100\%$

$$\overline{X} = \frac{1}{n} \sum_{i=1}^{n} X_i$$

式中:X——测定值;

  X_T——真实值;

  $\overline{X}$——多次测定值的算术平均值;

  n——测定次数;

  X_i——各次测定值,$i = 1, 2, \cdots, n$。

2. 评价方法

(1)标准样品分析:通过分析标准样品,由所得结果了解分析的准确度。若标准样品测试结果超出保证值范围,或自配标准溶液分析结果相对误差超出 $\pm 10\%$,应查找原因,予以纠正。

(2)回收率测定:在样品中加入一定量标准物质测其回收率,这是目前实验室中常用的确定准确度的方法,从多次回收试验的结果中,还可以发现方法的系统误差。按下式计算回收率 P:

回收率 $P(\%) = (加标试样测定值 - 试样测定值)/加标量 \times 100\%$

(二)精密度

1. 定义

精密度是指在相同条件下 N 次重复测定结果彼此相符合的程度,是对同一样品的多次测定结果的重现性指标。它表示了各次测定值与平均值的偏离程度,测定结果的差异是由偶然误差所造成的。在一般情况下,真实值是不易知道的,故常用精密度来判断分析结果的好坏。精密度一般用绝对偏差、相对偏差、算术平均偏差、标准偏差和变异系数来表示。偏差越小,精密度越高。

$$绝对偏差 = X - \overline{X}$$

$$相对偏差 = \frac{|X - \overline{X}|}{\overline{X}} \times 100\%$$

$$算术平均偏差(d):d = \frac{1}{n} \sum_{i=1}^{n} |X_i - \overline{X}|$$

$$标准偏差(S):S = \sqrt{\frac{\sum (X_i - \overline{X})^2}{n-1}}$$

$$变异系数(CV):CV = \frac{S}{\overline{X}} \times 100\%$$

式中:X——测定值;

  X_i——各次测定值,$i = 1, 2, \cdots, n$;

  $\overline{X}$——多次测定值的算术平均值;

  n——测定次数。

2. 精密度相关概念

为满足某些特殊需要,引用下述三个精密度的专用术语。

(1)平行性:在同一实验室中,当分析人员、分析设备和分析时间都相同时,用同一分析方法对同一样品进行双份或多份平行样测定结果之间的符合程度。

(2)重复性:在同一实验室中,当分析人员、分析设备和分析时间中的任一项不相同时,用同一分析方法对同一样品进行双份或多份平行样测定结果之间的符合程度。

(3)再现性:用相同的方法,对同一样品在不同条件下获得的单个结果之间的一致程度,不同条件是指不同实验室、不同分析人员、不同设备、不同(或相同)时间。

3. 评价方法

采用平行样测定结果判定分析的精密度时,每批次监测应采集不少于10%的平行样,样品数量少于10个时,至少做1个样品的平行样。若测定平行双样的相对偏差在允许范围内,最终结果以双样测定值的平均值报出;若测试结果超出规定允许偏差的范围,在样品允许保存期内,再加测一次,监测结果取相对偏差符合质控指标的两个监测值的平均值。否则该次监测数据失控,应重测。

4. 准确度与精确度的关系

准确度说明测定结果准确与否,精确度说明的是结果稳定与否。精密度是保证准确度的先决条件,精密度低说明所测结果不可靠,在这种情况下,自然失去了衡量准确度的前提。

例如,在表 0-2 中,第一组测定结果精密度很高,但平均值与标准值相差很大。准确度不高,可能存在系统误差;第二组测定结果的精密度不高,测定数据较分散。虽然平均值接近标准值,但这是凑巧得来的,如果只取 2 次或 3 次平均,结果与标准值相差较大;第三次的测定数据较集中并平均值接近标准值,证明精密度高,准确度也很高。

表 0-2　三组实验数据及其平均值

组别	一	二	三	四	平均值
第一组	0.20	0.20	0.18	0.17	0.19
第二组	0.40	0.30	0.25	0.23	0.30
第三组	0.36	0.35	0.34	0.33	0.35

(三)检出限和方法的线性范围

1. 检出限

检出限为某特定分析方法在给定的置信度内可从样品中检出待测物质的最小浓度或最小量。所谓"检出"是指定性检出,即判定样品中存有浓度高于空白的待测物质。

检出限除了与分析中所用试剂和水的空白有关外,还与仪器的稳定性及噪声水平有关。在灵敏度计算中没有明确噪声的大小,因而操作者可以将检测器的输出信号通过放大器放到足够大,从而使灵敏度相当高。

《全球环境监测系统水监测操作指南》规定:给定置信水平为95%时,样品测定值与零浓度样品的测定值有显著性差异即为检出限（D.L）。这里的零浓度样品是不含待测物质的样品。

$$D.L=4.6\sigma$$

式中：σ——空白平行测定（批内）标准偏差（重复测定 20 次以上）。

2. 方法的线性范围

方法的线性范围是指信号与样品浓度呈线性的工作曲线直线部分。通常把相当于 10 倍空白的标准偏差相应的浓度定为方法的线性范围的定量检测下限。取工作曲线中高浓度时，弯曲处作为方法的线性范围的定量检测上限。

好的分析方法要有宽的线性范围。有的分析方法线性范围只有一个数量级，有的分析方法线性范围可达 5～6 个数量级。同一分析方法可用常量、微量、痕量的物质分析。

(四)数据剔除时应注意的问题

数字的修约一般采用"四舍六入五留双"规则。

(1)当尾数小于或等于 4 时，直接将尾数舍去。

例如将下列数字全部修约到两位小数，结果为：

10.2731——10.27

18.5049——18.50

16.4005——16.40

27.1829——27.18

(2)当尾数大于或等于 6 时，将尾数舍去向前一位进位。

例如将下列数字全部修约到两位小数，结果为：

16.7777——16.78

10.29701——10.30

21.0191——21.02

(3)当尾数为 5，而尾数后面的数字均为 0 时，应看尾数"5"的前一位：若前一位数字此时为奇数，就应向前进一位；若前一位数字此时为偶数，则应将尾数舍去。数字"0"在此时应被视为偶数。

例如将下列数字全部修约到两位小数，结果为：

12.6450——12.64

18.2750——18.28

12.7350——12.74

21.845000——21.84

(4)当尾数为 5，而尾数"5"的后面还有任何不是 0 的数字时，无论前一位在此时为奇数还是偶数，也无论"5"后面不为 0 的数字在哪一位上，都应向前进一位。

例如将下列数字全部修约到两位小数，结果为：

12.73507——12.74

21.84502——21.85

12.64501——12.65

18.27509——18.28

38.305000001——38.31

按照规则进行数字修约时,应一次性修约到指定的位数,不可以进行数次修约,否则得到的结果也有可能是错误的。

例如将数字 10.2749945001 修约到两位小数时,应一步到位:10.2749945001——10.27 (正确)。如果按照分步修约将得到错误结果:10.2749945001——10.274995——10.275—— 10.28(错误)。

(五)分析结果表述

对一个试样某一指标的测定,其结果表达方式一般有如下几种:

1. 用算术均数($\overline{X}$)代表集中趋势

测定过程中排除系统误差和过失误差后,只存在随机误差,根据正态分布的原理,当测定次数无限多($n \rightarrow \infty$)时的总体均值(μ)应与真值很接近,但实际只能测定有限次数。因此样本的算术均数是代表集中趋势表达监测结果的最常用方式。

2. 用算术均数和标准偏差表示测定结果的精密度($\overline{X} \pm S$)

算术均值代表集中趋势,标准偏差表示离散程度。算术均值代表性的大小与标准偏差的大小有关,即标准偏差大,算术均数代表性小,反之亦然,故而监测结果常以($\overline{X} \pm S$)表示。

3 用($\overline{X} \pm S, CV$)表示结果

标准偏差大小还与所测均数水平或测量单位有关。不同水平或单位的测定结果之间,其标准偏差是无法进行比较的,而变异系数是相对值,故可在一定范围内用来比较不同水平或单位测定结果之间的变异程度。例如,用镉试剂法测定镉,当镉含量小于 0.1mg/L 时,最大相对偏差和变异系数分别为 7.3% 和 9.0%。

四　环境监测的质量保证体系

环境监测质量工作是污染治理和环境保护的关键环节,加强环境监测质量管理,可为污染治理和环境保护提供必要的数据支持和理论指导,从而为生态环境恢复提供良好条件。基于此,强化环境监测质量保证体系建设就显得尤为必要。

(一)什么是质量保证体系

质量保证体系是指企业以提高和保证产品质量为目标,运用系统方法,依靠必要的组织结构,把组织内各部门、各环节的质量管理活动严密组织起来,将产品研制、设计制造、销售服务和情报反馈的整个过程中影响产品质量的一切因素统统控制起来,形成的一个有明确任务、职责、权限,相互协调、相互促进的质量管理的有机整体。

质量保证体系相应分为内部质量保证体系和外部质量保证体系。

(二)环境监测质量保证体系的作用

环境监测工作质量是监测工作的生命线。环境监测是科学性很强的工作,它的直接产品是监测数据,监测质量的好坏集中反映在数据上。监测数据的质量常以代表性、精密性、准确性、可比性和完整性来评价。

监测数据往往在许多环节受到各种因素的影响,因而早在 20 世纪 80 年代初期,我国就已经逐步开展了质量保证工作,并已取得了重要的进展。

(三)环境监测质量保证体系的内容

环境监测质量保证体系由四大部分构成:监测基础工作质量保证、监测全过程质量保证、质量事故和差错处理及质量申诉处理。前两点包含有多方面的内容和要求,是体系的主要内容,后两点是当质量产生疑问、差错和事故时,进行调查、鉴别和处理的措施,也是质量保证体系的必要组成部分。

1. 环境监测基础工作的质量保证

实验室基础工作的质量管理是非常重要的,影响实验室检测结果的不确定因素主要包括:实验人员、仪器设备、标准物质、实验方法、样品的抽取及处置、环境因素等。

(1)实验人员

主要指实验室所有人员,包括检测人员和管理人员。首先实验室检测和管理人员的素质是否满足工作需求,包括个人的文化水平、获得的证书、接受的培训等。由于目前检验系统从业人员素质参差不齐,在检验过程中,对检验操作规程的理解程度可能不一致,可能会对检验过程中的一些操作方法掌握得不好,不能熟练掌握整个分析步骤,这样对检验数据的准确性就会产生一定的影响。

实验室需要定期组织员工开展检测知识等相关内容的培训工作,不断提高各岗位检测人员的业务素质和技术水平,同时,每半年要进行一次操作技能考试,使相关岗位人员的技术水平适合本岗位检验工作需要,保证检测人员在检验过程中对操作规程的贯彻执行。

(2)仪器设备和计量器具

监测过程中使用的仪器设备符合国家有关标准和技术要求。《中华人民共和国强制检定的工作计量器具明细目录》里的仪器设备,经计量检定合格并在有效期内使用;不属于《中华人民共和国强制检定的工作计量器具明细目录》里的仪器设备,校准合格并在有效期内使用。

①仪器本身的性能

仪器稳定运行是保证数据准确可靠的一个必备前提条件。仪器在安装调试过程中,根据检验工作需要,工程师用生产过程中的检验物料绘制标准曲线,曲线的准确与否直接关系到检验数据的准确性。因此,要定期检查曲线是否漂移,如瓶装标气就是用来衡量色谱曲线准确与否的重要依据。

②仪器日常维护是否到位

在仪器的日常使用过程中,由于所分析样品不一致,曲线可能会发生平移或转动,因此,要定期对仪器的曲线进行校正。同时,仪器内部的一些元件及常用的一些备件可能由于长时间运行需要更换与修复,如色谱分析仪的进样口部位,在分析试样的过程中,由于隔垫的破损或松动,使仪器的出峰时间发生变化,只有对隔垫进行更换或者旋紧进样口螺母等,才能使仪器正常运行。

③在玻璃仪器方面,烧杯、量筒、锥形瓶、容量瓶等,质量是否符合检验要求,对检验结果的准确性也存在一定的影响,如果平行使用的一批玻璃仪器的精确度不一致或不同厂家

生产的玻璃仪器质量水平不一致,所计算出的结果就会产生一定的误差。

（3）标准物质和化学药品

在化学分析中,要用到标准样品、化学药品、玻璃仪器、量器具以及相关的各种设备,那么这些材料及设备是否满足检验工作需要,直接决定了检验数据的准确性。

随着国家对生态环境保护工作的高度重视,生态环境监测的作用和地位更加重要,生态环境部出台了一系列政策规划,要求加强环境监测实验室监管,确保监测数据的准确性和可比性。环境标准样品作为环境监测数据量值溯源的技术工具,必须确保量值准确。应优先考虑使用国家批准的有证标准样品,使用无证标准样品或自配样品代替标准样品会造成过多的财力、物力和人力的浪费,更谈不上量值的准确性、可比性与溯源性。

在所使用的化学药品方面,由于不同厂家所生产的产品质量水平不一致或同一厂家所生产的不同批次产品的质量水平有差别,药品分为优级纯、分析纯、化学纯等几种,不同的分析方法对使用药品的纯度等级要求不一致,如果药品的纯度达不到要求,可能就会导致同一试样的分析结果的重现性出现偏差,只有保证化学药品质量满足检验需求,所得出的检验数据才会准确。

（4）实验方法

检验试验操作规程是否符合国家标准。所采用的操作规程是否适合所检验的物料的各分析元素的需要,直接决定着检验结果的准确与否,对分析结果的准确性起到了至关重要的决定性作用。

要选择适合各分析项目的操作规程,才能保证检验数据的准确性。此规程由质量负责人依据国家标准相关内容及结合检验各种物料工作需要而编写,要能够满足检验工作需要。但是,随着国家标准的不断更新,检验方法的逐步成熟,操作规程中所涉及的一些原有的检验方法已不适合检验工作需要或已被新的分析方法所取代,在这种情况下,修订和完善检验试验操作规程就显得尤为重要,质量负责人会同从事各检验项目相关工作人员,对检验试验规程进行重新修订和完善,力求跟上检验方法发展步伐,满足检验工作需要,要求检验所采用的分析方法,全部参照国标中相关内容执行,这样就消除了由于方法不完善所产生的检验数据的误差,充分保证了各种物料检验数据的准确性。

化学分析实验方法均采用国家标准方法,即便如此,分析方法本身仍对实验结果产生影响,但这种影响的不确定性是基本确定的,是可以评定的。两个单次实验结果考核评价,在正常和正确操作情况下,在同一实验室内,由同实验人员操作两次（考核重复性）或由两人各操作一次（再现性考核）,使用同一仪器,并在短期内,对相同的试样做两个单次实验,对两项单次实验结果进行重复性和再现性考核评价。

（5）环境因素

在检验分析过程中,环境是否满足检验要求,对化验所得的检验数据的准确性也存在一定的影响。环境因素主要包括温度、湿度、振动等,这些因素对实验结果会产生影响,有时甚至会产生很大影响,如:温度对比色皿有效长度影响吸光度;振动对分光光度计的光电池及光路的影响;标准溶液要在室温下进行保存,才能保证浓度在一定时间内保持一致,若是存放标准溶液的操作室内温度过高或过低都会使溶液的浓度发生一些变化,这样检验所得的数据就会受到一定的影响,检验数据的准确性可能就无法得到保证。

通过以上分析可知:标准物质、仪器设备的精密度、实验方法对整个实验系统产生的影响主要是系统误差,基本是确定的;实验人员、仪器设备稳定性、样品的抽取及处置、环境因素等对实验系统产生的影响是不确定的,但有时远远超过前者对实验结果的影响。运用科学有效的方法评价实验结果,找出实验系统中显著影响实验结果的因素,并及时加以排除、完善和改进,可使实验报告结果准确、可信。

2. 环境监测全过程的质量保证

环境监测的一般过程包括:(1)确定监测目的;(2)现场调查和资料整理;(3)制定监测方案;(4)实施方案;(5)结果评价;(6)编制报告。

准确性、精密性主要体现在实验室内分析测试方面,代表性、完整性突出在现场调查、优化布点和样品采集、保存、运输和处理等过程,可比性则是监测全过程的综合反映。

3. 质量事故和差错处理

(1)实验室应制订政策和程序并规定相应的权力,以便在确认了不符合工作、偏离管理体系或技术运作中的政策和程序时实施纠正措施。

(2)原因分析:纠正措施程序应从确定问题根本原因的调查开始。

(3)纠正措施的选择和实施:需要采取纠正措施时,实验室应确定将要采取的纠正活动,并选择和实施最能消除问题和防止问题再次发生的措施。

(4)纠正措施的监控:实验室应对纠正措施的结果进行监控,以确保所采取的纠正活动是有效的。

4. 质量申诉处理

质量申诉主要包括以下几类:

(1)送检单位要求对检测结果作进一步解释,但未对检测结论表示明确异议。

(2)送检单位明确表示不同意检测结论,要求复测。

(3)送检单位未向中心提出异议,而直接向上级主管部门申诉。

实验室应有用来处理客户或其他方面的抱怨或申诉的政策和程序。应保存所有抱怨或申诉记录,以及实验室针对抱怨或申诉所开展调查和纠正措施的记录。

五 环境标准

环境标准是国家为了保护人民健康,促进生态良性循环,实现社会经济发展目标,根据国家的环境政策和法规,在综合考虑本国自然环境特征、社会经济条件和科学技术水平的基础上,规定环境中污染物的允许含量和污染源排放污染物的数量、浓度、时间和速度、监测方法,以及其他有关技术规范。

(一)环境标准的分级和分类

我国的环境标准由六类、两级组成。

我国环境标准分为环境质量标准、污染物排放(控制)标准、环境方法标准、环境标准样品标准、环境基础标准和环境保护的其他标准六类。

两级标准是国家标准或行业标准、地方标准。

根据《环境标准管理办法》的规定,地方环境标准包括地方环境质量标准和地方污染物排放标准(或控制标准),是对国家环境标准的补充和完善,由省、自治区、直辖市人民政府制定。国家环境质量标准未做规定的项目,可以制定地方环境质量标准。国家污染物排放标准中未做规定的项目,可以制定地方污染物排放标准。国家污染物排放标准已规定的项目,可以制定严于国家污染物排放标准的地方污染物排放标准。

(二)环境标准简介

1. 环境质量标准

环境质量标准是为保障人群健康、维护生态环境和保障社会物质财富,并考虑技术经济条件,对环境中有害物质和因素所做的限制性规定。国家环境质量标准是一定时期内衡量环境优劣程度的标准,是环境质量的目标标准。

(1)《地表水环境质量标准》(GB 3838—2002)

《地表水环境质量标准》(GB 3838—83)为首次发布,1988 年为第一次修订,1999 年为第二次修订,2002 年为第三次修订。本标准自 2002 年 6 月 1 日起实施,《地面水环境质量标准》(GB 3838—88)和《地面水环境质量标准》(GHZB1—1999)同时废止。

本标准将标准项目分为地表水环境质量标准基本项目、集中式生活饮用水地表水源地补充项目和集中式生活饮用水地表水源地特定项目。

地表水环境质量标准基本项目适用于全国江河、湖泊、运河、渠道、水库等具有使用功能的地表水水域;集中式生活饮用水地表水源地补充项目和特定项目适用于集中式生活饮用水地表水源地一级保护区和二级保护区。集中式生活饮用水地表水源地特定项目由县级以上人民政府环境保护行政主管部门根据本地区地表水水质特点和环境管理的需要进行选择,集中式生活饮用水地表水源地补充项目和选择确定的特定项目作为基本项目的补充指标。

本标准项目共计 109 项,其中地表水环境质量标准基本项目 24 项,集中式生活饮用水地表水源地补充项目 5 项,集中式生活饮用水地表水源地特定项目 80 项。

依据地表水水域环境功能和保护目标,按功能高低依次划分为五类:

Ⅰ类主要适用于源头水、国家自然保护区。

Ⅱ类主要适用于集中式生活饮用水地表水源地一级保护区、珍稀水生生物栖息地、鱼虾类产场、仔稚幼鱼的索饵场等。

Ⅲ类主要适用于集中式生活饮用水地表水源地二级保护区、鱼虾类越冬场、洄游通道、水产养殖区等渔业水域及游泳区。

Ⅳ类主要适用于一般工业用水区及人体非直接接触的娱乐用水区。

Ⅴ类主要适用于农业用水区及一般景观要求水域。

地表水环境质量标准基本项目标准限值见附录表 1;集中式生活饮用水地表水源地补充项目标准限值见附录表 2;集中式生活饮用水地表水源地特定项目标准限值见附录表 3。

(2)《生活饮用水卫生标准》(GB 5749—2022)

生活饮用水卫生标准是从保护人群身体健康和保证人类生活质量出发,对饮用水中与人群健康有关的各种因素(物理、化学和生物)以法律形式做的量值规定,以及为实现量值所做的有关行为规范的规定,经国家有关部门批准,以一定形式发布的法定卫生标准。2006 年底,卫生部会同各有关部门完成了对 1985 年版《生活饮用水卫生标准》的修订工作,并正式颁布了《生活饮用水卫生标准》(GB 5749—2006),其中一项最大的变化就是检测指标从 35 项增加到了 106 项。《生活饮用水卫生标准》(GB 5749—2022)将于 2023 年 4 月 1 日正式实施,指标由 GB 5749—2006 的 106 项调整为 97 项。

本规范规定了生活饮用水水质规范和卫生要求以及对水源选择、水源卫生防护、水质监测的要求,适用于城市生活饮用水集中式供水,包括自建集中式供水及二次供水。生活饮用水水质常规检验项目及限值见附录表 4。

(3)《环境空气质量标准》(GB 3095—2012)

为贯彻《中华人民共和国环境保护法》和《中华人民共和国大气污染防治法》,保护和改善生活环境、生态环境,保障人体健康,制定本标准。本标准规定了环境空气功能区分类、标准分级、污染物项目、平均时间及浓度限值、监测方法、数据统计的有效性规定及实施与监督等内容。

新标准中规定了评价不同污染物平均浓度的时间间隔有年平均浓度限值、24 小时平均浓度限值、8 小时平均浓度和 1 小时平均浓度限值,这主要是与不同污染物对健康的影响有关。一氧化碳(CO)和臭氧(O_3)污染有短期急性健康效应,故规定了 1 小时、8 小时和 24 小时限值。颗粒物 PM2.5 和 PM10 对身体健康的影响要有一段时间的积累才能显现,因此规定了 24 小时平均浓度限值,针对长期暴露的健康效应制订了年平均浓度限值,而无 1 小时限值规定。世界各国也是这样规定的。

环境空气功能区分为两类:一类区为自然保护区、风景名胜区和其他需要特殊保护的区域;二类区为居住区、商业交通居民混合区、文化区、工业区和农村地区。环境空气质量标准分为两级:一类区执行一级标准;二类区执行二级标准(附录表 5)。

空气污染是否超标,应以环境保护监测部门发布的污染物及其时间区间和浓度值,与新标准中的对应污染物及其相应的时间区间和浓度限值比较。如果监测数据比标准规定高,就表示超标了。

由于新标准规定的项目多、数据多,非专业人员难懂难记,所以新标准还规定了专门用于向公众发布的空气质量评价方法——空气质量指数(Air Quality Index,AQI),公众可以通过 AQI 来判断空气质量等级(表 0-3)。

AQI 是用来定量描述空气质量状况的,是一个无量纲数值。把新标准中 6 项污染物实测浓度值按规定方法与新标准相应限值进行比较,就得出了各项污染物的空气质量分指数(Individual Air Quality Index,IAQI),在 6 项污染物中 IAQI 数值最大的即为 AQI。当 AQI 值大于 50 时,6 个 IAQI 中数值最大的污染物就是首要污染物。

AQI 将空气质量分为六级,用不同颜色表示,AQI 数值越大、级别越高、表征的颜色越深,说明空气污染状况越严重,对人体的健康危害也就越大。公众借助 AQI 数值的大小或表征颜色,就可以了解空气质量,还可根据空气质量并参考新标准中提出的各个级别对健康的影响或防护建议安排自己的生活出行等。

表 0-3 空气质量指数范围及相应的空气质量类别

空气质量级别	空气质量指数类别及表示颜色		对健康影响水平	数值	空气指数区间含义	建议采取的措施
一级	优	绿色	优	0～50	空气质量令人满意，空气污染造成很少或没有风险	各类人群可正常活动
二级	良	黄色	适中	51～100	空气质量是可接受的，但某些污染物可能对极少数异常敏感人群健康有较弱影响	极少数异常敏感人群应减少户外活动
三级	轻度污染	橙色	对敏感人群有影响	101～150	易感人群症状有轻度加剧，健康人群出现刺激症状	儿童、老年人及心脏病、呼吸系统疾病患者应减少长时间、高强度的户外锻炼
四级	轻度污染	红色	不健康	151～200	进一步加剧易感人群症状，可能对健康人群心脏、呼吸系统有影响	儿童、老年人及心脏病、呼吸系统疾病患者避免长时间、高强度的户外锻炼，一般人群适量减少户外运动
五级	中度污染	紫色	很不健康	201～300	心脏病和肺病患者症状显著加剧，运动耐受力降低，健康人群普遍出现症状	老年人和心脏病、肺病患者应停留在室内，停止户外运动，一般人群减少户外运动
六级	重度污染	褐红色	危险	301～500	空气质量已经达到警戒状态，对人群会产生更严重的健康影响	老年人和病人应当留在室内，避免体力消耗，一般人群应避免户外活动

(4)《室内空气质量标准》(GB/T 18883—2022)

室内空气质量直接关系到我们居家的健康，一般来说一个健康的生存空间应无毒、无害、无异常臭味，这是对室内空气质量一个最基本的标准。

本标准规定了室内空气质量参数及检验方法，适用于住宅和办公建筑物，其他室内环境可参照本标准执行(附录表 6)。

(5)《声环境质量标准》(GB 3096—2008)

本标准是为贯彻《中华人民共和国环境噪声污染防治法》，防治噪声污染，保障城乡居民正常生活、工作和学习的声环境质量而制订的。标准规定了五类声环境功能区的环境噪声限值及测量方法，适用于声环境质量评价与管理。机场周围区域受飞机通过(起飞、降落、低空飞越)噪声的影响，不适用于该标准。

按区域的使用功能特点和环境质量要求，声环境功能区分为以下五种类型。0 类声环境功能区：指康复疗养区等特别需要安静的区域。1 类声环境功能区：指以居民住宅、医疗卫生、文化教育、科研设计、行政办公为主要功能，需要保持安静的区域。2 类声环境功能区：指以商业金融、集市贸易为主要功能，或者居住、商业、工业混杂，需要维护住宅安静的区域。3类声环境功能区:指以工业生产、仓储物流为主要功能,需要防止工业噪声对周围环境产生严重影响的区域。4类声环境功能区:指交通干线两侧——定距离之内,需要防止交通噪声对周围环境产生严重影响的区域,包括4a类和4b类两种类型。4a类为高速公路、一级公路、二级公路、城市快速路、城市主干路、城市次干路、城市轨道交通(地面段)、内河航道两侧区域;4b类为铁路干线两侧区域。5类环境噪声限值见附录表7。

2.污染物排放标准

污染物排放标准根据国家环境质量标准,以及适用的污染控制技术,并考虑经济承受能力,对排入环境的有害物质和产生污染的各种因素所做的限制性规定,是对污染源控制的标准。

如已发布的污水排放的相关标准主要有《污水综合排放标准》《城镇污水处理厂污染物排放标准》《污水海洋处置工程污染控制标准》《畜禽养殖业污染物排放标准》及各种行业的水污染排放标准。

(1)国家行业水污染物排放标准(见表0-4)

表0-4 我国已发布的部分水污染物排放标准

标准名称	标准编号
制糖工业水污染物排放标准	GB 21909—2008
混装制剂类制药工业水污染物排放标准	GB 21908—2008
生物工程类制药工业水污染物排放标准	GB 21907—2008
中药类制药工业水污染物排放标准	GB 21906—2008
提取类制药工业水污染物排放标准	GB 21905—2008
化学合成类制药工业水污染物排放标准	GB 21904—2008
发酵类制药工业水污染物排放标准	GB 21903—2008
合成革与人造革工业污染物排放标准	GB 21902—2008
电镀污染物排放标准	GB 21900—2008
羽绒工业水污染物排放标准	GB 21901—2008
制浆造纸工业水污染物排放标准	GB 3544—2008
杂环类农药工业水污染物排放标准	GB 21523—2008
煤炭工业污染物排放标准	GB 20426—2006
皂素工业水污染物排放标准	GB 20425—2006
医疗机构水污染物排放标准	GB 18466—2005
啤酒工业污染物排放标准	GB 19821—2005
味精工业污染物排放标准	GB 19431—2004
柠檬酸工业污染物排放标准	GB 19430—2013

(2)《污水综合排放标准》(GB 8978—1996)

国家综合排放标准与国家行业水污染排放标准实行不交叉执行的原则,已发布国家行业水污染标准排放标准的行业,按其适用范围执行相应的国家水污染物行业标准,其他水污染物排放均执行《污水综合排放标准》(GB 8978—1996)。

本标准按照污水排放去向,分年限规定了69种水污染物最高允许排放浓度及部分行业最高允许排水量。本标准适用于现有单位水污染物的排放管理,以及建设项目的环境影响评价、建设项目环境保护设施设计、竣工验收及其投产后的排放管理。

①标准分级

a)排入GB 3838标准中三类水域(划定的保护区和游泳区除外)和排入GB 3097中二类海域中的污水,执行一级标准;

b)排入GB 3838标准中的四五类水域和GB 3097标准中的三类海域中的污水,执行二级标准;

c)排入设置二级污水处理厂的城镇排水系统的污水,执行三类标准;

d)排入未设置二级污水处理厂的城镇排水系统的污水,必须根据排水系统受纳水域的功能要求,分别执行上述一二项标准;

e)GB 3838—2002标准的一二类水域和三类水域中的划定的保护区,GB 3097—1997中一类海域,禁止新建排污口,现有排污口按水体功能要求,实行污染物总量控制,以保证受纳水体的水质符合规定用途的水质标准。

②污染物分类

第一类污染物(总汞、烷基汞、总镉、总铬、六价铬、总砷、总铅、总镍、苯并[a]芘、总铍、总银、总α放射性、总β放射性),不分行业污水排放方式,也不分受纳水体的功能类别,一律在车间或车间处理设施排放口采样,其最高允许排放浓度必须达到本标准要求(采矿行业的尾矿坝出水口不得视为车间排放口)。

第二类污染物,在排放单位排放口采样,最高允许排放浓度必须达到本标准要求。

对于排放含有放射性物质的污水,除执行本标准外,还应执行《辐射防护规定》。

(3)国家行业大气污染物排放标准

国家在控制大气污染物排放方面,除综合性排放标准外,还有若干行业性排放标准共同存在(见表0-5),即除若干行业执行各自的行业性国家大气污染物排放标准外,其余均执行综合排放标准。

表 0-5　国家发布的部分行业大气排放标准

排放标准名称	标准编号
合成树脂工业污染物排放标准	GB 31572—2015
石油化学工业污染物排放标准	GB 31571—2015
石油炼制工业污染物排放标准	GB 31570—2015
火葬场大气污染物排放标准	GB 13801—2015
再生铜、铝、铅、锌工业污染物排放标准	GB 31574—2015
无机化学工业污染物排放标准	GB 31573—2015
锅炉大气污染物排放标准	GB 13271—2014
锡、锑、汞工业污染物排放标准	GB 30770—2014

续表

排放标准名称	标准编号
电池工业污染物排放标准	GB 30484—2013
水泥工业大气污染物排放标准	GB 4915—2013
砖瓦工业大气污染物排放标准	GB 29620—2013
电子玻璃工业大气污染物排放标准	GB 29495—2013
炼焦化学工业污染物排放标准	GB 16171—2012
铁合金工业污染物排放标准	GB 28666—2012
轧钢工业大气污染物排放标准	GB 28665—2012
炼钢工业大气污染物排放标准	GB 28664—2012
炼铁工业大气污染物排放标准	GB 28663—2012
钢铁烧结、球团工业大气污染物排放标准	GB 28662—2012
铁矿采选工业污染物排放标准	GB 28661—2012

(4)《城镇污水处理厂污染物排放标准》(GB 18918—2002)

根据污染物的来源及性质,将污染物控制项目分为基本控制项目和选择控制项目两类。基本控制项目主要包括影响水环境和城镇污水处理厂一般处理工艺可以去除的常规污染物,以及部分一类污染物,共 19 项(附录表 8)。选择控制项目包括对环境有较长期影响或毒性较大的污染物,共计 43 项。

根据城镇污水处理厂排入地表水域环境功能和保护目标,以及污水处理厂的处理工艺,将基本控制项目的常规污染物标准值分为一级标准、二级标准、三级标准。一级标准分为 A 标准和 B 标准。一类重金属污染物和选择控制项目不分级。

①一级标准的 A 标准是城镇污水处理厂出水作为回用水的基本要求。当污水处理厂出水引入稀释能力较小的河湖作为城镇景观用水和一般回用水等用途时,执行一级标准的 A 标准。

②城镇污水处理厂出水排入 GB 3838 地表水Ⅲ类功能水域(划定的饮用水水源保护区和游泳区除外)、GB 3097 海水二类功能水域和湖、库等封闭或半封闭水域时,执行一级标准的 B 标准。

③城镇污水处理厂出水排入 GB 3838 地表水Ⅳ、Ⅴ类功能水域或 GB 3097 海水三、四类功能海域,执行二级标准。

④非重点控制流域和非水源保护区的建制镇的污水处理厂,根据当地经济条件和水污染控制要求,采用一级强化处理工艺时,执行三级标准。但必须预留二级处理设施的位置,分期达到二级标准。

(5)《大气污染物综合排放标准》(GB 16297—1996)

本标准规定了 33 种大气污染物的排放限值,其指标体系为最高允许浓度、最高允许排放速率和无组织排放监控浓度限值。适用于现有污染源大气污染物排放管理,以及建设项目的环境影响评价、设计、环境保护设施竣工验收及其投产后的大气污染物排放管理。

本标准设置下列三项指标：

①通过排气筒排放的污染物最高允许排放浓度。

②通过排气筒排放的污染物，按排气筒高度规定的最高允许排放速率。任何一个排气筒必须同时遵守上述两项指标，超过其中任何一项均为超标排放。

③以无组织方式排放的污染物，规定无组织排放的监控点及相应的监控浓度限值。

对于第二项最高允许排放速率，实行分级控制。1997年1月1日前设立的污染源分为一、二、三级；1997年1月1日后设立的污染源分为二、三级。按污染源所在的环境空气质量功能区类别，执行相应级别的排放速率标准，即：

①位于一类区的污染源执行一级标准（一类区禁止新、扩建污染源，一类区现有污染源改建时执行现有污染源的一级标准）。

②位于二类区的污染源执行二级标准。

③位于三类区的污染源执行三级标准。

在现有污染源大气污染物排放限值中规定：一般应于无组织排放源上风向2～50m范围内设参照点，排放源下风向2～50m范围内设监控点；周界外浓度最高点一般应设于排放源下风向的单位周界外10m范围内。如预计无组织排放的最大落地浓度点越出10m范围，可将监控点移至该预计浓度最高点。排放氯气、氰化氢、光气的排气筒不得低于25m。

在新污染源大气污染物排放限值中规定：周界外浓度最高点一般应设置于无组织排放源下风向的单位周界外10m范围内，若预计无组织排放的最大落地浓度点越出10m范围，可将监控点移至该预计浓度最高点。排放氯气、氰化氢、光气的排气筒不得低于25m。

(6)《工业企业厂界环境噪声排放标准》(GB 12348—2008)

《工业企业厂界环境噪声排放标准》是行业行政法规，是为防治环境噪声污染、保护和改善生活环境、保障人体健康、促进经济和社会可持续发展而制订的环境噪声排放标准，是由环境保护部与国家质量监督检验检疫总局联合发布的。工业企业厂界环境噪声不得超过规定的排放限值（附录表9）。

夜间频发噪声的最大声级超过限值的幅度不得高于10dB(A)，夜间偶发噪声的最大声级超过限值的幅度不得高于15dB(A)。

工业企业若位于未划分声环境功能区的区域，当厂界外有噪声敏感建筑物时，由当地县级以上人民政府参照GB 3096《声环境质量标准》和GB/T 15190《城市区域环境噪声适用区划分技术规范》的规定确定厂界外区域的声环境质量要求，并执行相应的厂界环境噪声排放限值。

当厂界与噪声敏感建筑物距离小于1m时，厂界环境噪声应在噪声敏感建筑物的室内测量，并将附录表8中相应的限值减10dB(A)作为评价依据。

当固定设备排放的噪声通过建筑物结构传播至噪声敏感建筑物室内时，噪声敏感建筑物室内等效声级不得超过附录表10和附录表11规定的限值。

(7)《社会生活环境噪声排放标准》(GB 22337—2008)

本标准根据现行法律对社会生活噪声污染源达标排放义务的规定，对营业性文化娱乐场所和商业经营活动中可能产生环境噪声污染的设备、设施规定了边界噪声排放限值和测量方法。社会生活噪声排放源边界噪声不得超过规定的排放限值（附录表12）。

在社会生活噪声排放源边界处无法进行噪声测量或测量的结果不能如实反映其对噪

声敏感建筑物的影响程度的情况下,噪声测量应在可能受影响的敏感建筑物窗外 1m 处进行。当社会生活噪声排放源边界与噪声敏感建筑物距离小于 1m 时,应在噪声敏感建筑物的室内测量,并将附录表 11 中相应的限值减 10dB(A)作为评价依据。

(8)《建筑施工场界环境噪声排放标准》(GB 12523—2011)

为防治建筑施工噪声污染,改善声环境质量,建筑施工过程中场界环境噪声不得超过规定的排放限值(附录表 13)。

夜间噪声最大声级超过限值的幅度不得高于 15dB(A);当场界距噪声敏感建筑物较近,其室外不满足测量条件时,可在噪声敏感建筑物室内测量,并将附录表 12 中相应的限值减 10dB(A)作为评价依据。

3. 环境监测方法标准

环境监测方法标准是为检测环境质量和污染物排放,规范采样、分析、测试、数据处理等所做的统一规定。如《城市区域环境噪声测量方法》等。环境监测中最常见的是分析方法、测定方法、采样方法。

4. 环境标准样品标准

环境标准样品为保证环境检测数据的准确、可靠,对用于量值传递或质量控制的材料、实物样品制定的标准物质。

5. 环境基础标准

环境基础标准是在环境标准工作中,对技术术语、符号、代号、图形、指南、导则、量纲单位及信息编码等做的统一规定。

练习题

一、名词解释

环境、环境监测、平行样分析、环境质量标准、污染物排放标准、环境监测方法标准、环境标准样品标准、准确度、精密度

二、简答题

1. 环境监测的一般过程是怎样的?

2. 什么是环境监测质量保证?

3. 按监测对象分,环境监测包括哪些内容?

4. 解释加标回收法。

5. 环境监测结果表示的方法有哪些?

项目一

地表水质量监测

地表水是陆地表面上各种液态、固态水体的总称,包括江河、湖泊、运河、渠道、水库、海洋的水。近年来,我国水环境质量持续改善。从 2019 年第一季度起,生态环境部每季度开展地级及以上城市国家地表水考核断面水环境质量状况及变化情况排名,公开发布国家地表水考核断面水环境质量相对较好的前 30 位城市。

任务一　地表水水样采集

一　采样设备

(一)设备类型

用来采集水样的装置称为取样器。采集水样时,应根据试验目的、水样性质、周围条件,选用最适宜的取样器。但所用采样器与水接触的部分应采用玻璃、塑料、不锈钢等惰性材料制成,国内有很多采样器可供选用(表 1-1)。

表 1-1　常用水样采集器

名称	材质或规格型号	适用范围
水桶	聚乙烯塑料(以 P 代表)	地表表层水采样
简易采水器	塑料	地下水和地表水采样
改良凯末尔采水器	塑料	地下水和地表水采样
单层采水瓶	硬质玻璃(以 G 代表)或塑料	地表表层、深层水采样
直立式采水器	玻璃或塑料	地表表层、深层水采样
电动采水泵	塑料	地表表层、深层水采样
深层采水器	有机玻璃 HQM-1,HQM-2	地表表层、深层水以及地下水采样
连续自动定时采水器	XH8H	地表表层、深层和混合水采样

续表

名称	材质或规格型号	适用范围
自动采水器	772 型、773 型、778 型、806 型等	地下水及地表表层、深层水采样
水文测量采水器	铁质横式	地表表层和深层水采样

(二)取样器使用方法

(1)瞬间非自动采样设备

瞬间样品一般采集表层样品时,用吊桶或广口瓶沉入水中,待注满水后,再提出水面。

(2)综合深度采样设备

综合深度法采样需要一套用以夹住瓶子并使之沉入水中的机械装置。配有重物的采样瓶以均匀的速度沉入水中,同时通过注入孔使整个垂直断面的各层水样进入采样瓶。

(3)选定深度定点采样设备

将配有重物的采样瓶口塞住,沉入水中,当采样瓶沉到选定深度时,打开瓶塞,瓶内充满水样后又塞上。对于特殊要求的样品(例如溶解氧)此法不适用。

对于特殊要求的样品,可采用颠倒式采水器、排空式采水器等。

二　水样容器

为了进行分析(或试验)而采取的水称为水样。用来存放水样的容器称为水样容器(水样瓶)。常用的水样容器有无色硬质玻璃磨口瓶和具塞的聚乙烯瓶两种,其性能和适用范围说明如下。

选择容器的材质必须注意以下几点:

(1)容器不能引起新的沾污,一般的玻璃在贮存水样时可溶出钠、钙、镁、硅、硼等元素,在测定这些项目时应避免使用玻璃容器,以防止新的污染。

(2)容器器壁不应吸收或吸附某些待测组分。一般的玻璃容器吸附金属、聚乙烯等塑料吸附有机物质、磷酸盐和油类,在选择容器材质时应予以考虑。容器不应与某些待测组分发生反应,如测氟时,水样不能贮于玻璃瓶中,因为玻璃与氟化物发生反应。

(一)样品容器清洗方法

(1)用于进行一般化学分析的样品

分析地面水或废水中微量化学组分时,通常要使用彻底清洗过的新容器,以减少再次污染的可能性。

清洗的一般程序是:用洗涤剂洗后用自来水清洗,然后用蒸馏水冲洗干净即可,所用的洗涤剂类型和选用的容器材质要随待测组分来确定。

测磷酸盐则不能使用含磷洗涤剂;测硫酸盐或铬则不能用铬酸-硫酸洗液;测重金属的玻璃容器及聚乙烯容器通常用盐酸或硝酸,洗净并浸泡一至两天然后用蒸馏水或去离子水冲洗。

（2）用于测定农药、除草剂等的样品

一般使用棕色玻璃瓶，因除聚四氟乙烯外的塑料容器会对分析产生明显的干扰，按一般规则清洗，即用水及洗涤剂-铬酸-硫酸洗液-蒸馏水后，在烘箱内 180℃下 4h 烘干，冷却后再用纯化过的己烷或石油醚冲洗数次。

（3）用于微生物分析的样品

容器及塞子、盖子应经灭菌温度并且在此温度下不释放或产生出任何能抑制生物活性、灭活或促进生物生长的化学物质。

在灭菌前可在容器里加入硫代硫酸钠以除去余氯对细菌的抑制作用，以每 125ml 容器加入 0.1% $Na_2S_2O_3$ 计量。

三　采样类型

（一）开阔河流的采样

在对开阔河流进行采样时，应包括下列几个基本点：

①用水地点的采样；

②污水流入河流后，应在充分混合的地点以及流入前的地点采样；

③支流合流后，对充分混合的地点及混合前的主流与支流地点的采样；

④主流分流后地点的选择；

⑤根据其他需要设定的采样地点。

1. 采样点的选择

选择采样点时，需考虑以下三方面：采样断面的选择，在断面上确定采样垂线，然后确定采样点。

（1）采样断面的选择

对于江、河水系或某一河段，要求设置三种断面：对照断面、控制断面、削减断面。

①对照断面：设置目的为了解流入某一区域（监测段）前的水质状况，提供这一水系区域本底值。一般位于该区域所有污染源上游处，排污口上游 100～500m 处，设在河流进入城市或工业区以前的地方。尽量避开各种废水、污水流入或回流处。一个河段区域一般设置一个对照断面（有主要支流时可酌情增加）。

②控制断面：设置目的为监测污染源对水质影响。一般设于主要排污口下游较充分混合的断面下游，根据主要污染物的迁移、转化规律，河水流量和河道水力学特征确定，在排污口下游 500～1000m 处。断面数目可以有多个，根据城市的工业布局和排污口分布情况而定。

③削减断面：设置目的为了解经稀释扩散和自净后，河流水质情况。一般设于后一个排污口下游 1500m 处。

（2）采样垂线的布置

在污染物完全混合的河段中，断面上的任一位置都是理想的采样点。若各水质参数在采样断面上，各点之间有较好的相关关系，可选取一适合的采样点，据此推算断面上其他个点的水质参数值，并由此获得水质参数在断面上的分布数据及断面的平均值。更一般的情况按表 1-2 的规定布设。

表 1-2　江河采样垂线布设

水面宽	垂线数	说明
≤50m	一条(中泓线)	1.垂线布设应避开污染带,要测污染带应另加垂线;
50～100m	两条(近左、右岸有明显水流处)	2.确能证明该断面水质均匀时,可仅设中泓垂线;
>100m	三条(左、中、右)	3.凡在该断面要计算污染物通量时,必须按本表设置垂线

（3）采样垂线上采样点的布置

垂线上水质参数浓度分布取决于水深、水流情况及水质参数的特性等因素。为避免采集到漂浮的固体和河底沉积物,规定在至少水面以下、河底以上 50cm 处采样。具体情况按表 1-3 的规定布设。

表 1-3　采样垂线上的采样点数设置

水深	采样点数	说明
≤5m	上层一点	1.上层指水面下 0.5m 处,水深不到 0.5m 时,在水深 1/2 处;
5～10m	上、下层两点	2.下层指河底以上 0.5m 处;
>10m	上、中、下三层三点	3.中层指 1/2 水深处

2.采样频次和采样时间

所采水样要具代表性,能反映出水质在时间和空间上的变化规律,一般原则:

（1）对于较大水系干流和中、小河流全年采样不少于 6 次,采样时间为丰水期、枯水期和平水期,每期采样两次。流经城市工业区、污染较重的河流、游览水域、饮用水源地全年采样不少于 12 次,采样时间为每月一次或视具体情况而定。底泥每年在枯水期采样 1 次。

（2）潮汐河流全年在丰、枯、平水期采样,每期采样两天,分别在大潮期和小潮期进行,每次应采集当天涨、退潮水样分别测定。

（3）排污渠每年采样不少于 3 次。

（4）背景断面每年采样 1 次。

(二)水库和湖泊的采样

1.采样位置

（1）采样点位水平分布

若湖泊的水质特性在水平方向呈现明显差异时,允许在水的最深位置以上布设一个采样点,水质控制的采样点应设在靠近用水的取水口及主要水源的入口。特殊情况下的采样点:若出现异常现象,通常要进行一次或几次采样。

(2)采样点位垂直分布

由于分层现象,湖泊和水库的水质沿水深方向可能出现很大的不均匀性,其原因来自水面(透光带内光合作用和水温的变化引起的水质变化)和沉积物(沉积层中物质的溶解)的影响。此外,悬浮物的沉降也可能造成水质垂直方向的不均匀性。在斜温层也常常观察到水质有很大差异。

基于上述情况,在非均匀水体采样时,要把采样点深度间的距离尽可能缩短。采样层次的合理布设取决于所需要的资料和局部环境。初步调查可使用探测器(如测量温度、溶解氧、pH 值、电导、浊度和叶绿素的荧光)。探测器可提供连续的或短间隔的检测。错开采样深度可显示出全部垂直的不均匀性。采样方案一旦确定,就要严格地执行。采样过程中如果变动了方案,所测得的数据就缺乏可比性。当湖、库沿水深方向水质变化很大时,可使用一组采样器同时进行采样。

2. 采样频次和采样时间

没有专门监测站的湖泊、水库全年采样两次,枯、丰水期各一次。对于长期水质特性检测采样点水样的间隔时间可为一个月,对于控制检测,采样时间间隔可为一周。若水质变化明显,则每天采样或连续采样。对于在一天内某时刻经常发生明显变化的水样,采样应在每天的同一时间进行,如果每天变化具有特殊意义,可每 3h 采一次样。

3. 采样注意事项

(1)采样时不可搅动水底部的沉积物。

(2)采样时应保证采样点的位置准确。

(3)认真填写采样记录表(表 1-4),字迹应端正清晰。

(4)保证采样按时、准确、安全。

(5)采样结束前,应核对采样方案、记录和水样,如有错误和遗漏,应立即补采或重新采样。

(6)如采样现场水体很不均匀,无法采到有代表性样品,则应详细记录不均匀的情况和实际采样情况,供使用数据者参考。

(7)测定油类的水样,应在水面至 300mm 采集柱状水样,并单独采样,全部用于测定。采样瓶不能用采集的水样冲洗。

(8)测溶解氧、生化需氧量和有机污染物等项目时,水样必须注满容器,上部不留空间,并用水封口。

(9)如果水样中含沉降性固体(如泥沙等),则应分离除去。分离方法为:将所采水样摇匀后倒入筒形玻璃容器,静置 30min,将已不含沉降性固体但含有悬浮性固体的水样移入盛样容器并加入保存剂。测定总悬浮物和油类的水样除外。

(10)测定湖库水的 COD、高锰酸盐指数、总氮、总磷时的水样,静置 30min 后,用吸管一次或几次移取水样,吸管进水尖嘴应插至水样表层 50mm 以下位置,再加保存剂保存。

(11)测定油类、BOD_5、DO、硫化物、余氯、粪大肠菌群、悬浮物、放射性等项目要单独采样。

表 1-4　水质采样记录单

基本信息	编号
	河流(湖库)名称
	采样月日
	断面名称
采样位置及层次	断面号
	垂线号
	点位号
	水深/m
气象参数	气温
	气压
	风向
	风速
	相对湿度/%
现场测定记录	水温
	pH
	溶解氧
	透明度
	电导率
	感观指标描述
	潮水

四　采样质量控制

为了评价采样质量,采样的同时要采集质量控制样品。质量控制样品包括以下几种:

(一)现场空白样

现场空白样指在现场以纯水作样品,按测定项目的采样方法和要求,于样品相同条件下装瓶、保存、运输直至送交实验室分析。比较现场空白样与室内空白的测定结果,可了解采样过程中操作步骤与环境条件对样品质量的影响。

(二)运输空白样

运输空白样是以纯水作样品,在实验室装瓶带到采样现场后再与样品一起返回实验室。运输空白样可用来测定样品运输、现场处理和贮存期间或由容器带来的总沾污,每批样品至少有一个空白样。

(三)现场平行样

指在同等条件下,采集平行双样密码送实验室分析,测定结果可反映采样与实验室测定的精密度。若实验室精密度受控,则主要反映采样过程精密度变化状况。现场平行样应占样品总量的 10% 以上,一般每批样品至少采集两组平行样。

(四)现场加标样

取一组平行样,一份在现场加入已知浓度的被测物质的标准溶液,然后按照样品要求进行处理,送实验室分析。将测定结果与实验室加标样对比,掌握测定对象在采样、运输过程中准确度的变化状况。

(五)现场质控样

指将标准样与样品基体组分接近的标准控制样带到采样现场,按照样品要求处理后与样品一起送实验室分析。

(六)采样设备和材料空白样

用纯水浸泡采样设备及材料后作为样品,这些空白用来检验采样设备、材料的沾污状况。

任务二　水样的保存与运输

水样采集后,应尽快进行分析检验。某些项目还要求现场测定(如水中的溶解氧、二氧化碳、硫化氢、游离氯等)。但由于各种条件所限(如仪器、场地等),往往只有少数测定项目可在现场进行(温度、电导率、pH 值等),大多数项目仍需送往实验室内进行测定。有时因人力、时间不足,还需要在实验室内存放一段时期后才能分析。因此,从采样到分析检验这段时间里,水样的保存是个很重要的问题。

一　水样变化的原因

(一)生物作用

水中的细菌、藻类和其他生物可能消耗、释放或改变水中一些组分的化学形态,如溶解氧、二氧化碳、生化需氧量、pH、碱度、硬度、氮、磷和硅化物等。通常,污水或污染严重的水样比天然水和较清洁水样更为不稳定些。

(二)化学作用

水样各组分间可能发生化学反应,从而改变了某些组分的含量与性质,例如因水中的溶解氧或通过与空气接触而被氧化,如有机化合物、亚铁离子、硫化物等;聚合物可能解聚,如缩聚的无机磷和聚合的硅酸,单体化合物也有可能聚合;有些组分可能沉淀,如碳酸钙、金属等;pH、电导率、二氧化碳、碱度、硬度等可能因从空气中吸收二氧化碳而改变。

(三)物理作用

光照、温度、静置或振动、敞露或密封等保存条件及容器材质都会影响水样的性质,如温度升高或强振动会使得一些物质如氧、氰化物及汞等挥发;长期静置会使 $Al(OH)_3$、$CaCO_3$ 及 $Mg_3(PO_4)_2$ 等沉淀吸附或吸收一些有机物或金属化合物;溶解状态和胶体状态的金属以及某些有机化合物可能被吸附在盛水器内壁或水样中固体颗粒的表面上。

二 水样的保存措施

(一)将水样充满容器至溢流并密封

为避免样品在运输途中的振荡,以及空气中的氧气、二氧化碳对容器内样品组分和待测项目的干扰,对酸碱度等产生影响,应使水样充满容器至溢流并密封保存,但对准备冷冻保存的样品不能充满容器,否则水冻冰之后,因体积膨胀致使容器破裂。

(二)冷藏

水样冷藏时的温度应低于采样时水样的温度,水样采集后立即放在冰箱或冰水浴中,置暗处保存,一般于 2~5℃下冷藏,冷藏并不适用长期保存,对废水的保存时间则更短。

(三)冷冻

由于冷冻可抑制微生物活动,减缓物理挥发和化学反应速度,因此当水样保存时间较长时,可将水样保存在冰箱冷冻室内。冷冻温度控制在 −20℃左右,一般能延长贮存期。水样结冰时体积膨胀,一般都选用塑料容器。

(四)加入保护剂、固定剂或保存剂

投加一些化学试剂可固定水样中某些待测组分。保护剂应事先加入空瓶中,有些亦可在采样后立即加入水样中。

所加入的保护剂因其体积影响待测组分的初始浓度,在计算结果时应予以考虑,但如果加入足够浓的保护剂,因加入体积很小而可以忽略其稀释影响。

不同水样和不同的被测物要求使用不同的保存药剂,经常使用的保护剂有各种酸、碱及生物抑制剂,加入量因需要而异。

(1)最常用的保存药剂是酸。加酸保存能控制水样的 pH 值,也能大大抑制和防止微生

物的絮凝和沉降,减少容器表面的吸附。在用于测定痕量金属的水样中,通常需加入 0.05～0.1mol/L 的硝酸或盐酸。测 COD 和脂肪也需将水样酸化保存。

(2)加碱保存也能抑制和防止微生物的代谢过程。在用于测定氰化物的水样中,必须加入 NaOH 调节 pH＝10～11。测酚的水样也需加碱保存。

(3)加氯仿或氯化汞也常被用来抑制和防止微生物的代谢过程,但它们本身是有毒的,因此在使用及保管时一定要重视安全防护。

(4)有的测定项目需用专门的保存药剂,如测硫化物需用硝酸锌等。

(五)其他措施

有时,水样采集后在现场立即采取一些措施,如过滤等,对水样的保存也是很有益的。

水样中的藻类和微生物常可以因经过过滤而被截留,这样就可大大减小和防止水样中的生物活性作用。这种方法十分方便。过滤用的滤膜孔径常用 0.5μm。如果要区分被测物是溶解状态还是悬浮状态时,如金属、磷等,也需采样后立即过滤,否则这两种形态在水样贮存期间会互相转化。当然,过滤器材应清洁,避免引入新的污染。同时还应防止过滤过程中由于 CO_2 的逸失或溶入而引起 pH 值的改变。

有的测定项目可在现场做完一部分分析步骤,使被测物"固定"在水样中,转变为稳定的形态。剩下的步骤可携回实验室内继续完成,例如测定水中的溶解氧含量。

三 样品的运输

采集的水质检测样品,除供一部分检测项目在现场测定外,大部分水样要运到水质检测实验室进行分析测试。在水样运输和实验管理过程中,为继续保证水质检测的水样完整性和代表性,使之不受污染、损坏和丢失,必须遵守各项保证措施。

(一)采样记录和样品登记

水样采集后,应在现场及时填写采样单。采样记录填写应详细、完整、准确,做到字迹端正、清楚,按表格填写后,未尽事宜应在备注栏内叙述,使非现场人员无须询问便可详知现场采样的各方面情况。修正处应用统一的单画线删除并盖章,不随意涂改。

对采集到的每一个水样都要做好记录,每一个样品都要有相应的编号。样品的标签必须防水并且能牢固地粘贴在每个容器的外面,以防止样品搞错。标签内容为样品编号以及采集单位和采集地点编号等。

现场质控样应详记其采集情况,并记下现场平行样的份数和容量、现场空白样和现场加标样的处置情况。

(二)水样运输注意事项

(1)根据采样记录和水质检测样品登记表清点水样,防止搞错。

(2)塑料容器要塞紧内塞,旋紧外盖。

(3)玻璃瓶要塞紧磨口塞,然后用细绳将瓶塞瓶颈拴紧;或者用封口胶、石蜡封口(测油类水样除外)。

（4）为防止样品在运输过程中因震动、碰撞而导致损失或玷污，最好将水质检测样品装箱运送。装运箱和盖要有聚合泡沫塑料或者瓦楞纸作衬里和隔板。样品按顺序装入箱，加盖前要垫一层塑料膜，再在上面放泡沫或干净的纸条使盖能压住样品瓶。

（5）需冷藏的样品，应配备专门的车载冰箱，水质检测的样品置于其中保存。

（6）冬季应采取保温措施，以免冻裂样品瓶。

样品运输时必须配专人押配，样品交水质检测实验室分析时，接收者与送样者双方应在样品登记表（表1-5）上签名，以示负责。送样单和采样记录应由双方各保存一份待查。

表 1-5　水样送检表

样品编号	采样河流 （湖库名称）	采样断面 及采样点	采样时间 （月、日）	添加剂 种类	数量	分析项目

送样人员：　　　　　　　　接样人员：　　　　　　　　送检时间：

任务三　水样的预处理

在水和废水监测中，采集的样品多数很难直接测定，一般需经适当处理。将待测样品制成分析试液的一系列操作称为样品预处理。

样品处理的目的主要有：①制备成分析仪器所需的样品形式；②将被测组分从复杂的样品中分离出来或除去干扰分析测定的基体物质，提高方法选择性；③浓缩被测组分，提高方法的灵敏度。

在实际工作中，根据样品的基质和待测组分的不同，通常采取不同的样品处理技术。除沉积物为固体外，水和废水监测涉及的样品多为溶液状态，有的组成复杂，有的待测成分含量低，很多测定方法的灵敏度和选择性都达不到直接测定样品的要求，为了准确而精密地测定这些样品，通常需要采用分离、富集、掩蔽等样品处理技术，以达到消除干扰组分和富集待测组分的目的。因此，分离富集是水和废水监测中最常用的处理技术之一。选择适当的分离富集方法，是获得可靠结果的重要措施。用于水和废水监测的分离富集方法较多，常见的有消解、液液萃取、离子交换、吸附剂吸附、沉淀或共沉淀、泡沫浮选和气体发生等。

一　消解技术

由于污水和废水的成分十分复杂,水中的有机物质会与金属离子络合,因此在测定前常需对水样进行消解处理。这种消解处理可消除有机物质的干扰,此外,还可消除 CN^-、NO_2^-、S^{2-}、SO_3^{2-}、$S_2O_3^{2-}$、SCN^- 等离子的干扰。这些离子在消解时,会由于氧化和挥发作用而被消除。

(一)湿式消解

常用的消解法是酸性湿式消解法。消解药剂用的是硫酸-硝酸,对于难消解的也可用硝酸-高氯酸。用于消解的消解药剂要求较高,其总铁及重金属杂质的含量不应超过 0.0001%,否则会增加空白值,降低方法的准确度和灵敏度。

消解时先在水样中加入混合酸,蒸发至较少体积后再加入混合酸消解,直到溶液无色透明,驱尽残余的氮氧化物气体,消解完毕后用蒸馏水稀释。

(二)干式消解

除上述酸性湿式消解法外,还有干式消解法(灼烧法)。该法是先将水样蒸干,然后在 $600\,^\circ\!C$ 左右灼烧到残渣再不变色,使有机物完全分解除去,但不能完全除去无机物的干扰。最后用蒸馏水溶解残渣,取此溶液进行分析测定。

二　萃取技术

根据基质的不同,可分为液液萃取和固相萃取。

(一)液液萃取

1. 原理
液液萃取是指利用化合物在两种互不相溶(或微溶)的溶剂中溶解度或分配系数的不同,使化合物从一种溶剂内转移到另外一种溶剂中。经过反复多次萃取,将绝大部分的化合物提取出来的方法。

2. 萃取操作步骤
(1)选择的萃取剂,应对被提取物有较大的溶解能力,而对杂质不溶或微溶;跟原溶液的溶剂要互不相溶。

(2)操作时先检验分液漏斗是否漏液。然后把被萃取溶液和萃取剂加入分液漏斗,总量不要超过漏斗容积的 $1/2$。

(3)振荡时,用右手掌压紧盖子,左手用拇指、食指和中指握住活塞。把漏斗倒转过来振荡,并不时旋开活塞,放出易挥发物质的蒸气。这样反复操作几次,当产生的气体很少时,再剧烈振荡几次,把漏斗放在漏斗架上静置。

(4)静置后,当液体分成清晰的两层时分离液层。先把玻璃盖子取下,以便与大气相通。然后旋开活塞,使下层液体慢慢流入烧杯里,当下层液体恰好流尽时,迅速关上活塞。

从漏斗口倒出上层液体。

(二)固相萃取

1. 原理

固相萃取发展于20世纪70年代,就是利用固体吸附剂将液体样品中的目标化合物吸附,与样品的基体和干扰化合物分离,然后再用洗脱液洗脱或加热解吸附,达到分离和富集目标化合物的目的。由于其具有高效、可靠、消耗试剂少等优点,在许多领域取代了传统的液液萃取而成为样品前处理的有效手段。其缺点是目标化合物的回收率和精密度要低于液液萃取。

2. 分类

固相萃取实质上是一种液相色谱分离,其主要分离模式也与液相色谱相同,可分为正相(吸附剂极性大于洗脱液极性)、反相(吸附剂极性小于洗脱液极性)、离子交换和吸附。固相萃取所用的吸附剂也与液相色谱常用的固定相相同,只是在粒度上有所区别。

(1)正相固相萃取所用的吸附剂都是极性的,用来萃取(保留)极性物质。在正相萃取时目标化合物如何保留在吸附剂上,取决于目标化合物的极性官能团与吸附剂表面的极性官能团之间相互作用,其中包括了氢键、π-π键相互作用,偶极-偶极相互作用和偶极-诱导偶极相互作用以及其他的极性-极性作用。正相固相萃取可以从非极性溶剂样品中吸附极性化合物。

(2)反相固相萃取所用的吸附剂通常是非极性的或极性较弱的,所萃取的目标化合物通常是中等极性到非极性化合物。目标化合物与吸附剂间的作用是疏水性相互作用,主要是非极性-非极性相互作用,是范德华力或色散力。

(3)离子交换固相萃取所用的吸附剂是带有电荷的离子交换树脂,所萃取的目标化合物是带有电荷的化合物,目标化合物与吸附剂之间的相互作用是静电吸引力。

固相萃取中吸附剂(固定相)的选择主要是根据目标化合物的性质和样品基体(即样品的溶剂)性质。目标化合物的极性与吸附剂的极性非常相似时,可以得到目标化合物的最佳保留(最佳吸附)。两者极性越相似,保留越好(即吸附越好),所以要尽量选择与目标化合物极性相似的吸附剂。例如:萃取碳氢化合物(非极性)时,要采用反相固相萃取(此时是非极性吸附剂)。当目标化合物极性适中时,正、反相固相萃取都可使用。吸附剂的选择还要受样品的溶剂强度(即洗脱强度)的制约。

三 共沉淀技术

沉淀分离是最古老的化学分离方法,由于痕量组分含量太低,将沉淀法直接用来分离痕量组分的应用实例较少。当沉淀从溶液中析出时,溶液中某些可溶的组分被沉淀夹带而混杂于沉淀中,这种现象称为共沉淀现象。利用这一原理,就可实现痕量组分的分离富集。

进行共沉淀分离时,首先要选择好共沉淀剂。共沉淀剂本身应当纯净,仅以少量沉淀就能有效地将待分离组分吸附完全,不干扰以后的分离和测定或能用蒸发等较简便的方法除去。共沉淀剂(又称载体或捕集剂)可分成无机和有机两类。

共沉淀可达到较大富集倍数,但需用过滤或离心方式使沉淀和母液分离,这些操作费时麻烦,在一定程度上限制了它的发展。

(一)无机共沉淀剂

无机共沉淀剂多为金属氧化物的水合物或硫化物,如 $Fe(OH)_2$、$Al(OH)_3$、MnO_2、HgS、CdS、PbS 等,它们多形成胶状如絮状沉淀,能一举捕集多种痕量元素。

无机共沉淀剂有强烈的吸附性,但选择性较差,而且仅有极少数(汞化合物)可经灼烧挥发除去,大多数情况还需要进一步与载体元素分离。因此,有时选择有机共沉淀剂富集的方法更为有利。

(二)有机共沉淀剂

有机共沉淀剂实际上多为广谱性螯合剂,能和多种金属离子形成疏水性螯合物。常用的有机共沉淀剂有 8-羟基喹啉、铜铁试剂、二硫腙等。

有机共沉淀剂一般是非极性或极性很弱的分子,其吸附杂质离子的能力较弱,因而选择性较好。又由于其相对分子质量一般较大,形成沉淀的体积也较大,有利于痕量组分的共沉淀。另外,有机共沉淀剂可借灼烧除去,不会影响以后的测定。

四　气化分离技术

(一)蒸发(蒸馏)

1. 原理

利用液体中各组分沸点不同,使低沸点组分蒸发,再冷凝以分离整个组分的单元操作过程,是蒸发和冷凝两种单元操作的联合。与其他的分离手段如萃取、吸附等相比,它的优点在于不需使用系统组分以外的其他溶剂,从而保证不会引入新的杂质。主要应用于挥发酚、氰化物、氟化物、氨氮测定的前处理。

2. 注意事项

(1)冷凝管的中心线要跟蒸馏烧瓶支管的中心线在同一直线上。在蒸馏烧瓶里放几粒沸石,以防暴沸。蒸馏烧瓶中液体的量是烧瓶容量的 $1/3\sim1/2$。调整温度计的位置,使水银球的上限恰好处于蒸馏烧瓶支管的下限。

(2)蒸馏前冷凝管应通入冷凝水,加热时要控制温度缓慢上升。为了得到较纯的蒸馏物,可在不同的馏出温度更换接收器(锥形瓶),并在接收器上记录收集馏出物的温度范围。

(3)当烧瓶中只有少量液体时要停止蒸馏。先移去热源,到不再有馏出液时停水。拆除仪器的次序跟装配的次序相反。

(二)顶空分析

样品中痕量高挥发性物质的分析测定可使用气体萃取即顶空技术。顶空技术可分为静态顶空和动态顶空,它们具有如下特点:①操作简便,只需将样品填充到顶空瓶中,再密封保存直至色谱分析;②可自动化,已有不少气相色谱生产商能够提供集成化的气相色谱顶空进样器;③可变因素多,静态顶空只需确定顶空瓶中样品的平衡时间和温度,而动态顶空还需确定捕集阱中吸附剂的种类和填充量;④动态顶空具有较高的灵敏度,检出限可达 $10\sim12\mu g/L$ 水平。顶空技术与色谱联用作为一种广泛使用的可靠和有效的分析测定技术,已成为很多国家及组织的标准方法。

(三)吹扫捕集

对于水中具有一定挥发性的痕量组分,还可用吹气捕集技术进行分离富集。吹扫捕集的方式和动态顶空分析类似,它是将预先净化后的稀有气体(多数为氮气,偶尔也用氩气)流通入水样中,水中所含易挥发性痕量组分在气流的作用下,随同气流一起逸出,再用适当的方式将逸出的组分捕集,就可实现分离富集。

水相中的组分能否被吹出,取决于该组分挥发性(或沸点)、水温、气-水界面,它在水中的溶解度等诸多因素。此外,吹入气体的流速和总体积也影响这种分配。吹气捕集法适于分离富集沸点 < 200℃ 的组分,这些组分多为有机物,如卤代烃类、脂肪烃、芳香烃、醚类、烯醚类等。

(四)氢化物发生

有些元素在一定条件下可形成气态或具较高蒸气压的液态共价氢化物,它们极易从水样中逸出,利用这一性质进行分离富集的方法称为氢化物发生。氢化物发生可和一些灵敏的仪器测定方法联用,近年发展起来的氢化物发生原子吸收法就是一种联用技术。这种联用技术突出的特点是简化了分析操作,减缓了干扰和降低了基体效应,提高了仪器测试灵敏度,降低了实际样品的检出下限,其应用极其普遍。

共价氢化物的形成为还原反应,根据所用还原剂的性质,可将还原反应分成两类,即金属-酸还原法和硼氢化钠(钾)-还原法。早期研究多用金属-酸还原法,主要为锌-稀盐酸或锌-稀硫酸体系,这些体系的主要局限是只能生成砷化氢。为了扩大此技术的应用范围,又发展了一些新体系,如 Zn-HCl-$SnCl_2$-KI 体系、Mg-$TiCl_2$-HCl 体系、At-HCl-KI-$SnCl_2$ 体系,这些体系已将应用扩展到 As、Sb、Se 等元素。由于金属-酸体系有以下缺点,故其应用受到一定限制:①还原反应速度缓慢,完成反应所需时间较长,还需将生成的氢化物收集起来再进行测定,操作烦琐;②还原能力不强,仅能应用于 As、Se、Sb、Bi、Te 5 种元素;③还原剂为固体,不能与流动分析技术联用而实现自动分析。

和金属-酸体系相比,后来建立的硼氢化钠(钾)-酸体系要优越得多:①还原反应迅速,几乎可瞬间完成,因此可提高峰值吸收测定的灵敏度,通常不必收集所形成的氢化物,操作较简便;②还原力强,可还原 Pb、Sn、Ce、In、Tl、As、Se、Sb、Bi、Te 等 10 种元素,扩大了该技术的应用范围;③还原剂可配成溶液,易于实现自动化分析。由于它具有这些优点,目前几乎完全取代了金属-酸还原体系。使用中存在的主要问题是还原剂溶液不太稳定和所含杂质造成试剂空白值较高。

任务四　水温的测定

一　概述

水温是重要的水质感官性状指标之一。影响水温的主要因素是气温、水层深度和热污染。水体热污染主要来自工业冷却水。首先是动力工业，其次是冶金、化工、造纸、纺织和机械制造等工业。

水温与水生生物及微生物的活动有关。当水温超过 33～35℃时，大多数水生物不能生存。例如，血吸虫卵在 29～32℃时 9 天内死亡，15～24℃时 3 周内死亡。在一定范围内水温升高有利于水生生物的生长和繁殖，一些令人厌恶的生物的快速繁殖会使水质恶化，从而产生不良的臭和味。

水质分析中 pH 值、溶解氧、电导率、氧化还原电位等与水温变化明显相关的指标需要进行温度补偿方可得到精准结果。因此水温的测定无论是对水质环境监测，还是废水监测都有重要意义。

二　测定方法

水温为各类水样采集时现场必须测定、记录的项目之一。水温的测定方法有棒状水银温度计测定法、水温计或颠倒温度计测定法、数显式热敏电阻温度计测定法、语音式热敏电阻温度计测定法、卫星遥感监测法等。对水温进行连续测定可用热敏电阻温度计。

在没有条件必须取水测水温时，取水量不少于 1L。测定水温时所使用的温度计应定期用标准温度计进行校正。在现场测水温的同时，应进行气温测定，同时避免阳光直射。

(一)普通水温计法

玻璃管温度计是利用热胀冷缩的原理来实现温度的测量的。由于测温介质的膨胀系数与沸点及凝固点的不同，所以我们常见的玻璃管温度计主要有煤油温度计、水银温度计、红钢笔水温度计。其优点是结构简单，使用方便，测量精度相对较高，价格低廉。缺点是测量上下限和精度受玻璃质量与测温介质的性质限制，且不能远传，易碎。

如水层较浅，只测表层水温，水层深应分层次测定。测定浅层水温可用普通水银温度计，插入被测水体，感温 3min 以上读数，但温度计不能离开水面。

(二)颠倒温度计法

测深层水温度可用深水温度计或颠倒温度计。颠倒温度计分主温表和副温表两部分，主温表用来观测水温，副温表用来校正因环境温度改变而引起的主温表读数的变化。

校正值按下式计算：

$$K = [(T-t) \times (t+V_0)/n] \times [1 + (T-V_0)/n]$$

式中：T 为主温表经器差订正后的读数，由温度计出厂时检定值中器差订正表中查得；t 为副温表经器差订正后的读数；V_0 为主温表自接受泡至刻度 0℃处的水银容积，以温度度数表示；$1/n$ 为水银与温度表玻璃的相对体膨胀系数（由中央气象台提供）。由主温表的读数加 K 值，即为实际水温。

典型水温测定仪如图 1-1 所示。

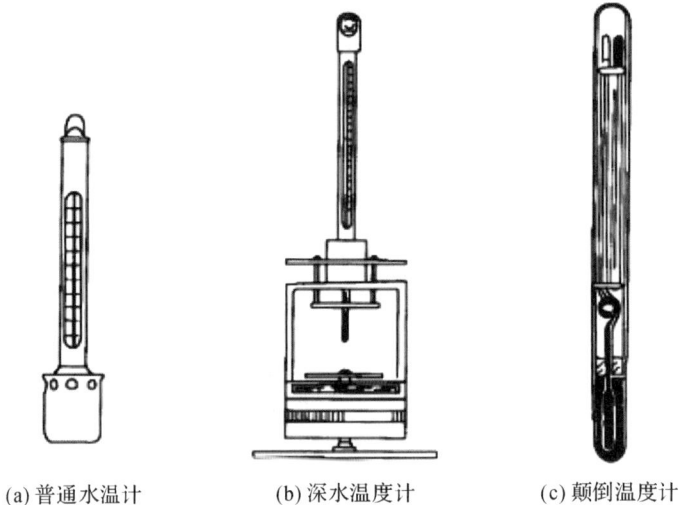

(a) 普通水温计   (b) 深水温度计   (c) 颠倒温度计

图 1-1　水温测定仪

任务五　臭和味的测定

一　概述

臭和味是人的嗅觉和味觉对化学物质的一种感觉或体验。清洁的水是无臭无味的，只有当水中含有杂质并达到一定浓度时才产生臭和味。有臭和味的水一般不宜饮用。

检验水中臭和味，可以初步判定污染物的性质和类别，作为水污染的评价指标，同时对水处理效果及追查污染源具有意义。臭和味是两种不同的感觉，一般说来，引起臭的主要是有机物，引起味道的主要是无机物，但这并不是绝对的，它们之间是有联系的。从生理机制来说，嗅觉和味觉通过神经纤维的传导在大脑中是相互联系的，人们在品尝物质味道的同时也可闻到其臭气。从味和臭产生的来源上说，也是有联系的。例如，不同的有机物有各种各样的臭气，但有机物多时，也可引起甜味。

(一)臭气

臭气主要来源于天然水中动植物的分解和工业废水的排放。例如，水中生物体的腐败，水中有酚类化合物、煤焦油物质、硫化物、其他有机物以及某些矿物质，都可使水产生臭气。

臭气可进行以下定性描述和分类：(1)正常即不具备任何臭气；(2)芳香气如花香，水果臭气；(3)甜气味和甜蜜臭气；(4)化学药品气，如氯气、石油气(汽油、煤油、煤焦油)、药品臭气、硫化物臭气(硫化氢、二氧化硫);(5)其他臭气如鱼腥臭气、牲畜臭气、污染水腐败臭气、泥炭臭气、毒草臭气、霉烂臭气、粪臭等。

(二)味道

溶解在水中各种不同的化合物,使水具有不同的味道。例如,含有大量有机物时,水带有甜味;含氯化钠的水显咸味;含硫酸镁、硫酸钠等,可引起苦味;铁盐含量过大有涩味;含硫酸钙带微甜味;流经矾类岩层的水呈酸味等。水味可用正常、酸、甜、苦、涩、咸来分类描述。

二 臭和味的测定

(一)定性描述法

定性描述法是依靠人的嗅觉和味觉对水中的臭和味进行检验的一种方法,分冷法和热法。冷法为常温下(20℃),取100ml水样置250ml三角瓶中,振荡后从瓶口闻其臭,同时,取少量水放入口中(切勿咽下)尝水的味道,用文字记录臭和味的性质或类别,再按表1-6记录其强度等级。

表1-6 臭和味的强度等级

等级	强度	说明
0	无	无任何臭和味
1	微弱	一般饮用者很难察觉,但嗅、味觉敏感者可发觉
2	弱	一般饮用者刚能察觉
3	明显	已能明显察觉
4	强	已有很明显臭味
5	极强	已有强烈恶臭和异味

热法是将上述三角瓶内水样加热至开始沸腾,立即取下三角瓶,稍冷后(约60℃)嗅气和尝味,同冷法做好记录。

在对臭和味做定性描述测定时应注意,五人以上同时测定,以多数人的测定结果为准。检测人员无相关的疾病(如感冒、口腔炎、鼻炎等);在检测前半小时停止进食(特别是烟酒和刺激性食物)及化妆。工作时间以不引起嗅觉和味觉疲劳为准,注意安全,有毒有害的生活污水和工业废水不能用口检验。检测顺序从稀到浓。

(二)嗅(味)阈法(稀释倍数法)

用无臭水将水样稀释至分析人员刚刚嗅到或尝到臭味时的浓度,称为嗅(味)阈浓度,水样稀释到嗅(味)阈浓度时的稀释倍数,称为嗅(味)阈值。

嗅(味)阈值:(水样 ml+稀释水 ml)/水样 ml

测定时用文字记录臭和味的性质,以嗅(味)阈值表示臭和味的强度。测定时用文字记录臭和味的性质,以嗅(味)阈值表示臭和味的强度。无臭水的制备是用自来水或蒸馏水通过内装活性炭的无臭水发生器而得。人的味觉比嗅觉更易疲劳,检测人员的工作时间不宜过长。由于臭和味受水温的影响较大,报告中注明测定的温度。

任务六　浊度的测定

一　概述

浊度也称浑浊度,是由于水中对光有散射作用物质的存在,而引起液体透明度降低的一种量度。水中悬浮及胶体微粒会散射和吸收通过样品的光线,光线的散射现象产生浊度,利用样品中微粒物质对光的散射特性表征浊度,测量结果单位为 NTU。对光有散射作用的物质包括悬浮于水中的固体颗粒物(泥沙、腐殖质、浮游藻类等)和胶体颗粒物。浊度既能反映水中悬浮物的浓度,同时又是人的感官对水质的最直接的评价。这两个特点使浊度成为一个很重要的水质参数。

浊度对于给水和工业水处理行业来说是一个至关重要的水质指标。降低浊度的同时也降低了水中的细菌、大肠菌、病毒、隐孢子虫、铁、锰等。研究表明,当水中浊度为 2.5NTU 时,水中有机物去除了 27.3%,浊度降至 0.5NTU 时,有机物去除了 79.6%,浊度为 0.1NTU 时,绝大多数有机物予以去除,致病微生物的含量也大大降低。

二　测定方法

(一)硅藻土标准比浊法

用硅藻土配成的标准系列与水样比较即可得出水样的浑浊度度数。规定在 1L 水中含 1mg 一定粒的硅藻土所产生的浑浊程度为 1 度。此法为我国测定浑浊度的标准检验方法,最低检测浓度为 1 度,适用于生活饮用水和水源水浑浊度的测定。

测定水样浑浊度时,首先要制备浑浊度标准原液,其次要确定浑浊度标准原液的浑浊度度数,然后以浑浊度原液为基础,配制出不同浑浊度的标准浊列,将水样与标准浊列比较,目视法测出水样的浑浊度。

配制浑浊度标准所用的标准物质除硅藻土以外,还有白陶土、高岭土、漂白土,它们的主要成分是 Al_2O_3 和 SiO_2,但 Al_2O_3 与 SiO_2 的比例却不同,而且与产地有关,其悬浮物的光学效应就不同,对测定结果影响较大。鉴于浑浊度标准商品目前尚无统一规定的现实,在报告中应说明是用哪一种标准物质配制的标准。

测定时,不同浊度的水样,应与不同的标准系列比较。例如,水样浊度在 1～10 度之间,要求标准系列两邻管的浓度差为 1 度。水样浊度在 10～100 度之间,要求标准系列两邻管的浓度差为 5 度。水样浑浊度结果于测定时直接读取,不同浑浊度范围的读数精密度与标准系列一致,要求见表 1-7。

表 1-7　浑浊度范围和读数精密度要求

浑浊度/度	读数精密度/度
1~10	1
10~100	5
100~400	10
400~700	50
>700	100

(二)浊度计法

光电浊度仪运用了光的散射理论,当光束碰在溶液中的悬浮颗粒表面上时,将会散射和吸收通过水样的光线,这种光线的散射产生浊度。现代仪器显示的浊度是与入射光90°角的方向上测量的散射光的强度(图1-2),单位为 NTU 或 FNU,1NTU＝1 FNU＝1 度。

4000NTU 福尔马肼标准贮备液的配制方法:称取 5.0g 六次甲基四胺($C_6H_{12}N_4$)溶解在约 40ml 实验用水中,0.5g 硫酸肼($N_2H_6SO_4$)溶解于 40ml 实验用水中,将这两种溶液倒入 100ml 容量瓶中定容,在 25±3℃下水平放置 24h,制备成为 4000NTU 的浊度贮备液。

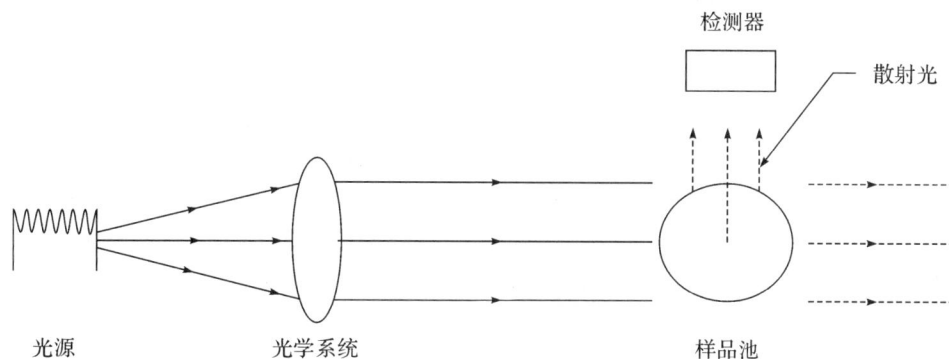

图 1-2　浊度计结构示意

一般情况下,0~40NTU 的样品一般仪器都能直接读出结果,无须计算。大于量程范围,经稀释的样品,读数乘稀释倍数即为样品的浊度值。

任务七　电导率及蒸发残渣的测定

一　概述

(一)电导率

电解质溶液和金属导体一样,能够导电,其导电能力的强弱叫电导。电导率是电阻率的倒数,其数值与阴离子和阳离子的总和以及溶解性固体的量有密切关系,固体量浓度越高,电导率越大。测定电导率可以检验天然水中可溶性矿物质的总浓度,以此来反映水受矿物质污染的程度。测定电导率还可用来检查蒸馏水或去离子水的纯度,校核化学分析的结果和估计进行化学分析时所取的水样。电导率测定具有快速、准确,既不消耗水样,又不改变水样的特点,但它无法反映水中非电解质物质的污染状况。

(二)蒸发残渣

一定体积的水样在一定温度下蒸干,烘烤所得到的固体物质的总量叫蒸发残渣,简称残渣。水中残渣来自天然污染源、生活污水、地面径流和工业废水的排放。它的组成包括有机物、无机物和各种生物。饮水中残渣过多,特别是滤过性残渣过多,就会有异味,刺激胃肠道,引起腹痛、腹泻,并致体内结石等,危害人体健康。在工业用水、废水的处理工艺和设备的设计与管理中检测残渣具有重要意义。

水中残渣可分为滤过性残渣和非滤过性残渣。将水样用一定的过滤器过滤,被滤器阻留的物质干燥后得到的残渣叫非滤过残渣,主要是悬浮物。能通过滤器的物质,经过蒸发和干燥得到的残渣叫滤过性残渣,它不仅包括溶解性物质,而且还包括一些不溶的固体微粒和微生物,是水中可滤过不易挥发物质的总和。水中物质能否过滤与其颗粒大小、滤器性质、孔径大小、厚度、被阻留物质的量,以及水温、pH 值诸因素有关,这些因素复杂,且难于控制,因此,滤过性残渣和非滤过性残渣只具有相对意义。我国一般采用 $0.45\mu m$ 滤膜作滤器。

残渣的测定结果与蒸发温度有密切关系。残留物在 $105℃$ 烘干时不仅保留结晶水,还可能保留一些机械性吸着水,重碳酸盐可变成碳酸盐,但一般有机物损失较少。在 $180℃$ 烘干时,能除尽机械性吸着水,仅有硫酸盐类保留结晶水。有机物因挥发而损失,但未完全破坏。碳酸盐可能部分地分解为氧化物或碱性盐类,还可能损失部分氯化物或硝酸盐。此外,残渣的量也与烘干的时间有关。因此,测定残渣时,应慎重选择烘干温度和时间。

二　测定方法

(一)电导率的测定

电解质溶液是一种导体,它也遵守欧姆定律。在一定温度下,一定浓度的电解质溶液的电阻 $R(\Omega)$ 与电极间距离 l(cm)成正比,与电极截面面积 A(cm^2)成反比,即
$$R=\rho \cdot l/A$$

电导 L 是电阻的倒数,则
$$L=\frac{1}{R}=\frac{A}{\rho \cdot l}=\frac{\sigma \cdot A}{l}=\sigma \cdot K$$

式中:σ 为电导率,K 为电导池常数。因电极间的距离与电极面积不易测准,K 不易直接测得,常用已知电导率的氯化钾标准溶液,分别测定标准溶液和待测溶液的电阻,从而计算出待测溶液的电导率。

用同一电导电极,其 K 值相等,所以

$$R_s \cdot \sigma_s = R \cdot \sigma$$

$$\sigma = \frac{R}{R_s \cdot \sigma_s}$$

电导率随温度变化而变化,表 1-8 列出了常用氯化钾标准溶液的准确电导率。

表 1-8　氯化钾标准溶液的电导率值($\Omega^{-1} \cdot cm^{-1}$或 $S \cdot cm^{-1}$)

温度/℃	1.000mol/L	0.100mol/L	0.0200mol/L	0.0100mol/L
20.0	0.10207	0.01167	0.002501	0.001278
22.0	0.10554	0.01215	0.002606	0.001332
25.0	0.11150	0.01288	0.002765	0.001417
27.0	0.11574	0.01337	0.002873	0.001468

各种电导率仪的关键部件是电导池,其中尤为重要的是正确选用和安装电极。对电导率小于 5S/cm 的溶液,通常选用电极常数小于 0.6 的光亮电导电极;当电导率为 5～150S/cm 时,宜选择电极常数为 1 左右的铂黑电极;当电导率大于 150S/cm 时,应选择电极常数为 5 左右的 U 型电极。

使用时要防止电极沾污,充分洗涤干净。如电极表面的铂黑已经脱落,应重新镀铂黑并重新标定其电极常数。使用已知电极常数的电极时,经常用标准氯化钾溶液进行校正。用电导仪测定时,还要注意溶液的温度不应超出仪器的规定范围,否则仪器的补偿效果差或失去补偿作用,使测定结果不准确,严重时有可能损坏电导池。

(二)蒸发残渣的测定

准确移取 100ml 水样置于已恒重的蒸发皿中,用水浴蒸发至干。如果用砂浴蒸发,切勿完全干燥。将蒸发皿移入 103～105℃ 烤箱中烘烤 1h,取出置于干燥器中冷却,30min 后称重。重复烘干、冷却和称重,直至恒重。以蒸发皿的增重除以水样体积,即可得出水样蒸发残渣的含量。

测定滤过性残渣时,先将水样用孔径为 0.45μm 的滤膜过滤,准确吸取 100ml 滤液于已恒重的蒸发皿中,按上述方法同样测定和计算,可得到水样滤过性残渣的含量。

任务八　溶解氧的测定

一　概述

溶解氧是指溶解在水里氧的量,通常记作 DO,用每升水里氧气的毫克数(mg/L)表示。水中溶解氧的多少是衡量水体自净能力的一个指标。它跟空气中氧的分压、大气压、水温

和水质有密切的关系,表1-9为101325.02 Pa大气压下,空气中氧含量为20.9%,不同温度下淡水饱和溶解氧的总量。水里的溶解氧由于空气里氧气的溶入及绿色水生植物的光合作用会不断得到补充。在急流瀑布处,空气与水的接触面积及接触机会增大,空气在水中以细小颗粒存在,因而水中也可含过饱和的溶解氧。

表1-9 不同温度下水中饱和溶解氧含量

水温/℃	溶解氧/(mg·L^{-1})	水温/℃	溶解氧/(mg·L^{-1})	水温/℃	溶解氧/(mg·L^{-1})
0	14.62	14	10.37	28	7.92
1	14.23	15	10.15	29	7.77
2	13.84	16	9.95	30	7.63
3	13.48	17	9.74	31	7.50
4	13.13	18	9.54	32	7.40
5	12.80	19	9.35	33	7.30
6	12.48	20	9.17	34	7.20
7	12.17	21	8.99	35	7.10
8	11.87	22	8.83	36	7.00
9	11.59	23	8.68	37	6.90
10	11.33	24	8.53	38	6.80
11	11.08	25	8.38	39	6.70
12	10.83	26	8.22	40	6.60
13	10.60	27	8.07	50	5.60

　　清洁的地面水在正常情况下,所含溶解氧接近饱和状态。海水中溶解氧的含量约为淡水80%。表层水中溶解氧含量较高,深层水中较低。地面水较地下水中的溶解氧含量高。溶解氧与水生生物的生存有密切关系。好气性微生物在富含溶解氧的条件下能更好地生长繁殖,厌氧性微生物的生长繁殖则不需要氧气。许多鱼类在溶解氧为3~4mg/L的水中,就会因缺氧而窒息死亡。夏天池塘(特别是污水池塘)里的鱼往往出现浮塘现象,正是由于夏天气温高,水中溶解氧减少所致。

　　当水体受到有机物污染,耗氧严重,溶解氧得不到及时补充,水体中的厌氧菌就会很快繁殖,有机物因腐败而使水体变黑、发臭。溶解氧值是研究水自净能力的一种依据。水里的溶解氧被消耗,要恢复到初始状态,所需时间短,说明该水体的自净能力强,或者说水体污染不严重。否则说明水体污染严重,自净能力弱,甚至失去自净能力。

二 样品采样

测定溶解氧水样的采样原则是避免产生气泡,防止空气混入,所以要用溶解氧瓶或具塞磨口瓶采集。采集地面水时,水样瓶装满后再有 2～3 倍的体积置换,既可起到冲洗水样瓶的作用,又避免了产生气泡,还将瓶内原先与空气接触的水样置换了出去。

采集自来水或带有抽水装置的井水时,先打开水龙头放水几分钟,再用橡皮管接在水龙头上,将橡皮管的另一头插到瓶底部,待瓶中水满外溢数分钟后,取出橡皮管,盖好瓶塞。无论采集何种水样,瓶内都不能留有气泡。影响水中溶解氧的因素很多,因此最好尽快测定。不能尽快测定时,应加 $MnSO_4$ 和碱性 KI 现场固定,固定后的水样也只能保存 4～8h,不能长时间放置。

三 测定方法

测定溶解氧的方法主要有碘量法、薄膜电极法和电导测定法。碘量法准确、精密,但有多种杂质干扰,如配以适当的干扰消除措施,可消除水中常见干扰物的影响,适用于测定水源水、地面水等较清洁的水样,是目前常用的测定溶解氧的方法。薄膜电极法和电导测定法可测定颜色深、浊度大的水样,常用于江河水、湖泊水、排水口污水和废水中溶解氧的测定。

(一)碘量法

1.原理

硫酸锰与氢氧化钠作用生成氢氧化锰,氢氧化锰与水中溶解氧结合生成含氧氢氧化锰(或称亚锰酸),亚锰酸与过量的氢氧化锰反应生成偏锰酸锰。偏锰酸锰在酸性条件下与碘化钾反应析出碘,用硫代硫酸钠标准溶液滴定析出的碘而定量。各步反应式如下:

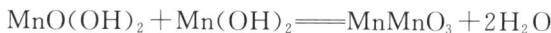

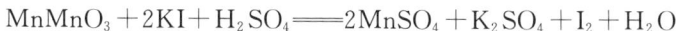

$$2MnSO_4 + 2NaOH \!=\!=\! Mn(OH)_2 \downarrow + Na_2SO_4$$
$$2Mn(OH)_2 + O_2 \!=\!=\! 2MnO(OH)_2 \downarrow$$
$$MnO(OH)_2 + Mn(OH)_2 \!=\!=\! MnMnO_3 + 2H_2O$$
$$MnMnO_3 + 2KI + H_2SO_4 \!=\!=\! 2MnSO_4 + K_2SO_4 + I_2 + H_2O$$
$$I_2 + Na_2S_2O_3 \!=\!=\! 2NaI + Na_2S_4O_6$$

测定时,先在样品瓶中加入硫酸锰和碱性碘化钾溶液固定溶解氧(采样时已固定溶解氧的可省掉这一步),再加入浓 H_2SO_4 析出碘,待沉淀完全溶解后,吸取 100.0ml 样液,用 $0.0250mol/L$ $Na_2S_2O_3$ 滴定析出的碘,并根据消耗硫代硫酸钠的毫升数 V,按下式计算水样溶解氧含量(mg/L):

$$DO = (0.02500 \times V \times 8 \times 1000)/100 = 2V$$

测定溶解氧时,试剂的加入方式比较特别,应将移液管尖插入液面之下,慢慢加入,以免将空气带入水样中引起误差。另外还要注意淀粉指示剂的加入时机,应该先将溶液由棕色滴定至淡黄色时再加淀粉指示剂,否则终点会出现反复,难以判断。

2. 干扰

用碘量法测定溶解氧,常常会遇到一些干扰,应根据干扰物的种类和性质,采用适当的方法消除。水样中常见的干扰物及消除方法有以下几种:

(1)当水样中含有 NO_2^-、Fe^{3+} 时,可发生下述反应而影响溶解氧的测定:

$$2NO_2^- + O_2 \rightleftharpoons 2NO_3^-$$

$$2NO_2^- + 2I^- + 4H^+ \rightleftharpoons 2NO\uparrow + I_2 + 2H_2O$$

$$2Fe^{3+} + 2I^- \rightleftharpoons 2Fe^{2+} + I_2$$

向样品中加入叠氮化钠和氟化钠,可消除 NO_2^- 和 Fe^{3+} 的干扰;

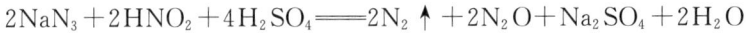

$$2NaN_3 + 2HNO_2 + 4H_2SO_4 \rightleftharpoons 2N_2\uparrow + 2N_2O + Na_2SO_4 + 2H_2O$$

$$Fe^{3+} + 6F^- \rightleftharpoons [FeF_6]^{3-}$$

(2)若水样中存在有大量的 Fe^{2+},会消耗游离出来的碘,使测定结果偏低。此时应加入高锰酸钾溶液将 Fe^{2+} 氧化为 Fe^{3+},再加入 NaF 将 Fe^{3+} 转化为 $[FeF_6]^{3-}$ 配合物。过量的高锰酸钾以草酸还原除去。草酸也不能过量,否则会使碘还原为 I^-,影响测定结果。

(3)水样中的悬浮物质较多时,会吸附游离碘而使结果偏低。此时预先用明矾 $[KAl(SO_4)_2]$ 在碱性条件下水解,生成氢氧化铝沉淀,后者再凝聚水中的悬浮物质,沉淀析出后取上清液测定溶解氧。

(二)薄膜电极法

薄膜电极法根据原理的不同可分为电流式和极谱式氧敏薄膜电极法,但都是由两个与支持电解质相接触的金属电极组成,由一种选择性薄膜(常为聚乙烯和碳氧化合物薄膜)把支持电解质与样液分开,水样中的分子氧可通过薄膜进入支持电解质,于电极上发生电极反应,产生的扩散电流与分子氧浓度呈线性比例。因此可根据电极反应的电流而换算出溶解氧的浓度。电流式和极谱式系统的基本区别在于前者的电极反应是自发的,后者需要一个外部电源供给电压,使指示电极极化。

薄膜电极法的测量速度比碘量法要快,操作简便,干扰少(不受水样色度、浊度及化学滴定法中干扰物质的影响),而且能够现场自动连续检测,但是由于它的透氧膜和电极比较容易老化,当水样中含藻类、硫化物、碳酸盐、油类等物质时,会使透氧膜堵塞或损坏,需要注意保护和及时更换,又由于它是依靠电极本身在氧的作用下发生氧化还原反应来测定氧浓度的特性,测定过程中需要消耗氧气,所以在测量过程中样品要不停地搅拌,一般速度要求至少为 0.3m/s,且需要定期更换电解液,致使它的测量精度和响应时间都受到扩散因素的限制。

(三)电导测定法

用非导电元素的金属铊与水中溶解的氧反应生成能导电的 Tl^+ 离子而改变溶液的电导性,因此可通过测量水体的电导变化来确定水中溶解氧的含量。反应式如下:

$$4Tl + O_2 + 2H_2O \rightleftharpoons 4Tl^+ + 4OH^-$$

通过测定水样电导率的增量,来求得(换算)溶解氧的浓度。实验表明:每增加 0.035S/cm 的电导率相当于 1mg/L 的溶解氧。此法是测定溶解氧最灵敏的方法之一,也可连续监测,但由于使用了剧毒的金属铊,一般不用于便携式仪器。

任务九　生化需氧量的测定

一　概述

(一)基本概念

1.定义

生化需氧量(Biochemical Oxygen Demand,BOD)作为水质有机污染综合指标之一,它是指水中有机物在好氧微生物(主要是好氧及兼性细菌)作用下,进行好氧分解过程中所消耗水中溶解氧的量(亦可以说是水中好氧微生物的增长繁殖或呼吸作用所消耗的氧量),同时亦包括了如硫化物、亚铁等还原性无机物质氧化所耗用的氧量,这一部分通常占很小比例。

由此可知,生化需氧过程的发生需具备以下条件:好氧微生物的存在,有足够的溶解氧和具备适合微生物利用的营养物-有机物等。

2.生化需氧过程

有机物在微生物作用下的好氧分解,大体上是分两个阶段进行。

在第一阶段内,被氧化的主要是含碳元素的易于氧化的有机物质,所以亦称含碳物质氧化阶段。氧化产物为二氧化碳和水,也可能有氨。

第二阶段中,在硝化菌的作用下,被氧化的主要是含氮的有机物,氧化后生成亚硝酸盐和硝酸盐,称为硝化阶段。

然而,这两个阶段并非截然分开,而是各有其主次。各阶段所经历的时间除与有机物质种类、浓度有关外,还与水温有关。对于生活污水,在 20℃ 水温第一阶段进行约 16d,从第 16~20d 以后很长一个时期(可长达 100d)为第二阶段。当水温偏高时,两阶段所需时间较短,反之,需时较长。在同一温度下,反应的时间越长,则生化需氧量值也越高。BOD 反应速率还与被氧化物质的种类、所存在的微生物种类和数量、酶的产生和分解等许多因素有关。

(二)测定 BOD 的意义

水中 BOD 含量高,耗氧量就高,水中溶解氧下降,水质的各种动物、植物、微生物等会死亡,水就会产生异味、产生有毒有害物质等问题。因此,通过对 BOD 的检测,可以了解被检测水体的有机污染程度,判定水体质量并及时做好防范措施,同时还可以了解污水的可生化性。BOD 不同于 COD(化学需氧量)、TOC(总有机碳)或 TOD(总需氧量),它能相对地表示出微生物可分解的有机物量,比较符合水体自净的实际情况和利于废水处理时的实际应用。

二 测定方法

BOD 测定中,对水样保存所存在的困难远比其他可加入保存剂的项目要大些,其原因是水样中微生物的作用将直接影响 BOD$_5$ 测定值。在许多情况下,于贮存期间即使采用最好的冷却条件,某些生物活性作用还是发生着。在此期间,活性作用的程度对 BOD 测量的显著改变又不清楚,且样品与样品之间存在差异。有一点是毋庸置疑的,即测定值将随水样的贮存时间而降低。因此,总原则是贮存时间应尽可能短。

(二)标准稀释法

1. 测定原理

其原理是经中和及除去毒性物质或经稀释后的水样(必要时加入适量含好氧性微生物的接种液,以使水样中达到有一定数量的对有机物有降解能力的微生物)置入密闭容器(培养瓶)中,于 20℃暗处放置 5d,由测定最初的溶解氧量和 5d 后的溶解氧量,从而计算出在 5d 期间的消耗氧量。根据稀释倍数求得 BOD$_5$ 值。

由于 BOD 测定是一种经验方法,是由生物化学和化学作用共同产生的结果,因此,应严格按操作规范进行。当变更任何一种条件时,都将影响测定结果,这些条件包括 pH 值、温度、微生物种类和数量、无机盐、溶解氧含量和稀释度等。

2. 检测步骤

(1)估计水样稀释倍数

稀释倍数失当,过大或过小,可导致 5 日耗氧太少或过多而无氧,超出耗氧范围,使实验失败。而由于 BOD$_5$ 试验周期较长,一旦出现此类情况,就无法以原样补测。因此,必须十分重视这一问题。

稀释倍数可以根据样品的总有机碳(TOC)、高锰酸盐指数(I_{Mn})或化学需氧量(COD$_{cr}$)的测定值,按照按表 1-10 列出的 BOD$_5$ 与总有机碳(TOC)、高锰酸盐指数(I_{Mn})或化学需氧量(COD$_{cr}$)的比值 R 估计 BOD$_5$ 的期望值(R 与样品的类型有关)。按下式计算 BOD$_5$ 的期望值:

$$\rho = R \cdot Y$$

式中:ρ——五日生化需氧量浓度的期望值,mg/L;

Y——总有机碳(TOC)、高锰酸盐指数(I_{Mn})或化学需氧量(COD$_{cr}$)的值,mg/L。

表 1-10 典型的比值 R

水样的类型	总有机碳 R (BOD$_5$/TOC)	高锰酸盐指数 R (BOD$_5$/I_{Mn})	化学需氧量 R (BOD$_5$/COD$_{cr}$)
未处理的废水	1.2～2.8	1.2～1.5	0.35～0.65
生化处理的废水	0.3～1.0	0.5～1.2	0.20～0.35

由估算出的 BOD$_5$ 的期望值,按表 1-11 确定样品的稀释倍数。当不能准确选择稀释倍数时,一个样品做 2～3 个不同的稀释倍数。样品稀释的程度应使消耗的溶解氧质量浓度不

小于2mg/L,培养后样品中剩余溶解氧质量浓度不小于2mg/L,且试样中剩余的溶解氧的质量浓度为开始浓度的1/3～2/3为最佳。

表 1-11　BOD_5测定的稀释倍数

BOD_5的期望值	稀释倍数	水样类型
6～12	2	河水,生物净化的城市污水
10～30	5	河水,生物净化的城市污水
20～60	10	生物净化的城市污水
40～120	20	澄清的城市污水或轻度污染的工业废水
100～300	50	轻度污染的工业废水或原城市污水
200～600	100	轻度污染的工业废水或原城市污水
400～1200	200	重度污染的工业废水或原城市污水
1000～3000	500	重度污染的工业废水
2000～6000	1000	重度污染的工业废水

【**例**】　已经测得某未处理废水样高锰酸盐指数为62mg/L,计算该水样测定BOD_5时的稀释倍数。

解　BOD_5预期值为$62×1.2～62×1.5$,即74.4～93mg/L。查表1-11可知该水样稀释倍数为20倍。

(2)制备稀释水

稀释水样用的水不是普通的蒸馏水,而是特制的稀释水,其作用是为微生物分解水样中的有机物提供必要条件和适宜的环境,因此稀释水应满足下述要求:

溶解氧含量应充分,20℃,DO>8mg/L;含有微生物生长所需要的营养物质:如Na^+、K^+、Ca^{2+}、Mg^{2+}、Fe^{3+}、N、P等,同时由这些离子造成的渗透压要和该细菌的渗透压相似;具有一定的缓冲作用,能将pH维持在7左右,因微生物一般在pH 6.2～8.5范围内活动能力最强;稀释水本身的有机物含量低,空白值应小于0.2mg/L;若水样中含有对微生物具有毒害作用的物质,如Cu^{2+}、Hg^{2+}、CN^-、甲醛等,则应在稀释水中接种经驯化培养的特种微生物。

制备稀释水时,将蒸馏水置于大的瓶中,加入磷酸盐缓冲溶液、氯化镁、氯化钙和氧化铁溶液,再曝气2～8h,使稀释水中的溶解氧接近于饱和,必要时接种特种微生物。密塞静置一天以上,使溶解氧的量达到稳定。

稀释水的质量对BOD_5测定有重要意义。生化反应因所含有机物的浓度及微生物的种类的不同而异。因此,用稀释水进行空白试验加以校正是困难的。为此,要求其5日耗氧量小于0.2mg/L,并最好能控制在小于0.1mg/L。

(3)水样的稀释

稀释操作一般在1000ml的量筒中进行,先用虹吸的方法加一半稀释水于量筒中,再将按照稀释倍数计算出来的所需水样体积加入其中,同时,用稀释水稀释至 1000ml 刻度。用特制的搅拌棒混匀后,用虹吸法将量筒中的稀释水样分装于两个溶解氧瓶中,密塞。一瓶 15min 后测定溶解氧,另一瓶送培养。

(4)培养

需培养的溶解氧瓶用水密封好,再送入 20℃的生化培养箱中,培养 5 天。

培养期间应每天检查两次,严格控制温度在 20℃±1℃范围内,并及时补加密封水。

(5)DO 的测定

按照 DO 测定方法,分别测出每个稀释倍数包括稀释水当天和培养 5 天后的 DO 值。

(6)结果计算

首先应计算出每个稀释倍数的 DO 下降率,用 DO 下降率在 40%～70%的稀释倍数来计算 BOD,按下式计算 BOD(mg/L)值,若同时有几个稀释倍数满足上述要求,则用这几个稀释倍数的 BOD 值的均值报结果。

$$BOD_5 = [(D_1 - D_2) - (B_1 - B_2)] \times f/P$$

式中 D_1 为稀释后立即测得的水样 DO 值;D_2 为稀释后培养 5 天时的水样 DO 值;B_1 为稀释水培养前的 DO;B_2 为稀释水培养 5 天后的 DO;P 为原水样在 1000ml 稀释液中所占的比例;f 为稀释水在 1000ml 稀释液中所占的比例。

3. 注意事项

(1)测定 BOD 的水样,其采样方法同 DO,但不得加防腐剂,并尽快测定。否则,BOD 值会迅速下降。如果水样含有强酸或强碱,应当先用 10%的碳酸钠溶液或 0.5mol/L 硫酸中和至 pH 7 左右。如果水样有余氯,应先用 0.005mol/L $Na_2S_2O_3$ 溶液除去,以免余氯影响微生物活动。

(2)为了获得准确的 BOD 值,水样稀释的过程中,应避免产生气泡,防止空气进入。所以要用虹吸的方法加入稀释水及分装稀释液且虹吸管的下口要插入容器的底部。混匀时搅拌棒不能露出液面。装瓶时,溶解氧瓶内不能留有气泡。溶解氧瓶塞必是完全磨口的,如果是很轻的空心塞,必须用金属夹或橡皮筋固定,否则瓶塞容易上浮,造成实验失败。培养 5 天后,溶解氧瓶内产生气泡,结果会不准确。气泡产生的原因主要是稀释水或水样通过低温保存,使用时温度太低,或水样含有藻类物质,在未完全避光的情况下进行培养产生的气泡。

(3)当水样中含有大量悬浮物时,会影响测定结果,有些活性污泥耗氧特别多,必须在测定之前用 $KAl(SO_4)_2$ 混凝沉淀的方法除去悬浮物。

(4)水样有硫化物、亚硫酸盐和亚铁等还原性物质时,会很快消耗溶解氧,因此培养前的稀释水样应放置 15min 后再测定,以消除其影响。

任务十　高锰酸盐指数的测定

一　概述

高锰酸盐指数是反映清洁和较清洁水体中有机和无机可氧化物质污染的常用指标。

水中的亚硝酸盐、亚铁盐、硫化物等还原性无机物和在此条件下可被氧化的有机物,均可消耗高锰酸钾,因此高锰酸盐指数常被作为地表水受有机污染物和还原性无机物污染程度的综合指标,该标准采用高锰酸钾氧化水样中的某些有机物及无机可氧化物质,由消耗的高锰酸钾量计算相当的氧量。

二　测定方法

(一)酸性高锰酸钾法

1. 测定原理

水样在酸性条件下,加入高锰酸钾溶液,在沸水浴中加热 30min,使水中有机物被氧化,反应后加入过量的草酸钠还原剩余的高锰酸钾,再用高锰酸钾标准溶液回滴过量的草酸钠,然后根据实际消耗的高锰酸钾量计算出化学耗氧量。其反应式为:

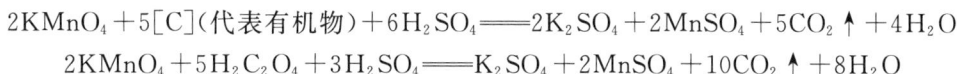

$$2KMnO_4 + 5[C](代表有机物) + 6H_2SO_4 \Longrightarrow 2K_2SO_4 + 2MnSO_4 + 5CO_2\uparrow + 4H_2O$$

$$2KMnO_4 + 5H_2C_2O_4 + 3H_2SO_4 \Longrightarrow K_2SO_4 + 2MnSO_4 + 10CO_2\uparrow + 8H_2O$$

国际标准化组织所提请讨论的高锰酸钾指数,仅应用于地表水、饮用水和生活污水,不可用于工业废水。

2. 影响因素

本法在测定的过程中,有机物被氧化的程度受反应条件的影响,为了保证方法具有良好的重现性和结果的可比性,必须严格控制如下反应条件。

(1)酸度以 0.45mol/L H$^+$ 浓度为宜。酸度过大,高锰酸钾易自动分解。酸度过小,反应速度慢,结果偏低。酸度只能用硫酸来维持,而不能用盐酸和硝酸。因为盐酸在酸性介质中能与高锰酸钾反应生成氯气;硝酸具有氧化性,本身可干扰测定,其中混杂的亚硝酸也有干扰。

(2)高锰酸钾溶液的浓度应控制在 0.02mol/L 左右,浓度大,有机物被氧化的程度大,结果偏高。反之,浓度过小,结果偏低。由于新配制的高锰酸钾溶液浓度不稳定,应提前两周配制。

(3)加热方式和加热时间也是影响测定结果的重要因素。加热方式过去一般采用放电炉上加热煮沸 10min,由于电炉温度难以控制,使得各样品加热至煮沸的时间和蒸发程度不一致,使反应时间、酸度和高锰酸钾浓度均不一致,因而使测定结果可比性差。现行方法改用沸水浴加热,则可准确控制加热温度和反应时间,提高了测定结果的精密度、准确度和可比性。加热时间必须准确控制为 30min,否则结果不可靠。为了准确控制时间,在加热后需立即加入过量的草酸溶液终止氧化反应,用高锰酸钾溶液回滴,而不是直接用草酸溶被滴定剩余的高锰酸钾,在测定多个样品时,每个样品应有足够的时间间隔。

水样应适当地稀释,保证在沸水浴中加热 30min 后消耗的高锰酸钾溶液为加入量的50%以下。已有研究结果表明:只有当反应消耗的高锰酸钾为原加入量的一半左右时,化学耗氧量与有机物含量之间才有一定的近似比例关系,才可做不同水体在有机污染程度的比较,否则,结果无意义。这是因为,样品中有机物的含量直接影响氧化剂的氧化速度和氧化能力的大小。所以,同一水样,由于稀释倍数不同,测得的值也不完全一致。因此,必须在报告结果时注明稀释倍数。

3. 干扰

水样中氯离子浓度超过 300mg/L 时,在酸性介质中被高锰酸钾氧化而生成氯气,这样就消耗了高锰酸钾,使结果偏高。此时可采用碱性高锰酸钾法测定,即用氢氧化钠溶液替代硫酸溶液,让高锰酸钾在碱性条件下氧化水中的有机物。

测定高锰酸盐指数的水样,最好用玻璃瓶采集,塑料瓶恐有有机物溶出。采集的水样应尽快测定,不能尽快测定的要有有效的保存措施,否则耗氧量会迅速降低。加硫酸调至 pH<2 或加氯化汞 50mg/L 或加硫酸铜 2～5mg/L,低温下,样品可保存两周。

任务十一 水的硬度测定

一 概述

早期水的硬度是用水沉淀肥皂的能力来衡量的。使肥皂沉淀的原因主要是水中的钙、镁、铁、铝、锌、锰等盐类。因此,通常把硬度认为是水中存在的多价阳离子的总和。在水中最普通的此类阳离子是钙盐和镁盐。在大多数水中特别是污染较少的水中,铁、铅等其他金属离子含量很少,阳离子主要由钙盐和镁盐组成,因此,水的硬度又常指钙盐和镁盐的总和。当受工业废水污染较重的水中,铁和其他金属离子含量增多,会影响硬度。

钙、镁在水中主要以重碳酸盐、碳酸盐、硫酸盐、氯化物和硝酸盐的形式存在。因此,硬度可按其存在形式不同分为总硬度、碳酸盐硬度和非碳酸盐硬度。总硬度是指钙、镁的总浓度。碳酸盐硬度是总硬度的一部分,相当于与水中重碳酸盐和少量碳酸盐结合的钙、镁所形成的硬度,当水煮沸时,钙、镁的重碳酸盐分解生成沉淀:

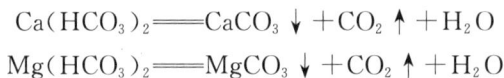

$$Ca(HCO_3)_2 \!=\!\!=\!\!= CaCO_3 \downarrow + CO_2 \uparrow + H_2O$$
$$Mg(HCO_3)_2 \!=\!\!=\!\!= MgCO_3 \downarrow + CO_2 \uparrow + H_2O$$

从而降低水的硬度,因此可用煮沸的方法来消除的硬度称暂时硬度。非碳酸盐硬度是硬度的另一部分,当水中钙、镁含量超出与它所结合的重碳酸盐和碳酸盐含量时,过量的钙、镁就与水中的 Cl^-、SO_4^{2-} 和 NO_3^- 结合生成非碳酸盐硬度,它们不能用煮沸的方法消除,称为永久硬度。

水的硬度与人体健康有密切的关系,硬度高,特别是永久硬度高的水,有苦涩味,可引起胃肠功能紊乱、腹泻,导致孕畜流产,在日常生活中会消耗过多的肥皂、过多的能量,影响水壶、锅炉的使用寿命。这种水不适于工业使用,因为易形成锅垢,影响热传导,浪费燃料,易堵塞管道,严重时会引起锅炉爆炸。因此,用水的硬度有一定的规定,必要时须作软化处理。我国生活用水标准为 400mg/L（CaCO₃）。

二 硬度的测定

早期水的硬度是以水沉淀肥皂的能力来衡量的,因此测定方法也是以肥皂液进行滴定。目前最常用的方法是 EDTA 滴定法。

1. 测定原理

在 pH＝10 条件下,乙二胺四乙酸钠(EDTA)与水中钙、镁离子发生络合反应,生成无色可溶性配合物。指示剂铬黑 T 也能与钙、镁离子形成配合物,但其配合物稳定性比 EDTA 与钙、镁离子形成配合物的稳定性差。因此用 EDTA 滴定钙、镁离子至终点时,钙、镁离子全部与 EDTA 配合而游离出铬黑 T,铬黑 T 与钙、镁离子形成的配合物呈紫色,而试剂本身在 pH＝10 条件下呈蓝色,故可由颜色的变化来判断终点。

本法适用于测定地下水和地面水,不适用于含盐高的水,如海水。本法测定的最低浓度为 0.05mmol/L。

2. 干扰因素

(1)水样中有氧化性物质存在时,可加适量的盐酸羟胺防止指示剂被氧化。

(2)氯离子含量高时,可使滴定终点不明显。

(3)含银、镉、锌、钴、铜、镍、锰、钯、铂和铊时,可用氰化钾掩蔽,但加氰化钾前必须保证溶液呈碱性。铁、铝和少量锰以及铋可用三乙醇胺掩蔽。

(4)正磷酸盐含量超过 1mg/L,在滴定条件下,可使钙生成沉淀,如滴定速度太慢或铜含量超出 100mg/L,会析出 $CaCO_3$ 沉淀。

3. 注意事项

(1)水样如系酸性或碱性,应用氢氧化钠或盐酸中和后,再加入缓冲溶液。

(2)临近滴定终点时反应延缓,每次加入滴定剂应少量,并充分振摇。当滴定中发现终点判断困难时,可另取一份相同体积的水样,加缓冲溶液和铬黑 T 后,加入过量的 EDTA 溶液使完全变色,以资比较。

(3)在 pH＝10 的溶液中,铬黑 T 长时间置入其内易被氧化,在加入铬黑 T 后要立即进行滴定操作。

(4)滴定至变色到达终点后,稍时又返回紫红色,主要是水样中存在钙、镁盐类的悬浮性颗粒所致。遇此情况,可将水样先以盐酸酸化,煮沸约 1min,冷却后用氢氧化钠中和,再加入缓冲溶液和铬黑 T,则可解决,并使终点更加敏锐。

(5)当水样污染严重,有机物着色较深而使终点判断困难时,可用乙醚萃取以除去着色物,或加硝酸和高氯酸消解,除去残余酸并中和后再行测定。

练习题

一、名词解释

地表水、对照断面、控制断面、削减断面、现场空白样、现场平行样、现场加标样、水样冷藏、水样冷冻、液液萃取、氢化物发生、浊度、溶解氧、生化需氧量、高锰酸盐指数、硬度、环境监测、湿式消解、干式消解

二、简答题

1. 水样的保存措施有哪些? 并举例说明。
2. 水样在分析之前,为什么进行预处理?
3. 简述 BOD_5 的测定原理。
4. BOD_5 测定对稀释水的配制有哪些要求?
5. 水中溶解氧的测定方法都有哪些? 各适于测定怎样的水样?
6. 简述 EDTA 滴定法测定水中硬度的原理。

能力拓展一 地表水采集
(手工采样)

【项目所需时间】

4 学时。

【实验原理】

本实验用采水器对江河、湖泊和渠道等地表水进行采集,包括监测断面中采样点位的布设、水样的采集、采样方法、水样的保存和运输,以及现场水质监测项目的测定。

环节一 地表水采样点的确定

【实验目的】

掌握地表水监测断面的采样垂线和采样点位、采样频次与采样时间的相关内容。

【实验时间】

90min。

【实验准备】

仪器准备
纸笔。

【实验内容】

采样点位的确定:在一个监测断面上设置的采样垂线数与各垂线上的采样点数应符合表 1-12 和表 1-13,湖(库)监测垂线上的采样点的布设应符合表 1-14。

表 1-12　采样垂线数的设置

水面宽	垂线数	说明
≤50m	一条(中泓)	1.垂线布设应避开污染带,要测污染带应另加垂线。
50~100m	两条(近左、右岸有明显水流处)	2.确能证明该断面水质均匀时,可仅设中泓垂线。
>100m	三条(左、中、右)	3.凡在该断面要计算污染物通量时,必须按本表设置垂线

表 1-13　采样垂线上采样点数的设置

水深	垂线数	说明
≤5m	上层一点	1.上层指水面下0.5m处,水深不到0.5m时,在水深1/2处;下层指河底以上0.5m处;中层指1/2水深处。
5~10m	上、下层两点	2.封冻时在冰下0.5m处采样,水深不到0.5m处时,在水深1/2处采样。
>10m	上、中、下三层三点	3.凡在该断面要计算污染物通量时,必须按本表设置采样点

表 1-14　湖(库)监测垂线上采样点的设置

水深	分层情况	采样点数	说明
≤5m		一点(水面下0.5m处)	1.分层是指湖水温度分层状况。
5~10m	不分层	两点(水面下0.5m,水底上0.5m)	2.水深不足1m,在1/2水深处设置测点。
5~10m	分层	三点(水面下0.5m,1/2斜温层,水底上0.5m处)	3.有充分数据证实垂线水质均匀时,可酌情减少测点
>10m		除水面下0.5m,水底上0.5m处外,按每一斜温分层1/2处设置	

【实验流程图】

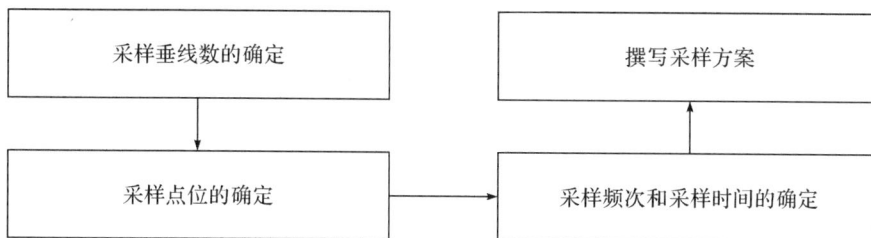

环节二　地表水的采集

【实验目的】

1.掌握地表水采集实验的操作步骤。

2.掌握现场测定的操作步骤。

3.熟悉采样器的使用。

【实验时间】

90min。

【实验准备】

仪器准备:

(1)采样器:聚乙烯塑料桶、单层采水瓶或直立式采水器。

(2)水温计。

(3)pH计。

(4)浊度仪。

(5)溶解氧测量仪。

(6)塞氏盘。

(7)流速仪。

【实验内容】

1.选择、清洗采集和保存样品的容器:按照分析项目选择容器,要求容器材质化学性质稳定、容易清洗、瓶口易密封。

2.确定采样量:地表水监测中通常采集瞬时水样。

3.采样时,除细菌总数、大肠菌数、油类、DO、BOD_5、有机物、余氯等有特殊要求的项目外,要先用水样冲洗采样器与水样容器2~3次,洗涤废水不能直接倒入水体中,以避免搅起水中悬浮物。然后将水样采入容器中,并按要求立即加入相应的固定剂,贴好标签,要使用正规的不干胶标签。

4.每批水样,应选择部分项目加采现场空白样。

5.采样现场测定水质参数,记入水质采样记录表。

(1)用经检定的温度计直接插入采样点测量水温。深水温度用电阻温度计或颠倒温度计测量。温度计应在测点放置5~7min,待测得的水温恒定不变后读数同。

(2)用测量精度为0.1的pH计测定pH值和氧化还原电位。测定前应清洗和校正仪器。

(3)用溶解氧测量仪测量DO。

(4)用塞氏盘测定透明度。

(5)用电导率仪测定电导率。

(6)用浊度仪测定浊度。

6.测量水文参数和气象参数,描述采样现场,记入水质采样记录表。

(1)水样感官指标的描述:用相同的比色管,分取等体积的水样和蒸馏水作颜色比较,进行定性描述。水的气味(臭)、水面有无油膜等均应作现场记录。

(2)测量水体流量、流速、水位等水文参数,潮汐河流各点位采样时,还应同时记录潮位。

(3)测量气温、气压、风向、风速和相对湿度等气象参数。

7.采样结束后,保存及运输水样:凡能做现场测定的项目,均应在现场测定。水样运输前应将容器的外(内)盖盖紧。装箱时应用泡沫塑料等分隔,以防破损。箱子上应有"切勿倒置"等明显标志。同一采样点的样品瓶应尽量装在同一个箱子中;如分装在几个箱子内,则各箱内均应有同样的采样记录表。运输前应检查所采水样是否已全部装箱。运输时应有专门押运人员。水样交予化验室时,应有交接手续。

【实验流程图】

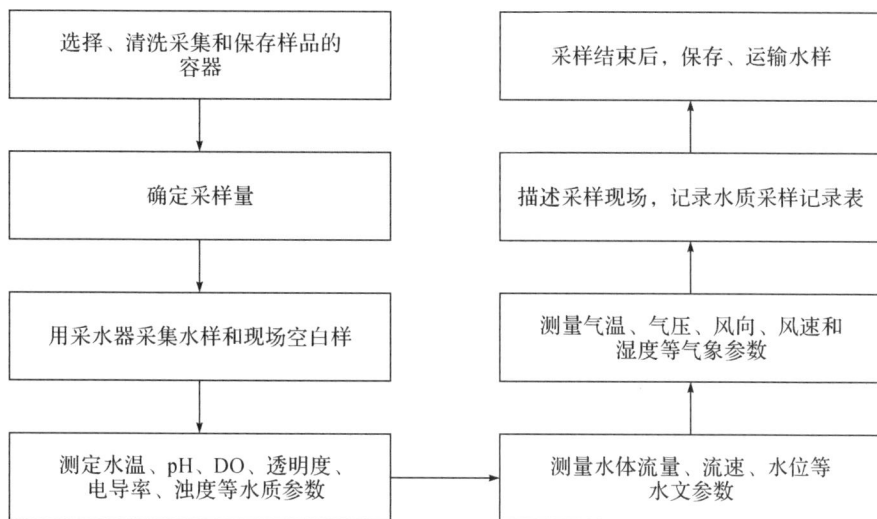

【仪器使用示意图】

见图 1-3 和图 1-4。

图 1-3　有机玻璃采水器　　　　图 1-4　贮水容器与水样标签

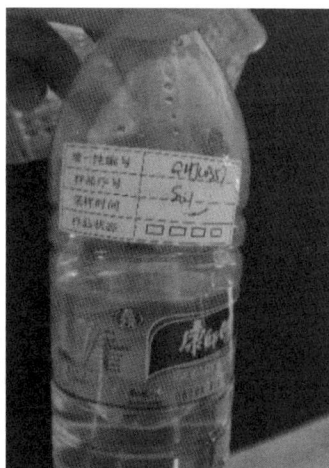

【实验注意事项】

1.采样时,要注意避开水面上的漂浮物混入采样器以及不可搅动水底的沉积物。

2.对于具有一定深度的河流等水体采样时,使用深水采样器,慢慢放入水中采样,并严格控制好采样深度。

3.油类样品采样前需先破坏可能存在的油膜,用直立式采水器把玻璃材质容器安装在采水器的支架中,将其放到300mm深度,边采水边向上提升,在到达水面时剩余适当空间。采集的水样全部用于测定。

4.测溶解氧、生化需氧量和有机污染物等项目时,水样必须注满容器,上部不留空间,并有水封口。

5.如果水样中含沉降性固体(如泥沙等),则应分离除去。分离方法为:将所采水样摇匀后倒入筒形玻璃容器(如1~2L量筒),静置30min,将不含沉降性固体但含有悬浮性固体的水样移入盛样容器并加入保存剂。测定水温、pH、DO、电导率、总悬浮物和油类的水样除外。

6.测定油类、BOD_5、DO、硫化物、余氯、粪大肠菌群、悬浮物、放射性等项目要单独采样。

7.实验室水样分析结束后,除必要的留存样品外,样品瓶应及时清洗。

【实验安全】

1.交通安全:在路途中遵守交通规则,不能打闹。

2.采样现场安全:应有纪律、有秩序完成实验,注意现场危险因素。

实验记录
水质采集记录表

项目名称			
采样器名称及编号			
采样日期		采样方式	
采样地点			
水文参数	流量:　　　　m^3/s;流速:　　　　m/s;水位:　　　　m		
水质参数	水温:　　　℃;pH:　　　　;溶解氧:　　　mg/L; 透明度:　　　cm;电导率:　　　$\mu S/cm$;浊度:　　　NTU		
感官指标描述			

续表

编号	河流(湖库)名称	断面名称	采样位置			
			断面号	垂线号	点位号	水深/m

实验评分标准

序号	考核项目	考核内容	分值	分配	评分标准	扣分
1	实验准备	用具选择	30	5	能正确选择采集油类、溶解氧等不同项目采水器和储水容器	
				5	正确选择其他现场采样所需材料	
		采样方案		5	正确选择采样断面	
				5	正确选择采样垂线	
				5	正确选择采样点位	
				5	正确确定采样量	
2	实验过程	水样采集和现场测定	35	5	能正确选择采集油类、溶解氧等不同项目的采样方法	
				5	能正确选择不同的水样保存方法	
				10	能正确测定现场水质参数	
				5	正确测定或获得水文参数	
				5	正确测定气象参数	
				5	水样标签清晰、完整	
3	实验数据结果	原始记录	20	10	正确使用计量单位,数据没有空项,数据没有涂改	
		样品结果计算		5	样品结果计算正确	
		有效数字		5	正确保留有效数字	

续表

序号	考核项目	考核内容	分值	分配	评分标准	扣分
4	结束工作	整理	10	5	清洗、整理实验用仪器和台面	
		文明操作		5	无器皿破损、无仪器损坏	
5		实验时间	5	5	在规定时间内完成	

能力拓展二　水质溶解氧的测定
（碘量法）

【项目所需时间】

4 学时。

【实验原理】

在样品中溶解氧与刚刚沉淀的二价氢氧化锰（将氢氧化钠或氢氧化钾加入到二价硫酸锰中制得）反应。酸化后,生成的高价锰化合物将碘化物氧化游离出等当量的碘,用硫代硫酸钠滴定,测定游离碘量。

环节一　溶解氧水样采集及固定

【实验目的】

熟悉水质溶解氧测定的采样及固定方法。

【实验时间】

60min。

【实验准备】

1. 试剂准备

（1）硫酸锰溶液,全班 50ml/瓶（配法:340g 无水二价硫酸锰溶于 1000ml 水中）。

（2）碱性碘化钾溶液,全班 50ml/瓶（配法:将 35g 的氢氧化钠（或 50g 的氢氧化钾）和 30g 碘化钾（或 27g 碘化钠）溶解在大约 50ml 水中）。

2. 仪器准备

（1）溶解氧测定瓶（图 1-5）1 个,容积在 250～300ml 范围。如果没有测定瓶,也可用 250ml 玻璃磨口瓶代替。每一个瓶和盖要有相同的号码。用称量法来测定每个细口瓶的体积。

（2）采水器 1 个。

【实验内容】

1. 用水质采样器在地表水采样地点采集代表性水样。

2. 将水样充满细口瓶至溢流，小心、避免溶解氧浓度的改变。消除附着在玻璃瓶上的气泡。

3. 取样之后，在现场立即向盛有样品的细口瓶中加 1ml 二价硫酸锰溶液和 2ml 碱性试剂。使用细尖头的移液管，将试剂加到液面以下，小心盖上塞子，避免把空气泡带入。

4. 将细口瓶上下颠倒转动几次，使瓶内的成分充分混合，静置沉淀最少 5min，然后再重新颠倒混合，保证混合均匀。

5. 将细口瓶放入采样箱中运送至实验室。若避光保存，样品最长贮藏 24h。

【实验流程图】

```
┌──────────────────────────┐        ┌──────────────────────────┐
│ 用水质采样器采集代表性水样    │        │ 将细口瓶放入采样箱中运送至    │
│                          │        │ 实验室                    │
└──────────────────────────┘        └──────────────────────────┘
            │                                     ↑
            ↓                                     │
┌──────────────────────────┐        ┌──────────────────────────┐
│ 将水样充满细口瓶至溢流，消除  │        │ 重新颠倒混合，保证混合均匀    │
│ 附着在玻璃瓶上的气泡         │        │                          │
└──────────────────────────┘        └──────────────────────────┘
            │                                     ↑
            ↓                                     │
┌──────────────────────────┐        ┌──────────────────────────┐
│ 向细口瓶中加1ml二价硫酸锰溶液 │   →    │ 将细口瓶上下颠倒转动几次，    │
│ 和2ml碱性试剂              │        │ 静置沉淀最少5min           │
└──────────────────────────┘        └──────────────────────────┘
```

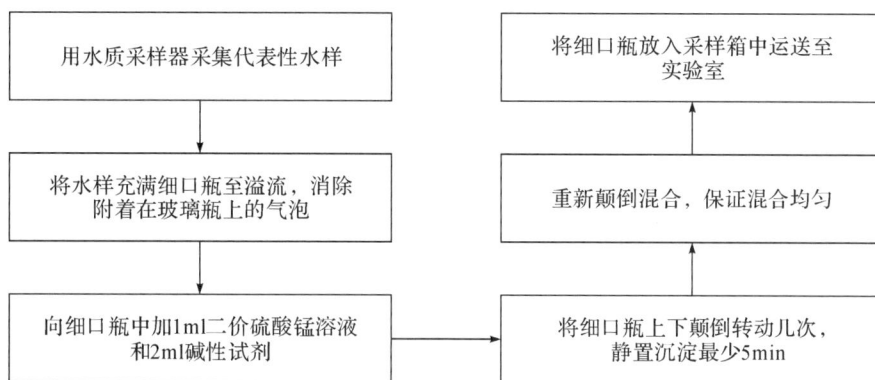

【仪器使用示意图】

见图 1-5。

图 1-5　溶解氧瓶

【实验注意事项】

1. 当有氧化或还原剂存在时可干扰结果，取 50ml 待测水，加 2 滴酚酞溶液后，中和水样。加 2mol/L 硫酸溶液 0.5ml、几粒碘化钾或碘化钠（质量约 0.5g）和几滴淀粉指示剂溶液。如果溶液呈蓝色，则有氧化物质存在。如果溶液保持无色，加 0.005mol/L 碘溶液 0.2ml，振荡，放置 30s 如果没有呈蓝色，则存在还原物质。

2. 当从配水系统管路中取水样时，可将一惰性材料管的入口与管道连接，将管子出口插入细口瓶的底部，用溢流冲洗的方式充入大约 10 倍细口瓶体积的水，最后注满瓶子，在消除附着在玻璃瓶上的气泡之后，立即固定溶解氧。

3. 当从不同深度取水样时，可用一种特别的取样器，内盛细口瓶，瓶上装有橡胶入口管并插入到细口瓶的底部。当溶液充满细口瓶时将瓶中空气排出，避免溢流。某些类型的取样器可以同时充满几个细口瓶。

【思考题】

碘量法测定水中溶解氧时，为固定溶解氧，水样采集后立即加入硫酸锰和碱性碘化钾，生成的沉淀是什么物质？

环节二　硫代硫酸钠溶液的标定

【实验目的】

1. 掌握硫代硫酸钠溶液的标定原理。
2. 熟悉硫代硫酸钠溶液的标定实验注意事项。

【实验时间】

60min。

【实验准备】

1. 试剂准备

（1）2mol/L 的硫酸溶液，50ml/瓶。

（2）碘化钾或碘化钠，50g/瓶。

（3）$c(1/6\ KIO_3) = 10mmol/L$ 标准碘酸钾溶液，150ml/瓶（配法：在 180℃ 干燥数克碘酸钾（KIO_3），称量 3.567±0.003g 溶解在水中并稀释到 1000ml。将上述溶液吸取 100ml 移入 1000ml 容量瓶中，用水稀释至标线）。

（4）$c(Na_2S_2O_3) \approx 10mmol/L$ 硫代硫酸钠标准滴定液，150ml/瓶（配法：将 2.5g 五水硫代硫酸钠溶解于新煮沸并冷却的水中，再加 0.4g 的氢氧化钠（NaOH），并稀释至 1000ml）。

（5）1‰ 淀粉溶液，100ml/瓶。

2. 仪器准备

（1）碘量瓶 3 个。

(2)20ml 胖肚移液管 1 支。

(3)洗瓶 1 个。

(4)25ml 棕色碱式滴定管 1 支。

【实验内容】

1.在 3 个碘量瓶中各加入约 0.5g 的碘化钾或碘化钠(KI 或 NaI),分别用 100~150ml 的水溶解。

2.在每个碘量瓶中分别加入 2mol/L 的硫酸溶液 5ml,混合均匀,加 20.00ml 标准碘酸钾溶液,稀释至约 200ml。

3.用硫代硫酸钠溶液滴定释放出的碘,当接近滴定终点时,溶液呈浅黄色。

4.加淀粉指示剂,溶液呈蓝色,再用硫代硫酸钠溶液滴定至完全无色。

5.取下滴定管读数,分别记录三次滴定硫代硫酸钠消耗量,并计算硫代硫酸钠标准溶液浓度。

【实验流程图】

```
┌─────────────────────────┐        ┌─────────────────────────┐
│ 取3个碘量瓶各加入约0.5g碘化钾,│        │  分别记录三次滴定硫代硫酸钠  │
│  用100~150ml的水溶解      │        │   消耗量,并计算浓度       │
└─────────────────────────┘        └─────────────────────────┘
            │                                    ↑
            ↓                                    │
┌─────────────────────────┐        ┌─────────────────────────┐
│  加入2mol/L的硫酸溶液5ml,  │        │ 加淀粉指示剂,再用硫代硫酸钠 │
│   混合均匀               │        │   溶液滴定至完全无色      │
└─────────────────────────┘        └─────────────────────────┘
            │                                    ↑
            ↓                                    │
┌─────────────────────────┐        ┌─────────────────────────┐
│  加20.00ml标准碘酸钾溶液,  │───────→│ 用硫代硫酸钠溶液滴定,滴定至 │
│   稀释至约200ml          │        │   溶液呈浅黄色          │
└─────────────────────────┘        └─────────────────────────┘
```

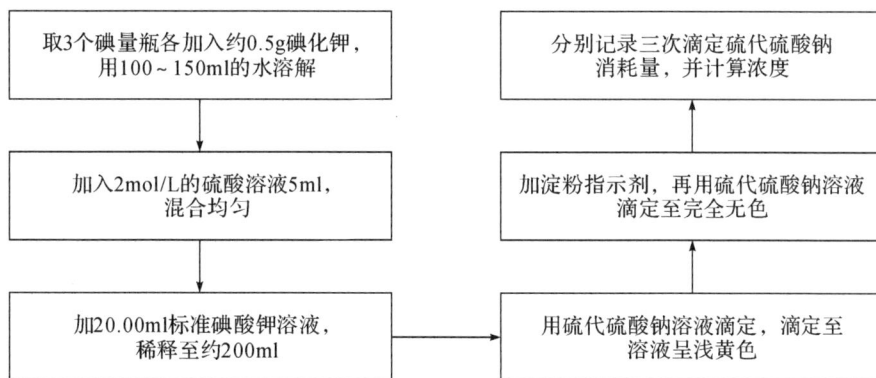

【实验注意事项】

1.淀粉指示剂不宜久存,以防变质。

2.滴定反应在中性或弱酸性介质中进行,酸度过高 I^- 会被氧化。

【思考题】

采用碘量法测定,配制和使用硫代硫酸钠溶液时要注意什么?为什么?

环节三　溶解氧测定

【实验目的】

掌握水质溶解氧测定的原理和方法。

【实验时间】

60min。

【实验准备】

1.试剂准备

(1)1+1硫酸溶液,50ml/瓶。

(2)1%淀粉溶液,100ml/瓶。

(3)硫代硫酸钠溶液,浓度在第二步标定计算后得到。

2.仪器准备

(1)250ml锥形瓶3个。

(2)吸量管2支。

(3)洗瓶1个。

(4)100ml胖肚移液管1只。

(5)25ml棕色碱式滴定管1支。

【实验内容】

1.观察并确保已采样固定的溶解氧测定瓶中形成的沉淀物已沉降至细口瓶下三分之一部分。

2.慢速加入1.5ml硫酸溶液,盖上细口瓶盖,然后摇动瓶子,要求瓶中沉淀物完全溶解,并且碘已均匀分布。

3.移取细口瓶中溶液100.00ml到锥形瓶内。

4.用硫代硫酸钠滴定,在接近滴定终点时,加淀粉溶液1.0ml,用硫代硫酸钠继续滴定至完全无色。

【实验流程图】

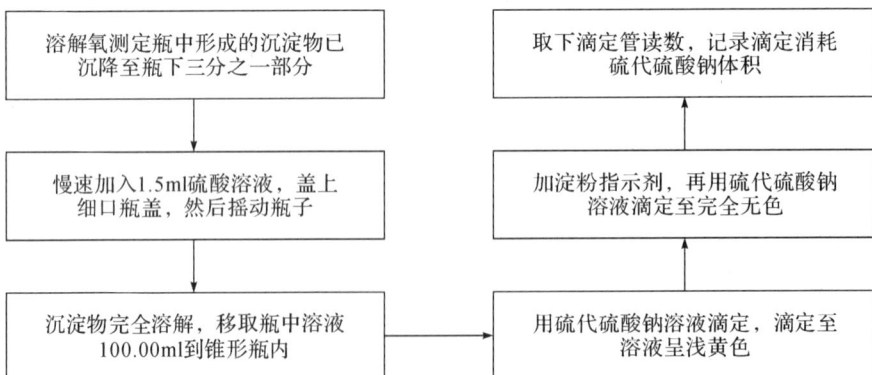

【实验注意事项】

1.水样中含有氧化性物质(如 Fe^{3+}、Cl_2 等)能氧化 I^- 离子为 I_2,干扰测定,导致测定结果偏高。如果只含有 Fe^{3+} 可改为加 H_3PO_4 代替 H_2SO_4,既起酸化作用,又可络合 Fe^{3+} 而消除干扰,或另行测定后,从总量中扣除 Fe^{3+}、Cl_2 的影响。

2.如水被还原性杂质污染,在测定时要消耗一部分 I_2 而使测定结果偏低,则要增加处理杂质的过程(可在未加 $MnSO_4$ 溶液前,先加适量硫酸使水样酸化,加入 $KMnO_4$ 溶液使其氧化还原性杂质,再加适量草酸钾溶液还原过量的 $KMnO_4$,从而消除杂质影响)。

3.由于加入试剂,样品会由瓶中溢出,但由于损失量很小,而且吸取一部分溶液滴定的情况下,影响很小。在一般工业分析中,可不必进行样品体积的校正,计算中可忽略此影响。

【实验安全】

腐蚀性试剂(硫酸):学生取用该试剂时应小心谨慎;实验室配备化学烧伤相关的应急措施(碳酸氢钠溶液和硼酸溶液)。

【思考题】

对于浑浊、有沉淀物、悬浮物、色度高的水样能不能用碘量法来进行测定?

实验记录

硫代硫酸钠标定记录表

标准溶液 名称及浓度			参考标准	
气温/℃			气压/kPa	
序号		1	2	3
基准液体积/ml				
标定记录/ml	起始读数 $V_始$			
	终止读数 $V_终$			
	实耗体积 V			
硫代硫酸钠溶液浓度/(mmol·L^{-1})				
平均值/(mmol·L^{-1})				
相对偏差(%)				

计算公式:

$$c = \frac{6 \times 20 \times 1.66}{V}$$

式中:V——硫代硫酸钠溶液滴定量,ml;

c——硫代硫酸钠溶液浓度,mmol/L。

溶解氧检验记录表

样品名称					
样品编号					
收样日期			检验日期		
检测依据			实验环境	温度：　　℃ 湿度：　　％	
水样取样量			标液名称及浓度		
序号		1	2		3
滴定记录 /ml	起始读数 V_0				
	终止读数 V_1				
	实耗体积 V				
溶解氧浓度/（mg·L^{-1}）					
平均值/（mg·L^{-1}）					
相对偏差/％					
质量控制方法 简述					

计算公式：

$$c_1 = \frac{M_r V_2 c f_1}{4 V_1}$$

$$f_1 = \frac{V_0}{V_0 - V'}$$

式中：c_1——溶解氧的含量，mg/L；

M_r——氧的分子量，$M_r = 32$；

V_2——滴定样品时所耗硫代硫酸钠溶液的体积，ml；

V_1——滴定时样品的体积，ml，一般取 100ml；

c——硫代硫酸钠溶液的实际浓度，mol/L；

V_0——细口瓶体积，ml；

V'——硫酸锰和碱性碘化钾溶液体积总和，ml。

实验评分标准

序号	考核项目	考核内容	分值	分配	评分标准	扣分
1	样品处理	溶解氧的固定	5	5	加入硫酸锰和碱性碘化钾试剂顺序正确,加入方法正确	
2	滴定管的使用	滴定台的搭建	15	2	滴定管夹位置合适	
		检漏		2	检漏方法正确	
		洗涤、润洗		2	用蒸馏水与标准溶液润洗滴定管正确	
		装液		2	装入标准溶液时未借助其他器皿	
		排气泡		2	排气泡方法正确	
		调零		2	调零操作正确	
		最后一滴		3	最后一滴操作正确	
3	硫代硫酸钠的标定	滴定操作	20	10	滴定操作正确	
		计算		5	使用公式计算正确	
		结果		5	标准偏差≤0.1%	
4	样品的滴定	沉淀的溶解	20	3	沉淀完全溶解	
		指示剂的添加		2	在接近终点时添加	
		滴定操作		2	锥形瓶、滴定管操作正确、手法规范	
		滴定速度		2	滴定速度合理,无成线状	
		半滴操作		2	半滴操作正确	
		终点判断		2	终点判断正确	
		读数		2	读数操作正确	
		整体印象		5	操作熟练、正确	
5	实验数据处理	原始记录	10	10	正确使用计量单位,数据没有空项,数据没有涂改,有效数字记录正确	
6	测定结果	样品结果计算	15	10	计算公式、过程及结果正确	
		测定结果精密度		5	相对偏差≤10%	
7	结束工作	整理	10	5	清洗、整理实验用仪器和台面	
		文明操作		5	无器皿破损、无仪器损坏	
8	实验时间		5	5	在规定时间内完成	

能力拓展三 五日生化需氧量的测定

（稀释与接种法）

【项目所需时间】

4 学时。

【实验原理】

生化需氧量是指在规定的条件下,微生物分解水中的某些可氧化的物质,特别是分解有机物生物化学过程消耗的溶解氧。分别测定水样培养前的溶解氧质量浓度和在 $20\pm1℃$ 培养五天后的溶解氧质量浓度,由两者之差,计算每升样品消耗的溶解氧量,以 BOD_5 形式表示。

当样品中的有机物含量较多,BOD_5 的质量浓度大于 $6mg/L$ 时,样品需适当稀释后测定;对不含或含微生物少的工业废水(酸性废水、碱性废水、高温废水、冷冻保存的废水或经过氯化处理等的废水),在测定 BOD_5 时应进行接种,以引进能分解废水中有机物的微生物。当废水中存在难以被一般生活污水中的微生物以正常的速度降解的有机物或含有剧毒物质时,应将驯化后的微生物引入水样中进行接种。

本方法的检出限为 $0.5mg/L$,测定下限为 $2mg/L$,非稀释法和非稀释接种法的测定上限为 $6mg/L$,稀释和稀释接种法的测定上限为 $6000mg/L$。

环节一 试样的前处理与准备

【实验目的】

1. 掌握稀释水样的制备。
2. 熟悉稀释倍数的选择。

【实验时间】

90min。

【实验准备】

1. 样品准备

采集的样品应充满并密封于棕色玻璃瓶中,样品量不小于 $1000ml$,在 $0\sim4℃$ 的暗处运输和保存,并于 24h 内尽快分析。24h 内不能分析,需冷冻保存,要避免样品瓶破裂,分析前需解冻、均质化和接种。

2.试剂准备

（1）$c(HCl)=0.5mol/L$ 盐酸溶液，50ml/瓶（配法：将 40ml 浓盐酸溶于水中，稀释至 1000ml）。

（2）$c(NaOH)=0.5mol/L$ 氢氧化钠，50ml/瓶（配法：将 20g 氢氧化钠溶于水中，稀释至 1000ml）。

（3）丙烯基硫脲硝化抑制剂，$\rho(C_4H_8N_2S)=1.0g/L$，50ml/瓶（配法：称取 0.20g 丙烯基硫脲溶于 200ml 水，4℃保存，可稳定保存 14d）。

（4）（1+1）乙酸溶液，50ml/瓶。

（5）碘化钾溶液，$\rho(KI)=100g/L$，50ml/瓶（配法：称取 10g 碘化钾溶于水中，稀释至 100ml）。

（6）淀粉溶液，$\rho(淀粉)=5g/L$，50ml/瓶（配法：称取 0.50g 淀粉溶于水中，稀释至 100ml）。

（7）稀释水，1000ml/瓶（制法：在 5～20L 的玻璃瓶中加入一定量的水，控制水温在20℃左右，用曝气装置至少曝气 1h，使稀释水中的溶解氧达到 8mg/L 以上。使用前每升水中加入四种盐溶液（$\rho(FeCl_3)=0.15g/L$，$\rho(CaCl_2)=27.6g/L$，$\rho(MgSO_4)=11.0g/L$，磷酸盐缓冲溶液）各 1.0ml，混匀，20℃保存。稀释水中氧的质量浓度不能过饱和，使用前需开口放置 1h，24h 内使用，剩余的稀释水应弃去）。

（8）接种稀释水，1000ml/瓶（制法：每升城市生活污水和污水处理厂出水的稀释水加 1～10ml 接种液，每升河水或湖水的稀释水加 10～100ml 接种液，接种稀释水存放温度必须是 20±1℃，使用当天配制，pH=7.2，BOD_5 小于 1.5mg/L）。

3.仪器准备

（1）孔径 1.6μm 的滤膜。

（2）稀释容器：1000～2000ml 量筒或容量瓶。

（3）虹吸管。

（4）曝气装置。

（5）100ml 量筒 1 个。

（6）吸量管 5 支。

【实验内容】

1.样品的前处理

（1）pH 值调节：样品或稀释后样品 pH 值不在 6～8 范围内，用 $c(HCl)=0.5mol/L$ 盐酸溶液或 $c(NaOH)=0.5mol/L$ 氢氧化钠溶液调节 pH 值至 6～8。

（2）余氯和结合氯的去除：少量余氯一般采样后放置 1～2h 即可消失。短时间内不能消失的余氯，可加入适量亚硫酸钠溶液，计算加入的亚硫酸钠溶液质量方法如下：取已中和好的水样 100ml，加 10ml（1+1）乙酸溶液、1ml 碘化钾溶液，混匀，暗处静置 5min。用亚硫酸钠溶液滴定析出的碘至淡黄色时，加入 1ml 淀粉溶液呈蓝色，继续滴定至蓝色刚好褪去，记录亚硫酸钠溶液体积。由此计算水样中应加亚硫酸钠溶液的体积。

（3）样品均质化：样品含有大量颗粒物、需要较大稀释倍数或者经冷冻保存，测定前需搅拌均匀。

（4）样品中有藻类：藻类会导致 BOD_5 结果偏高。测定前应用孔径 $1.6\mu m$ 的滤膜过滤。

（5）含盐量低的样品：非稀释样品的电导率小于 $125\mu S/cm$，需加入适量相同体积的四种盐溶液，使样品的电导率大于 $125\mu S/cm$。每升样品中至少需加入各种盐的体积 V 按下式计算：

$$V=8.722\times\sigma-0.103$$

式中：V——需加入各种盐的体积，ml；

σ——样品需要提高的电导率值，$\mu S/cm$。

2. 非稀释水样的准备

（1）待测试样：测定前，待测试样的温度达到 $20\pm2℃$。若溶解氧浓度低，用曝气装置曝气 15min，充分振摇赶走样品中残留气泡。若氧过饱和，将容器 2/3 体积充满样品，用力振摇赶出过饱和氧，然后根据试样中微生物含量情况确定是否采用非稀释接种法。

非稀释法可直接取样测定；非稀释接种法，每升试样中加入适量的接种液，待测定。需要时每升试样中加入 2ml 丙烯基硫脲硝化抑制剂。

（2）空白试样：非稀释法不需做空白试验。非稀释接种法需做空白实验，每升稀释水中加入与试样中相同量的接种液作为空白试样，需要时每升试样中加入 2ml 丙烯基硫脲硝化抑制剂。

3. 稀释水样的准备

（1）待测试样：测定前，待测试样的温度达到 $20\pm2℃$。若溶解氧浓度低，用曝气装置曝气 15min，充分振摇赶走样品中残留气泡；若氧过饱和，将容器的 2/3 体积充满样品，用力振摇赶出过饱和氧，然后根据试样中微生物含量情况确定是否需要接种。

稀释法需在稀释容器中先加部分稀释水或接种稀释水，再按照确定的稀释倍数，用虹吸管加入一定体积的试样或生化处理后的试样，加稀释水或接种稀释水至刻度，轻轻混合避免残留气泡，待测定。若稀释倍数超过 100 倍，可进行两步或多步稀释。

（2）空白试样：稀释法测定，空白试样为稀释水；稀释接种法测定，空白试样为接种稀释水。需要时每升接种稀释水中加入 2ml 丙烯基硫脲硝化抑制剂。

【实验流程图】

水样前处理

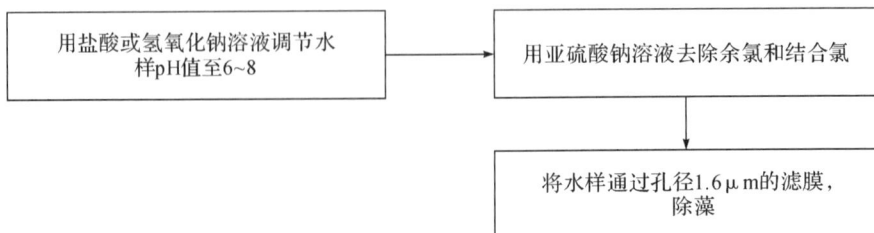

非稀释水样制备

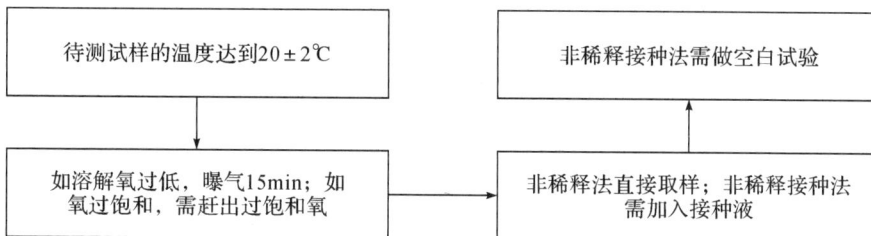

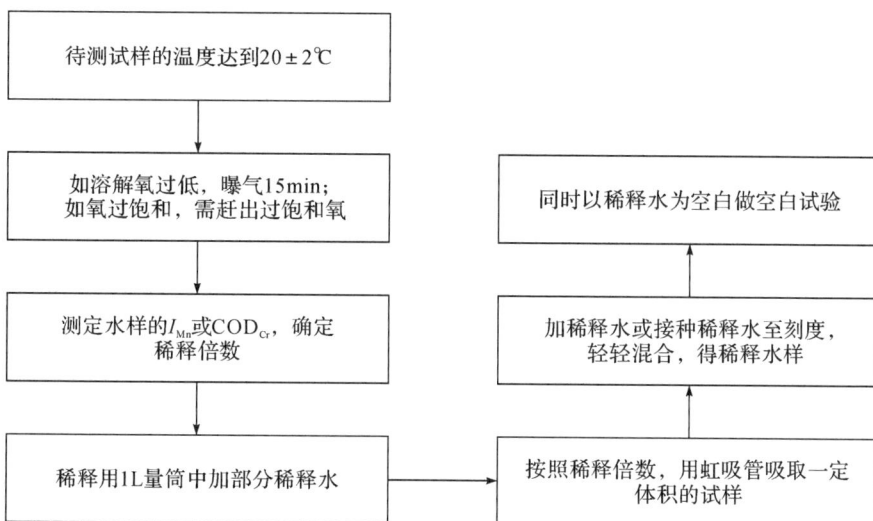

```
┌─────────────────────────┐        ┌─────────────────────────┐
│ 待测试样的温度达到20±2℃  │        │ 非稀释接种法需做空白试验 │
└───────────┬─────────────┘        └────────────▲────────────┘
            │                                   │
            ▼                                   │
┌─────────────────────────┐        ┌─────────────────────────┐
│ 如溶解氧过低，曝气15min；如│ ─────▶ │ 非稀释法直接取样；非稀释接种法│
│ 氧过饱和，需赶出过饱和氧  │        │ 需加入接种液             │
└─────────────────────────┘        └─────────────────────────┘
```

稀释水样制备

```
┌─────────────────────────┐
│ 待测试样的温度达到20±2℃  │
└───────────┬─────────────┘
            │
            ▼
┌─────────────────────────┐        ┌─────────────────────────┐
│ 如溶解氧过低，曝气15min；  │        │ 同时以稀释水为空白做空白试验│
│ 如氧过饱和，需赶出过饱和氧 │        └────────────▲────────────┘
└───────────┬─────────────┘                     │
            │                                   │
            ▼                                   │
┌─────────────────────────┐        ┌─────────────────────────┐
│ 测定水样的$I_{Mn}$或$COD_{Cr}$，确定│     │ 加稀释水或接种稀释水至刻度，│
│ 稀释倍数                 │        │ 轻轻混合，得稀释水样      │
└───────────┬─────────────┘        └────────────▲────────────┘
            │                                   │
            ▼                                   │
┌─────────────────────────┐        ┌─────────────────────────┐
│ 稀释用1L量筒中加部分稀释水 │ ─────▶ │ 按照稀释倍数，用虹吸管吸取一定│
│                         │        │ 体积的试样             │
└─────────────────────────┘        └─────────────────────────┘
```

【实验注意事项】

1.稀释水曝气过程中要防止污染,特别是防止带入有机物、金属、氧化物或还原物。

2.接种液可以直接购买接种微生物用的接种物质,或者按照以下方法获得接种液:

(1)未受工业废水污染的生活污水,化学需氧量不大于 300mg/L,总有机碳不大于 100mg/L;

(2)含有城镇污水的河水或湖水;

(3)污水处理厂的出水;

(4)分析含有难降解物质的工业废水,在其排污口下游适当处取水样作为废水的驯化接种液。

3.试样的前处理仅在样品存在该需求时才需要操作。

4.若试样中含有硝化细菌,有可能发生硝化反应,需在每升试样中加入 2ml 丙烯基硫脲硝化抑制剂。

【思考题】

1.如何配制接种稀释水？

2.怎样选择稀释倍数？

环节二　五日生化需氧量的测定

【实验目的】

掌握五日生化需氧量的实验原理和操作技术。

【实验时间】

90min。

【实验准备】

仪器准备：

(1)带水封装置、容积250～300ml溶解氧瓶8个。

(2)虹吸管。

(3)恒温培养箱。

【实验内容】

1.非稀释水样

(1)可以用虹吸管吸取准备好的试样充满两个溶解氧瓶,试样应少量溢出,使瓶内气泡靠瓶壁排出。

(2)取其中一个瓶溶解氧瓶,盖上瓶盖,加水封,在瓶盖外罩上一个密封罩,放于恒温培养箱20±2℃培养5d后,用碘量法测定试样在培养后溶解氧的质量浓度。

(3)另一瓶15min后用碘量法(具体操作参照"能力拓展二　水质溶解氧的测定")测定试样在培养前溶解氧的质量浓度。

2.稀释水样

(1)可以用虹吸管吸取准备好的试样充满两个溶解氧瓶,试样应少量溢出,使瓶内气泡靠瓶壁排出。

(2)取其中一个溶解氧瓶,盖上瓶盖,加水封,在瓶盖外罩上一个密封罩,放于恒温培养箱20±2℃培养5d后,用碘量法测定试样在培养后溶解氧的质量浓度。

(3)另一瓶15min后用碘量法(操作参照"能力拓展二　水质溶解氧的测定")测定试样在培养前溶解氧的质量浓度。

(4)空白试验:按照上两步骤分别测定培养前和培养后溶解氧的质量浓度。

3. 质量保证和质量控制

(1)空白试样:每批样品做两个分析空白试样,稀释法空白试样的测定结果不能超过 0.5mg/L,非稀释接种法和稀释接种法空白试样的测定结果不能超过 1.5mg/L,否则应检查可能的污染来源。

(2)接种液、稀释水质量的检查:每批样品做一个标准样品,样品的配制方法如下:取 20ml葡萄糖-谷氨酸标准溶液于稀释容器中,用接种稀释水稀释至1000ml,测定 BOD_5,测定结果 BOD_5 应在 180~230mg/L 范围内,否则应检查接种液、稀释水的质量。

平行样品:每批样品至少做一组平行样,计算相对百分偏差 RP。当 BOD_5 小于 3mg/L 时,RP 值应≤±15%;当 BOD_5 为 3~100mg/L 时,RP 值应≤±20%;当 BOD_5 大于100mg/L 时,RP 值应≤±25%。

【实验流程图】

非稀释法测定 BOD_5

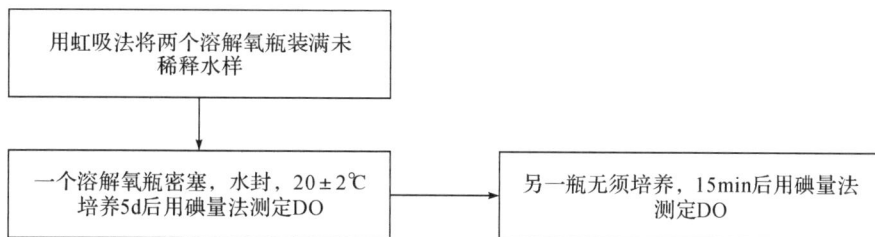

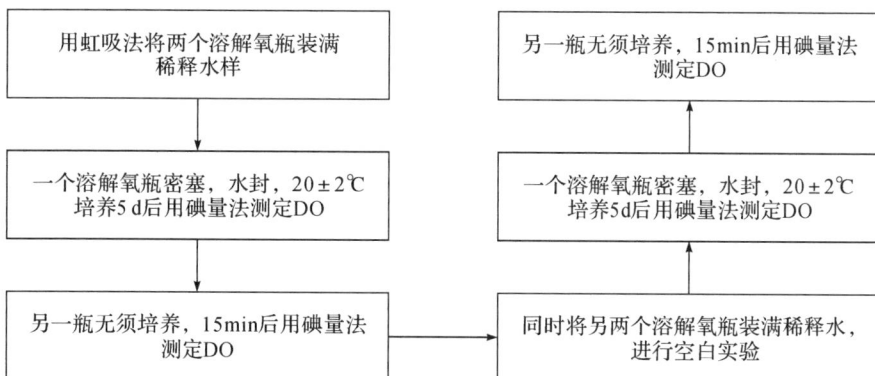

```
┌─────────────────────────────┐
│ 用虹吸法将两个溶解氧瓶装满未     │
│ 稀释水样                      │
└─────────────────────────────┘
              │
              ▼
┌─────────────────────────────┐      ┌─────────────────────────────┐
│ 一个溶解氧瓶密塞,水封,20±2℃    │─────▶│ 另一瓶无须培养,15min后用碘量法   │
│ 培养5d后用碘量法测定DO          │      │ 测定DO                       │
└─────────────────────────────┘      └─────────────────────────────┘
```

稀释法测定 BOD_5

```
┌─────────────────────────────┐      ┌─────────────────────────────┐
│ 用虹吸法将两个溶解氧瓶装满        │      │ 另一瓶无须培养,15min后用碘量法   │
│ 稀释水样                      │      │ 测定DO                       │
└─────────────────────────────┘      └─────────────────────────────┘
              │                                     ▲
              ▼                                     │
┌─────────────────────────────┐      ┌─────────────────────────────┐
│ 一个溶解氧瓶密塞,水封,20±2℃    │      │ 一个溶解氧瓶密塞,水封,20±2℃    │
│ 培养5d后用碘量法测定DO          │      │ 培养5d后用碘量法测定DO          │
└─────────────────────────────┘      └─────────────────────────────┘
              │                                     ▲
              ▼                                     │
┌─────────────────────────────┐      ┌─────────────────────────────┐
│ 另一瓶无须培养,15min后用碘量法   │─────▶│ 同时将另两个溶解氧瓶装满稀释水,   │
│ 测定DO                       │      │ 进行空白实验                  │
└─────────────────────────────┘      └─────────────────────────────┘
```

【仪器使用示意图】

见图 1-6。

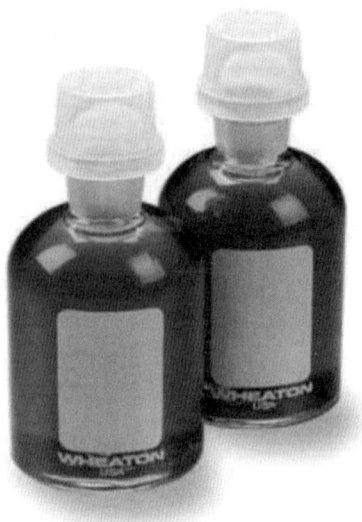

图 1-6　生化培养瓶

【实验注意事项】

1. 葡萄糖-谷氨酸标准溶液的 BOD_5 为 $210\pm20mg/L$，现用现配，应在通风橱内进行操作。该溶液可少量冷冻保存，融化后立刻使用。

2. 试样培养前，试样需少量溢出溶解氧瓶的目的在于避免试样中的溶解氧质量浓度发生变化。

3. 在溶解氧瓶盖外罩上一个密封罩的目的在于防止培养期间水封水蒸发干。

4. 测定稀释水样的 BOD_5 时，若样品有多个不同稀释倍数，每个稀释试样和所对应的空白试样培养前后的溶解氧量均需进行测定。

【实验安全】

有毒试剂（丙烯基硫脲）：学生取用该试剂时应按规定要求佩戴防护器具，小心谨慎，避免接触皮肤和衣服。如无必要，不要配制、添加该试剂。

【思考题】

1. 若培养期间水封水蒸发干会产生什么影响？

2. 试分析造成培养后的溶解氧质量浓度高于培养前这种现象的原因。

3. 思考 COD_{Cr} 和 BOD_5 的关系。

实验记录

五日生化需氧量检验记录表

样品名称				
样品编号				
收样日期		检验日期		
检测依据		标液名称及浓度（培养前）		
稀释倍数		标液名称及浓度（培养后）		
培养时间		培养箱温度		
样品前处理				
序号		水样培养前	水样培养后	空白培养前	空白培养后
滴定记录/ml	起始读数 V_0				
	终止读数 V_1				
	实耗体积 V				
溶解氧浓度/$(mg \cdot L^{-1})$					
BOD_5 值/$(mg \cdot L^{-1})$					
质量控制方法简述					

(1)硫代硫酸钠标定和溶解氧浓度计算公式可参照本章"能力拓展二 水质溶解氧的测定"

(2)非稀释法 BOD_5 计算公式：

$$\rho = \rho_1 - \rho_2$$

式中：ρ——五日生化需氧量质量浓度，mg/L；

　　ρ_1——水样在培养前的溶解氧质量浓度，mg/L；

　　ρ_2——水样在培养后的溶解氧质量浓度，mg/L。

(3)稀释法 BOD_5 计算公式：

$$\rho = \frac{(\rho_1 - \rho_2) - (\rho_3 - \rho_4) \cdot f_1}{f_2}$$

式中：ρ_3——空白样在培养前的溶解氧质量浓度，mg/L；

　　ρ_4——空白样在培养后的溶解氧质量浓度，mg/L；

　　f_1——接种稀释水或稀释水在培养液中所占的比例；

　　f_2——原样品在培养液中所占的比例。

实验评分标准

序号	考核项目	考核内容	分值	分配	评分标准	扣分
1	样品培养	稀释倍数的确定	15	5	根据COD数值正确估算BOD稀释倍数	
		水样的稀释		5	正确稀释水样,驱赶气泡	
		生化培养		5	正确设置温度和时间	
2	滴定管的使用	滴定台的搭建	15	2	滴定管夹位置合适	
		检漏		2	检漏方法正确	
		洗涤、润洗		2	用蒸馏水与标准溶液润洗滴定管正确	
		装液		2	装入标准溶液时未借助其他器皿	
		排气泡		2	排气泡方法正确	
		调零		2	调零操作正确	
		最后一滴		3	最后一滴操作正确	
3	硫代硫酸钠的标定	计算	10	5	使用公式计算正确	
		结果		5	标准偏差≤0.1%	
4	样品的滴定	沉淀的溶解	20	3	沉淀完全溶解	
		指示剂的添加		2	在接近终点时添加	
		滴定操作		2	锥形瓶、滴定管操作正确、手法规范	
		滴定速度		2	滴定速度合理,无成线状	
		半滴操作		2	半滴操作正确	
		终点判断		2	终点判断正确	
		读数		2	读数操作正确	
		整体印象		5	操作熟练、正确	
5	实验数据处理	原始记录	10	10	正确使用计量单位,数据没有空项,数据没有涂改,有效数字记录正确	
6	测定结果	样品结果计算	15	5	计算公式、过程及结果正确	
		测定结果精密度		5	相对偏差≤20%	
		测定结果准确度		5	|RE|≤20%	
7	结束工作	整理	10	5	清洗、整理实验用仪器和台面	
		文明操作		5	无器皿破损、无仪器损坏	
8	实验时间		5	5	在规定时间内完成	

能力拓展四　水质高锰酸盐指数的测定

【项目所需时间】

4 学时。

【实验原理】

样品中加入已知量的高锰酸钾和硫酸,在沸水浴中加热 30min,高锰酸钾将样品中的某些有机物和无机还原性物质氧化,反应后加入过量的草酸钠还原剩余的高锰酸钾,再用高锰酸钾标准溶液回滴过量的草酸钠。通过计算得到样品中高锰酸盐指数。

【实验目的】

1. 掌握高锰酸盐指数的测定方法。
2. 熟悉滴定操作及高锰酸钾溶液浓度的标定方法。

【实验时间】

180min。

【实验内容】

1. 试剂准备

(1) $c(1/5KMnO_4)=0.01mol/L$ 高锰酸钾标准液,50ml/瓶(配法:称取 3.2g 高锰酸钾溶于 1L 水中,加热煮沸约 2h,冷却,存放两天后,用 G-3 玻璃砂芯漏斗过滤,滤液贮于棕色瓶中保存,该高锰酸钾标准贮备液 $c(1/5KMnO_4)=0.1mol/L$。吸取 100ml 高锰酸钾标准贮备液于 1000ml 容量瓶中,用水稀释标线,混匀。使用当天应进行标定,并调节至 0.01mol/L 准确浓度)。

(2) 硫酸 1+3 溶液,50ml/瓶(配法:在不断搅拌下,将 100ml 硫酸($\rho_{20}=1.84g/ml$)慢慢加入 300ml 水中,趁热滴入数滴高锰酸钾溶液至溶液出现微红色)。

(3) $c(1/2Na_2C_2O_4)=0.0100mol/L$ 草酸钠标准溶液,100ml/瓶(配法:先称取 0.6705g 在 120℃烘干 2h 并冷却的草酸钠($Na_2C_2O_4$)溶解于水,移入 100ml 容量瓶中,用水稀释至标线,混匀,该溶液为草酸钠标准贮备液 $c(1/2Na_2C_2O_4)=0.100mol/L$。再吸取 10.00ml 草酸钠标准贮备液,移入 100ml 容量瓶中,用水稀释至标线,混匀)。

2. 仪器准备

(1) 10ml 移液管 2 支、5ml 移液管 1 支。
(2) 洗瓶 1 个。
(3) 25ml 酸式滴定管 1 支。
(4) 250ml 锥形瓶 3 个。

(5)恒温水浴箱。

【实验内容】

1. 水样处理与保存：采样后要加入硫酸(1+3)溶液，使样品 pH 为 1～2 并尽快分析。如保存时间超过 6h，则需置于暗处，0～5℃下保存，不得超过 2d。

2. 吸取 100.0ml 经充分摇动、混合均匀的样品(或分取适量，用水稀释至 100ml)，置于 250ml 锥形瓶中，加入 5±0.5ml 硫酸(1+3)溶液，用滴定管加入 10.00ml 0.01mol/L 高锰酸钾标准溶液，摇匀。

3. 将锥形瓶置于水浴锅内沸水加热 30±2min，从水浴重新沸腾时开始计时，且沸水浴液面要高于反应溶液的液面。

4. 取出后用滴定管加入 10.00ml 0.0100mol/L 草酸钠标准溶液至溶液变为无色。趁热用 0.01mol/L 高锰酸钾标准溶液滴定至刚出现粉红色，并保持 30s 不褪色。记录消耗的高锰酸钾溶液体积 V_1。

5. 高锰酸钾标准溶液浓度的标定：将上述测定后溶液保持温度在 80℃，向溶液中准确加入 10.00ml 0.0100mol/L 草酸钠标准溶液，再用 0.01mol/L 高锰酸钾溶液继续滴定至刚出现粉红色，保持 30s 不褪色。记录消耗的高锰酸钾溶液的体积 V_2。

6. 空白试验：用 100ml 水代替样品，按照前面 2、3、4 步进行测定，记录最后回滴的高锰酸钾溶液的体积 V_0。

【实验流程图】

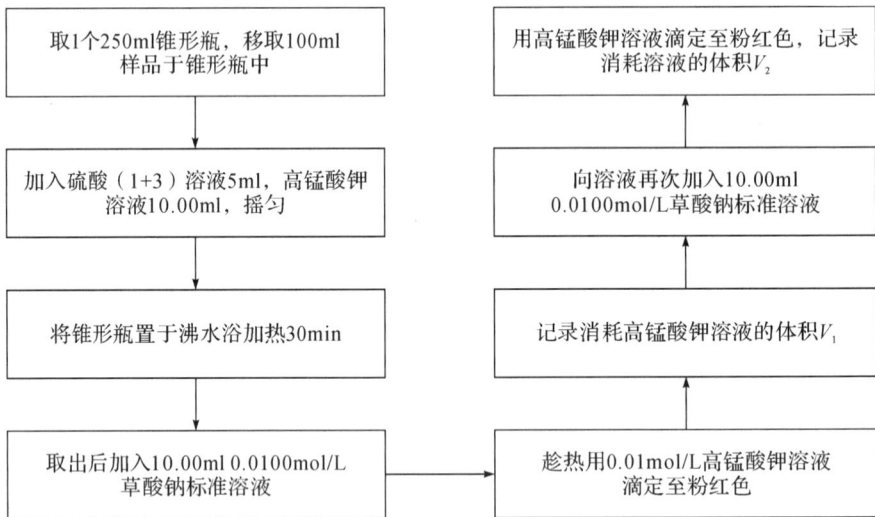

【仪器使用示意图】

见图 1-7、图 1-8。

图 1-7　水样加热过程　　　　　　　　　图 1-8　确定滴定终点

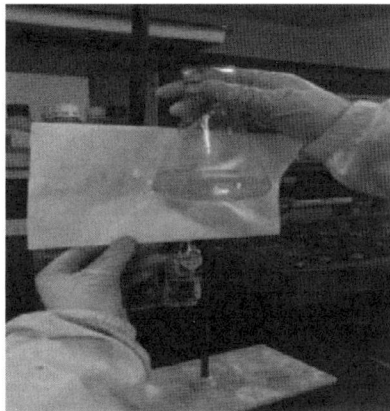

【实验注意事项】

1. 新的玻璃器皿必须用酸性高锰酸钾溶液清洗干净。

2. 在水浴中加热完毕后，溶液仍保持淡红色，如变浅或全部褪去，说明高锰酸钾的用量不够。此时，应将水样稀释倍数加大后再测定；加热氧化后残留的高锰酸钾为加入量的 $1/3 \sim 1/2$ 为宜。

3. 在酸性条件下，草酸钠和高锰酸钾的反应温度应保持在 $60 \sim 80 ℃$，如果温度过低，高锰酸钾与草酸钠的反应不充分，使结果偏低；但如果温度过高（如高于 $90 ℃$），则会使加入的草酸钠标准溶液发生分解，也造成结果偏低。因此滴定过程必须保持试样温度在 $60 \sim 80 ℃$，所以滴定操作必须趁热进行，若溶液温度过低，需适当加热。

4. 蒸馏水空白值应小于 $0.80 mg/L$，否则应将蒸馏水进行二次蒸馏或将样品适当稀释，以空白值校正测定结果。

5. 水浴加热时间一定要控制在 $30 \pm 2 min$ 的范围内，并尽量使加热时间统一为 $30 min$。

6. 滴定速度和时间：在对样品进行滴定时，开始速度不宜过快，否则高锰酸钾溶液会发生部分分解，影响结果的准确度。在整个滴定过程中，溶液应成珠串状往下滴，而不能成直线状，整个滴定过程应采取慢—快—慢的滴定速度。滴定应在 $2 min$ 内完成，时间过长会引起试样温度下降。

7. 用高锰酸钾标准溶液滴定时，读数控制在 $0.6 \sim 5.6 ml$ 为宜。

【实验安全】

硫酸稀释时要在不断搅拌下将硫酸慢慢倒入水中，切勿将水倒入酸中。

【思考题】

1. 在水浴加热完毕后，水样的红色完全褪去，说明什么？应如何处理？

2.测定高锰酸盐指数时,高锰酸钾溶液的浓度为何要低于 $0.01mol/L(1/5KMnO_4)$?

实验记录

水质高锰酸盐指数测定检验记录表

样品名称				
检测依据		检验日期		
水样取样量		实验环境		
序号		1	2	3
水样滴定记录/ml	起始读数 $V_{始}$			
	终止读数 $V_{终}$			
	实耗体积 V_1			
高锰酸钾溶液标定记录/ml	起始读数 $V_{始}$			
	终止读数 $V_{终}$			
	实耗体积 V_2			
空白实验消耗标液体积/ml （稀释法时进行）				
高锰酸盐指数浓度/$(mg\cdot L^{-1})$				
平均值/$(mg\cdot L^{-1})$				
相对偏差/%				
质量控制方法简述				

计算公式:

(1)非稀释法

$$I_{Mn}=\frac{\left[(10+V_1)\dfrac{10}{V_2}-10\right]\times c\times 8\times 1000}{100}$$

式中:V_1——样品滴定时,消耗高锰酸钾溶液体积,ml;

V_2——标定高锰酸钾溶液浓度时,所消耗高锰酸钾溶液体积,ml;

c——草酸钠标准溶液的浓度,$0.0100mol/L$。

(2)稀释法

$$I_{Mn}=\frac{\left\{\left[(10+V_1)\dfrac{10}{V_2}-10\right]-\left[(10+V_0)\dfrac{10}{V_2}-10\right]\times f\right\}\times c\times 8\times 1000}{V_s}$$

式中:V_0——空白试验时,消耗高锰酸钾溶液体积,ml;

V_s——测定样品时,所取样品体积,ml;

f——稀释样品时,蒸馏水在100ml测定用体积内所占比例。

实验评分标准

序号	考核项目	考核内容	分值	分配	评分标准	扣分
1	样品处理	试剂加入	15	5	加入硫酸溶液、高锰酸钾溶液体积正确	
		水样加热		5	加热时水液面高于锥形瓶中溶液,加热时间和温度正确	
		样品安排		5	样品放置时间间隔合理	
2	滴定管的使用	滴定台的搭建	20	2	滴定管夹位置合适	
		检漏		3	检漏方法正确	
		洗涤、润洗		3	用蒸馏水与标准溶液润洗滴定管正确	
		装液		3	装入标准溶液时未借助其他器皿	
		排气泡		3	排气泡方法正确	
		调零		3	调零操作正确	
		最后一滴		3	最后一滴操作正确	
3	样品的滴定	滴定温度	25	3	滴定温度正确	
		滴定操作		3	锥形瓶、滴定管操作正确、手法规范	
		滴定速度		3	滴定速度合理,无成线状	
		半滴操作		3	半滴操作正确	
		终点判断		3	终点判断正确	
		读数		3	读数操作正确	
		整体印象		5	操作熟练、正确	
4	实验数据处理	原始记录	10	10	正确使用计量单位,数据没有空项,数据没有涂改,有效数字记录正确	
5	测定结果	样品结果计算	15	10	计算公式、过程及结果正确	
		测定结果精密度		5	相对偏差≤20%	
6	结束工作	整理	10	5	清洗、整理实验用仪器和台面	
		文明操作		5	无器皿破损、无仪器损坏	
7	实验时间		5	5	在规定时间内完成	

能力拓展五　水质钙、镁的测定

【项目所需时间】

4 学时。

【实验原理】

本实验采用火焰原子吸收光谱法来测定自来水中金属元素钙、镁的含量,通过将试液喷入火焰中,使钙、镁原子化,在火焰中形成的基态原子对特征谱线产生选择性吸收,由测得的样品吸光度和标准溶液的吸光度进行比较,确定样品中被测元素的浓度。用 422.7nm 共振线的吸收测定钙,用 285.2nm 共振线的吸收测定镁。

环节一　水样采集及处理

【实验目的】

熟悉试样的制备方法。

【实验时间】

60min。

【实验准备】

1.试剂准备

本标准所用试剂除另有说明外,均使用符合国家标准或专业标准的分析纯试剂和去离子水或同等纯度的水。

(1)浓硝酸(HNO_3),$\rho = 1.40g/ml$,优级纯。

(2)硝酸溶液(1+1):将 50ml 浓硝酸(优级纯)溶于水并稀释至 100ml。

(3)高氯酸($HClO_4$),$\rho = 1.68g/ml$,优级纯。

(4)镧溶液,$\rho = 0.1g/ml$(配法:称取氧化镧(La_2O_3)23.5g,用少量硝酸溶液(1+1)溶解。蒸至近干,加 10ml 硝酸溶液(1+1)及适量水,微热溶解,冷却后用水定容至 200ml,分装)。

2.仪器准备

(1)聚乙烯瓶 1 个,容积在 250～300ml。采样前,所用聚乙烯瓶先用洗涤剂洗净,再用硝酸溶液(1+1)浸泡 24h 以上,然后用纯水冲洗干净。

(2)采水器 1 个。

(3)50ml 容量瓶 3 个。

【实验内容】

1.样品的保存和制备

水样采集后盛于硬质玻璃瓶或聚乙烯塑料瓶中保存,采好样后应尽快送到实验室,实验室必须在 10d 内分析完毕。最少采样量 100ml。

分析可滤态钙、镁时,如水样有大量的泥沙、悬浮物,样品采集后应及时澄清,澄清液通过 $0.45\mu m$ 有机微孔滤膜过滤,滤液加浓硝酸酸化至 pH 为 1~2。

分析不可滤态钙、镁总量时,采集后立即加浓硝酸酸化至 pH 为 1~2。如果样品需要消解,则标准溶液和空白溶液也要消解。

消解步骤如下:取 100ml 待处理样品置于 200ml 烧杯中,加入 5ml 浓硝酸,在电热板上加热消解蒸至 10ml 左右。冷却后,加入 5ml 浓硝酸和 2ml 高氯酸,静止 1h 后,继续消解蒸至 1ml 左右(不能有明火),取下冷却,加水溶解残渣,通过中速滤纸,滤入 50ml 容量瓶中,用水稀释至标线(消解中使用的高氯酸易爆炸,要求在通风柜中进行)。

2.试料处理

从上述 50ml 容量瓶中,准确吸取经预处理的试样 5.00ml(含钙不超过 $250\mu g$,镁不超过 $25\mu g$)于 50ml 容量瓶中。加入 1ml 硝酸溶液(1+1)和 1ml 镧溶液(0.1g/ml),用水稀释至标线摇匀。

3.空白试验

在测定的同时应进行空白试验。空白试验时用 50ml 水取代试样所用试剂及其用量,步骤与试料测定完全相同。

【实验流程图】

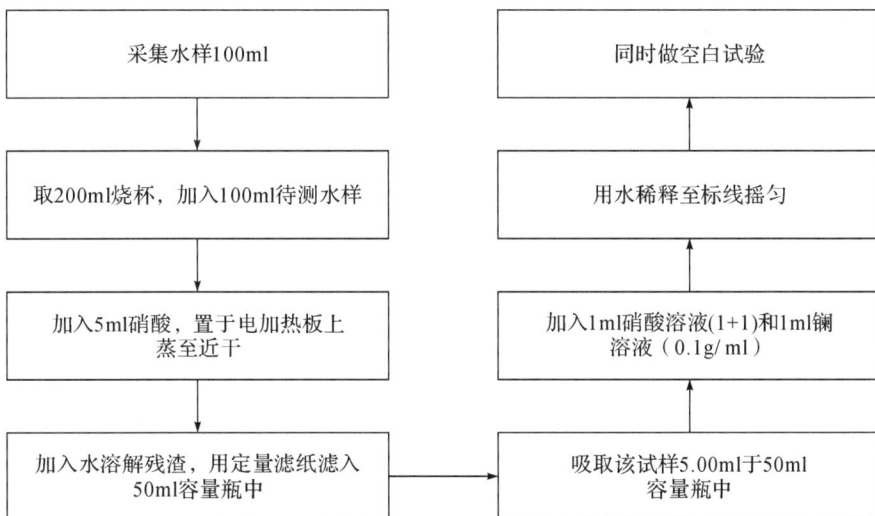

【实验注意事项】

钙或镁含量高的水样,应适当稀释,或将燃烧器转一个合适角度后,再与标准系列溶液同时测量。

【思考题】

试样配制过程中,为何需要加入镧溶液?

环节二　标准溶液的配制

【实验目的】

熟悉钙镁混合标准溶液的配制方法。

【实验时间】

60min。

【实验准备】

1. 试剂准备

(1)硝酸溶液(1+1)。

(2)钙标准贮备液,$\rho = 1000mg/L$(配法:准确称取 105～110℃ 烘干过的碳酸钙($CaCO_3$,优级纯 G. R.)2.4973g 于 100ml 烧杯中,加入 20ml 水,小心滴加硝酸溶液(1+1)至溶解,再多加 10ml 硝酸溶液(1+1),加热煮沸冷却后用水定容至 1000ml)。

(3)镁标准贮备液,$\rho = 100mg/L$(配法:准确称取 800℃ 灼烧至恒重的氧化镁(MgO,光谱纯 S. P.)0.1658g 于 100ml 烧杯中,加入 20ml 水滴加硝酸溶液(1+1)至完全溶解,再多加 10ml 硝酸溶液(1+1),加热煮沸冷却后用水定容至 1000ml)。

(4)钙镁混合标准溶液,钙 50mg/L、镁 5.0mg/L,50ml/瓶(配法:准确吸取钙标准贮备液和镁标准贮备液各 5.0ml 于 100ml 容量瓶中,加入 1ml 硝酸溶液(1+1),用水稀释至标线)。

2. 仪器准备

(1)50ml 容量瓶 5 个。

(2)5ml 移液管若干支。

(3)洗瓶 1 个。

【实验内容】

分别准确吸取 1.00ml、2.00ml、3.00ml、4.00ml、5.00ml 钙镁混合标准操作液于 50ml 容量瓶中,加入 1ml 硝酸溶液(1+1)和 1ml 镧溶液,用水稀释至标线摇匀。

环节三 火焰原子吸收分光光度法测定钙、镁

【实验目的】

1. 了解原子吸收分光光度计的原理与基本结构。
2. 掌握原子吸收分光光度计测定水中钙、镁含量的实验方法。

【实验时间】

120min。

【实验准备】

1. 试剂准备

(1)制备好的待测水样 50ml。

(2)空白溶液 50ml。

(3)不同浓度的标准序列溶液 5 瓶。

2. 仪器准备

(1)TAS-986 原子吸收分光光度计(北京普析)。

(2)钙、镁空心阴极灯。

(3)乙炔钢瓶气、空气压缩机(除水、除油)。

(4)仪器工作条件见表 1-16。

表 1-16 原子吸收测定钙、镁的条件

光源	钙空心阴极灯	镁空心阴极灯
灯电流/mA	3	2
测定波长/nm	422.7	285.2
光谱通带/nm	0.2	0.2
燃烧高度/nm	6	6
火焰种类	空气-乙炔,氧化型	空气-乙炔,氧化型

【实验内容】

1. 开机:将主机排水管槽加满水;开启电脑,开启主机电源,稳定 30min。

2. 实验条件设定:双击打开电脑桌面上原子吸收分光光度计控制软件,进入仪器"自动初始化窗口"。待仪器自检结束,按提示依次进行"工作灯"和"预热灯"的选择、"寻峰"、"扫描"过程,工作灯设定完成后,进入"设置",并根据实验条件选择"测量参数"。根据标准液类型、浓度和待测样品类型等已知信息,选择"样品测量向导"相关信息,"完成"后测量窗口中显示出实验过程提示信息。(注意:此时所选工作灯仅为钙或镁元素灯之一,待测元素改变需要重新选择工作灯。)

3.仪器点火:检查乙炔钢瓶,使之处于关闭状态,打开无油空气压缩机工作开关和风机开关,调节压力表为 0.2~0.25 MPa,打开乙炔钢瓶调节压力至 0.07 MPa,点击控制软件界面上"点火"。(注意:空压机使用 1h 需按下排水阀排水;点火及实验过程中要远离燃烧器,其上避免遮盖。)

4.制作标准曲线并测定样品。

在设定实验条件下,以蒸馏水为空白样品"校零",再依次由稀到浓测定所配制的标准溶液、空白样和试样的吸光度。扣除空白样吸光度后,从仪器上直接读出试样中的钙、镁含量浓度(也可从校准曲线上查出试样中的钙、镁度)。

5.实验完毕,吸取蒸馏水 5min 以上,关闭乙炔,火灭后退出测量程序,关闭主机、电脑和空压机电源,按下空压机排水阀。

【实验流程图】

```
┌─────────────────────────┐
│ 选择元素灯,水封,打开气源并 │
│ 保证气路不漏气            │
└─────────────────────────┘
            │
            ▼
┌─────────────────────────┐        ┌─────────────────────────┐
│ 设置检测元素Ca、波长、标液浓度、│        │ 关气,关机,完成清理工作    │
│ 浓度单位等仪器条件         │        └─────────────────────────┘
└─────────────────────────┘                     ▲
            │                                    │
            ▼                                    │
┌─────────────────────────┐        ┌─────────────────────────┐
│ 用蒸馏水调零,测定Ca标准系列、 │        │ 实验完成后,用蒸馏水清洗    │
│ 空白样和试样的吸光度       │        │ 燃烧系统                 │
└─────────────────────────┘        └─────────────────────────┘
            │                                    ▲
            ▼                                    │
┌─────────────────────────┐        ┌─────────────────────────┐
│ 按相同方法设置检测元素Mg的  │───────▶│ 用蒸馏水调零,测定Mg标准系列、│
│ 仪器条件                 │        │ 空白样和试样的吸光度       │
└─────────────────────────┘        └─────────────────────────┘
```

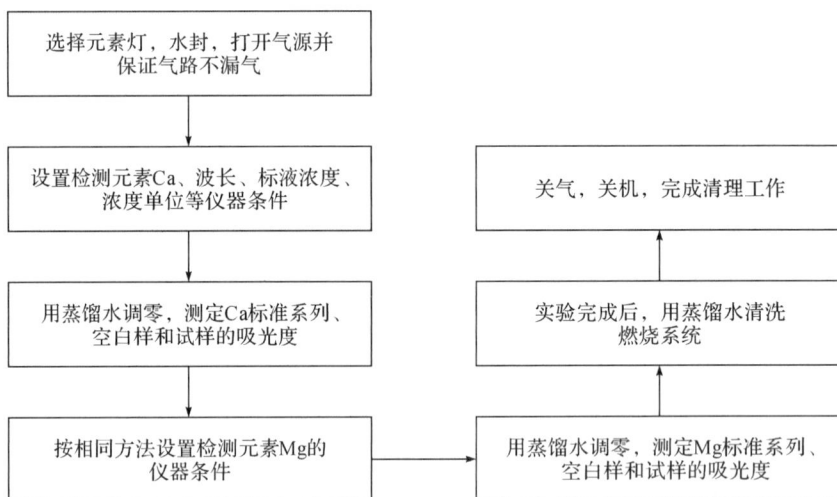

【实验注意事项】

1.开机前,检查各电源插头是否接触良好。仪器各部分是否归于零位。

2.使用时,注意下列情况,如废液管道的水封圈被破坏、漏气,或燃烧器缝明显变宽,或助燃气与燃气流量比过大,这些情况都容易发生回火。

3.仪器点火时,要先开助燃气,然后开燃气;关气时先关燃气,然后关助燃气。

4.要定期检查气路接头和封口是否有漏气现象,以便及时解决。

5.许多元素(离子)如铝、铁、钛、硅酸盐、磷酸盐、硫酸盐等因能与钙或镁形成不易解离的耐热化合物,影响钙或镁的原子化。可加入锶、镧或其他释放剂来消除干扰。但过量的释放剂会使钙的吸光度下降。因此,应控制释放剂的加入量,并使试液中的释放剂量与标准系列溶液保持一致。

【实验安全】

1.高氯酸具有强挥发性和易爆性,高氯酸与浓硝酸的配比不宜超过 1/4。加热时在通风橱中操作,杜绝明火,切忌烧干,消化时人不可离开,消化液一旦变绿,马上取下,稍冷后补加硝酸直至澄清透明。

    2.乙炔气体发生泄漏或回火。

【思考题】

    1.何谓试样的原子化? 试样原子化的方法有哪几种?

    2.使用空心阴极灯应注意哪些问题?

    3.若水中的钙镁元素超标会对人体造成什么危害?

实验记录

原子吸收光度法检验原始记录表

检验日期			检测方法依据		
仪器名称			实验环境	温度:	℃
水样取样量					
气体条件	空气工作压强: MPa,流量: L/min				
	乙炔气输出压强: MPa,流量: L/min				
样品序号	1		2		
	Ca	Mg	Ca	Mg	
测量浓度/($\mu g \cdot ml^{-1}$)					
样品稀释倍数 n					
样品浓度结果/($mg \cdot L^{-1}$)					
平均值/($mg \cdot L^{-1}$)					
相对偏差/%					
结论					
质量控制方法简述					

灯   波长   nm   狭缝负高压灯电流   标准曲线

Ca

Mg

计算公式:

$$c = \frac{m}{V}$$

式中:c——实验室样品中钙、镁浓度,mg/L;

      m——试料中的钙、镁含量,μg;

      V——分取水样体积,ml。

实验评分标准

序号	考核项目	考核内容	分值	分配	评分标准	扣分
1	样品处理	消解操作	15	5	正确加入硝酸,电炉加热消解	
		过滤操作		5	正确用溶液溶解,并过滤	
		定容操作		5	完成样液的定容	
2	标准溶液的配制	移液管操作	10	10	正确使用移液管。移液时未出现吸空现象,调节零刻度液面前处理管尖部,移液管最后靠壁	
3	试样的测定	元素灯的安装	25	5	正确选择待测元素灯	
		原子吸收分光光度计设置		10	正确设置检测波长,正确调节能量,正确设置样品信息	
		测定操作		5	正确点火,按浓度从低到高测定,待吸光度稳定记录	
		测定后的处理		5	清洗原子化器,关气,关机	
4	实验数据处理	标准曲线的绘制	20	5	正确绘制标准曲线,回归方程中参数数字修约正确	
		原始记录		10	正确使用计量单位,数据没有空项,数据没有涂改	
		样品结果计算		5	样品结果计算正确	
5	测定结果	标准曲线线性	20	10	相关系数 $\gamma \geqslant 0.995$	
		测定结果准确度		5	$|RE| \leqslant 10\%$	
		测定结果精密度		5	相对偏差 $\leqslant 15\%$	
6	结束工作	整理	10	5	清洗、整理实验用仪器和台面	
		文明操作		5	无器皿破损、无仪器损坏	

项目二

城镇生活污水监测

当前,我国城镇生活污水量、COD 和氨氮排放量占全国总排放量的比例分别达到 67.6%、37.6% 和 57.0%,加强对城镇生活污水的排放控制对水环境质量的改善具有重要的作用。随着我国人口的持续增长及城镇化水平的提高,城镇生活污水排放量将持续增加,预计到 2030 年达到约 600 亿吨,是当前的 1.6 倍,按照目前的排放控制水平,城镇生活污水中排放的 COD、氨氮在 2030 年将比当前增长约 33%。因此,城镇污水处理厂作为污水进入地表水体的最后一道关口,切实加强对城镇污水处理厂运行的环境管理,保证其功能的正常发挥,对我国水环境、水资源、水生态保护具有极为重要的战略意义。

任务一 城镇生活污水采集

一 采样点的选择

根据《城镇污水处理厂污染物排放标准》(GB 18918—2002),城镇污水处理厂均须在废水总排放口设置监测点位,以评价出水水质是否达到排放标准要求。此外在排放口应设污水水量自动计量装置、自动比例采样装置,pH、水温、COD 等主要水质指标应安装在线监测装置。

二 采样频次和采样时间

根据污水处理厂接收并处理工业废水的比例,分为<80% 与≥80% 两类。当接收并处理工业废水的比例<80% 时,可适当降低重金属指标、烷基汞、苯并[a]芘、GB 18918 规定的选择控制指标中有检出的指标和其他特征污染物等的监测频次。

1. 采样频次

(1)流量、化学需氧量、氨氮、总磷、水温和 pH 值,如果设区的市级及以上环保行政主管部门明确要求安装自动监测设备,则须采取自动监测。

(2)总氮、悬浮物和色度均为按日监测。

(3)五日生化需氧量、动植物油、石油类、阴离子表面活性剂、粪大肠菌群 5 项常规污染物根据接纳废水比例不同,分别为周、月监测频次。

(4)重金属指标根据接纳废水比例不同,分别为季度、月的监测频次。

(5)烷基汞、苯并[a]芘、GB 18918 规定的选择控制指标中有检出的指标和其他特征污染物,根据接纳废水比例不同,分别为半年、季度的监测频次。

2.采样时间

依据《城镇污水处理厂污染物排放标准》(GB 18918—2002)中的规定,城镇污水处理厂采样频率至少为每两小时一次,取 24h 混合样,以日均计。

三　污水采样器具

取样可用无色具塞硬质玻璃瓶或具塞聚乙烯瓶或水桶。

(1)浅水采样:当废水以水渠形式排放到公共水域时,应设适当的堰,可用容器或用长柄采水勺从堰溢流中直接采样。在排污管道或渠道中采样时,应在具有液体流动的部位采集水样。

(2)深层水采样:适用于废水或污水处理池中的水样采集,可使用专用的深层采样器采集。

(3)自动采样:利用自动采样器或连续自动定时采样器采集。可在一个生产周期内,按时间程序将一定量的水样分别采集在不同的容器中。自动混合采样时采样器可定时连续地将一定量的水样或按流量比采集的水样汇集于一个容器中。

任务二　氨氮的测定

一　概述

(一)来源及危害

氨氮是控制水体含氮有机物污染和保护水生态系统的一个关键水质指标。生活污染是氨氮的主要排放源,进入水体的有机物,有相当一部分是含氮有机物,如蛋白质类、缩氨酸类、核酸类和尿素等,这些物质在水中受微生物和氧化作用而发生分解:

$$蛋白质 \rightarrow 多肽 \rightarrow 氨基酸 \rightarrow 氨 \rightarrow 亚硝酸盐 \rightarrow 硝酸盐$$
$$尿素 \rightarrow 氨 \rightarrow 亚硝酸盐 \rightarrow 硝酸盐$$

随着分解过程的进行,有机氮化合物不断减少,无机氮化合物逐渐增加。无氧条件下分解过程的最终产物是氨,而在有氧条件下氨进一步被微生物转化为亚硝酸盐和硝酸盐。这种含氮化合物由复杂的有机氮化合物逐步转变为亚硝酸盐和硝酸盐的过程,称为无机化作用。随着无机化作用的进行,水中有机氮化合物不断减少,微生物的营养不断减少,进入水体中的微生物也逐渐消亡。

水体中的无机氮化合物主要有氨氮(NH_3-N)、亚硝酸盐氮(NO_2^--N)和硝酸盐氮(NO_3^--N),习惯上简称三氮。虽然氨、亚硝酸盐和硝酸盐均属于无机污染物,但除一些特殊废水污染外,水中的 NH_3、NO_2^- 和 NO_3^- 主要来自含氮有机物的分解和粪便污染,所以城镇污水处理是削减氨氮的主要手段,已成为氨氮减排的最主要领域。

三氮也可作为评价水体有机污染程度和自净能力的指标。三氮含量与水质的关系可用表 2-1 来描述。

表 2-1　各种水中三氮含量(mg/L)

水体情况	氨氮	亚硝酸盐氮	硝酸盐氮
清洁水	≤0.05(少)	≤0.01(少)	≤1.0(少)
以往污染水	≤0.05(少)	≤0.01(少)	>1.0(少)
新近污染水	0.05~0.5(多)	0.01~0.3(多)	≤1.0(少)
经常污染水	0.05~0.5(多)	0.01~0.3(多)	>1.0(多)
粪便污染水	20~130	0.1~0.2	

氨氮是水体中的营养素,可导致水体富营养化,是水体中的主要耗氧污染物。水体中氨氮的存在一般对人体无害,但表明污染的有机物正在分解之中,水体在不久前受到污染。

(二)城镇污水排放标准要求

氨氮一级 A 标准和 B 标准排放限值分别为 5mg/L 和 8mg/L,二级标准限值为 25mg/L。

二　采样和保存

氨氮很不稳定,为保证分析结果的质量,必须采取可靠的措施以稳定样品。很多研究证明,样品保存实在困难,加酸、冷藏、过滤除菌等措施都不能满意地保存各类供测氨氮的水样。一般采用每升水样加入 0.8ml 浓硫酸,并在 4℃保存,在测定之前用氢氧化钠中和。最好的方法是在采样后立即加入显色试剂,在 24h 内测定吸光度。

三　测定方法

测定氨氮常用的方法有纳氏比色法、酚盐比色法和氨选择电极法。纳氏比色法是测氨的经典方法,被很多国家列为标准方法。但由于纳氏试剂配制需一定技巧,而且方法灵敏度与试剂配制有关,试剂毒性大,20 世纪 50 年代就有研究者已提出酚盐比色法可替代纳氏比色法,以后对反应的条件、催化剂的类型有了深入研究,使此法趋于完善,现在许多国家也将酚盐比色法列为标准方法。

以上测定方法中,纳氏比色方法的最低检出浓度为 $20\mu g/L$,最高可测定 5mg/L 的水样,是目前常用的标准方法,适用于各类水样分析。但其有色化合物的稳定时间短,且化合物的颜色随氨的含量的不同也有所改变,并存在汞污染的问题。酚盐法和水杨酸盐法的最低检出浓度为 $20\mu g/L$,最高可适用于 $500\mu g/L$ 水样的测定。氨选择电板法适用于 0.03~$1400\mu g/L$ 含量范围的水样的测定。当氨氮浓度大于 5mg/L 时,可用蒸馏滴定法测定。颜色和浊度对以上方法都有干扰,所以在测定前应蒸馏,以消除此干扰。

(一)纳氏试剂法

1. 原理

在碱性溶液中氨与纳氏试剂(碘化汞钾)生成棕黄的碘化氧汞氨,反应产物在 $15\sim30min$ 内稳定,颜色深浅与氨氮含量成正比。其反应式为:

$$[HgI_4]^{2-}+NH_3+3OH^-\longrightarrow NH_2Hg_2IO+7I^-+2H_2O$$

测定时取适量水样或蒸馏水样于比色管中,分别加入 50% 酒石酸钾钠溶液和纳氏试剂,混匀后放置 $15min$,用目视比色法或在 $420nm$ 处进行分光光度法测定。

2. 干扰

水样中的余氯可与氨发生反应,生成一氯氨、二氯氨或三氯氨,使测定结果偏低。所以采样后应立即加入硫代硫酸钠,以破坏余氯,并且应尽快分析,若需保存,则应加入硫酸调节水样 pH 至 $1.5\sim2$,$4℃$保存。

水样中的 Ca^{2+}、Mg^{2+}、Fe^{2+} 和 Fe^{3+} 等在碱性条件下可形成碳酸钙、碱式碳酸镁和氢氧化铁沉淀,使溶液浑浊,干扰比色。所以,在显色前应加入酒石酸钾钠溶液,与金属离子生成配合物,以消除其影响。

当水样有色、浑浊或含有醛酮等干扰物时,不能直接显色测定,须将水样进行蒸馏,使氨与干扰物分离。蒸馏时应加入磷酸盐缓冲溶液维持水样至 pH7.4 左右。若 pH 值过低,NH_3 转化为 NH_4^+ 而不易被蒸出,使测定结果偏低;若 pH 值过高,部分蛋白质和氨基酸在加热过程中会分解,使测定结果偏高。因此,蒸馏时应注意控制水样的 pH 值,对于加有硫酸的水样,应先用氢氧化钠溶液中和后,再加入磷酸盐缓冲液。

测定中所用的试剂和标准溶液均需用无氨蒸馏水配制。无氨蒸馏水的配制方法是普通蒸馏水加硫酸酸化并滴加少量高锰酸钾溶液至紫红色后再蒸馏可制得无氨蒸馏水。酒石酸钾钠中常含有氨,可将配好的酒石酸钾钠溶液加热煮沸至原体积的 80%,即可挥发除去溶液中的氨。冷却后再稀释至原体积。由于氨的挥发性较大,进行氨氮测定时,实验室内不得使用浓氨水。

当水样中的氨氮较高,水样需稀释时,应先将水样稀释,再加入纳氏试剂,否则会因氨的浓度过高而生成沉淀。

(二)酚盐比色法

氨在碱性溶液中与次氯酸盐生成一氯氨,在硝普钠催化下与酚生成靛酚蓝染料,生成的蓝色化合物在 $630nm$ 处有最大吸收峰,可用比色法定量。

将显色以后的溶液移入分液漏斗中,用正丁醇提取靛酚染料,然后用有机相比色定量,可提高方法的灵敏度。

酚盐法反应式如下:

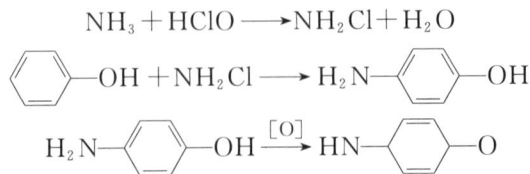

$$NH_3+HClO\longrightarrow NH_2Cl+H_2O$$

$$HN\!=\!\!\bigcirc\!\!=\!\!O + \bigcirc\!\!-\!OH \longrightarrow O\!=\!\!\bigcirc\!\!=\!\!N\!\!-\!\!\bigcirc\!\!-\!OH$$

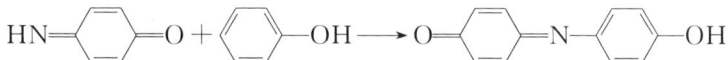

氯氨的形成与 pH 值有关：次氯酸与氨在 pH＞7.5 时主要生成一氯氨，pH 为 5～7 时主要生成二氯氨，pH＜4.5 时主要为三氯氨；pH 为 10.5～11.5 时生成的一氯氨和靛酚蓝都较稳定，且呈色最深。水样直接比色测定时，需加入柠檬酸盐，防止水中钙、镁离子在碱性中生成沉淀。

水样的颜色、浑浊度和其他一些干扰物同样要影响本法的测定，应按前法所述的方法蒸馏，以除其影响。

（三）水杨酸盐分光光度法

本方法与酚盐法相似，只是用酚的衍生物水杨酸代替了酚。氨在碱性溶液中与次氯酸盐生成一氯氨，在硝普钠催化下与水杨酸生成蓝色吲哚酚蓝染料，可在 667nm 波长比色定量。

（四）氨选择电极法

氨选择电极内装有一支 pH 电极作为指示电极，银-氯化银电极作参比电极，将这对电极装在盛有 0.1mol/L 的氯化铵内参比液的塑料套管内，用疏水性气体渗透膜密封管端。测定时，先用强碱调节样液至 pH＞11，促使氨盐转化为游离氨，氨气通过电极透气膜，扩散到内参比溶液中，使氯化铵内参比液的平衡移动，pH 值发生改变，再由玻璃电极测出内参比溶液 pH 的变化，从而间接测出氨氮的含量。

氨选择电极只对水样中的氨有影响，因此测定时应将 NH_4^+ 全部转化为氨。根据氨离子和氨分布与 pH 值的关系可知，只有当 pH＞10.5 时，铵离子才近似定量转化为氨，所以测定时需用氢氧化钠调节水样至 pH 为 11～12。

应用氨选择电极的一个关键问题，就是要使透气膜保持良好的透气性能，因此，试液中不能有胶状物和沉淀物，水样浑浊时，必须过滤或离心除去。为了防止水样中二价或三价阳离子在加入氢氧化钠时生成沉淀，应加入一定量 EDTA 作为掩蔽剂。在加入 EDTA 后，多数金属离子不产生干扰，但当水中存在着汞离子、银离子时，能与氨生成配合物，从而降低了氨的有效浓度而引起严重负误差。此时可加入碘化钾掩蔽银离子、汞离子，以消除其影响。

用氨选择电极测定水样时，还应注意渗透压问题，尽可能维持透气膜内外的总离子强度相近，以减少渗透压对测定的影响。

任务三　磷和磷酸盐的测定

一　概述

（一）来源及危害

磷在自然界中分布很广，与氧化合能力较强，因此在自然界中没有单质磷。在地壳中平均含量为 1050mg/kg,它以磷酸盐形式存在于矿物中。在天然水和废水中,磷几乎都以各种磷酸盐的形式存在,主要以正磷酸盐、缩合磷酸盐(焦磷酸盐、偏磷酸盐和多磷酸盐)以及与有机体相结合的磷酸盐(如磷脂)等 3 种形态存在。

各种形式的磷酸盐有其各自不同的来源,在水处理过程中往往加入少量某种缩合磷酸盐。洗衣水及其他洗涤用水中含有缩合磷酸盐,且这些物质是许多高效洗涤剂的主要成分之一。聚磷酸盐一直以性能优良、安全性好而著称,是洗衣粉中不可缺少的优良助剂。它具有软化硬水、碱性缓冲、分散悬浮污垢、洗涤增效等重要作用。处理锅炉用水广泛使用磷酸盐、在农业用肥料和农药中含有正磷酸盐和有机磷,当施于农业或者培植土时,会被暴雨径流和融雪带入地表水中。

磷是评价水质的重要指标,是水体的一种营养元素,但由于人为或自然的因素,在湖、库等水域中的逐渐富集,而它在水体系中的过量存在(如超过 0.2mg/L),将引起藻类物质的大量滋长,使水质恶化,该过程称为"富营养化"。在这个过程中,水体由于藻类大量增殖和腐烂分解,消耗水中的溶解氧,损害鱼类等水生动物的生长,影响水体生态平衡,降低水的透明度,降低了水资源在饮用、游览和养殖等方面的利用价值,因此磷在水体中的存在及含量变化规律一直是各国环境科学界积极进行研究探索的课题。

(二)城镇污水排放标准要求

总磷指标的监控,在环境质量和污染控制中是十分重要的。

总磷一级 A 标准限值为 0.5mg/L,对应的处理工艺为二级强化处理(脱氮除磷)+深度处理,一级 B 标准限值定为 1.0mg/L,对应的处理工艺为二级强化处理(脱氮除磷)1mg/L,二级标准限值为 3mg/L,主要适用对象为工业废水比例较高的污水处理厂。除采用生物除磷以外,污水处理厂还可以采用化学除磷的方式。

二 样品采样与预处理

磷的水样不稳定,最好采集后立即测定,这样试样可能的变化最小。如分析不能在采集后立即进行,每升试样加氯化汞($HgCl_2$)40mg 或浓硫酸 1ml 进行防腐,再储存于棕色玻璃瓶中,置于冰箱内 4℃保存。若只分析总磷,试样没必要防腐。

由于磷酸盐可能会吸附于塑料瓶壁上,故不可用塑料瓶贮存,所有玻璃容器需要用稀的热盐酸冲洗,再用蒸馏水冲洗数次。

由于磷在水中存在的状态和种类繁多,经不同预处理方法可分别测得不同状态的磷含量。通常水样未经预水解或氧化消化测出的磷酸盐,称为活性磷。活性磷一般被认为是正磷酸盐,但严格讲其中还包括少量的缩合磷酸盐,因它们不可避免地在测定过程中被水解为正磷酸盐。

仅由有机物被氧化消化而测得的磷化合物称为有机磷或有机结合磷。在这个转化过程中所需的氧化强度取决于有机磷化合物的组成和含量。氧化消化的方法有硝酸-高氯酸消化法、硝酸-硫酸消化法和过硫酸钾消化法。

水样的可滤性和不可滤性部分,分别相当于溶解的和颗粒状的磷酸盐,但其界限是人为规定的,并不确切,因用 0.45μm 孔径的滤膜或玻璃纤维、滤纸等过滤方法进行的分离,不可能使悬浮性物质和溶解性物质得到完全分离。

三 测定方法

水中磷的测定一般包含两个步骤,首先用合适的方法将要测定的各种形式的磷转化为可溶性磷酸盐,然后再用比色法测定可溶性磷酸盐含量。目前常进行的是可溶性磷酸盐和总磷的监测。

可溶性磷酸盐的分析方法是基于在酸性条件下,磷酸盐与钼酸铵或钒酸铵(或同时存在酒石酸锑锌)生成磷钼杂多酸,再用还原剂(抗坏血酸或氯化亚锡)还原成蓝色络合物进行光度法测定。钒酸铵法选择性好,干扰少,但其灵敏度却比钼酸铵法低,一般只用于高含量磷的分析,而目前常用的是钼酸铵(钼蓝)法。

总磷分析方法由两个步骤组成。第一步可由氧化剂过硫酸钾、硝酸-过氯酸、硝酸-硫酸、硝酸镁或者紫外照射,将水样中不同形态的磷转化成磷酸盐。第二步测定正磷酸,从而求得总磷含量。

(一)可溶性磷酸盐的测定

1. 氯化亚锡(铝蓝)还原光度法

磷酸根分析方法基于酸性条件下,磷酸根同钼酸铵生成磷钼杂多酸。磷钼杂多酸用还原剂氯化亚锡还原成蓝色的络合物(简称钼蓝法),也可以用碱性染料生成多元有色络合物直接进行分光光度测定。由于磷钼杂多酸中磷与钼组成之比为 $1:2$,通过测定钼而间接求得磷钼杂多酸中磷酸根含量能起放大作用:从而提高了磷分析的灵敏度,通常称这种测定磷的方法为间接法。

钼蓝法的显色,与最终溶液的酸度、钼酸铵浓度、还原剂种类及其用量、显色温度和时间等条件有关。因此,应控制试剂的加入量,因温度每升高 $1℃$,色泽增加约 1%,故水样与标准系列的显色温度应一致。室温较高或较低时,可适当缩短或延长显色时间。

2. 钼锑抗光度法

钼蓝法是水质检验中应用最普遍的磷分析方法,由于氯化亚锡属强还原剂,反应时多余的氯化亚锡尚能还原钼酸铵,造成显色不稳定。当用中等强度还原剂抗坏血酸代替氯化亚锡时,由于锑盐的存在,可以避免上述反应,称为钼锑抗法。

在酸性条件下,正磷酸盐与钼酸铵、酒石酸锑钾反应,生成磷钼杂多酸,再被抗坏血酸还原,变成深蓝色络合物(磷钼蓝),颜色深度与磷酸盐浓度成正比。在 $700nm$ 处测定吸光度,计算磷酸盐含量。

(二)总磷的测定

1. 钼酸铵分光光度法

该法先将水样中各种形态的磷经消解后转变成正磷酸盐的浓度,再用测定钼锑抗法或氯化亚锡还原法测定。

常用湿式氧化消化的方法有三种,按其氧化强烈程度可排列为高氯酸消化法、硫酸-硝酸消化法和过硫酸盐消化法。

（1）高氯酸消化法反应剧烈，可能引起爆炸，因此，只用于消化特别困难的样品（如废渣、底泥等），操作时应特别小心。

（2）硫酸-硝酸消化法，可加入硫酸铜等催化剂以提高氧化能力，也可改为硫酸-过氧化氢消化。

（3）过硫酸盐消化法，安全简便，并可保证较好的回收率，因此已被国内外推荐为首选方法。常用的过硫酸盐有过硫酸钾和过硫酸铵。

2. 流动注射分析-分光光度法

这是利用流动注射分析仪完成水中总磷含量测试的分析方法。

流动注射分析仪工作原理是在封闭的管路中，由注入阀控制向连续流动的载液流断续地注入一定体积的试样，试样和试剂在分析模块中按特定的顺序和比例混合、反应，在非完全反应的条件下，进入流动检测池进行光度检测，测定试样中被测物质含量。

方法化学反应原理和国标法基本相同，即试样加入硫酸溶液，经 125℃ 高温水解，再与过硫酸钾溶液混合，进行紫外氧化消解，试样中各种形态的磷全部氧化成正磷酸盐，在酸性条件下，试样中的正磷酸盐在酒石酸锑钾的催化下，与钼酸铵反应生成磷钼酸化合物。该化合物被抗坏血酸还原生成蓝色络合物，在 880nm 处比色测定。

任务四　石油类的测定

一　概述

（一）来源及危害

油类物质是一种具有黏性，可燃，密度比水小，难溶于水，可溶于乙醇、正己烷、氯仿等有机溶剂的液态或半固态的物质，分为石油类和动植物油类。石油类主要是由烃类化合物组成的一种复杂的混合物，除烃类之外，还有含少量的氧、氮、硫等元素的烃类衍生物。烃类物质一般按结构分为 4 类：烷烃、环烷烃、芳香烃、烯烃，我们通常所接触的石油类物质主要是由碳氢化合物组成。动植物油类主要是饱和脂肪酸和不饱和脂肪酸的甘油三酯，主要来自动物、植物和海洋生物。

水体的石油类污染源主要来自两个方面，一是来自石油开采、运输、装卸加工和使用过程中的泄漏和排放，二是来自工业废水和生活污水的排放。据统计，我国每年排入海洋的石油类达 11.5×10^4 t，且排入量在日趋增多。石油类物质对水的色、味和溶解氧有较大的影响。石油类中的芳烃物质有明显的生物毒性。进入水体的石油类，其含量超过 0.1mg/L，即可在水面形成油膜，浮于水体表面，影响空气与水体界面氧的交换，造成水体缺氧，危害水生生物的生活和有机污染物的好氧降解；分散于水中以及吸附于悬浮微粒上或以乳化状态存在于水中的油，它们被微生物氧化分解，将消耗水中的溶解氧，最终使水质恶化。当水中含油量超过 3mg/L 时，会严重抑制水体自净过程。

石油类物质中的致癌、致畸、致突变物质也会在水中鱼、贝类等生物富集，并通过食物链传递给人体。石油类物质中的芳香烃类物质对人体的毒性较大,尤其是双环和三环为代表的多环芳烃毒性更大,此类物质与人体接触后都会危害人的神经系统、呼吸系统、造血系统、皮肤和黏膜等,从而导致人体中毒。

含油废水流经土壤时,水中的油类物质易被土壤吸附,破坏土壤结构,影响土壤的通透性,改变土壤有机质的组成和结构,降低土壤质量。土壤颗粒的吸附量有限,大量未被吸附的石油类污染物会存在于土壤空隙中,一旦发生降水,部分石油类物质会在入渗水流的作用下加速向土壤深层渗透,进而污染地下水。

(二)城镇污水排放标准要求

石油类是水污染物排放标准中常见的污染物控制项目。

石油类一级 A 标准和 B 标准排放限值分别为 1mg/L 和 3mg/L,二级标准限值为 5mg/L,三级标准限值为 15mg/L。

二　测定方法

由于石油是许多化合物组成的复杂混合物,要准确地测定出各种石油成分的绝对量是相当困难的。目前油类物质测定的方法主要有以下几种:重量法、气相色谱法、红外分光光度法、非分散红外光度法、中红外激光光谱法、紫外法和荧光法。

测定石油的水样,应当用广口玻璃瓶采集,由于石油与塑料易互溶,故不能用塑料瓶采样。同时,样品必须单独采集,全量分析,不能在实验室中再分样。采样用的广口玻璃瓶预先要用有机溶剂(石油醚)清洗,以除去瓶壁上的洗涤剂薄膜,并加入盐酸以保存水样。采样时,应尽可能采集有代表性的样品。如油在水样中呈溶解状态或很细的均匀的乳化状态,可按一般采样方法采集;如有漂浮状油,则需用文字说明采样的方法和部位,并尽可能采集有代表性的水样;如还有油的沉渣,最好分层采样,分别测定。

(一)重量法

在 pH≤2 的条件下,用正己烷萃取样品中的油类物质,萃取液经硅酸镁吸附,除去动植物油类等极性物质后,蒸除正己烷,称重测定石油类。

此方法不受油品种类的限制,仪器设备要求低,但测定的是水中可被石油醚萃取的物质总量。蒸发除去溶剂时,也会造成轻质油的损失,且操作烦琐,灵敏度低,检出限为 5mg/L,小于 5mg/L 的样品误差大,不适合石油轻度污染水体的监测。

(二)红外线吸收法

该法是利用 C—H 键能吸收 3.5μm 的红外线的性质而建立的。测定时,先用四氯化碳提取水中微量石油,然后将萃取剂通过硅酸镁吸附柱除去动植物油类,再于红外线测油仪上测定对 3.5μm 红外线的吸收度,根据标准曲线便可求出水样中的石油含量。

石油中的主要组分烷烃的吸收较强,同时不需加热,不会引起挥发性碳氢化合物的损失。但芳烃化合物的吸收有很大差别,某些石油组分吸收很弱,而其他一些被四氯化碳提取的非石油组分也可能有吸收。所以,本法测定出的是水中可被四氯化碳提取的,并对 3.5μm 红外线有吸收的有机物质的总量。由于各种组分的吸收强度不相同,因此测定结果还会受到使用的石油标准的影响,即采用不同的石油作为标准,可得到不同的测定结果。为了提高测定结果的可比性,目前规定用 50 号机油作为石油标准。

红外法灵敏度高、定性定量准确,但萃取剂四氯化碳被确定为全球禁止使用的试剂,毒性强,危害人体健康,极易对环境造成二次污染,在我国即将全面停用。

(三)紫外法

在 pH≤2 的条件下,用正己烷萃取样品中的油类物质,经无水硫酸钠脱水后,再用硅酸镁吸附除去动植物油类等极性物质,于 225nm 波长处测定吸光度,石油类含量与吸光度值符合朗伯-比尔定律。

带有苯环的芳香族化合物的主要吸收波长为 250~260nm,带有共轭双键的化合物主要吸收波长为 215~230nm。一般原油的 2 个吸收峰波长为 225nm 和 254nm,轻质油(一般泛指沸点范围约 50~350℃的烃类混合物)及炼油厂的油品可选 225nm。不同油品特性吸收峰不同,如难以确定测定波长,可用标准油样在波长 215~300nm 进行吸收光谱扫描,确定最大吸收峰的位置,一般在 220~225nm。

由于不同油品吸收峰位置的差异,用于定量分析的标准油取得较难,测定结果数据可比性差,但其精密度好、灵敏度高,设备普及率高,在水质石油类的测定中有一定的推广和应用价值。

任务五　铁的测定

一　概述

(一)来源及危害

铁是地壳中最丰富的金属,其丰度约为 5%。铁也是使用最早和应用最广的金属,据初步统计,世界年产量约为 9 亿吨,这些铁广泛用于各行各业,它们都是水中铁的来源。

铁在水环境中可以多种形态存在:深层地下水中主要以低价态存在,如果底泥中有硫化氢,则易形成硫化亚铁,产生黑色的无机污泥。当其与空气接触时,可被氧化成三价铁。铁的形态也与 pH 值有关,pH>5,高铁会水解成黄棕色沉淀($Fe_2O_3 \cdot 3H_2O$),而 pH<3.5 时,高铁则以真溶液形式存在,所以在 pH 值约为 6~9 的天然水中,铁的含量不高。水中的铁易为悬浮物吸附,悬浮物本身也可能含有一些酸溶性铁。

溶解于天然淡水中的铁含量变化很大,从每升几微克到几百微克,甚至超过 1mg。美国淡水和公用供水系统的铁含量在 0.01~1.0mg/L,江河水中的平均铁含量为 0.67mg/L,海水为 1~60mg/L。

虽然铁对人和动物毒性很小,但水体中铁化合物的浓度为 0.1～0.3mg/L 时,会影响水的色、臭、味等感官性状。例如,水体中所含的某些铁化合物的浓度达到 1mg/L,便会出现异味。

(二)城镇污水排放标准要求

《城镇污水厂污染物排放标准》(GB 18918—2002)中暂无针对铁的排放控制要求。

二　铁的测定

测定铁的方法较多,其中比色法和原子吸收法是最常用的两类方法。

在比色法测铁中,二氮杂菲比色法应用最广。

(一)二氮杂菲比色法

1. 测定原理

二氮杂菲即 1,10-二氮杂菲,又称邻菲罗啉、邻菲绕啉或邻二氮菲,有水合物($C_{12}H_8N_2 \cdot H_2O$)和盐酸盐($C_{12}H_8N_2 \cdot HCl$)两种形式供选用。

在适宜的 pH 值(pH＝2.9～3.5 时显色较快)下,亚铁与二氮杂菲形成橙红色配合物,该配合物在 510nm 处有最大吸收,通过比色测定可求出样品中的亚铁含量。该法抗干扰能力较小,大于 5mg/L 的钴和铜、大于 2mg/L 的镍、大于 10 倍铁含量的锌均干扰测定。此外,铋、镉、汞和钼与二氮杂菲产生浑浊而干扰测定。该法的显著优点是灵敏,其最小检出量为 $2\mu g$。用此法可测定总铁和亚铁的含量。

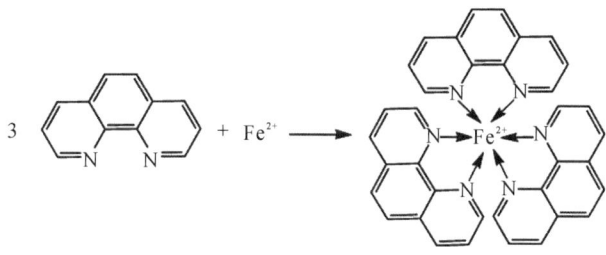

测定总铁时,需先加盐酸和盐酸羟胺并微微煮沸几分钟,加盐酸的作用是让可能以难溶形式(主要为高铁氧化物的水合物)存在的铁溶解,而加入盐酸羟胺一方面可将高铁还原成亚铁,另一方面又可以将共存的氧化剂除去。为了将高铁还原成亚铁,应先加盐酸羟胺,然后才加缓冲液,否则还原反应变慢,并将影响以后的显色反应。总铁应包括所有形态的铁,既包括真溶液形式的铁,又包括悬浮体和生物体中的铁,因此取样时应剧烈振摇样品,以免因取样不当而带来误差。

亚铁应在采样现场测定,因为取样后有部分亚铁可能会因条件的变化而转化成高铁。如果采样后不能立刻测定,最好将样品显色后再带回实验室分析。

2. 检测步骤

测定水中总铁的操作如下:将 50ml 样品(铁含量不超过 $50\mu g$)置于 125ml 锥形瓶中,加

1+1 盐酸 4ml 和 10g/L 盐酸羟胺 1ml,文火煮沸至约剩 30ml,取下放冷,加乙酸铵溶液 10.0ml(250g 乙酸铵溶于 150ml 水,与 700ml 冰醋酸混合)和 10g/L 二氮杂菲溶液2ml,定容,混匀。放置 10～15min 后于 510nm 下比色测定。该有色配合物 10min 内显色完全,可稳定数十小时。为了一致,标准也应做同样处理。乙酸铵中可能含少量铁杂质,故加入量必须准确一致。

(二)原子吸收光谱法

实际上很多金属都可用原子吸收光谱法测定。水样中的金属离子被原子化后,基态原子吸收了金属元素空心阴极灯发出的分析线(多数情况选共振线为分析线,如 Cu 324.7nm,Fe 248.3nm,Zn 213.9nm),吸收强度与样品中该元素的含量有定量关系,从而可求出样品中金属的含量。

多数金属元素可用空气-乙炔焰使其原子化,但有些元素则需在温度更高的火焰中才能有效地原子化。一般情况下原子吸收,特别是火焰原子吸收光谱法的干扰较少,但有些组分,如磷酸盐、硅酸盐等,对有的元素也有干扰,必要时应加入干扰抑制剂。如水中金属含量过低,可辅以适当的富集手段,或改用更灵敏的无焰原子吸收光谱法。

用火焰原子吸收光谱法测定水中铁和锰等元素时,共存的磷酸盐、硅酸盐等含氧酸阴离子干扰测定,故测定时应加少许钙,钙可与上述干扰物形成更稳定的难解离的化合物将待测元素释放出来。加入钙盐会改变样品的基体组成,因而应制备相应的标准列比较,否则有可能会引进系统误差。必须指出的是,原子吸收中的干扰问题是个颇为复杂的问题,它常常因样品不同、操作条件不同和所用仪器不同而异,要解决干扰问题,往往需做大量的试验或验证,切勿生搬硬套。

任务六 锰的测定

一 概述

(一)来源及危害

在天然水中,锰可能以下列形态存在:水合金属离子,无机配合物,有机配合物,吸附于黏土、铁氧化物和有机物等颗粒上。以真溶液形式存在的锰主要为 Mn(II),对于不溶性锰的形态目前尚不明了,也许 Mn(IV)氧化物的水合物是其主要存在形态。

水中锰含量变化较大,海水约为 $2\mu g/L$,淡水低至小于 $1\mu g/L$,高至每升几百微克,饮用水一般小于 $100\mu g/L$。地下水中锰含量较高。

锰也是正常机体必需的微量元素之一,是维持人体正常骨结构所必需。我们日常食用的大米、面粉、食用油中均含有锰,如每 100g 大米中约含有 1.75mg 锰,估计人每天从膳食中大约摄入 10mg 锰。锰和铁对水的感官性状影响类似,两者经常共同存在于天然水体中,水中含锰量达 0.1mg/L 时,会使水变浑浊;0.2～0.4mg/L 时,水质变劣;0.5mg/L 时含金属味。

(二)城镇污水排放标准要求

《城镇污水厂污染物排放标准》(GB 18918—2002)中锰的排放限值为 2mg/L。

二 锰的测定

测定水中锰的方法主要有过硫酸铵法和原子吸收光谱法两种,这两种方法都只测定锰的总含量,不能分别测定不同价态的锰含量。

(一)过硫酸铵比色法

该法是经典的测定锰的方法。它有设备简单、方法专一的优点,但灵敏度不太理想。

1. 测定原理

低价锰在银离子的催化作用下,被过硫酸铵氧化成紫红色高锰酸盐,比色测定就可确定样品中总锰含量。如果溶液中保持有过剩的过硫酸铵,颜色至少可稳定 24h。有些情况下需用汞离子除去氯离子,因氯离子能与银离子形成沉淀而抑制了银离子的催化作用。该法的最小检出量为 5μg。

2. 检测步骤

此法的操作步骤如下:将 100ml 水样置于 250ml 三角瓶中,同时制备一标准列(0～100μg 锰),向样品和标准列中分别加 5.0ml 硝酸银-硫酸汞溶液(将硫酸汞 75g 溶于400ml浓硝酸和 200ml 水中,加 85%磷酸 200ml 和硝酸银 35mg,冷后用水定容至 1L),煮沸浓缩至 90ml,取下稍冷,分别将 2g 过硫酸铵加至样品和标准列中,直火加热并保持微沸 1min,取下放置 1min 后用冷水冷却瓶壁,再定容并比色定量。比色时可用 3cm 比色皿,在 530nm 处测定。

3. 注意事项

测定含锰较高的地下水时应注意,因锰在地下水中主要以 Mn(Ⅱ)真溶液形式存在,水样取出后接触空气会被氧化成悬胶体,放置稍久这些悬胶体可与铁等共沉淀,从而导致待测元素损失。催化剂中加磷酸有两个作用,一方面磷酸可抑制铁等干扰元素,另一方面它又可使氧化反应稳定进行。如样品中有机物过多,则应适当补加过硫酸铵,必须使氧化后的溶液中有剩余的过硫酸铵存在。此外,过硫酸铵不稳定,易分解放出过氧化氢而失效,使用时应注意,应尽量用新配制的溶液。由于只有在有过硫酸铵的条件下,高锰酸盐的紫红色稳定时间才较长,而温度高又易促使过硫酸铵分解,因而有必要用冷水冷却。

(二)原子吸收光谱法

一般情况下用原子吸收光谱法测锰不会遇到什么困难,其操作与测铁很相近。如果水样中有大量的铁时,会出现明显的干扰,例如,2μg 的锰与 300μg 的铁共存时,其测定结果就会高一倍。在这种情况下,必须进行分离,建议用 PAN(1-α-吡啶偶氮-α-萘酚)-石油醚萃取和 0.1mol/L 盐酸反萃取的方式分离铁,能有效地消除铁的干扰,该体系特别适于高铁背景下锰的含量的测定。

任务七　铜的测定

一　概述

(一)来源及危害

含铜工业废水是水中铜的主要污染源,冶金、电镀、化工、染料、造纸、制革、制药、纺织、肥料、炼油等工业废水中均含有铜。铜也是水中常见的金属污染物之一。供水系统中常用铜盐来控制微生物的生长,管道中的含铜配件也是饮用水中铜的来源之一。

铜的毒性主要体现在对水生生物的影响上,多数水生生物的致毒铜浓度为 0.004～0.02mg/L。

(二)城镇污水排放标准要求

《城镇污水厂污染物排放标准》(GB 18918—2002)中铜的排放限值为 0.5mg/L。

二　铜的测定

水中铜可用原子吸收光谱法和二乙氨基二硫代甲酸钠比色法测定。

原子吸收法简便快速;比色法所需设备简单,干扰因素较多,有些干扰物可用配位体掩蔽后萃取除去。

(一)原子吸收光谱法

参阅铁的原子吸收光谱法。

(二)二乙氨基二硫代甲酸钠(NaDDC)比色法

1.原理

在 pH 为 9～11 的氨溶液中,铜离子与 NaDDC 反应生成棕色配合物,以四氯化碳萃取后定量。

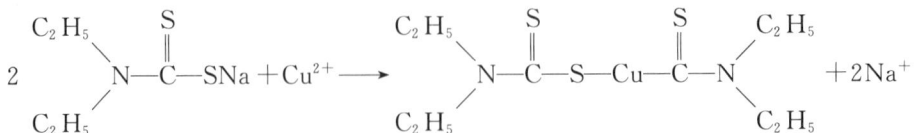

$$2\ \underset{C_2H_5}{\overset{C_2H_5}{N}}\!-\!\underset{}{\overset{S}{C}}\!-\!SNa + Cu^{2+} \longrightarrow \underset{C_2H_5}{\overset{C_2H_5}{N}}\!-\!\underset{}{\overset{S}{C}}\!-\!S\!-\!Cu\!-\!\underset{C_2H_5}{\overset{S}{C}}\!-\!\underset{}{N}\overset{C_2H_5}{}\ +2Na^+$$

2.检测步骤

测定时可将 200ml 水样置于 250ml 分液漏斗中,同时制备一标准列(0～10μg 铜),分别向样品和标准列中,加入 10ml EDTA-柠檬酸三铵(5.0g EDTA 和 20g 柠檬酸三铵溶于

100ml 水中)混合液及 0.1％甲酚红溶液 4 滴,滴加氨水,使溶液由黄色变成浅红色,再各加 10g/L NaDDC 试液 5ml,混匀,放置 5min,分别加 10.0ml 四氯化碳(或氯仿),振摇2min,静置分层。仔细擦去分液漏斗茎内的水膜,放出有机相比色定量。如用分光光度计测定,则以 2cm 比色皿于 436nm 下测定。本法的最小检出量为 2μg。

3. 干扰

水中的一些共存组分干扰测定,如铁、钴、镍等均干扰测定,但这些干扰物可掩蔽除去,可用柠檬酸掩蔽铁,以 EDTA 掩蔽钴、镍,以盐酸羟胺掩蔽锰。水样本身有色,也应使其氧化破坏后再比色测定。

任务八　锌的测定

一　概述

(一)来源及危害

工业废水同样是水中锌的主要污染源,冶金、电镀、化工、涂料、造纸、肥料、炼油等工业废水都含有锌,管道系统也是饮用水中锌的主要来源之一。

和上述铜、铁、锰三元素一样,锌也是人体必需元素。

锌对人体毒性很小,对水生生物的影响较大,锌能在鱼类及低级水生生物体内蓄积,美国 EPA 2009 年版保护淡水水生生物锌基准(CCC)为 120μg/L。

(二)城镇污水排放标准要求

《城镇污水厂污染物排放标准》(GB 18918—2002)中锌的排放限值为 1mg/L。

二　锌的测定

测定水中锌并不是一件困难的分析任务。在众多的分析方法中,火焰原子吸收光谱法是首选方法。此法有简便、快速、灵敏等特点,干扰也很少,对有些水样可直接测定。在分析中应注意防止沾污,因为锌在实验室中很普遍,稍有不慎,可导致分析失败。

练习题

一、名词解释

氨氮、总磷、纳氏试剂、石油类、动植物油类、流动注射分析

二、简答题

1. 简述钼酸铵分光光度法测定水中总磷的原理。

2. 简述纳氏试剂法测定水中氨氮的步骤。

3. 污水厂按规定检测并记录进水和出水的水质指标有哪些?

4. 测定某污水处理厂出水中的氨氮浓度,采用絮凝沉淀法预处理、纳氏试剂光度法测定。氨氮标准系列处理后以吸光度为 y 轴、氨氮质量为 x 轴绘制回归方程,得到 r 为 0.9996,截距 a 为 0.001,斜率 b 为 0.00661。取预处理后水样 20.00ml 定容显色后,以蒸馏水为参比测得吸光度为 0.288,空白溶液吸光度为 0.008。试计算该水样中氨氮浓度。

5. 二氮杂菲比色法测定水中总铁时,需先加盐酸羟胺加热煮沸的作用是什么?

能力拓展一　水质铁、锰的测定
（火焰原子吸收分光光度法）

【项目所需时间】

4 学时。

【实验原理】

国家规定生活饮用水中铁离子含量应≤0.3mg/L,锰离子含量应≤0.1mg/L。将样品或消解处理过的样品直接吸入火焰原子吸收分光光度计中,铁、锰的化合物在高温火焰下易于原子化,可分别于 248.3nm 和 279.5nm 处测量铁、锰基态原子对其空心阴极灯特征辐射的吸收。在一定条件下,根据吸光度与待测样品中金属浓度成正比,利用标准曲线法计算水质中铁锰的含量。

环节一　水样采集及处理

【实验目的】

熟悉水样的消解处理方法。

【实验时间】

60min。

【实验准备】

1. 试剂准备

本标准所用试剂除另有说明外,均使用符合国家标准或专业标准的分析纯试剂和去离子水或同等纯度的水。

(1)硝酸(HNO_3),$\rho=1.42g/ml$,优级纯。

(2)盐酸溶液(1+99)。

(3)待测水样。

(4)氯化钙溶液,$\rho=10g/L$,50ml/瓶(配法:将无水氯化钙($CaCl_2$)2.7750g溶于水并稀释至100ml,分装)。

2.仪器准备

(1)聚乙烯瓶1个,容积在250~300ml。采样前,所用聚乙烯瓶先用洗涤剂洗净,再用硝酸溶液(硝酸:纯水=1:1,分析纯)浸泡24h以上,然后用纯水冲洗干净。

(2)采水器1个。

(3)25ml容量瓶1个。

【实验内容】

1.用水质采样器在地表水采样地点采集代表性水样。

2.取50ml待测水样,向其中加入2.5ml硝酸(优级纯),置于电热板上在近沸状态下将样品蒸至近干。

3.加盐酸溶液(1+99)溶解残渣,若有沉淀,用定量滤纸滤入25ml容量瓶中,加氯化钙溶液0.5ml,以盐酸溶液(1+99)稀释至标线,混匀待测。

4.用水代替待测水样做空白实验。采用上述相同的步骤,且与采样和测定中所用的试剂用量相同。在测定样品的同时,测定空白。

【实验流程图】

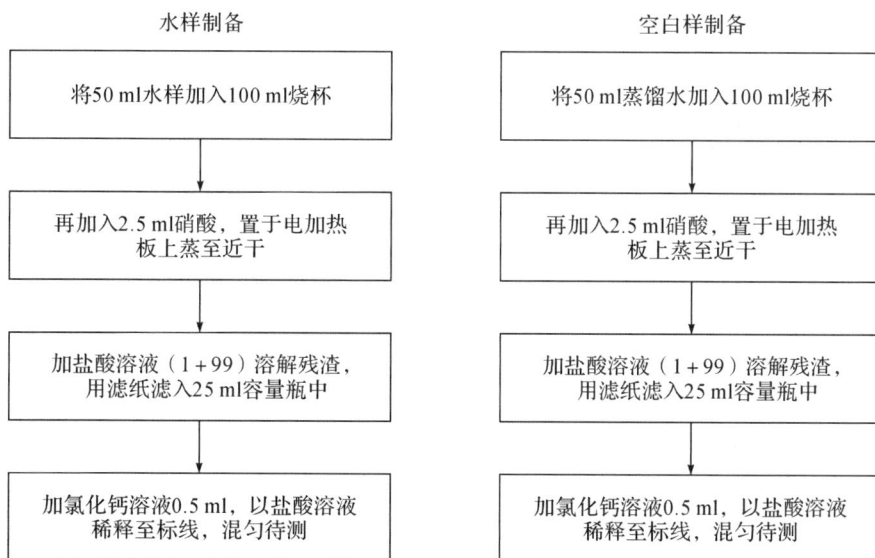

【实验注意事项】

影响铁、锰原子吸收法准确度的主要干扰是化学干扰,当硅的浓度大于 20mg/L 时,对铁的测定产生负干扰。当硅的浓度大于 50mg/L 时,对锰的测定也出现负干扰,这些干扰的程度随着硅的浓度增加而增加。当试样中存在 200mg/L 氯化钙时,上述干扰可以消除。一般来说,铁、锰的火焰原子吸收法的基体干扰不严重,由分子吸收或光散射造成的背景吸收也可忽略,但遇到高矿化度水样,有背景吸收时,应采用背景校正措施,或将水样适当稀释后再测定。

【思考题】

试样配制过程中,为何需要加入氯化钙溶液?

环节二　铁、锰标准溶液的配制

【实验目的】

熟悉铁锰混合标准溶液的配制方法。

【实验时间】

60min。

【实验准备】

1. 试剂准备

(1)盐酸溶液(1+1)。

(2)硝酸溶液(1+1)。

(3)铁标准贮备液(配法:称取光谱纯金属铁 0.5000g(准确到 0.0001g),用 30ml 盐酸溶液(1+1)溶解,用去离子水准确稀释至 500ml)。

(4)锰标准贮备液(配法:称取 0.5000g 光谱纯金属锰,准确到 0.0001g(称前用稀硫酸洗去表面氧化物,再用去离子水洗去酸,烘干,在干燥器中冷却后,尽快称取),用 5ml 硝酸溶液(1+1)溶解。当锰完全溶解后,用盐酸溶液(1+1)准确稀释至 500ml)。

(5)铁、锰混合标准操作液(配法:分别移取铁标准贮备液 5.00ml,锰贮备液 2.50ml 于 100ml 容量瓶中,用盐酸溶液(1+1)稀释至标线,摇匀。此溶液中铁、锰的浓度分别为 50.0mg/L 和 25.0mg/L)。

2. 仪器准备

(1)25ml 容量瓶 5 个。

(2)5ml 移液管若干支。

(3)洗瓶 1 个。

【实验内容】

分别准确吸取 1.00ml、2.00ml、3.00ml、4.00ml、5.00ml 铁、锰混合标准操作液于 25ml 容量瓶中,加氯化钙溶液 0.5ml,以盐酸溶液(1+99)稀释至标线,混匀待测。

环节三　火焰原子吸收分光光度计的使用

【实验目的】

1. 熟练掌握原子吸收分光光度计的构造原理及其操作方法。
2. 掌握火焰原子吸收分光光度法测铁、锰的分析技术。

【实验时间】

120min。

【实验准备】

1. 试剂准备

(1)制备好的待测水样 100ml。
(2)空白溶液 100ml。
(3)不同浓度的标准序列溶液 5 瓶。

2. 仪器准备

(1)TAS-986 原子吸收分光光度计(北京普析)。
(2)铁、锰空心阴极灯。
(3)乙炔钢瓶气、空气压缩机(除水、除油)。
(4)仪器参考工作条件见表 2-2。

表 2-2　原子吸收测定铁、锰的条件

光源	铁空心阴极灯	锰空心阴极灯
灯电流/mA	4	2
负高压/V	420	428
测定波长/nm	248.3	279.5
光谱通带/nm	0.2	0.2
燃烧高度/nm	7	7
火焰种类	空气-乙炔,氧化型	空气-乙炔,氧化型

【实验内容】

1. 开机前准备

(1)先确保所有气路不泄漏。

(2)安装铁、锰空心阴极灯,选择与测量元素相同的空心阴极灯对准灯脚适配插入。

2. 设置仪器条件

(1)开启稳压电源,稳压至 AC 220V。开启计算机电源,进入软件操作界面。

(2)调节燃烧器,对准光路。

(3)先打开空气压缩机,设定压力在 0.2 MPa;再打开乙炔气阀,压力调整在 0.08 MPa,如果管道较长,可适当提高压力。

(4)检查废液排放管、打开排风。

(5)按住点火按钮(前左侧白色按钮),直至火焰点燃,稳定数分钟。

3. 样品测定

仪器用冷却纯水调零,分别测定 Fe、Mn 标准系列、空白样和试样的吸光度。扣除空白样吸光度后,从仪器上直接读出试样中的铁、锰浓度(也可从校准曲线上查出试样中的铁、锰浓度)。

4. 结束工作

(1)继续吸喷去离子水 5min 后,在水中取出毛细管,按光谱仪左下方的红色按钮熄火,清洗燃烧系统。

(2)先关闭乙炔,关闭空气压缩机,注意直到压力降低到 0.01 MPa 以下时,才能重新开启。要及时放掉集水器中的水。

(3)数据处理及结果的打印。

(4)关闭空气阴极灯,关闭光谱仪电源,退出软件并关闭计算机及稳压电源。

【实验流程图】

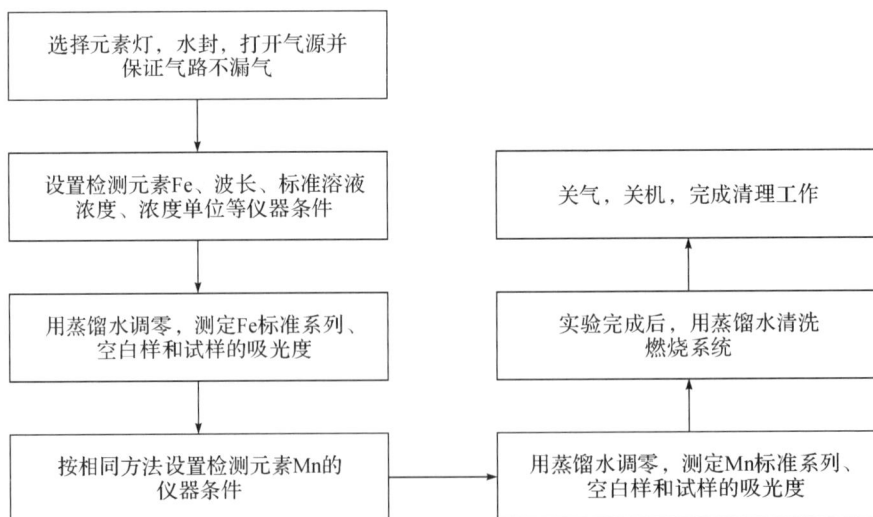

【仪器使用示意图】

见图 2-1 和图 2-2。

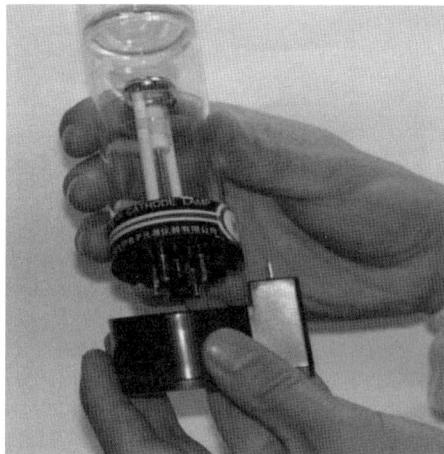

图 2-1　元素灯插入灯座

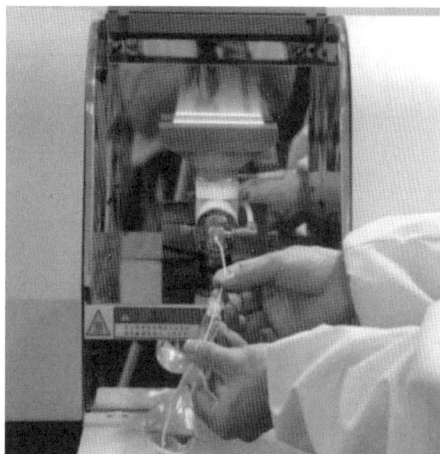

图 2-2　样品测量

【实验注意事项】

1. 铁、锰的光谱线较复杂,为克服光谱干扰,应选择小的光谱通带。

2. 进入测量前,请认真检查气路以及水封。当确认无误后,可依次选择主菜单[应用]/[点火]或单击工具按钮,即可将火焰点燃。如果认为火焰过大、过小或火焰不在合理的位置,可使用燃烧器参数设置将燃烧器条件调整到最佳状态即可。

3. 火焰熄灭的 20min 之内不要直接用手触摸火焰防护装置。

4. 不要随意丢弃空心阴极灯,部分个别阴极金属可能有毒或容易燃烧。

【实验安全】

1. 防止腐蚀性试剂烧伤(硝酸、盐酸)。

2. 防止乙炔气体发生泄漏或回火。乙炔是微毒类气体,属危险品,具有弱麻醉作用,高浓度吸入可引起单纯窒息。它极易燃烧爆炸,应避免与空气混合,与明火、高热能或氧化剂、氟、氯等接触,工作现场严禁吸烟。

【思考题】

1. 简述原子吸收光谱分析的基本原理。

2. 原子吸收光谱分析为何要用待测元素的空心阴极灯作光源?能否用氢灯或钨灯代替?为什么?

3. 如何选择最佳的实验条件?

实验记录
原子吸收光度法检验原始记录表

检验日期			检测方法依据		
仪器名称			实验环境	温度：	℃
水样取样量					
气体条件	空气工作压力：		MPa，流量：		L/min
	乙炔气输出压力：		MPa，流量：		L/min
样品序号		1		2	
	Fe	Mn	Fe	Mn	
测量浓度/($\mu g \cdot ml^{-1}$)					
样品稀释倍数 n					
样品浓度结果/($mg \cdot L^{-1}$)					
平均值/($mg \cdot L^{-1}$)					
相对偏差/%					
结论					
质量控制方法简述					

灯   波长   nm   狭缝宽度负高压灯电流   标准曲线
Fe
Mn

计算公式：

$$c = \frac{m}{V}$$

式中：c——实验室样品中铁、锰浓度，mg/L；

m——试料中的铁、锰含量，μg；

V——分取水样体积，ml。

实验评分标准

序号	考核项目	考核内容	分值	分配	评分标准	扣分
1	样品处理	消解操作	15	5	正确加入硝酸,电炉加热消解	
		过滤操作		5	正确用溶液溶解,并过滤	
		定容操作		5	完成样液的定容	
2	标准溶液的配制	移液管操作	10	10	正确使用移液管。移液时未出现吸空现象,调节零刻度液面前处理管尖部,移液管最后靠壁	
3	试样的测定	元素灯的安装	25	5	正确选择待测元素灯	
		原子吸收分光光度计设置		10	正确设置检测波长,正确调节能量,正确设置样品信息	
		测定操作		5	正确点火,按浓度从低到高测定,待吸光度稳定记录	
		测定后的处理		5	清洗原子化器,关气,关机	
4	实验数据处理	标准曲线的绘制	20	5	正确绘制标准曲线,回归方程中参数数字修约正确	
		原始记录		10	正确使用计量单位,数据没有空项,数据没有涂改	
		样品结果计算		5	样品结果计算正确	
5	测定结果	标准曲线线性	20	10	相关系数 $\gamma \geqslant 0.999$	
		测定结果准确度		5	$|RE| \leqslant 10\%$	
		测定结果精密度		5	相对偏差 $\leqslant 15\%$	
6	结束工作	整理	10	5	清洗、整理实验用仪器和台面	
		文明操作		5	无器皿破损、无仪器损坏	

能力拓展二 水质氨氮的测定
(纳氏试剂分光光度法)

【项目所需时间】

4 学时。

【实验原理】

以游离态的氨或铵离子等形式存在的氨氮与纳氏试剂反应生成淡红棕色络合物,该络合物的吸光度与氨氮含量成正比,于波长 420nm 处测量吸光度。

环节一 样品预处理

【实验目的】

掌握样品中干扰成分的消除处理方法。

【实验时间】

90min。

【实验准备】

1. 样品准备

水样采集在聚乙烯瓶或玻璃瓶内,要尽快分析。如需保存,应加硫酸使水样酸化至 pH<2,2～5℃下可保存 7d。

2. 试剂准备

(1)轻质氧化镁(MgO),不含碳酸盐,在 500℃下加热氧化镁,以除去碳酸盐。

(2)盐酸,ρ(HCl)=1.18g/ml。

(3)硫代硫酸钠溶液,ρ=3.5g/L(配法:称取 3.5g 硫代硫酸钠($Na_2S_2O_3$)溶于水中,稀释到 1000ml)。

(4)硫酸锌溶液,ρ=100g/L,50ml/瓶(配法:称取 5.0g 硫代硫酸钠($ZnSO_4 \cdot 7H_2O$)溶于水中,稀释到 50ml)。

(5)氢氧化钠溶液,ρ=250g/L,50ml/瓶(配法:称取 12.5g 氢氧化钠(NaOH)溶于水中,稀释到 50ml)。

(6)氢氧化钠溶液,c(NaOH)=1mol/L,50ml/瓶(配法:称取 2g 氢氧化钠(NaOH)溶于水中,稀释到 50ml)。

(7)盐酸溶液,c(HCl)=1mol/L,50ml/瓶(配法:量取 8.5ml 盐酸(密度 ρ=1.18g/ml)于适量水中,用水稀释到 100ml,分装)。

(8)硼酸(H_3BO_3)溶液,ρ=20g/L(配法:称取 20g 硼酸溶于水中,稀释到 1000ml)。

(9)溴百里酚蓝指示剂,ρ=0.5g/L,50ml/瓶(配法:称取 0.05g 溴百里酚蓝溶于 50ml 水中,加入 10ml 无水乙醇,用水稀释到 100ml,分装)。

(10)淀粉-碘化钾试纸。

3. 仪器准备

(1)可见分光光度计,20mm 比色皿。

(2)氨氮蒸馏装置:由 500ml 凯氏烧瓶、氮球、直形冷凝管和导管组成,冷凝管末端可连接一段适当长度的滴管,使出口尖端浸入吸收液液面下。亦可使用 500ml 蒸馏烧瓶。

【实验内容】

1. 去除余氯

若样品中存在余氯,可加入适量的硫代硫酸钠溶液去除。每加 0.5ml 可去除 0.25mg 余氯。用淀粉-碘化钾试纸检验余氯是否除尽。

2. 絮凝沉淀

100ml 样品中加入 1ml 硫酸锌溶液和 0.1～0.2ml 氢氧化钠溶液($\rho=250g/L$),调节 pH 值约为 10.5,混匀,放置使之沉淀,倾取上清液分析。必要时,用经水冲洗过的中速滤纸过滤,弃去初滤液 20ml,也可以絮凝后样品离心处理。

3. 预蒸馏

将 50ml 硼酸溶液移入接收瓶内,确保冷凝管出口在硼酸溶液液面之下。分取 250ml 样品,移入烧瓶中,加几滴溴百里酚蓝指示剂,必要时,用氢氧化钠溶液(1mol/L)或盐酸溶液(1mol/L)调整 pH 至 6.0(指示剂呈黄色)～7.4(指示剂呈蓝色),加入 0.25g 轻质氧化镁,再加入数粒玻璃珠,立即连接氮球和冷凝管。加热蒸馏,使馏出液速率约为 10ml/min,待馏出液达 200ml 时,停止蒸馏,加水定容至 250ml。

【实验注意事项】

与纳氏试剂中的汞离子生成沉淀的,如硫化物,可在预蒸馏前加碳酸铅而除去。

【思考题】

1. 样品中的余氯、钙镁等离子如何去除?
2. 当水样浑浊或有细小颗粒物时,如何处理水样?

环节二　纳氏试剂比色测定

【实验目的】

掌握纳氏试剂分光光度法测定水中氨氮的实验原理和操作技术。

【实验时间】

90min。

【实验准备】

1. 试剂准备

(1)酒石酸钾钠溶液,$\rho=500g/L$,50ml/瓶(配法:称取 25.0g 酒石酸钾钠($KNaC_4H_6O_6 \cdot 4H_2O$)溶于 50ml 水中,加热煮沸以驱除氨,充分冷却后稀释到 50ml)。

(2)纳氏试剂可选择下列方法的一种配制:

①氯化汞-碘化钾-氢氧化钾($HgCl_2$-KI-KOH)溶液,50ml/瓶(配法:称取 15.0g 氢氧化钾

(KOH),溶于 50ml 水中,冷却至室温。称取 5.0g 碘化钾(KI),溶于 10ml 水中,在搅拌下,将 2.50g 氯化汞(HgCl₂)粉末分多次加入碘化钾溶液中,直到溶液呈深黄色或出现淡红色沉淀溶解缓慢时,充分搅拌混合,并改为滴加氯化汞饱和溶液,当出现少量朱红色沉淀不再溶解时,停止滴加。在搅拌下,将冷却的氢氧化钾溶液缓慢地加入至上述氯化汞和碘化钾的混合液中,并稀释至 100ml,于暗处静置 24h,倾出上清液,贮于聚乙烯瓶内,用橡皮塞或聚乙烯盖子盖紧,存放暗处,可稳定 1 个月)。

②碘化汞-碘化钾-氢氧化钠(HgI₂-KI-KOH)溶液,50ml/瓶(配法:称取 16.0g 氢氧化钠(NaOH),溶于 50ml 水中,冷却至室温。称取 7.0g 碘化钾(KI)和 10.0g 碘化汞(HgI₂),溶于水中,然后将此溶液在搅拌下,缓慢加入到上述 50ml 氢氧化钠溶液中,用水稀释至 100ml。贮于聚乙烯瓶中,用橡皮塞或聚乙烯盖子盖紧,于暗处存放,有效期 1 年)。

(3)氨氮标准工作溶液,ρ_N=10μg/ml,50ml/瓶(配法:先配制 ρ_N=1000μg/ml 氨氮标准贮备溶液,称取 3.8190g 氯化铵(NH₄Cl,优级纯,在 100～105℃ 干燥 2h),溶于水中,移入 1000ml 容量瓶中,用水稀释到标线,可在 2～5℃ 保存 1 个月。吸取 5.00ml ρ_N=1000μg/ml 氨氮标准贮备溶液于 500ml 容量瓶中,稀释到刻度,临用前配制,分装)。

2. 仪器准备

(1)50ml 具塞比色管 10 支。

(2)吸量管 5 支。

(3)洗瓶 1 个。

(4)分光光度计。

【实验内容】

1. 校准曲线的绘制

取 8 支 50ml 具塞比色管,分别加入 0.00ml、0.50ml、1.00ml、2.00ml、4.00ml、6.00ml、8.00ml 和 10.00ml 氨氮标准工作溶液(ρ_N=10μg/ml),其所对应的氨氮含量分别为 0.0μg、5.0μg、10.0μg、20.0μg、40.0μg、60.0μg、80.0μg 和 100μg,加水至标线。加入 1.0ml 酒石酸钾钠溶液,摇匀,再加入纳氏试剂 1.5ml(HgCl₂-KI-KOH 溶液)或 1.0ml(HgI₂-KI-KOH 溶液),摇匀。放置10min后,在波长 420nm 下,用 20mm 比色皿,以水作参比,测量吸光度。

以空白校正后的吸光度为纵坐标,以其对应的氨氮含量(μg)为横坐标,绘制校准曲线。

2. 样品测定

(1)清洁水样:直接取 50ml,按与校准曲线相同的步骤测量吸光度。

(2)有悬浮物或色度干扰的水样:取经预处理的水样 50ml(若水样中氨氮质量浓度超过 2mg/L,可适当少取水样体积),按与校准曲线相同的步骤测量吸光度。

3. 空白试验

用水代替水样,按与样品相同的步骤进行前处理和测定。

【实验流程图】

```
┌─────────────────────┐        ┌─────────────────────┐
│ 取8支50ml具塞比色管，分别 │        │ 取2支50ml具塞比色管，编号 │
│    对应编号标准管      │        │     样品和空白        │
└─────────────────────┘        └─────────────────────┘
           │                              │
           ▼                              ▼
┌─────────────────────┐        ┌─────────────────────┐
│ 分别取不同体积氨氮标准工作 │        │ 样品和空白管分别加水样和 │
│ 液移入各比色管，加水至标线 │        │    纯水至标线        │
└─────────────────────┘        └─────────────────────┘
           │                              │
           ▼                              ▼
┌─────────────────────┐        ┌─────────────────────┐
│ 各管分别加入1.0ml酒石酸钾钠 │        │ 分别加入1.0ml酒石酸钾钠 │
│     溶液，摇匀        │        │    溶液，摇匀        │
└─────────────────────┘        └─────────────────────┘
           │                              │
           ▼                              ▼
┌─────────────────────┐        ┌─────────────────────┐
│ 各管分别加入纳氏试剂，密塞并 │        │ 分别加入纳氏试剂，密塞并充分摇匀，│
│  充分摇匀，放置10min   │        │    放置10min        │
└─────────────────────┘        └─────────────────────┘
           │                              │
           ▼                              ▼
┌─────────────────────┐        ┌─────────────────────┐
│ 在波长420nm处，以水为参比，│        │ 在波长420nm处，以水为参比，│
│    测量吸光度        │        │    测量吸光度        │
└─────────────────────┘        └─────────────────────┘
```

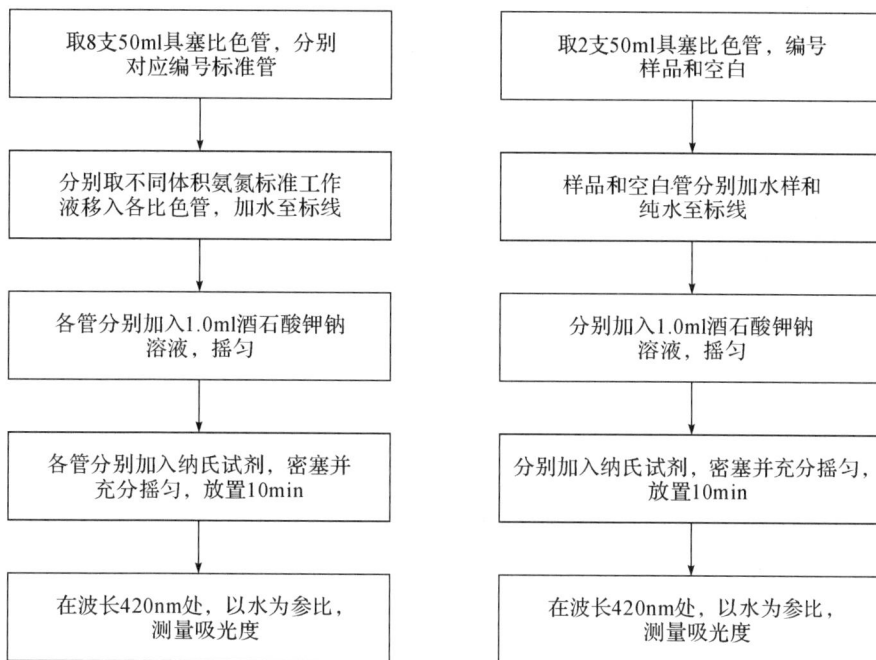

【实验注意事项】

1.根据待测样品的质量浓度也可选用 10mm 比色皿。

2.经蒸馏或在酸性条件下煮沸方法预处理的水样,须加一定量氢氧化钠溶液,调节水样至中性,用水稀释至 50ml 标线,再按与校准曲线相同的步骤测量吸光度。

3.试剂空白的吸光度应不超过 0.030(10mm 比色皿)。

4.为了保证纳氏试剂有良好的显色能力,配制时务必控制 $HgCl_2$ 的加入量,至微量 HgI_2 红色沉淀不再溶解时为止。配制 100ml 纳氏试剂所需 $HgCl_2$ 与 KI 的用量之比约为 2.3:5。在配制时为了加快反应速度、节省配制时间,可低温加热进行,防止 HgI_2 红色沉淀的提前出现。

【实验安全】

剧毒品($HgCl_2$,HgI_2):学生在实验中应避免毒物口腔食入;实验室配备中毒相关的应急措施。

【思考题】

1.为什么要加入酒石酸钾钠溶液?

2.空白试验吸光度超过 0.030,请问有可能是什么原因造成的?

实验记录

氨氮校准曲线测定记录表

检验日期		比色皿（mm）	
检测方法依据		测定波长(nm)	
氨氮标液浓度		参比溶液	

标准系列序号： 1　　2　　3　　4　　5　　6　　7
氨氮标液(ml)：
氨氮质量 $x(\mu g)$：
吸光度 $y(A)$：

计算参数	回归方程：$y = bx + a$ a： b： r：

水样氨氮测定记录表

样品名称			
检测依据		评价依据	
水样取样量		实验环境	温度：　　　℃
样品序号	1	2	3
样品吸光度 A			
样品空白吸光度 A_0			
$A - A_0$			
样品稀释倍数 n			
样品浓度结果/$(\mathrm{mg \cdot L^{-1}})$			
平均值/$(\mathrm{mg \cdot L^{-1}})$			
相对偏差/%			
结论			
质量控制方法简述			

计算公式：

$$c_{\mathrm{N}} = \frac{m_{\mathrm{N}}}{V}$$

式中：m_{N}——铵氮质量，μg，由 $A - A_0$ 值和相应比色皿光程的校准曲线确定；

　　　　V——试样体积，ml。

实验评分标准

序号	考核项目	考核内容	分值	分配	评分标准	扣分
1	样品处理	去除余氯干扰	10	5	正确选择试纸检测余氯,正确消除余氯干扰	
		絮凝沉淀操作		5	滤纸的折叠和放置,正确弃去初滤液	
2	标准溶液的配制	移液管操作	15	10	正确使用移液管。移液时未出现吸空现象,调节零刻度液面前处理管尖部,移液管最后靠壁	
		标准系列的配制		5	工作液无液体回放,加入酒石酸钾钠、纳氏试剂的顺序正确,显色时间正确	
3	试样的测定	分光光度计预热	20	5	正确预热分光光度计,正确选择波长,正确调"0%"和"100%"	
		测定操作		10	正确手持比色皿,正确擦拭比色皿外壁,进行比色皿配套性选择,读数准确,未撒落溶液导致仪器污染	
		测定后的处理		5	清洗并控干比色皿,关闭仪器开关及电源并盖保护罩	
4	实验数据处理	标准曲线的绘制	20	5	正确绘制标准曲线,回归方程中参数数字修约正确	
		原始记录		10	正确使用计量单位,数据没有空项,数据没有涂改	
		样品结果计算		5	样品结果计算正确	
5	测定结果	标准曲线线性	20	10	相关系数 $\gamma \geqslant 0.999$	
		测定结果准确度		5	$|RE| \leqslant 10\%$	
		测定结果精密度		5	相对偏差$\leqslant 15\%$	
6	结束工作	整理	10	5	清洗、整理实验用仪器和台面	
		文明操作		5	无器皿破损、无仪器损坏	
7	实验时间		5	5	在规定时间内完成	

能力拓展三　水质总磷的测定

（钼酸铵分光光度法）

【项目所需时间】

4 学时。

【实验原理】

在中性条件下用过硫酸钾（或硝酸-高氯酸）使试样消解，将所含磷全部氧化为正磷酸盐。在酸性介质中，正磷酸盐与钼酸铵反应，在锑盐存在下生成磷钼杂多酸后，立即被抗坏血酸还原，生成蓝色的络合物。

环节一　消解预处理

【实验目的】

掌握测定总磷的预处理方法。

【实验时间】

90min。

【实验准备】

1. 样品准备

采取 500ml 水样后加入 1ml 硫酸调节样品的 pH 值，使之低于或等于 1，或不加任何试剂于冷处保存。

2. 试剂准备

(1)50g/L 过硫酸钾溶液，100ml/瓶。

(2)2.0μg/ml 总磷标准溶液，100ml/瓶（配法：称取 0.2197±0.001g 于 110℃ 干燥 2h，在干燥器中放冷的磷酸二氢钾（KH_2PO_4）。用水溶解后转移至 1000ml 容量瓶中，加入大约 800ml 水，加 1+1 硫酸 5ml，用水稀释至标线并混匀。再取配好的该液 10.0ml 转移至 250ml 容量瓶中，用水稀释至标线并混匀）。

3. 仪器准备

(1)50ml 具塞（磨口）刻度管。

(2)布、线适量。

(3)500ml 烧杯 1 个。

(4)高压蒸汽灭菌锅。

（5）吸量管 2 支。

（6）棉手套 1 副。

【实验内容】

1. 取 1 支 50ml 具塞比色管，编号样品管，移取 25ml 样品于具塞刻度管中。取时应仔细摇匀，以得到溶解部分和悬浮部分均具有代表性的试样。如样品中含磷浓度较高，试样体积可以减少。

2. 取 7 支 50ml 具塞比色管，分别对应编号标准管，分别加入 0.0ml、0.50ml、1.00ml、3.00ml、5.00ml、10.0ml、15.0ml 磷酸盐标准溶液，加水至 25ml。

3. 向样品管、空白管和标准管中分别加入 4ml 过硫酸钾溶液。

4. 将具塞刻度管的盖塞紧后，用一小块布和线将玻璃塞扎紧（或用其他方法固定）。

5. 将具塞刻度管放在大烧杯中置于高压蒸气消毒器中加热，待压力达 1.1kg/cm²，相应温度为 120℃时，保持 30min 后停止加热。

6. 待压力表读数降至零后，将具塞刻度管取出放冷。

7. 以蒸馏水代替试料，进行空白试验。

【实验流程图】

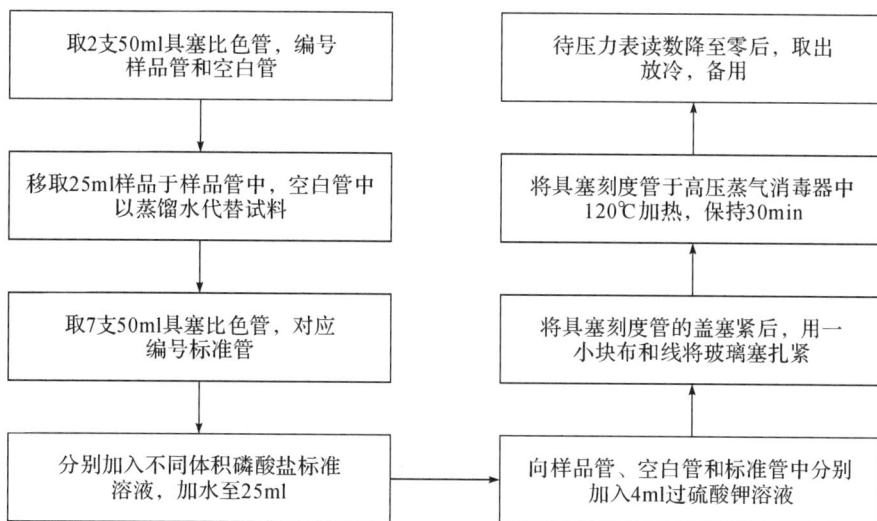

【仪器使用示意图】

高压蒸汽灭菌锅见图 2-3。

图 2-3　高压蒸汽灭菌锅

【实验注意事项】

1. 如用硫酸保存水样,当用过硫酸钾消解时,需先将试样调至中性。

2. 水样中的有机物用过硫酸钾氧化不能完全破坏时,可用硝酸-高氯酸消解。

3. 实验过程中所有玻璃容器最好用热盐酸冲洗,再用蒸馏水冲洗数次。或用不含磷酸盐的洗涤剂刷洗。

4. 过硫酸钾较难溶解,可在 40℃ 以下的水浴锅中加热溶解,但切不可直接放在电炉上加热溶解。

【思考题】

对测定总磷的水样进行预处理的方法有哪些?

环节二　总磷比色测定

【实验目的】

掌握钼-锑-抗法测定水中总磷的实验原理和操作技术。

【实验时间】

90min。

【实验准备】

1.试剂准备

(1)100g/L 抗坏血酸溶液,50ml/瓶,临用前现配。

(2)钼酸盐溶液,50ml/瓶(配法:溶解 13g 钼酸铵$((NH_4)_8MO_7O_{24} \cdot 4H_2O)$于 100ml 水中。溶解 0.35g 酒石酸锑钾$(KSbC_4H_4O_7 \cdot 1/2H_2O)$于 100ml 水中。在不断搅拌下把钼酸铵溶液徐徐加到 300ml 1+1 硫酸中,加酒石酸锑钾溶液并且混合均匀)。

2.仪器准备

(1)吸量管 2 支。

(2)洗瓶 1 个。

(3)分光光度计 1 台。

【实验内容】

1.向样品管、空白管和标准管中加蒸馏水稀释至标线。

2.分别向各份消解液中加入 1ml 抗坏血酸溶液,混匀。30s 后加 2ml 钼酸盐溶液充分混匀。

3.室温下放置 15min 后,使用光程为 30mm 的比色皿,在 700nm 波长下,以水为参比,测定吸光度。扣除空白试验的吸光度后,从工作曲线上查得磷的含量。

【实验流程图】

```
┌─────────────────────────┐        ┌─────────────────────────┐
│  向样品管、空白管和标准管中加  │        │  在波长700nm处,以水为参比  │
│    蒸馏水稀释至标线        │        │      测量吸光度          │
└─────────────────────────┘        └─────────────────────────┘
            │                                  ↑
            ↓                                  │
┌─────────────────────────┐        ┌─────────────────────────┐
│  向各份消解液中加入1ml抗坏   │   →    │  30s后加2ml钼酸盐溶液充分   │
│    血酸溶液,混匀          │        │   混匀,室温下放置15min     │
└─────────────────────────┘        └─────────────────────────┘
```

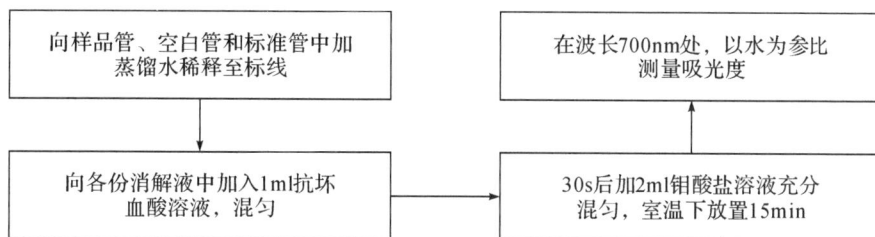

【实验注意事项】

1.比色皿用后应以稀硝酸或铬酸洗液浸泡片刻,以除去吸附的磷钼蓝显色物。

2.抗坏血酸溶液不稳定,宜现用现配,否则可造成消解处理后加显色剂只显黄色的现象。

3.室温低于 13℃时,可在 20~30℃水浴中显色 15min。

【实验安全】

蒸气烫伤(高压蒸气消毒器):在打开灭菌锅时应带棉质手套;实验室须配备烫伤相关的应急措施。

【思考题】

钼-锑-抗溶液中酒石酸锑钾的作用是什么？

实验记录

总磷校准曲线测定记录表

检验日期		比色皿/mm	
检测方法依据		测定波长/nm	
标液浓度/($\mu g \cdot ml^{-1}$)		参比溶液	

标准系列序号：	1	2	3	4	5	6	7
磷酸盐标液/ml：							
磷酸盐质量 x/μg：							
吸光度 y：							

计算参数	回归方程：$y=bx+a$ a： b： r：

水样总磷测定记录表

样品名称			
检测依据		评价依据	
水样取样量		实验环境	温度：　　　℃
样品序号	1	2	3
样品吸光度 A			
样品空白吸光度 A_0			
$A-A_0$			
样品稀释倍数 n			
样品浓度结果/($mg \cdot L^{-1}$)			
平均值/($mg \cdot L^{-1}$)			
相对偏差/%			
结论			
质量控制方法简述			

计算公式：

$$c=\frac{m}{V}$$

式中：m——试样中含磷量，μg；

V——试样体积，ml。

实验评分标准

序号	考核项目	考核内容	分值	分配	评分标准	扣分
1	标准溶液的配制	移液管操作	15	10	正确使用移液管。移液时未出现吸空现象，调节零刻度液面前处理管尖部，移液管最后靠壁	
		标准系列的配制		5	工作液无液体回放，加入抗坏血酸、钼酸盐溶液的顺序正确，显色时间正确	
2	消解处理	固定玻璃塞	10	5	正确固定玻璃塞	
		高压蒸气消毒器的使用		5	能正确打开开关，正确设置温度和时间，能正确关闭灭菌锅盖并使仪器工作	
3	试样的测定	分光光度计预热	20	5	正确预热分光光度计，正确选择波长，正确调"0％"和"100％"	
		测定操作		10	正确手持比色皿，正确擦拭比色皿外壁，进行比色皿配套性选择，读数准确，未撒落溶液导致仪器污染	
		测定后的处理		5	清洗并控干比色皿，关闭仪器开关及电源并盖保护罩	
4	实验数据处理	标准曲线的绘制	20	5	正确绘制标准曲线，回归方程中参数数字修约正确	
		原始记录		10	正确使用计量单位，数据没有空项，数据没有涂改	
		样品结果计算		5	样品结果计算正确	
5	测定结果	标准曲线线性	20	10	相关系数 $\gamma \geqslant 0.999$	
		测定结果准确度		5	$|RE| \leqslant 10\%$	
		测定结果精密度		5	相对偏差 $\leqslant 10\%$	
6	结束工作	整理	10	5	清洗、整理实验用仪器和台面	
		文明操作		5	无器皿破损、无仪器损坏	
7	实验时间		5	5	在规定时间内完成	

能力拓展四　水质氯化物的测定

（硝酸银滴定法）

【项目所需时间】

2 学时。

【实验原理】

在中性至弱碱性范围内(pH 6.5～10.5)，以铬酸钾为指示剂，用硝酸银滴定氯化物时，由于氯化银的溶解度小于铬酸银的溶解度，氯离子首先被完全沉淀出来，然后铬酸盐以铬酸银的形式被沉淀，产生砖红色，指示达到滴定终点。该沉淀滴定的反应如下：

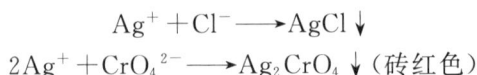

$$Ag^+ + Cl^- \longrightarrow AgCl \downarrow$$
$$2Ag^+ + CrO_4^{2-} \longrightarrow Ag_2CrO_4 \downarrow （砖红色）$$

【实验目的】

1. 掌握硝酸银容量法测定氯化物的方法。
2. 熟悉滴定操作条件控制。

【实验时间】

90min。

【实验内容】

1.试剂准备

(1)硫酸溶液，$c(1/2H_2SO_4) = 0.05mol/L$。

(2)氢氧化钠溶液，$c(NaOH) = 0.05mol/L$。

(3)乙醇，95%。

(4)氯化钠标准溶液，$c(NaCl) = 0.0141mol/L$，相当于 500mg/L 氯化物含量，100ml/瓶(配法：将氯化钠(NaCl)置于瓷坩埚中，在 500～600℃下灼烧 40～50min。在干燥器中冷却后称取 8.2400g，溶于蒸馏水中，在容量瓶中稀释至 1000ml。用吸量管吸取 10.0ml，在容量瓶中准确稀释至 100ml。1.00ml 此标准溶液含 0.50mg 氯化物(Cl⁻))。

(5)硝酸银标准溶液，$c(AgNO_3) = 0.0141mol/L$，100ml/瓶(配法：称取 2.3950g 于 105℃烘半小时的硝酸银，溶于蒸馏水中，在容量瓶中稀释至 1000ml，贮于棕色瓶中)。

用氯化钠标准溶液标定其浓度：用吸管准确吸取 25.00ml 氯化钠标准溶液于 250ml 锥形瓶中，加蒸馏水 25ml；另取一锥形瓶，量取蒸馏水 50ml 作空白。各加入 1ml 铬酸钾溶液，在不断的摇动下用硝酸银标准溶液滴定至砖红色沉淀刚刚出现为终点。计算每毫升硝酸银溶液所相当的氯化物量，然后校正其浓度，再做最后标定。

(6)铬酸钾溶液，$\rho(K_2CrO_4) = 50g/L$，100ml/瓶(配法：取 5g 铬酸钾(K₂CrO₄)溶于少

量蒸馏水中,滴加硝酸银溶液至有红色沉淀生成。摇匀,静置 12h,然后过滤并用蒸馏水将滤液稀释至 100ml)。

(7)酚酞指示剂溶液,100ml/瓶(配法:称取 0.5g 酚酞溶于 50ml、95％乙醇中,加入 50ml 蒸馏水,再滴加 0.05mol/L 氢氧化钠溶液使呈微红色,分装)。

2. 仪器准备

(1)100ml 容量瓶、1L 容量瓶。

(2)50ml 移液管、25ml 移液管。

(3)250ml 锥形瓶。

(4)25ml 酸式滴定管,棕色。

(5)洗瓶。

3. 样品采集

采集代表性水样,放在干净且化学性质稳定的玻璃瓶或聚乙烯瓶内,保存时不必加入特别的防腐剂。

4. 测定

(1)用吸管吸取 50ml 水样或经过预处理的水样(若氯化物含量高,可取适量水样用蒸馏水稀释至 50ml),置于锥形瓶中。另取一个锥形瓶加入 50ml 蒸馏水作空白试验。

(2)当水样 pH 值在 6.5～10.5 范围时,可直接测定,超出此范围的水样应以酚酞作指示剂,用稀硫酸或氢氧化钠溶液调节至红色刚刚褪去。

(3)加入 1ml 铬酸钾溶液,用硝酸银标准溶液滴定至砖红色沉淀刚刚出现即为滴定终点。

同样方法做空白滴定。

【实验流程图】

```
┌─────────────────────────────────┐
│      用水质采样器采集代表性水样         │
└─────────────────────────────────┘
                │
                ▼
┌──────────────────────────┐      ┌──────────────────────────┐
│ 吸管吸取50ml水样置于锥形瓶中,    │      │ 用硝酸银溶液滴定至砖红色沉淀      │
│      同时做空白试验            │      │  刚刚出现,即为滴定终点          │
└──────────────────────────┘      └──────────────────────────┘
                │                                  ▲
                ▼                                  │
┌──────────────────────────┐      ┌──────────────────────────┐
│   调节水样pH值在6.5～10.5      │ ───▶ │     加入1ml铬酸钾溶液          │
└──────────────────────────┘      └──────────────────────────┘
```

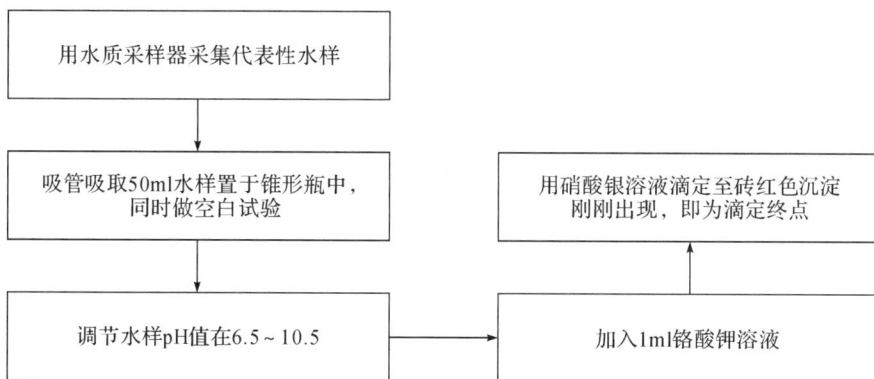

【实验注意事项】

铬酸钾在水样中的浓度影响终点到达的迟早,在 50～100ml 滴定液中加入 1ml 5％铬酸钾溶液,使 CrO_4^{2-} 浓度为 $2.6 \times 10^{-3} \sim 5.2 \times 10^{-3}$ mol/L。在滴定终点时,硝酸银加入量略过终点,可用空白测定值消除。

【思考题】

水中氯化物测定时 pH 需要在什么范围？如果小于或大于该范围如何影响实验结果？

实验记录

硝酸银溶液标定记录表

基准溶液名称及浓度			参考标准		
气温/℃			气压/kPa		
序号		1	2	3	
基准液体积/ml					
标定记录 /ml	起始读数 $V_{始}$				
	终止读数 $V_{终}$				
	实耗体积 V				
空白记录 /ml	起始读数 $V_{始}$				
	终止读数 $V_{终}$				
	实耗体积 V_0				
硝酸银溶液浓度/(mmol·L^{-1})					
平均值/(mmol·L^{-1})					
相对偏差/%					

计算公式：

$$c = \frac{V \times c_{NaCl}}{(V_1 - V_0)}$$

式中：V_1——硝酸银溶液滴定量，ml；

V_0——空白溶液消耗硝酸银溶液滴定量，ml；

c_{NaCl}——氯化钠溶液浓度，mmol/L；

V——标定时氯化钠溶液体积，ml。

水质氯化物测定数据记录表

样品名称				
收样日期		检验日期		
检测依据		实验环境		
水样取样量 V		标液名称及浓度		
序号	1	2	3	

续表

水样滴定记录 /ml	起始读数 $V_始$			
	终止读数 $V_终$			
	实耗体积 V_2			
空白滴定记录 /ml	起始读数 $V_始$			
	终止读数 $V_终$			
	实耗体积 V_1			
氯化物浓度/(mg·L^{-1})				
平均值/(mg·L^{-1})				
相对偏差/%				
质量控制方法简述				

计算公式：

$$c = \frac{(V_2 - V_1) \times M \times 35.45 \times 1000}{V}$$

式中：c——氯化物浓度，mg/L；

　　　V_1——蒸馏水消耗硝酸银标准溶液量，ml；

　　　V_2——试样消耗硝酸银标准溶液量，ml；

　　　M——硝酸银标准溶液浓度，mol/L；

　　　V——试样体积，ml。

实验评分标准

序号	考核项目	考核内容	分值	分配	评分标准	扣分
1	溶液的配制	氯化钠标准溶液的配制	15	10	正确使用移液管	
				5	正确定容	
2	滴定管的使用	滴定台的搭建	15	2	滴定管夹位置合适正确	
		检漏		2	检漏方法正确	
		洗涤、润洗		2	正确用蒸馏水与标准溶液润洗滴定管	
		装液		2	装入标准溶液时未借助其他器皿	
		排气泡		2	排气泡方法正确	
		调零		2	调零操作正确	
		最后一滴		3	最后一滴操作正确	
3	硝酸银溶液的标定	计算	10	5	使用公式计算正确	
		结果		5	标准偏差≤0.1%	

续表

序号	考核项目	考核内容	分值	分配	评分标准	扣分
4	样品的滴定	水样 pH 值调节	20	2	调节 pH 到正确范围	
		指示剂的添加		2	在接近终点时添加	
		滴定操作		2	锥形瓶、滴定管操作正确、手法规范	
		滴定速度		2	滴定速度合理,无成线状	
		半滴操作		2	半滴操作正确	
		终点判断		2	终点判断正确	
		读数		3	读数操作正确	
		整体印象		5	操作熟练、正确	
5	实验数据处理	原始记录	10	10	正确使用计量单位,数据没有空项,数据没有涂改,有效数字记录正确	
6	测定结果	样品结果计算	15	10	计算公式、过程及结果正确	
		测定结果精密度		5	相对偏差≤10%	
7	结束工作	整理	10	5	清洗、整理实验用仪器和台面	
		文明操作		5	无器皿破损,无仪器损坏	
8	实验时间		5	5	在规定时间内完成	

能力拓展五　水质悬浮物的测定
（重量法）

【项目所需时间】

4 学时。

【实验原理】

悬浮物的测定方法采用重量法。悬浮物是指水样通过滤料,截留在滤料上并于 103～105℃烘至恒重的固体物质。按重量分析要求,水样通过滤料后,烘干固体残留物及滤料,进行称量,将所称重量减去滤料重量,算出一定量水样中颗粒物的质量,从而求出悬浮物的含量。

【实验目的】

1. 了解悬浮物的基本概念。
2. 掌握悬浮物的测定方法——重量法。

【实验准备】

1. 试剂

蒸馏水或同等纯度的水。

2. 实验仪器

序号	名称	主要用途
1	烘箱	103～105℃下烘干定量滤纸
2	电子天平(1/1000)	称量
3	干燥器	干燥
4	全玻璃微孔滤膜过滤器	过滤
5	0.45μm孔径滤膜	过滤
6	量筒	量取水样
7	扁咀无齿镊子	夹取滤膜
8	玻璃棒	引流
9	内径为30～50mm称量瓶	内放滤膜烘干

【实验内容】

1. 采样:按采样要求采取具有代表性水样500～1000ml(注意不能加入任何保存剂,漂浮的树叶、木棒、水草等杂物和浸没的不均匀固体物质不属于悬浮物质,应从水样中除去)。

2. 滤纸准备:将滤纸放于称量瓶里,并一起放入103～105℃的烘箱内,打开瓶盖,烘干0.5h,取出置于干燥器内冷却至室温,盖好瓶盖称重。反复烘干、冷却、称重,直至恒重(两次称量相差不超过0.0005g),记作B。

3. 振荡水样,量取混合均匀的水样100ml,全部通过上面称至恒重的滤纸,再用蒸馏水洗涤残渣3～5次。如样品中含油脂,用10ml石油醚分两次淋洗残渣。

4. 小心取下载有悬浮物的滤纸,放入原称量瓶里,于103～105℃烘箱内,打开瓶盖,烘干1h,移入干燥器中,使冷却到室温,盖好瓶盖称重。反复烘干、冷却、称重,直至恒重,记作A。

【实验流程图】

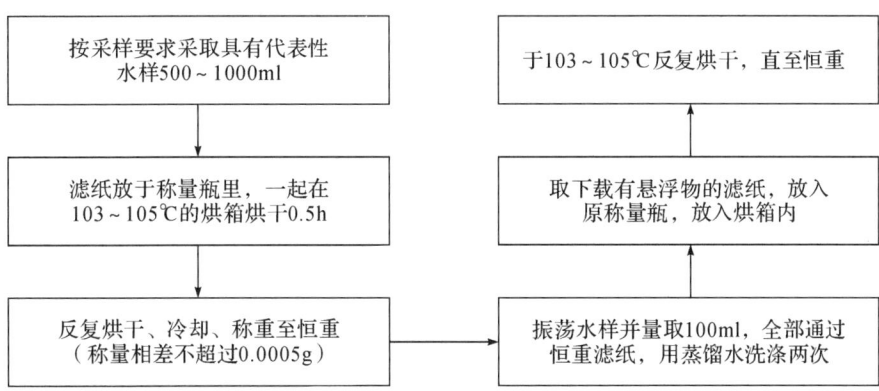

【仪器使用示意图】

抽滤装置见图 2-4。

图 2-4　抽滤装置

【实验注意事项】

1.废水黏度高时,可加 2～4 倍蒸馏水稀释,振荡均匀,待沉淀物下降后再过滤。

2.滤纸上截留过多的悬浮物可能夹带过多的水分,除延长干燥时间外,还可能造成过滤困难,遇此情况,可酌情少取水样。滤纸上悬浮物过少,则会增大称量误差,影响测定精度,必要时,可增大水样体积。

【思考题】

测定悬浮物重量时为什么要控制烘干温度?

实验记录

水中悬浮颗粒物采集记录表

滤膜编号	过滤前滤膜＋称量瓶称量结果/g		过滤后滤膜＋称量瓶称量结果/g		计算悬浮颗粒物含量/(mg/L)
	恒重后的质量（B）	差值（ΔW）	恒重后的质量（A）	差值（ΔW）	

续表

计算公式:

$$c = \frac{(A - B) \times 10^6}{V}$$

式中:c——水中悬浮固体浓度,mg/L;

A——悬浮固体＋滤纸＋称量瓶重量,g;

B——滤纸＋称量瓶重量,g;

V——水样体积,ml。

实验评分标准

序号	考核项目	考核内容	分值	分配	评分标准	扣分
1	采样准备	滤膜准备	5	5	正确选择滤膜	
2	样品采集	悬浮物采样	15	5	水样不加保存剂	
				5	去除漂浮物	
				5	去浸没的不均匀固体物质	
3	水样过滤	过滤操作	10	5	正确安装过滤装置	
				5	正确过滤并清洗	
4	称量	分析天平称量准备	20	5	正确检查天平水平,正确校准天平	
		滤膜干燥		5	干燥时间正确	
		分析天平操作		5	正确称量药品,称量在规定时间内完成,读数时关门读数,读数及记录正确	
		称量后处理		5	正确清洁天平,做仪器使用记录	
5	实验数据结果	原始记录	35	10	正确使用计量单位,数据没有空项,数据没有涂改	
		样品结果计算		10	样品结果计算正确	
		有效数字		10	正确保留有效数字	
		测定结果精密度		5	相对偏差不大于15％	
6	结束工作	整理	10	5	清洗、整理实验用仪器和台面	
		文明操作		5	无器皿破损、无仪器损坏	
7	实验时间		5	5	在规定时间内完成	

能力拓展六　水质多环芳烃的测定

（高效液相色谱法）

【项目所需时间】

4 学时。

【实验原理】

液液萃取法采用正己烷或二氯甲烷萃取水中多环芳烃,萃取液经硅胶或弗罗里硅土柱净化,用二氯甲烷和正己烷的混合溶剂洗脱,洗脱液浓缩后,用具有荧光/紫外检测器的高效液相色谱仪分离检测。本法适用于饮用水、地下水、地表水、工业废水及生活污水中多环芳烃的测定。当萃取样品体积为 1L 时,方法的检出限为 $0.002\sim0.016\mu g/L$,测定下限为 $0.008\sim0.064\mu g/L$。萃取样品体积为 2L,浓缩样品至 0.1ml,苯并[a]芘的检出限为 $0.0004\mu g/L$,测定下限为 $0.0016\mu g/L$。

固相萃取法采用固相萃取技术富集水中多环芳烃,用二氯甲烷洗脱,洗脱液浓缩后,用具有荧光/紫外检测器的高效液相色谱仪分离检测。适用于清洁水样中多环芳烃的测定。当富集样品的体积为 10L 时,方法的检出限为 $0.0004\sim0.0016\mu g/L$,测定下限为 $0.0016\sim0.0064\mu g/L$。

环节一　水样的采集和预处理

【实验目的】

掌握利用液液萃取和固相萃取富集、浓缩水体中多环芳烃类污染物的方法。

【实验时间】

120min。

【实验准备】

1. 试剂准备

所用试剂除另有说明外,均使用符合国家标准或专业标准的分析纯试剂和去离子水或同等纯度的水。

(1)乙腈:液相色谱纯。

(2)甲醇:液相色谱纯。

(3)二氯甲烷:液相色谱纯。

(4)正己烷:液相色谱纯。

(5)硫代硫酸钠($Na_2S_2O_3 \cdot 5H_2O$)。

（6）十氟联苯：纯度 99%，样品萃取前加入，用于跟踪样品前处理的回收率。

（7）十氟联苯标准使用溶液（配法：先配制氟联苯标准贮备溶液，称取十氟联苯 0.025g，准确到 1mg，于 25ml 容量瓶中，用乙腈溶解并稀释至刻度，该溶液中含十氟联苯 1000μg/ml。在 4℃以下冷藏；然后取 1.0ml 十氟联苯标准贮备溶液于 25ml 容量瓶中，用乙腈稀释至刻度，该溶液中含十氟联苯 40μg/ml。在 4℃以下冷藏）。

（8）氯化钠：在 400℃下烘烤 2h，冷却后，贮于磨口玻璃瓶中密封保存。

（9）无水硫酸钠：在 400℃下烘烤 2h，冷却后，贮于磨口玻璃瓶中密封保存。

（10）硅胶柱：1000mg/6.0ml。

（11）固相萃取柱：C$_{18}$，1000mg/6.0ml。

（12）玻璃毛或玻璃纤维滤纸：在 400℃加热 1h，冷却后，贮于磨口玻璃瓶中密封保存。

（13）氮气，纯度≥99.999%，用于样品的干燥浓缩。

2. 仪器准备

（1）采样瓶：1L 或 2L 具磨口塞的棕色玻璃细口瓶。

（2）250ml 接收瓶 1 个。

（3）25ml 容量瓶 2 个。

（4）旋转蒸发仪。

（5）液液萃取净化装置。

（6）固相萃取装置：由固相萃取柱、分液漏斗、抽滤瓶和泵组成。

（7）10ml 磨口烧瓶。

（8）干燥柱：长 250mm，内径 10mm，玻璃活塞不涂润滑油的玻璃柱。在柱的下端，放入少量玻璃毛或玻璃纤维滤纸，加入 10g 无水硫酸钠。

【实验内容】

1. 样品的采集

样品必须采集在预先洗净烘干的采样瓶中，采样前不能用水样预洗采样瓶，以防止样品的沾染或吸附。采样瓶要完全注满，不留气泡。采集水样 1L，若水中有残余氯存在，要在每升水中加入 80mg 硫代硫酸钠除氯。样品采集后应避光于 4℃以下冷藏，在 7d 内萃取，萃取后的样品应避光于 4℃以下冷藏，在 40d 内分析完毕。

2. 样品预处理

（1）液液萃取

①萃取：摇匀水样，量取 1000ml 水样（萃取所用水样体积根据水质情况可适当增减），倒入 2000ml 的分液漏斗中，加入 40μg/ml 的十氟联苯标准使用溶液 50μL，加入 30g 氯化钠，再加入 50ml 正己烷，振摇 5min，静置分层，收集有机相，放入 250ml 接收瓶中，重复萃取两遍，合并有机相，加入无水硫酸钠至有流动的无水硫酸钠存在。放置 30min，脱水干燥。

②浓缩：用旋转蒸发仪减压浓缩至 1ml，待净化。

③净化：饮用水和地下水的萃取液可不经过柱净化，转换溶剂至 0.5ml 直接进行 HPLC 分析。

地表水和其他萃取液的净化：用 1g 硅胶柱作为净化柱，将其固定在液液萃取净化装置上。先用 4ml 淋洗液冲洗净化柱,再用 10ml 正己烷平衡净化柱(当 2ml 正己烷流过净化柱后,关闭活塞,使正己烷在柱中停留 5min)。将浓缩后的样品溶液加到柱上,再用约3ml正己烷分 3 次洗涤装样品的容器,将洗涤液一并加到柱上,弃去流出的溶剂。被测定的样品吸附于柱上,用 10ml 二氯甲烷/正己烷(1+1)洗涤吸附有样品的净化柱,收集洗脱液于 10ml磨口烧瓶中(当 2ml 洗脱液流过净化柱后关闭活塞,让洗脱液在柱中停留 5min)。浓缩至 0.5~1.0ml,加入 3ml 乙腈,再浓缩至 0.5ml 以下,最后准确定容到 0.5ml 待测。

(2)固相萃取

①活化柱子:先用 10ml 二氯甲烷预洗 C_{18} 柱,使溶剂流净。接着用 10ml 甲醇分两次活化 C_{18} 柱,再用 10ml 水分两次活化 C_{18} 柱,在活化过程中,不要让柱子流干。

②样品的富集:在 1000ml 水样(富集所用水样体积根据水质情况可适当增减)中加入 5g 氯化钠和 10ml 甲醇,加入 $40\mu g/ml$ 的十氟联苯标准使用溶液 $50\mu L$,混合均匀后以 5ml/min 的流速流过已活化好的 C_{18} 柱。

③干燥:用 10ml 水冲洗 C_{18} 柱后,真空抽滤 10min 或用高纯氮气吹 C_{18} 柱 10min,使柱干燥。

④洗脱:用 5ml 二氯甲烷洗提浸泡 C_{18} 柱,停留 5min 后,再用 5ml 二氯甲烷以 2ml/min 的速度洗脱样品,收集洗脱液。用 2ml 二氯甲烷洗样品瓶,并入洗脱液。

⑤脱水:先用 10ml 二氯甲烷预洗干燥柱,加入洗脱液后,再加 2ml 二氯甲烷洗柱,用浓缩瓶收集流出液。浓缩至 0.5~1.0ml,加入 3ml 乙腈,再浓缩至 0.5ml 以下,最后准确定容到 0.5ml 待测。

【实验流程图】

采集水样1L置于2L分液漏斗	→	用蒸馏水代替水样,用上述相同步骤制备空白试样
↓		↑
依次加入40μg/ml的十氟联苯溶液50ml、30g氯化钠		用硅胶柱净化,供色谱分析用
↓		↑
再加入50ml正己烷,重复萃取两遍,分液收集有机相	→	放入250ml接收瓶中,无水硫酸钠干燥过滤浓缩至1ml

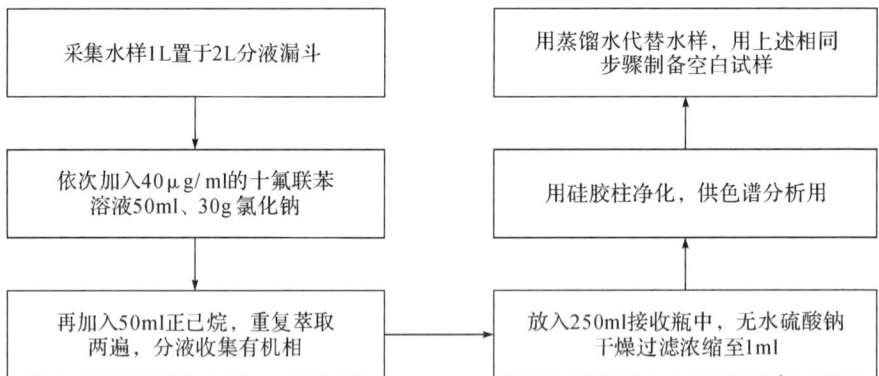

【实验注意事项】

1. 在萃取过程中出现乳化现象时,可采用搅动、离心、用玻璃棉过滤等方法破乳,也可采用冷冻的方法破乳。

2. 在样品分析时,若预处理过程中溶剂转换不完全(即有残存正己烷或二氯甲烷),会出现保留时间漂移、峰变宽或双峰的现象。

【思考题】

1. 试比较液液萃取和固相萃取的优缺点。
2. 在水样预处理过程中,哪些步骤会引入实验误差? 应如何尽量避免?

环节二　水样的测定

【实验目的】

熟悉高效液相色谱仪测定多环芳烃的方法和步骤;了解高效液相色谱仪的工作原理、测定方法和优化原则。

【实验时间】

120min。

【实验准备】

1. 试剂准备

(1)乙腈:液相色谱纯。

(2)甲醇:液相色谱纯。

(3)多环芳烃标准贮备液:质量浓度为 200mg/L 的含十六种多环芳烃的乙腈溶液。贮备液于 4℃ 以下冷藏。

(4)多环芳烃标准使用液:取 1.0ml 多环芳烃标准贮备液于 10ml 容量瓶中,用乙腈稀释至刻度,该溶液中含多环芳烃 20.0mg/L,在 4℃ 以下冷藏。

(5)十氟联苯标准使用溶液:含十氟联苯 $40\mu g/ml$。在 4℃ 以下冷藏。

2. 仪器准备

(1)液相色谱仪(HPLC):具有可调波长紫外检测器或荧光检测器和梯度洗脱功能。

(2)色谱柱:填料为 $5\mu m$ ODS,柱长 25cm,内径 4.6mm 的反相色谱柱或其他性能相近的色谱柱。

3. 色谱条件

(1)色谱条件Ⅰ

梯度洗脱程序:65%乙腈+35%水,保持 27min;以 2.5%乙腈/min 的增量至 100%乙腈,保持至出峰完毕。流动相流量:1.2ml/min。

(2)色谱条件Ⅱ

梯度洗脱程序:80%甲醇+20%水,保持 20min;以 1.2%甲醇/min 的增量至 95%甲醇+5%水,保持至出峰完毕。流动相流量:1.0ml/min。

4. 检测器

紫外检测器的波长:254nm、220nm 和 295nm。

荧光检测器的波长:激发波长 λ_{ex} 为 280nm,发射波长 λ_{em} 为 340nm,20min 后 λ_{ex} 为 300nm, λ_{em} 为 400nm、430nm 和 500nm。

十六种多环芳烃在紫外检测器上对应的最大吸收波长及在荧光检测器特定的条件下最佳的激发和发射波长见表 2-3。

表 2-3　用紫外和荧光检测器检测多环芳烃时对应的波长　　　　　单位:nm

序号	组分名称	最大紫外吸收波长	激发波长 λ_{ex}	发射波长 λ_{em}
1	萘	219	275	350
2	苊	228	—	—
3	芴	210	275	350
4	二氢苊	225	275	350
5	菲	251	275	350
6	蒽	251	260	420
7	荧蒽	232	270	440
8	芘	238	270	440
9	䓛	267	260	420
10	苯并[a]蒽	287	260	420
11	苯并[b]荧蒽	258	290	430
12	苯并[k]荧蒽	240	290	430
13	苯并[a]芘	295	290	430
14	二苯并[a,h]蒽	296	290	430
15	苯并[g,h,i]芘	210	290	430
16	茚并[1,2,3-cd]芘	251	250	500

注:"—"表示荧光检测器不适用于苊的测定。

【实验内容】

1. 标准曲线的绘制

(1)标准系列的制备:依次取 0.50ml、2.50ml、5.00ml、25.00ml、50.00ml 的 20.0mg/L 多环芳烃标准使用液和 40μg/ml 十氟联苯标准使用液 50μL 于 100ml 的容量瓶中,加入乙腈稀释至刻度,制备至少 5 个浓度点的标准系列,多环芳烃质量浓度分别为 0.1mg/L、0.5mg/L、1.0mg/L、5.0mg/L、10.0mg/L,贮存在棕色小瓶中,于冷暗处存放。

(2)初始标准曲线:通过自动进样器或样品定量环分别移取 5 种浓度的标准使用液 10μL,注入液相色谱,得到各不同浓度的多环芳烃的色谱图。以峰高或峰面积为纵坐标,浓度为横坐标,绘制标准曲线。标准曲线的相关系数大于 0.999,否则重新绘制标准曲线。

（3）标准样品的色谱图:不同填料的色谱柱,化合物出峰的顺序有所不同。图 2-5 和图 2-6 所示为在色谱条件 I 下,两种不同检测器串联的十六种多环芳烃标准色谱图。

2. 样品的测定

取 $10\mu L$ 待测样品注入高效液相色谱仪中,记录色谱峰的保留时间和峰高(或峰面积)。

3. 空白实验

在分析样品的同时,应做空白实验,即用蒸馏水代替水样,按与样品测定相同步骤分析,检查分析过程中是否有污染。

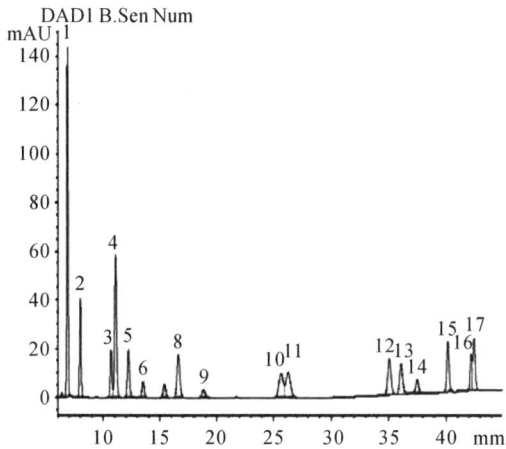

图 2-5　16 种多环芳烃标样的紫外谱图

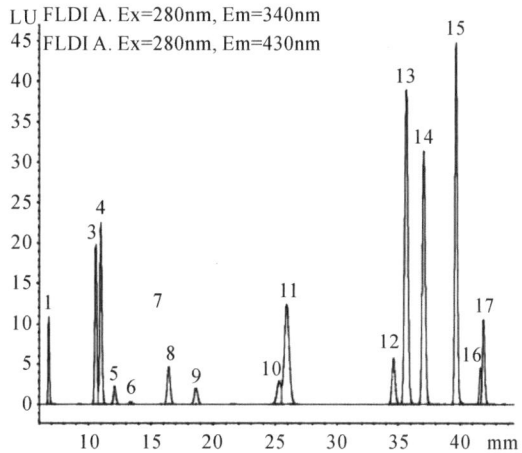

图 2-6　16 种多环芳烃标样的荧光谱图

1—萘;2—苊;3—芴;4—二氢苊;5—菲;6—蒽;7—十氟联苯;8—荧蒽;9—芘;10—䓛;

11—苯并[a]蒽;12—苯并[b]荧蒽;13—苯并[k]荧蒽;14—苯并[a]芘;15—二苯并[a,h]蒽;

16—苯并[g,h,i]苝;17—茚并[1,2,3-cd]芘。

【实验流程图】

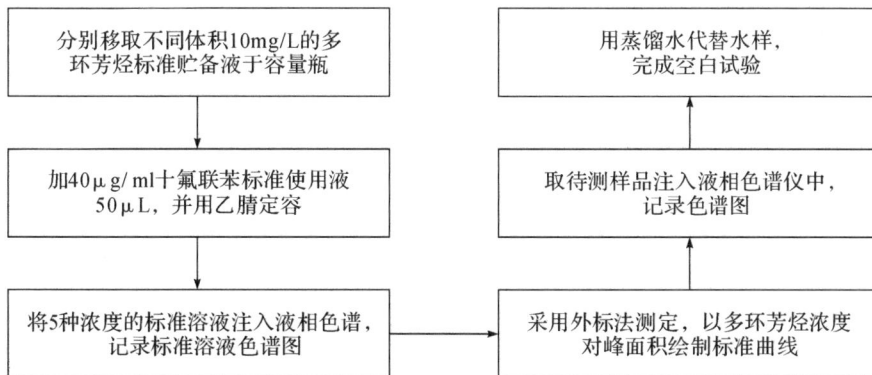

【实验注意事项】

1. 标准样品进样体积与试样体积相同,标准样品浓度应接近试样的浓度。
2. 标准样品和试样尽可能同时分析,直接与单个标样比较以测定浓度。

【实验安全】

1. 所用有机溶剂甲醇、二氯甲烷有毒性,正己烷易燃,均为易挥发性试剂,操作时必须遵守有关规定,重蒸馏有机溶剂必须在通风柜中进行,严禁明火。
2. 分析的 PAHs 为致癌物,因此要有保护措施。用过的废液集中处理后排放。

【思考题】

为什么作为高效液相色谱仪的流动相在使用前必须过滤、脱气?

实验记录

多环芳烃检验记录表

样品名称				
检测方法依据		检验日期		
仪器名称及编号		样品前处理		
流动相		分析柱		
计算多环芳烃各组分回归方程				
样品序号	多环芳烃各组分峰面积	测试液中多环芳烃各组分测定浓度($\mu g/ml$)	水样中多环芳烃各组分测定浓度($\mu g/L$)	
1				
质量控制方法简述				

计算公式:

多环芳烃的质量浓度。

$$\rho_i = \frac{\rho_{xi} \times V_1}{V}$$

式中:ρ_i——样品中组分 i 的质量浓度,$\mu g/L$;

ρ_{xi}——从标准曲线中查得组分 i 的质量浓度,mg/L;

V_1——萃取液浓缩后的体积,μl;

V——水样体积,ml。

实验评分标准

序号	考核项目	考核内容	分值	分配	评分标准	扣分
1	样品处理	萃取操作	25	5	正确量取水样	
		萃取液浓缩操作		5	正确使用分液漏斗	
		净化操作		5	浓缩操作正确	
				5	定容体积准确	
				5	净化操作正确	
2	操作过程	色谱条件的选择	35	5	正确设置采集时间	
				5	正确设置荧光检测器激发和发射波长	
				5	正确选择流动相和设置流动相流速	
				5	正确设置样品信息	
		检验操作		5	正确取样	
				5	正确进样	
				5	正确关机	
3	实验数据处理	标准曲线的绘制	15	5	正确绘制标准曲线,回归方程中参数数字修约正确	
		原始记录		5	正确使用计量单位,数据没有空项,数据没有涂改	
		样品结果计算		5	样品结果计算正确	
4	测定结果	标准曲线线性	15	5	相关系数 $\gamma \geqslant 0.995$	
		测定结果准确度		5	$|RE| \leqslant 10\%$	
		测定结果精密度		5	相对标准偏差 $\leqslant 20\%$	
5	结束工作	整理	10	5	清洗、整理实验用仪器和台面	
		文明操作		5	无器皿破损、无仪器损坏	

项目三

工业废水监测

随着我国工业的发展,工业废水也大量增加,那些没有达到排放标准的工业废水排入水体后,会使地表水和地下道污染。而一旦水体受到污染,就会很难恢复。

工业废水中可以根据主要污染物的化学性质分类,含无机污染物为主的为无机废水,含有机污染物为主的为有机废水。例如,电镀废水和矿物加工过程的废水是无机废水,食品或石油加工过程的废水是有机废水,印染行业生产过程中产生的是混合废水,不同的行业排出的废水含有的成分不一样。

工业废水排放的污染物按其控制方式分为两类。第一类污染物是指能在环境或动植物体内蓄积,对人体健康产生长远不良影响者,共 13 种,如:总汞、烷基汞、总镉、总铬、六价铬、总砷等。第二类污染物指长远影响小于第一类污染物者,如:pH、色度、悬浮物、化学需氧量、石油类、挥发酚、总氰化物、硫化物、氨氮等。

工业废水中含有无机污染物为主的称为无机废水,含有机污染物为主的称为有机废水。比如说,电镀工艺和矿物加工工艺过程中产生的废水就是无机废水,食品或石油加工过程产生的废水是有机废水。按这种方法分类简单,对考虑处理方法非常有利。如对易生物降解的有机废水一般采用生物处理法,对无机废水一般采用物理、化学和物理化学法处理。但是一般在工业生产过程中,一种废水常常既含无机物,也含有机物。

第一类污染物集中在金属制品业、通用设备制造业、汽车制造业、黑色金属冶炼和压延加工业、计算机、通信和其他电子设备制造业,这几类行业中的金属表面处理车间及电镀车间是第一类污染物中镍、镉、铬排放的主要来源。化学原料和化学制品制造业、非金属矿物制品业、农副食品加工业、橡胶和塑料制品业是其他污染物的主要来源。

任务一　工业废水采集

一　采样点

(1)国家污水综合排放标准中规定的第一类污染物,取样点位一律设在车间或车间处理设施的排放口或专门处理此类污染物设施的排放口。(2)第二类污染物取样点位一律设在排污单位的外排口。(3)对整个污水处理设备效率监测时,在各种进入污水处理设施污水的入口和污水处理设施的总排放口设置取样点。(4)对各污水处理单元效率监测时,在各种进入处理设施单元污水处理的入口和污水处理设施的总排放口设置取样点。(5)在污水排放口和污水处理设施的进口、出口设水量监测点。

采样点处必须设置明显标志。采样点一经确定,不得随意改动。标志内容包括点位名称、编号、排污去向、主要污染因子等。排污单位须加强采样点位的日常管理,必须经常进行排污口的清障、疏通及日常管理和维护。

二　采样位置

含石油类和动植物油废水采样位置一般要设置在测流堰跌水处或巴歇尔槽出水处,且在水面至水面下 5~30cm 处;在测流堰跌水处,或使排水形成水跃,采集混匀的水样;受悬浮物影响较大的监测项目,自动采样时应在排污渠(道、沟)水面下 5cm,距渠(道、沟)边和水路中心点的 1/2 处采样;手工采样与油类采样相同,应采集含悬浮物的均匀水样。氰化物和 Pb、Cd、Hg、As 和 Cr(Ⅵ)采样,应避开水表面进行。含油废水样品,应分别单独定容采样,其中油全量转移测定。

三　采样频次

本着全面反映项目污染物排放情况,为环境管理部门提供准确可靠的监测数据的原则,在不违背国家规定、不给企业增加负担的基础上确定监测的频次。

工业废水监测频率按生产周期确定采样频率,生产周期在 8h 以内的,每 2h 采集一次;生产周期大于 8h 的,每 4h 采集一次;其他污水样,24h 不少于 2 次。最高允许排放浓度按日均值计算。

四　采样方法

(一)瞬时采样

一些排污单位的生产工艺过程连续且稳定,瞬时样品具有较好的代表性,则可以用瞬时采样的方法。对有污水处理设施并正常运转或建有调节池的污染源,其废水为稳定排放的,监测时亦可采集瞬时废水样。

(二)时间比例混合水样

当废水流量变化小于 20%,污染物浓度随时间变化较小时,按等时间间隔采集等体积水样混合。

(三)流量比例混合水样

流量比例混合水样一般采用与流量计相连的自动采样器采取。比例混合水样分为连续比例混合水样和间隔比例混合水样两种。连续比例混合水样是在选定采样时段内,根据废水排放流量,按一定比例连续采集的混合水样。间隔比例混合水样是根据一定的排放量间隔,分别采取与排放量有一定比例关系的水样混合而成。

废水样品采集后应及时将污染源名称、排污口名称、现场测定结果、送检样品标志、保持条件和现场简要描述等作认真登记。

任务二　色度的测定

一　概述

(一)来源及危害

天然水一般呈现浅黄、浅褐或黄绿色,这些颜色主要是动植物死亡、腐化于水中所引起的,主要含有机物、无机物。印染、造纸、纺织、制药、食品等工业废水中常含有大量染料、生物色素等,是导致环境水体着色的主要来源。水中存在铁和锰能分别引起红水和黑水现象。有色工业废水常给人以不愉快感,并降低受纳水体的透光性,影响水生生物的生长。水色的净化很困难,因此,当发现水中有颜色时,应查清来源。

水样色度是指溶解于水中的组分所表现出来的颜色,亦称真色。由悬浮物和溶解性物质共同表现出来的颜色,称为表色,用未经过滤或离心分离的原始样品测定。水样色度是指除去悬浮物后的颜色。除去水样悬浮物的方法有静置或离心,然后取上清液进行测定。一般不用滤纸过滤,因为滤纸会因吸附而降低水中部分色度。在条件不可能时,才考虑滤纸过滤,但应弃去最先滤出的数十毫升水样,并在结果中予以注明。

(二)污水排放标准要求

我国目前除《生活饮用水卫生标准》(GB 5749—2022)和《地下水质量标准》(GB/T 14848—2017)规定使用铂钴比色法测定水的色度外,还有 22 个水污染物排放标准制定了色度的排放标准,这些水污染物排放标准中使用的测定方法均为稀释倍数法。其中,《污水综合排放标准》(GB 8978—1996)中色度的一级标准限值为 50 倍,二级标准限值为 80 倍。

二　测定方法

水样色度的常用测定方法有铂钴比色法和稀释倍数法。前者适用于较清洁,且具有黄色色调水样色度的测定,此法操作简便,标准色列的色度稳定且易于保存,只是所用试剂氯铂酸钾较贵。后者适用于色度很深,且不是黄色色调的工业废水或生活污水色度的测定,方法简便易行。

(一)铂钴比色法

用氯铂酸钾(K_2PtCl_6)和氯化钴($CoCl_2 \cdot 6H_2O$)配成标准溶液,同时规定每升水中含 1mg 以氯铂酸根形式存在的铂所具有的颜色为 1 度。用目视比色法测定水样色度。

比色时在自然光线下,比色管底部衬一张白纸或白色瓷板,比色管略微倾斜,使光线由液柱底部向上透过。分析者面对光线,视线由比色管液面自上而下地观察,记录水样色度结果。水样色度超过 70 度,可取适量水样用蒸馏水稀释后比色测定,这时水样色度等于相当于标准色列的色度与稀释倍数的乘积。水色受 pH 值影响,pH 值高时往往颜色加深,所以应同时报告测定时水的 pH 值。

(二)铬钴比色法

由于 K_2PtCl_6 试剂较贵,故有人用经济的 $K_2Cr_2O_7$ 代替 K_2PtCl_6 制成标准,这种方法叫铬钴比色法。将 0.0438g $K_2Cr_2O_7$ 及 1.000g $CoSO_4 \cdot 7H_2O$ 用水溶解,加 0.5ml 浓硫酸,加水至 500ml,该溶液色度为 500 度。此法的特点是颜色不稳定,供样品测定的标准系列保存期短,但所需试剂经济。

无论用铂钴比色法还是用铬钴比色法测定,均只能测定黄色色调的样品。

(三)稀释倍数法

当水体被生活污水和工业废水污染,水样颜色不是黄色色调时,就不能用铂钴比色法,而只能用稀释倍数法进行色度测定。首先用文字记录水样颜色的种类,如深蓝色、浅蓝色、微红色、紫红色、浅黑色、深绿色、浅棕色等,将样品用光学纯水稀释至用目视比较与光学纯水相比刚好看不见颜色时的稀释倍数作为表达颜色的强度,单位为倍。

当方法要求试料的色度在 50 倍以上时,应一次稀释到 50 倍以内,当试料的色度在 50 倍以下时,按 2^n 稀释倍数进行稀释,即在 50 倍之内只能出现 2、4、8、16、32 和 64 倍。

任务三 氟化物的测定

一 概述

(一)来源及危害

氟是自然界最活泼的非金属元素,可以与所有的金属形成氟化物,在自然界一般以氟化合物的形式存在。它的天然化合物有萤石(CaF_2)、氟磷灰石[$3Ca_3(PO_4)_2 \cdot CaF$]、冰晶石(Na_3AlF_6)、云母和电石等。环境中氟化物特指含氟为 -1 价氧化态的二元化合物,包括氟化氢、金属氟化物、非金属氟化物、氟化铵及有机氟化物等。氟化物的溶解度一般较高,20℃时,氟化钠的溶解度高达 40g/L,氟磷灰石为 $0.2\sim0.5g/L$,氟化钙的溶解度也达 0.04g/L。

有色冶金、钢铁和铝加工、焦炭、玻璃、陶瓷、电子、电镀、化肥、农药厂的废水及含氟矿物的废水中常常都存在氟化物。

氟是人体所必需的微量元素。我们每天的饮水、食物、化妆品和牙膏等均含不同程度的各种氟化物。通常情况下,人体内的氟直接来自饮水、食物和空气。成年人体内氟的总含量约为 2.57g,其中 96％以上蓄积在骨和齿等硬组织中。人群流行病学调查及动物试验研究已经证明,氟是机体的必需微量元素,但摄入过多会对机体造成严重的危害,即氟中毒。氟是全身性毒物,对机体的各组织器官均有一定的损害作用,研究证实氟已被肯定为生殖毒物。缺氟易患龋齿病,饮水中含氟的适宜浓度为 $0.5\sim1.0$ mg/L(F^-)。当长期饮用含氟量高于 1mg/L 的水时,则易患斑齿病,如水中含氟量高于 4mg/L 时,则可导致氟骨病。

(二)污水排放标准要求

《污水综合排放标准》(GB 8978—1996)规定,新扩改企业(1998 年 1 月 1 日之后)对外排放含氟废水中氟化物不得超过 10mg/L(向二级污水处理厂排放除外)。

二 样品采样与预处理

对水中氟的采样需要用 P 材质的容器进行采样,因为含氟溶液可能会对玻璃有腐蚀作用,采样不用加保存剂,采样的保存期较长有 14d,不过需低温保存,采样量要求在 250ml 以上。

(一)预处理的必要性

对于污染严重的生活污水和工业废水,以及含氟硼酸盐的水样均要进行蒸馏。

无论用电极法还是比色法测定含有氟硼酸盐离子(BF^-)的水样之前,都要进行预蒸馏,把氟硼酸盐转化成氟化物。

水样中的铝、六偏磷酸盐、铁和正磷酸盐均可干扰比色法的测定,也需要通过蒸馏使氟化物与干扰物分离。

蒸馏时,氟化物以氢氟酸(HF)或氟硅酸(H_2SiF_6)形式从沸点高于水的酸溶液中蒸出。

(二)预处理的操作

在蒸馏水样前,先将 400ml 蒸馏水置于 1L 蒸馏烧瓶中,小心缓缓加入浓硫酸 200ml,摇匀。放入数粒玻珠,盖上插有温度计的瓶塞(温度计下端应接近瓶底)。加热蒸馏至温度升到 180℃为止,弃去蒸馏液(其目的在于除去可能存在的氟化物污染)。

待瓶内硫酸溶液冷却至 120℃以下,加入 250ml 水样(若水样中氯化物含量超过干扰限量,蒸馏前按每毫克氯离子要加入硫酸银 5mg 固体)$Ag^+ + Cl^- \longrightarrow AgCl\downarrow$。加热蒸馏至接近 180℃为止,但不得超过 180℃,以防止大量硫酸蒸出。收集馏出液于 250ml 容量瓶中,补加蒸馏水至刻度。

三 测定方法

在国外氟化物的测定主要采用离子选择电极法。国内的分析方法很多,有离子选择电极法、氟试剂分光光度法、离子色谱法、茜素磺酸锆目视比色法、反相高效液相色谱法。

(一)离子选择电极法

将氟离子选择电极和外参比电极(如甘汞电极)浸入欲测含氟溶液,构成原电池。该原电池的电动势与氟离子活度的对数呈线性关系,故通过测量电极与已知F^-浓度溶液组成的原电池电动势和电极与待测F^-浓度溶液组成原电池的电动势,即可计算出待测水样中F^-浓度。常用定量方法是标准曲线法和标准加入法。

1. 标准曲线法

用无分度吸管分别吸取 1.00ml、3.00ml、5.00ml、10.0ml、20.0ml 氟化物标准溶液,置于 50ml 容量瓶中,加入 10ml 总离子强度调节缓冲溶液,用水稀释至标线,摇匀。分别注入 100ml 聚乙烯杯中,各放入一只塑料搅拌棒,以浓度由低到高为顺序,分别依次插入电极。连续搅拌溶液,待电位稳定后,在继续搅拌时读取电位值 E。在每一次测量之前,都要用水冲洗电极,并用滤纸吸干。在半对数坐标纸上绘制校准曲线。

2. 标准加入法

当水样组成复杂时,宜采用一次标准加入法,以减小基体的影响。其操作是:先按步骤测定出试液的电位值(E_1),然后向试液中加入与试液中氟含量相近的氟化物标准溶液(体积为试液的 $1/100 \sim 1/10$),在不断搅拌下读取稳态电位值(E_2),按下式计算水样中氟化物的含量:

$$c_x = \frac{c_s \cdot V_s}{V_x + V_s}\left(10^{\frac{\Delta E}{S}} - \frac{V_x}{V_x + V_s}\right)^{-1}$$

式中:c_x——水样中氟化物(F^-)浓度,mg/L;

V_x——水样体积,ml;

c_s——F^-标准溶液的浓度,mg/L;

V_s——加入F^-标准溶液的体积,mg/L;

ΔE——等于 $E_1 - E_2$(对阴离子选择性电极),其中,E_1 为测得水样试液的电位值,mV,
E_2 为试液中加入标准溶液后测得的电位值,mV;

S——氟离子选择性电极实测斜率。

如果 $V_s \leqslant V_x$,则上式可简化为

$$c_x = \frac{c_s \cdot V_s}{V_x}\left(10^{\frac{\Delta E}{S}} - 1\right)^{-1}$$

3. 干扰的去除

某些高价阳离子(如 Al^{3+}、Fe^{3+})及氢离子能与氟离子络合而干扰测定。在碱性溶液中,氢氧根离子浓度大于氟离子浓度的 1/10 时也有干扰,常采用加入总离子强度调节剂(TISAB)的方法消除之。

TISAB 是一种含有强电解质、络合剂、pH 缓冲剂的溶液,其作用是:消除标准溶液与被测溶液的离子强度差异,使离子活度系数保持一致;络合干扰离子,使络合态的氟离子释放出来;缓冲 pH 变化,使溶液保持在合适的 pH 范围。

(二)离子色谱法

典型的实验室离子色谱仪由输液系统、进样装置、色谱柱、检测器和数据处理装置等几部分组成。图 3-1 是典型的离子色谱仪组成示意图。

样品注入系统进样阀后,随流动相(即洗脱液)经过保护柱进到分离柱中。由于样品中各组分离子对色谱柱固定相的亲合力不同,因而不同种离子被先后洗脱而进入到抑制器中,在抑制器中除去(或降低)洗脱液的本底电导,并增加待测离子的电导响应值,最后进入

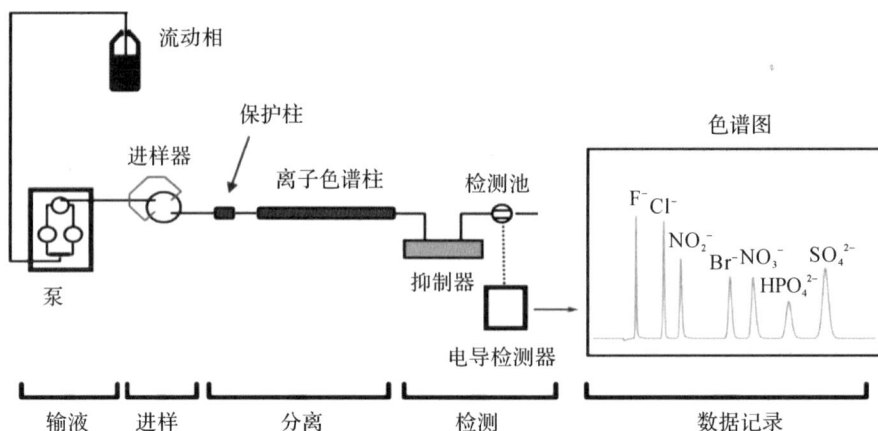

图 3-1　离子色谱组成示意图

电导池,并按先后次序得到各待测离子的电导率。

　　该电导率在低浓度下与待测离子的浓度成正比。以待测组分的保留时间定性,以峰高或峰面积定量进行样品分析。

(三)茜素磺酸锆目视比色法

　　在酸性溶液中,茜素磺酸钠和锆盐生成红色络合物,当样品中有氟离子存在时,能夺取络合物中的锆离子,生成无色的氟化锆离子,释放出黄色的茜素磺酸钠,根据溶液由红色褪至黄色的色度不同,与标准比色定量。

任务四　氰化物的测定

一　概述

(一)来源及危害

　　水中氰化物可分为简单氰化物和络合氰化物。常见简单氰化物有氰化钾、氰化钠、氰化铵等以及其他金属的盐类。在碱金属氰化物的水溶液中,氰基 CN^- 和 HCN 分子的形式同时存在,二者之比取决于 pH(见表 3-1)。大多数天然水体中,HCN 占优势。

表 3-1　pH 与氰化物的分配

pH	6	7	8	9	10	11	12	13
$\dfrac{HCN}{HCN+CN^-}/\%$	99.9	99.3	93.3	58.1	12.2	1.37	0.14	0.01

在简单的金属氰化物的溶液中,氰基也可能以稳定度不等的各种金属-氰化物的络合阴离子的形式存在。络合氰化物如$[Zn(CN)_4]^{2-}$、$[Cd(CN)_4]^{2-}$、$[Ag(CN)_2]^-$、$[Ni(CN)_4]^{2-}$、$[Cu(CN)_4]^{2-}$、$[Co(CN)_4]^{2-}$、$[Fe(CN)_6]^{3-}$、$[Fe(CN)_6]^{2-}$等,在水体中受 pH 值、水温和光照等影响而离解为毒性强的简单氰化物。如 pH=5 左右,温度接近 40℃时,锌氰络合物可以完全离解成 CN^-。

地面水一般不含氰化物,当发现氰化物存在时,往往是人类活动所引起的。水中氰化物的主要来源为工业污染物质,在电镀、焦化、造气、选矿、洗印、石油化工、有机玻璃制造、农药等工业废水中常含有上述两种形式的氰化物。

氰化物可使地面水具有异臭,氰化钾浓度在 $0.1\sim0.64mg/L$ 时,使地面水具有苦杏仁臭;CN^- 浓度在 1mg/L 以上时,呈现出令人不愉快的麻醉性臭味。

氰化物是剧毒物质,对人体的毒性主要是与高铁细胞色素氧化酶结合,生成氰化高铁细胞色素氧化酶而失去传递氧的作用,引起组织缺氧窒息。氰化物危害极大,可在数秒之内使人出现中毒症状。

(二)污水排放标准要求

《污水综合排放标准》(GB 8978—1996)规定,新扩改企业(1998 年 1 月 1 日之后)对外排放含氰废水中氰化物不得超过 0.5mg/L(向二级污水处理厂排放除外)。

二 样品采样与预处理

(一)采集和保存

由于多数氰化物在水中极不稳定,所以取样后应尽快分析测定,不能立即分析时,应加入氢氧化钠,使水样的 pH≥11,让 HCN 全部转化为 CN^-,低温保存,并在 24h 内测定。

(二)干扰去除

测定氰化物时,水样中常存有一些干扰物质,如硫化物、重金属离子、脂肪酸、影响滴定和比色的有色物质、浑浊物质及在测定过程中(特别是蒸馏时)能破坏氰化物的氧化物等。因此在蒸馏以前,应采取适当的措施来消除这些干扰。

除去干扰的方法,因干扰物的不同而异。

(1)硫化物

主要对滴定法有比较大的影响,会造成用量过多。

除硫的方法有两个途径:其一是在酸性介质中,加入不能氧化 CN^- 的氧化剂(如 $KMnO_4$),使 S^{2-} 氧化,并随即蒸馏;其二是加入适量的金属离子,使生成金属的硫化物沉淀,再过滤除去。

(2)脂肪酸

脂肪酸在碱性条件下会变成肥皂,使滴定终点难以判断。

消除方法是,先用醋酸将水样调至中性,再用氯仿或正己烷以水样体积的 20% 的量进行一次萃取,通常即可使脂肪酸浓度降低到干扰水平以下。应避免多次萃取或在低 pH 的条件下长时间接触,使 HCN 的损失保持在最小限度。当萃取完成时,应立即用 NaOH 调节至 pH＞12,提取脂肪酸。

（3）氧化剂

氧化剂的存在,会使氰化物分解。在处理含氰废水时,通常加入一定量的次氯酸盐,首先生成氯化氰。

如果有氧化剂存在,则氯化氰会在碱性条件下,水解为氰酸盐,进而被氧化成二氧化碳和氮。或在酸性介质中,氰酸盐转变为铵盐。因此,在水样采集后,应检查是否有氧化剂的存在,必要时,加入适量的硫代硫酸钠。

（4）亚硝酸盐

当含亚硝酸盐 $100mg/m^3$,采取加 EDTA（测总氰）的加热蒸馏法进行预处理时,则由于亚硝酸盐与 EDTA 反应而生成氰化物。用高锰酸钾氧化法和加乙酸锌蒸馏法亦有相似的结果。

含亚硝酸盐时,可加入适量的氨基磺酸,放置 10min 后,再进行蒸馏预处理操作。其反应式为

$$HO\text{-}SO_2\text{-}NH_2 + HNO_2 \longrightarrow N_2 \uparrow + H_2SO_4 + H_2O$$

氨基磺酸铵的加入量:每 50mg 亚硝酸离子需 1.5ml 10％氨基磺酸铵溶液,当含量高时,按比例增加用量。如此,则氰离子可定量地回收。

（三）预蒸馏

通常所采用的容量滴定法和比色法测定氰化物,均存在一定的干扰因素。因此,常采取蒸馏操作步骤,即利用气、液分离方法分离出氢氰酸气体,再用氢氧化钠吸收,以排除大部分干扰。

由于水样中可同时存在简单氰化物和络合氰化物,通过预蒸馏时,馏出的氰化物的形态将受所用的酸的种类和浓度、加入的其他辅助剂、络合氰化物的种类、蒸馏温度和蒸馏速度等因素的影响。

预蒸馏大致可分为下列几种类型:

（1）常温或略高于常温的条件下,于酸性介质中,利用通气或微扩散法以驱出氢氰酸,然后吸收于碱液中。

（2）在酒石酸酸性条件下蒸馏,介质的 pH 调节至 2.5～4。亦加入一些辅助剂,如硝酸铅、乙酸锌或硝酸锌,以抑制铁氰络合物的解离,但像锌氰络合物这一类仍能解离而被蒸出。

（3）强酸蒸馏:以磷酸或硫酸调节至 pH＝2。加入的辅助剂有 EDTA、氯化镁、氯化汞、氯化镁和氯化亚铜等,以使尽可能多的氰络合物解离出氢氰酸,蒸出的被称为总氰化物。

氰化物可能以氰氢酸、氰离子和络合氰化物的形式存在于水中,在蒸馏条件不同的情况下这些氰化物可作为总氰化物和易释放氰化物分别加以测定。

三　测定方法

国内测定水中高含量氰化物的标准分析方法通常采用硝酸银滴定法。测定水中低含

量氰化物的标准分析方法通常采用异烟酸-吡唑啉酮比色法或吡啶-巴比妥酸比色法。

测定水样时方法的选择主要取决于水样中氰化物的含量。当氰化物含量大于 1mg/L 时,可用硝酸银滴定法进行测定;当氰化物含量小于 1mg/L 时,应采用光度法测定。目前常用的光度法为异烟酸-吡啶酮法和吡啶-巴比妥酸法。

除上述滴定法和光度法外,还可用氰离子选择性电极法测定水中氰化物,其优点是不受颜色和浊度的影响,但灵敏度较低,电极易受硫化物的腐蚀,加上技术上的一些困难,所以现在还难以推广。

(一)硝酸盐容量法

容量法测定氰化物为一经典方法,但亦受某些物质的干扰,如卤素化合物、硫化物、油类等,因此也需要做上述前处理分离。

本法是分取一定量的馏出液,调节 pH 至 11 以上,用稀硝酸银标准溶液滴定其中氰离子。开始时生成氰化银沉淀,但很快就溶于过量氰离子中,生成银氰络离子。当络合反应完成后,过量的银离子会与试银灵指示剂反应而显示终点。其反应式如下:

$$Ag^+ + 2CN^- \longrightarrow Ag(CN)_2^-$$

（黄色）　　　　　　　　　　　　　（橙红色）

在上述反应中,一分子硝酸银与两分子氰化物作用,在实际应用中,为了便于结果计算,常将硝酸银标准液的浓度配制为 0.0192mol/L,这样滴定时每消耗 1ml 硝酸银标准液,就相当 1mg 氰(CN^-)。

(二)光度法

测定氰化物的比色分析法,是根据卤化氰能与吡啶及其衍生物作用生成含戊烯二醛基本结构的产物,后者再与某些有机试剂缩合成有色染料的原理而建立的。其反应过程可大致分为生成卤化氰、生成含戊烯二醛基本结构的中间产物和生成有色化合物三个步骤。

1. 生成卤化氰

氰化物与某些含卤素元素的氧化剂作用,生成卤化氰,常用的氧化剂有溴和氯胺 T 等。卤化氢的形成与酸度有关,在酸性条件下,卤化氰不稳定,易分解。在碱性条件下活性氯或溴形成的次氯酸或次溴酸能分解氰化物,因此应将水样控制在 pH=7 左右。当用溴水作氧化剂时,为了防止过量的溴氧化显色剂,需加硫酸肼溶液等以除去过量的溴。

2. 生成含戊烯二醛基本结构的产物

卤化氰与吡啶及其衍生物(如异烟酸)反应,生成戊烯二醛或其衍生物。

3. 生成有色化合物

前一步形成的戊烯二醛的反应活性很高,很容易与一些有机试剂发生分子间脱水反应,缩合成有色化合物。常用的试剂有联苯胺、巴比妥酸和吡唑酮等。若以异烟酸-吡唑酮法为代表,其反应式可表述如下:

$$\text{对甲苯磺酰氯钠} + CH_2N^- \longrightarrow CNCl$$

$$CNCl + H_2O + \text{异烟酸} \longrightarrow OHC-CH=C(COOH)-CHCHOH$$

$$\text{吡唑啉酮} + OHC-CH=C(COOH)-CHCHOH \longrightarrow$$

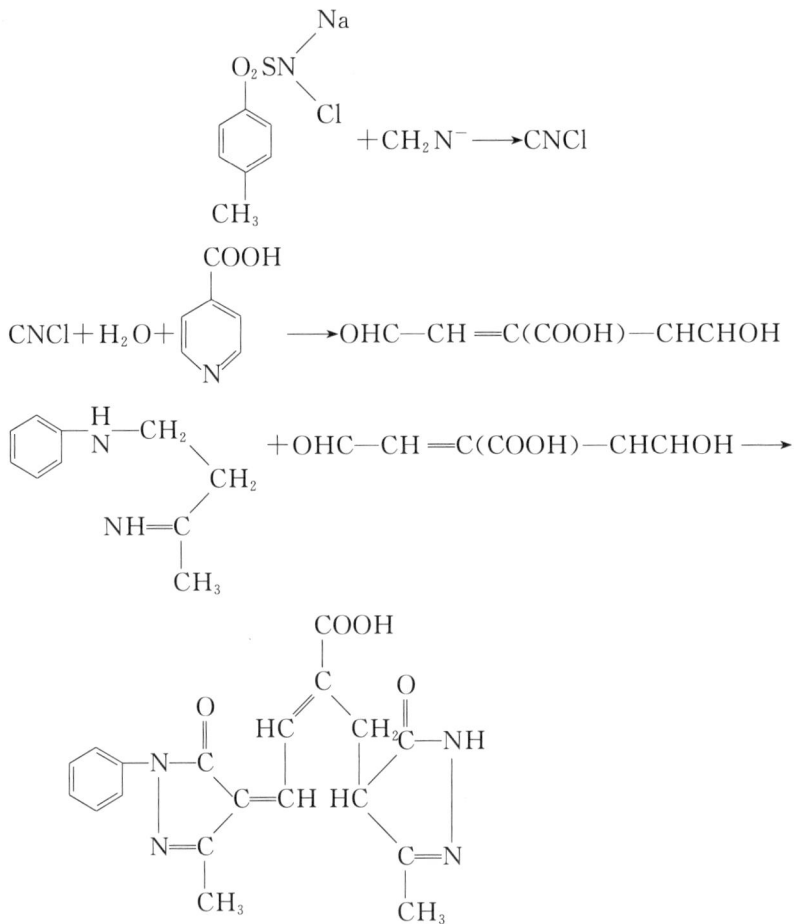

异烟酸-吡唑啉酮比色法需在 25～35℃ 水浴锅中放置 40min，易受温度影响，不易控制。而异烟酸-巴比妥酸比色法仅在常温下放置 10～15min 就可以比色测定，不受温度影响，显色条件易于控制，具有简便、快速、准确、降低成本的优点。

任务五　硫化物的测定

一　概述

(一)来源及危害

水中存在的硫化物，包括溶解性的 H_2S、HS^-、S^{2-}，存在于悬浮物中的可溶性硫化物、酸可溶性金属硫化物，以及未电离的有机、无机类硫化物。当用絮凝和沉淀法把悬浮固体除去之后，剩余的为溶解的硫化物。通常所测定的水中硫化物系指溶解的 H_2S 和 S^{2-}，以及 ZnS、CdS 等酸溶性金属硫化物。总硫化物除以上几类，还包括不溶于酸的金属硫化物（如 CuS）。

天然水中不常有含硫化物,地下水特别是一些温泉水常含硫化物,如硫磺泉等。当大量生活污水排入水系或下水道,由于含硫有机物受微生物作用而分解出硫化物,所释出的硫化氢是造成管道维修工人丧命的主要祸魁。另外造纸厂、皮革厂、印染厂、人造纤维厂、硫化染料厂、炼油厂、煤气厂、焦化厂的工业废水中,也含不同量的硫化物。

水中的硫化物易逸散于空气中,产生臭味,且毒性很大。它可与人体细胞色素、氧化酶及该类物质中的二硫键(—S—S—)作用,影响细胞氧化过程,造成细胞组织缺氧,危及人的生命。水中硫化氢可消耗水中氧气,致水生生物死亡。硫化氢除自身能腐蚀金属外,还可被污水中的微生物氧化成硫酸,进而腐蚀下水道等。

(二)污水排放标准要求

《污水综合排放标准》(GB 8978—1996)规定,新扩改企业(1998 年 1 月 1 日之后)对外排放废水中硫化物不得超过 1.0mg/L。

二 样品采样与预处理

对水中硫化物的采样需要用 G、P 材质的容器进行采样。采样需要加保存剂,1L 水样中加 NaOH 用于防止其产生 H_2S 挥发,加入 0.5% 抗坏血酸 5ml 用于防止氧化 S^{2-},饱和 EDTA 加入,滴加乙酸锌使其产生 ZnS 沉淀,常温避光保存。未用醋酸锌保存的水样,必须在采样后 3min 内测定。

用于采样的保存期只有 24h。采样量要求在 250ml 以上。容器的洗涤采用第一种方法洗涤。

硫化物测定中样品预处理的目的是消除干扰和提高检测能力,且往往是联合作用。废水和地表水中常见的干扰物质有呈色物、悬浮物、SO_3^{2-}、$S_2O_3^{2-}$、硫醇、硫醚以及其他还原性物质,这些物质的存在都将影响碘量法或亚甲蓝法的测定。消除这些干扰物质的手段,常用的有沉淀分离、吹气分离,或两者的结合,以及离子交换法。

(1)沉淀法(液固分离)

当水样中含干扰性物质时,使 S^{2-} 生成 CdS 或 ZnS 沉淀,继之以过滤离心使与溶液中的干扰物质分离。

(2)吹气法(气液分离)

水样在加酸酸化后,以氮气或二氧化碳为载气,使所生成的硫化氢(H_2S)被吹出而由吸收剂吸收,再以碘量法或比色法测定硫化物。

(3)沉淀-吹气(或吹气-沉淀)法

以锌盐或镉盐生成硫化物沉淀后,过滤或离心分离,再在酸性介质中吹气,使硫化氢为吸收剂吸收,或先行吹气、而后沉淀分离。此预处理方法颇有成效,可消除木质素、亚硫酸盐、硫醇及硫醚等的影响。

三 测定方法

在普遍采用的分析方法中,关于硫化物的测定分析方法有许多种,离子选择电极法适用于现场采样测定;气相分子吸收光谱法、薄膜扩散技术和流动注射法需要使用大型仪器,设备复杂昂贵,且长期需要技术人员调试和维护,在我国不具有广泛适用性;碘量法的检出限较高,适用于分析硫化物浓度比较高的样品;直接显色分光光度法操作过程烦琐,误差较大,使用较少;亚甲蓝分光光度法因为具有灵敏度高、简单、快速等优点而得到了广泛的应用。

(一)试纸法

判断硫化物的方法很多,其中最简单的是用醋酸铅试纸判断,这种试纸遇到微酸化的试样蒸汽如变成黑色则证明有硫化物存在。

(二)碘量法

1.原理

水中硫化物与醋酸锌作用,生成硫化锌沉淀,将沉淀溶于酸中,并与碘溶液作用,然后用硫代硫酸钠溶液滴定剩余的碘,根据硫代硫酸钠溶液用量计算硫化物的含量。其反应式如下:

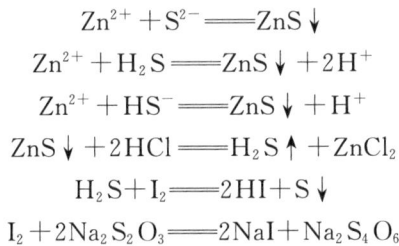

$$Zn^{2+} + S^{2-} = ZnS\downarrow$$
$$Zn^{2+} + H_2S = ZnS\downarrow + 2H^+$$
$$Zn^{2+} + HS^- = ZnS\downarrow + H^+$$
$$ZnS\downarrow + 2HCl = H_2S\uparrow + ZnCl_2$$
$$H_2S + I_2 = 2HI + S\downarrow$$
$$I_2 + 2Na_2S_2O_3 = 2NaI + Na_2S_4O_6$$

反应亦可在碱性介质中进行:$S^{2-} + 4I_2 + 8OH^- = SO_4^{2-} + 8I^- + 4H_2O$

这种方法是回滴法,其利用的是碘三离子的氧化性,所以属于直接碘量法。间接碘量法利用的是碘离子的还原性。

2.干扰

在酸性溶液中能分解的亚硫酸盐、硫代硫酸盐等还原物质和挥发性耗碘物质,都会使结果偏高。

(三)亚甲蓝分光光度法

1.原理

样品经酸化,硫化物转化成硫化氢,用氮气将硫化氢吹出,转移到盛乙酸锌-乙酸钠溶液的吸收显色管中,与 N,N-二甲基对苯二胺和硫酸铁铵反应生成蓝色络合物亚甲蓝,在665nm 处比色测定。其反应式如下:

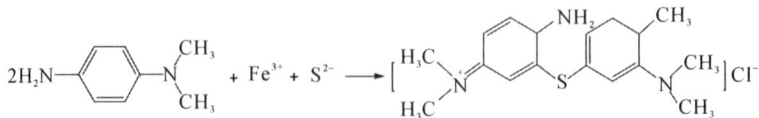

A^- 为阴离子,在市售的染料产品中为 Cl^-。

2. 注意事项

(1) 在含 S^{2-} 溶液中,应先加入胺试剂溶液,混合后,迅速加入 Fe^{3+} 溶液,再充分混匀。经验显示,在加入 Fe^{3+} 溶液之后,真正反应发生在一个短的时间内。加 Fe^{3+} 溶液之前不充分混合,则引起结果偏低,试剂加入顺序颠倒,则可不显色。加入 Fe^{3+} 和胺试剂的混合溶液则斜率明显低于分别加入的。

(2) 市售的二甲基对苯二胺存放较久时呈黑色,空白值较高,此时要对试剂进行纯化,用加石油醚的苯溶液进行重结晶,得到白色晶体。

(3) 当 NO_2^- 浓度(以 N 计)高于 2.0mg/L 时,由于尚无有效消除干扰的方法,本方法不适用。

(四)间接火焰原子吸收法

将水样中的硫化物酸化后转化成硫化氢,用氮气带出并用含已知量的 Cu^{2+} 吸收液吸收,分离沉淀后,测定上清液中剩余的 Cu^{2+},对 S^{2-} 进行间接定量。

应用本方法测定时,在反应中加适量的乙酸-乙酸钠缓冲溶液,以调节吸收液的酸度。加适量乙醇调节吸收液表面张力,改善吸收液中气泡的均匀性,从而可以提高该方法的回收率。对地下水、饮用水等样品基体成分比较简单的样品,可不用吹气,直接采用间接法测定。由于该方法实际上是测定铜的浓度,而火焰原子吸收法测定铜有较强的抗干扰能力,故无明显干扰。

(五)气相分子吸收光谱法

水中硫化物可被较强的酸(5%～10%的磷酸)酸化,生成挥发性的 H_2S 气体,用空气将其载入气相分子吸收光谱仪的测量系统,在 200nm 附近测定吸光度来进行水和污水中硫化物的快速测定。

任务六　化学需氧量的测定

一　概述

(一)来源及危害

化学需氧量(COD)是在一定的条件下,采用一定的强氧化剂处理水样时所消耗的氧化剂量。水中还原性物质包括各种有机物、亚硝酸盐、硫化物和亚铁盐等,但主要是有机物。因此,COD 是表示水中还原性物质多少的一个综合性指标,也是衡量水中有机物质含量的评价指标。COD 值越大,说明水体受有机物的污染越严重,其危害体现在有机物对环境的危害。有机化合物主要由氧、氢和碳元素组成。当有机物排放到环境水体时,以毒性和使水中溶解氧减少的形式对生态系统及环境造成危害,尤其是挥发性有机物以及难降解有机物等。近 20 年来,大量工业和生活污水不达标排放加重了水体污染,已成为影响人类健康的重要因素。COD 已经成为我国衡量环境水质和污染源排放的重要指标。

不同的污染源会有不同的化学需氧量值,表 3-2 为一些工业污染源的化学需氧量参考数值。

表 3-2 一些工业污染源的参考数值

污染源	工艺或排水	$COD_{cr}/(mg \cdot L^{-1})$	$COD_{Mn}/(mg \cdot L^{-1})$	$BOD_5/(mg \cdot L^{-1})$
造纸废水	蒸煮废液	45500	28500	19000
	洗浆筛选废水	3000		800～1045
	漂白废水		400～500	405
	总排口	500～780	240	150～230
酒精废水	糖蜜酒精	71900		21900
	淀粉酒精	44000		21500
	甘薯酒精	52000		23000
啤酒废水		1000		603
肉类加工废水	屠宰废水	1000～1500		500～800
味精生产废水		60000～80000		30000～40000
印染废水	印染厂	150～850		100～250
	毛纺厂	100～350		50～130
	丝绸印花厂	300～400		164～196
	绢纺厂	900		500
	针织厂	500～1000		200～300
	制线厂	400		250
	毛巾厂	700		300
焦化厂		500～1200		300～700
城市污水	一般城市污水	111～162		38～55
皮革废水				220～2250

(二)COD 和 BOD 联系和区别

COD 可以和另一个综合指标生化需氧量(BOD)联合使用,综合判断水样的可生化性。一般地说,当 $BOD_5/COD_{cr} < 0.10$ 时,可认为水样难以采用生化降解法治理(BOD_5 为 20℃下培养 5 日生化需氧量)。

这两种方法从建立至今已有 100 多年的历史,在 20 世纪 50 年代以前,环境污染问题尚不太严重,研究水体污染及防治着重于生化需氧量指标,对化学需氧量重视不够。20 世纪 60 年代开始,环境污染问题日益严重,促进了水污染研究工作的开展,化学需氧量的研究工作也逐渐深入下去。

（三）污水排放标准要求

目前我国有 23 个排放标准中规定了 COD 浓度限值和排放限值，《污水综合排放标准》（GB 8978—1996）规定，新扩改企业（1998 年 1 月 1 日之后）对外排放废水中 COD 一级、二级和三级标准限值分别为 100mg/L、150mg/L 和 500mg/L。

二　测定方法

（一）重铬酸钾法

1. 测定原理

定量的重铬酸钾在强酸性溶液中将有机物氧化，剩余的重铬酸钾以邻菲罗啉为指示剂，用硫酸亚铁铵标准溶液回滴，由实际消耗的重铬酸钾的量，计算水样的化学耗氧量。反应式如下：

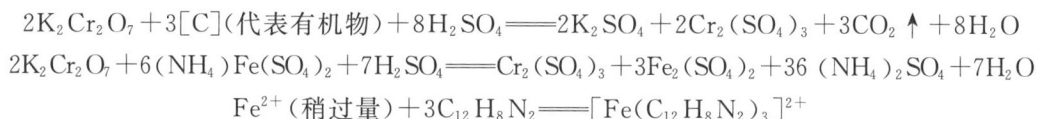

$$2K_2Cr_2O_7+3[C]（代表有机物）+8H_2SO_4 = 2K_2SO_4+2Cr_2(SO_4)_3+3CO_2\uparrow+8H_2O$$
$$2K_2Cr_2O_7+6(NH_4)Fe(SO_4)_2+7H_2SO_4 = Cr_2(SO_4)_3+3Fe_2(SO_4)_2+36(NH_4)_2SO_4+7H_2O$$
$$Fe^{2+}（稍过量）+3C_{12}H_8N_2 = [Fe(C_{12}H_8N_2)_3]^{2+}$$

重铬酸钾虽然氧化能力强，仍不能完全氧化直链烃等有机物，因此需加入 Ag_2SO_4 作催化剂，并用煮沸回流的方式来提高氧化效率。其氧化效率能达理论值的 95%～100%。但水样中的 Cl^- 可与 Ag_2SO_4 生成沉淀，阻碍氧化作用，此时可按 Cl^- 10 倍的量加入硫酸汞，使 Cl^- 生成氯化汞的配合物，可消除 1000mg/L Cl^- 的干扰。

当水样 COD 值＞50mg/L 时，应稀释后测定。稀释的程度以加热氧化后剩余的 $K_2Cr_2O_7$ 量为其加入量的 50%～80% 为宜。

水中的 NO_2^- 会消耗 $K_2Cr_2O_7$，使结果偏高，为此，可向样品和空白瓶中按每 1mg NO_2^- 加 10mg 的量加入氨基磺酸，将 NO_2^- 转变为氮气，可消除其干扰。

为保证结果的准确性，各种试剂的加入量在样品和空白瓶中应完全相同。

2. 实验步骤

于试样中加入硫酸汞溶液、5.0ml 重铬酸钾标准溶液和几颗防爆沸玻璃珠，摇匀。将锥形瓶连接到回流装置冷凝管下端，接通冷凝水，从冷凝管上端缓慢加入 15ml 硫酸银-硫酸溶液，以防止低沸点有机物的逸出，不断旋动锥形瓶使之混合均匀。自溶液开始沸腾起回流 2h。回流冷却后，自冷凝管上端加入 45ml 水冲洗冷凝管，使溶液体积在 70ml 左右，取下锥形瓶。溶液冷却至室温后，加入 3 滴试亚铁灵指示剂溶液，用硫酸亚铁铵标准滴定溶液滴定，溶液的颜色由黄色经蓝绿色变为红褐色即为终点。记下硫酸亚铁铵标准滴定溶液的消耗体积 V_1。

按相同步骤以 10.0ml 蒸馏水代替试样进行空白试样，记录空白滴定时消耗硫酸亚铁铵标准溶液的体积 V_0。

测定结果一般保留三位有效数字。当 COD 小于 100mg/L 时保留至小数点后一位，大于等于 100mg/L 时，保留三位有效数字。

3. 注意事项

（1）对于污染严重的水样，特别是工业污染源的水样，可选取所需体积的 1/10 的试料和 1/10 的试剂，放入 10mm×150mm 的硬质玻璃试管中，用酒精灯加热至沸数分钟，观察溶液是否变为蓝绿色。若呈现蓝绿色，应再适当地少取试料，重复以上实验，直至溶液不再变蓝绿色为止。以此确定待测水样合理的稀释倍数。稀释时，所取废水样量不得少于 5ml，如果化学需氧量很高（如工厂车间废水），则废水样应多次稀释。

（2）水样的氧化回流应该在通风橱内进行，以防氯气之类的有害气体影响操作人员的健康。

（3）在 COD 测定过程中产生的废液中，含有浓硫酸、重铬酸钾、硫酸汞，属于危险废物，应该作为危险废物专门处理，不得直接排往下水道中。

（4）由于方法的检出下限为 10mg/L，在 10～30mg/L 范围的 COD 测定一定要采用 0.025mol/L 的重铬酸钾溶液氧化，再用 0.01mol/L 的硫酸亚铁铵滴定。为了减少测定的相对标准偏差，建议加大试样的取样量，最好取 50.0ml，平行测定也以三次以上为宜。为减少滴定误差，可采用 50.0ml 的取样量。

（5）在标准方法中，回流温度为 145～148℃，冷却水的流量应控制在用手触摸冷凝管外壁不能有温感，否则水样中的低沸点有机物也会挥发损失，使测定结果偏低。水样回流消解结束后，加入蒸馏水或去离子水应从冷凝管上方缓慢加入，以便将附着在管内壁的挥发性有机物冲到试液中。在使用闭管催化-氧化法快速处理水样时，也应在加热完毕后，趁热颠倒管内水样，使得气相中的有机物参与氧化反应。

任务七　水中铬的测定

一　概述

（一）来源及危害

铬能溶于盐酸、硫酸和高氯酸，遇硝酸后钝化，不再与酸反应；铬能与镁、钛、钨、锆、钒、镍、钽、钇形成合金，铬及其合金具有强抗腐蚀能力。铬主要以铬铁矿形式存在于地壳中。铬有多种价态形式，可以显示从 0 价到 +6 价的多种价态，在水体中铬主要以 Cr(Ⅵ) 和 Cr(Ⅲ) 两种价态出现。在水体中 Cr(Ⅵ) 和 Cr(Ⅲ) 可相互转化，如水中共存的亚铁盐、溶解性硫化物和带巯基的有机化合物可将 Cr(Ⅵ) 还原成 Cr(Ⅲ)。而二氧化锰、溶解氧等又可将 Cr(Ⅲ) 氧化成 Cr(Ⅵ)。

铬的工业污染源主要是含铬矿石的加工、金属表面的处理、皮革鞣制、印染、照相材料等行业。

当水中六价铬浓度达 1mg/L 时，水呈黄色并有涩味。三价铬浓度达 1mg/L 时，水的浊度明显增加。陆地天然水中一般不含铬。海水中铬的平均浓度为 0.05mg/L 时，浊度明显。

铬是生物体所必需的微量元素之一。铬的毒性与其存在的状态有极大的关系。金属铬和 Cr(Ⅲ)的毒性很小。六价铬具有强烈的毒性,已确认为是致癌物,并能在体内积蓄。六价铬有强氧化性,对皮肤和黏膜有剧烈的腐蚀性。通常认为六价铬的毒性比三价铬高 100 倍,但即使是六价铬,不同的化合物毒性也不相同。

(二)污水排放标准要求

《污水综合排放标准》(GB 8978—1996)规定,新扩改企业(1998 年 1 月 1 日之后)对外排放废水中六价铬和总铬不得超过 0.5mg/L 和 1.0mg/L。

二　样品采样与预处理

由于铬易被器壁吸附,以前多采用硝酸酸化保存水样。对清洁地表水和加标准的蒸馏水,如不加任何固定剂,水样较稳定,5 天之内变化不大。如加酸固定,水样极不稳定,两天后回收率仅 20%。对受污染的水样,加酸固定后则不易检出六价铬。这是由于在酸性条件下,水样中或多或少存在着 H_2S、SO_3^{2-} 等无机或有机的还原性物质,使 Cr(Ⅵ)极易被还原成 Cr(Ⅲ)。

另外,如电镀含氰废水,常加入次氯酸钠分解氰化物,过量的次氯酸钠会把 Cr(Ⅲ)氧化成 Cr(Ⅵ)。所以推荐测定 Cr(Ⅵ)的水样,在弱碱性(pH=8)条件下保存,此时 Cr 的氧化还原电位大大降低,可与还原剂共存而不反应。废水样品调节 pH 值为 8,置于冰箱内保存,可保存 7 天,但也要尽快分析。

测定总铬的水样,如在碱性条件下保存会形成 $Cr(OH)_3$,增加器壁吸附的可能,所以仍需加酸保存,采集后加入浓硝酸酸化至 pH≤2。

采集含铬水样的容器,可用玻璃瓶和聚乙烯瓶。器皿在使用前,必须用浓度为 5mg/L 的盐酸洗涤。内壁不光滑的器皿不能使用,防止铬被吸附和被还原。

三　测定方法

国内水质铬的标准分析方法主要包括二苯碳酰二肼分光光度法、硫酸亚铁铵滴定法、石墨炉原子吸收分光光度法、电感耦合等离子体发射光谱法和电感耦合等离子体质谱法。对水中铬的监测主要是测定 Cr(Ⅵ)和总铬的含量。

(一)二苯碳酰二肼分光光度法测定六价铬

1. 原理

在酸性溶液中,Cr(Ⅵ)与二苯碳酰二肼作用生成紫红色化合物。此反应的机制目前尚不明了。一般认为显色反应是分两步进行的:首先,Cr(Ⅵ)将二苯碳酰二肼氧化成苯肼羟偶氮苯,其本身被还原成 Cr(Ⅲ),然后 Cr(Ⅲ)与苯肼羟偶氮苯作用,形成紫红色配合物。Cr(Ⅲ)与苯肼羟偶氮的比为 2:3。但实验证明,直接将 Cr(Ⅲ)与苯肼羟偶氮溶液混合不能显色,说明显色必须有氧化还原反应过程。

2. 干扰

此法是目前测定 Cr(Ⅵ)最理想的化学方法,有很好的特异性。测定时,要避免用铬酸洗液清洗实验器皿,防止受铬污染使测定结果偏高。而粗糙的旧玻璃器皿易吸附铬,使测定结果偏低。影响氧化还原反应进行的因素,如溶液 pH 值、氧化剂与还原剂用量等都会对显色反应造成影响。如果水样中有其他氧化剂或还原剂共存,也会对测定产生干扰。

水样中共存 Fe^{3+}、Mo(Ⅵ)、Cu^{2+}、V(Ⅴ)、Hg^+ 和 Hg^{2+} 对测定有干扰。如 Fe^{3+} 与二苯碳酰二肼产生黄褐色,Mo(Ⅵ)与试剂呈紫色,V(Ⅴ)与试剂呈红褐色,Hg^+ 和 Hg^{2+} 可与试剂显蓝色或蓝紫色。在此法所选择的酸度条件下,汞的反应不灵敏,可不予考虑。V(Ⅴ)与试剂产生的颜色放置 10min 后几乎全部消失。Mo(Ⅵ)$< 2mg/L$ 时无影响。

铁、铜、钼等的干扰可用下列方法消除:于 20ml 水样中,加 5ml 硫酸(1+1),加 3g/L 高锰酸钾溶液至微红色。加 5ml 50g/L 铜铁试剂溶液及 10ml 三氯甲烷,振摇 30s,静置分层。将三氯甲烷层放入另一个分液漏斗中,水层再用 1ml 铜铁试剂溶液及 10ml 三氯甲烷提取一次,合并三氯甲烷层于前一个分液漏斗中。三氯甲烷层用 5ml 纯水洗涤,水层合并于样品液中,弃去三氯甲烷,水层用少许三氯甲烷洗涤两次。

水样本身有颜色或呈浑浊状态,可用磷酸三丁酯萃取除去,方法如下:取 100ml 水样含 Cr(Ⅵ)$0\sim20\mu g$,加 2ml 盐酸和 10.0ml 磷酸三丁酯,振摇萃取 5min,静置分层后弃去水层,加 2.5ml 盐酸(1+1)和 2.5g/L 二苯碳酰二肼丙酮溶液 2.5ml,混匀,放置 60min 后比色测定。

此显色反应对酸度要求较严格,溶液的酸度应控制在 $[H^+]$ 为 $0.05\sim0.30mol/L$ 的范围内。酸度低时显色很慢,高于 0.30mol/L 会使显色减弱,灵敏度降低。本法测定液酸度控制在 0.20ml/L 左右,此时显色最深。在上述条件下,15min 显色完全,颜色在 90min 内稳定。

(二)酸性高锰酸钾氧化光度法测定总铬

1. 原理

在酸性条件下,用高锰酸钾将低价铬(主要为 Cr^{3+})氧化为 Cr(Ⅵ),过量的高锰酸钾用叠氮化钠除去。六价铬与二苯碳酰二肼反应生成紫红色配合物,光度法定量。反应式如下:

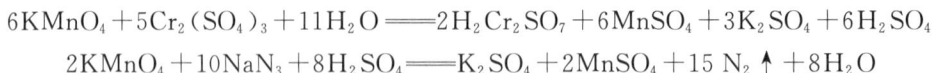

$$6KMnO_4 + 5Cr_2(SO_4)_3 + 11H_2O =\!=\!= 2H_2Cr_2SO_7 + 6MnSO_4 + 3K_2SO_4 + 6H_2SO_4$$

$$2KMnO_4 + 10NaN_3 + 8H_2SO_4 =\!=\!= K_2SO_4 + 2MnSO_4 + 15N_2\uparrow + 8H_2O$$

2. 步骤

测定时,取 50ml 水样置于烧杯中,加 0.5ml 硫酸(1+1),滴加 1 滴 30g/L 高锰酸钾溶液,置电炉上煮沸约 10min。溶液应保持淡紫色,若溶液呈棕色应补加高锰酸钾溶液。趁热滴加叠氮化钠溶液,使溶液无色透明,再煮沸 2min。冷却后加入 0.25ml 磷酸,将溶液移入 50ml 比色管中,加水至刻度,再加二苯碳酰二肼溶液,混匀,放置 20min。在 540nm 处,用 30mm 吸收池测定吸光度,以标准曲线法定量。

3. 干扰

如水样有沉淀,可用玻砂漏斗过滤。对于浑浊水样或工业废水,可经消化后再测定。

此法的特点是氧化力强，能使低价铬全部转化为 Cr(Ⅵ)。叠氮化钠是一种很强的还原剂，能有效除去过剩高锰酸钾，由于其还原性强，应缓慢连滴加入，以免加入过快使局部浓度过大，导致 Cr(Ⅵ) 被还原。加入磷酸可消除 Fe^{3+} 的影响。

任务八　水中砷的测定

一　概述

(一)来源及危害

砷是地壳的组成成分之一，其含量为 2～5mg/kg。自然界中砷大多以硫化物形式夹杂在锡、金、铜、铅、锌、镍、钴矿中。砷是目前水和土壤中常见的污染物之一。我国含砷废水主要来自有色金属采选冶及砷化工加工行业，一般具有以下特点：废水常呈酸性，一般 pH 值小于 2。含砷浓度范围大，为 10～20000mg/L。成分复杂，常伴有铁、铜、铅、锌等多金属污染，治理难度大。

砷在水中的形态主要有：As(Ⅲ)、As(Ⅴ)、$CH_3AsO(OH)_2$（甲基胂酸）、$(CH_3)_2AsOOH$（二甲基次胂酸）、$(CH_3)_3As$（三甲胂）、$(CH_3)_3AsO$（三甲胂氧化物）。自然界的砷以五价为多，污染环境的砷以三价无机化合物为多。水体中的砷形态可以发生改变，如当水中的溶解氧含量高时，三价砷可氧化为五价砷；而处于缺氧状态，五价砷也可还原为三价砷，并与硫结合，形成硫化砷沉淀；海水中主要是甲基化砷化物，淡水中多为无机砷，且常为五价砷，但深井水中的砷多为三价砷。砷酸和砷酸盐还可与铁的氢氧化物反应形成砷化铁沉淀。

砷单质毒性较小，但砷的大多数化合物都有毒。各种砷化合物的毒性取决于接触砷的种类、含砷化合物的化学形式、接触途径、接触持续时间。砷及其化合物的毒性按以下次序递减：胂(Ⅲ，无机或有机)，亚砷酸盐，三氧化二砷，砷酸盐，砷酸，金属砷。一般无机砷的毒性大于有机砷，砷氧化物的毒性大于砷硫化物。

(二)污水排放标准要求

《污水综合排放标准》(GB 8978—1996)规定，企业对外排放废水中总砷含量不能超过 0.5mg/L。

二　测定方法

测定砷的方法较多，主要有砷斑法、砷钼蓝分光光度法、二乙基二硫代氨基甲酸银分光光度法、硼氧化钾-硝酸银分光光度法和氢化物发生-原子吸收光谱法。其中广泛应用的是后三者。

(一)二乙基二硫代氢基甲酸银分光光度法(AgDDC 银盐法)

1. 原理

样品中的砷经碘化钾、二氯化锡还原成三价,然后与锌和酸作用产生的新生态氢起反应,生成砷化氢气体。用乙酸铅溶液浸泡过的棉花除去硫化氢后,通入 AgDDC 的三乙醇胺-氯仿溶液中,其中银被还原为红色胶态银,其颜色深浅与砷含量成正比。反应式如下:

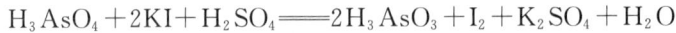

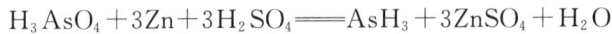

$$H_3AsO_4+2KI+H_2SO_4 \Longrightarrow 2H_3AsO_3+I_2+K_2SO_4+H_2O$$

$$I_2+SnCl_2+2HCl \Longrightarrow 2HI+SnCl_4$$

$$H_3AsO_4+3Zn+3H_2SO_4 \Longrightarrow AsH_3+3ZnSO_4+H_2O$$

$$AsH_3+6AgDDC \Longrightarrow 6Ag+3HDDC+As(DDC)_3$$

反应生成的二乙基二硫代氨基甲酸(HDDC),需用有机碱中和才有利于反应的进行。常用的有机碱有吡啶、三乙醇胺、三乙胺、麻黄素、士的宁、二乙胺、二甲胺等。其中吡啶效果最好,但吡啶的毒性大,且异臭难闻,故实际用三乙醇胺和盐酸麻黄素较多。

2. 干扰

影响测定的因素有二氯化锡的用量、酸度、碘化钾用量、As(Ⅴ)还原为 As(Ⅲ)所需时间、锌粒用量及大小以及逸出砷的时间等。研究表明,$SnCl_2$ 的用量、酸度和逸出砷的时间是主要的影响因素。此外,需注意吸收液中 AgDDC 的浓度,过低将影响测定方法的灵敏度和重现性,其最佳浓度为 0.2%~0.25%。也可用 KBH_4 代替锌作还原剂,可使砷的逸出时间缩短。但用 KBH_4 作还原剂时,对消除干扰的要求比锌粒要严格得多,因 KBH_4 的还原能力较强,一些能产生气态氢化物的元素都能被还原。

一般锌粒用于硫酸介质,KBH_4 用于酒石酸介质中反应。室温高时氯仿易挥发,反应完后体积将减少,可补足,也可降低酸度、冷却反应瓶来减慢反应速度。需要指出,此反应的原理和生成的有色物质的性质还不完全清楚。实验发现,AsH_3、SbH_3 与 AgDDC 反应的有色产物除在 410nm 有相同的吸收峰外,AsH_3 反应产物在波长 522nm 另有一吸收峰。

用 $AgNO_3$ 代替 AgDDC,也可与 AsH_3 反应,但反应产物仅在 410nm 有吸收峰,且灵敏度大大超过同一重量的 AsH_3 与 AgDDC 反应所得的有色溶液。

样品中的锑也能被氢还原为锑化氢,与 AgDDC 反应生成红色胶态银。但在实验条件下,碘化钾和氯化亚锡可抑制锑化氢的生成,高达 $300\mu g$ 的锑都不会产生干扰。硫化物在酸性条件下产生硫化氢,并与 AgDDC 反应生成黑色的硫化银,故让生成的砷化氢气体通过含乙酸铅的棉花以除去硫化氢的干扰。大量的高价铁必须用酒石酸除去,否则使测定结果偏低。砷化氢吸收管应该干燥,微量的水都会使氯仿液变浑浊。

本方法有准确、快速、再现性好等优点。适合于多数天然水、污水、土壤和沉积物等中砷的测定。但本法灵敏度还不够高,吸收液中使用毒性较大的氯仿,显色也是在非水体系中进行,测定条件较为苛刻。

(二)氢化物发生-原子吸收光谱法

1. 原理

样品经消化还原后产生的砷化氢导入原子化器,加热至一定温度时,裂解成基态原子,根据基态原子吸收其特征共振线的多少确定砷的含量。该方法灵敏度高,选择性好,准确可靠,清洁水样可直接测定,是氢化物发生法中研究较成熟的一种。

2. 干扰

测定干扰主要来自两方面:一是共有金属离子被 KBH_4 先还原成金属,吸附 AsH_3;二是碲、铋、硒、锗的氢化物对 AsH_3 的干扰。这两种干扰可通过加入硫脲和抗坏血酸来消除,同时硫脲和抗坏血酸还有增敏作用,应用时配成 3% KI、1% 抗坏血酸和 1% 硫脲混合溶液。不过不同形态的砷转化为氢化物的速度不同,因此测定灵敏度不同,如五价砷灵敏度仅为三价砷的 76%。这一方面要求在测定前要考虑样品中砷的形态,测定总砷时需经预还原,使其他形态的砷转化为三价,再一起还原为砷化氢。另一方面也提示可利用砷形态不同还原速度就不同或不同形态砷的氢化物沸点的差异,来达到分别测定各形态砷的目的。

测定要注意,N_2 载气的流量不应过大,否则可能导致水样冲进石英管,使其炸裂。水样酸度不能太低或太高。太低,AsH_3 形成不完全。太高,则产生过多的 H_2,在高温下燃烧,引起严重分子吸收,干扰砷的测定。

方法适用于地下水、地面水和基体不复杂的废水中砷的测定。线性范围为 $1.0\sim12.0\mu g/L$,对于 $1\sim5ng/ml$ 的砷,回收率可达 92%～100%。

任务九　水中铅的测定

一　概述

(一)来源及危害

污染源铅在地球上分布很广,在自然环境中多以硫化物形式存在,并常与锌、铜等元素共存。纯铅呈灰白色,是工业上使用最广泛的有色金属之一,常被用作为原料应用于蓄电池、电镀、颜料、橡胶、农药、燃料、涂料、铅玻璃、炸药、火柴等制造业。尽管铅不如铜、镉那样常见,但它却是工业废水中的普通组分,尤其是电池厂在生产过程中产生大量含铅废水。在大多数废水中,铅以无机形态存在。但在四乙基铅工业排放的工业废水中,却含有高浓度的有机铅化合物。

环境中的铅主要通过消化道,其次从呼吸道和皮肤进入人体。正常情况下,摄入的铅仅有 5%～10% 被吸收,90% 以上从粪便排出。进入体内的铅可随血液到达全身,作用于各系统和器官,主要影响神经、造血、消化、心血管等系统。临床表现为幼红细胞和血红蛋白减少性贫血、神经炎、肾损害、腹绞痛、铅中毒性脑病等。

(二)污水排放标准要求

《污水综合排放标准》(GB 8978—1996)规定,企业对外排放废水中总铅含量不能超过 1.0mg/L。

二　铅的测定

水中铅的测定方法较多,主要有萃取-火焰原子吸收光谱法、氢化物发生原子吸收光谱法、石墨炉原子吸收光谱法和示波极谱法,另外还有阳极溶出伏安法、电位溶出法等。

萃取-火焰原子吸收光谱法利用铅与 I^- 形成 $[PbI_4]^{2-}$ 或与吡咯烷二硫代氨基甲酸铵(APDC)形成配合物,再用 4-甲基-2-戊酮(MIBK)萃取、富集,采用火焰原子吸收光谱仪测定。但方法灵敏度仍显不够,操作手续也嫌繁杂。

氢化物发生-原子吸收光谱法是将样品进行消化后,在硫酸和铁氰化钾存在下,用硼氢化钾将铅还原为气态铅化氢,在载气带动下被导入电热石英管或其他原子化器,测定对来自光源的 283.3nm 的铅特征谱线的吸收情况。方法灵敏度高,干扰少,避免大量使用对人和环境有害的有机溶剂。

石墨炉原子吸收光谱法最大优点是水样可不必经消化和萃取富集等前处理过程,灵敏度也很高。但对成分复杂的污水和土壤样品,测定时往往存在基体效应的影响和背景吸收,在实验操作时应设法进行消除。此外仪器价格昂贵,也是妨碍其普及的另一原因。

示波极谱法测水中铅,方法简便,消耗试剂少,样品消化后加入底液即可测定,灵敏度也较高。仪器设备简单,价格便宜,易于普及。主要问题是使用滴汞电极,有汞污染的可能,但只要小心用水封贮汞瓶,含汞废液及时回收,仍不失为测铅的方法之一。

(一)萃取-火焰原子吸收光谱法

火焰原子吸收光谱法由于灵敏度较低,常常预先对样品萃取富集。即样品经消化后加入碘化钾与铅生成配合离子 $[PbI_4]^{2-}$,再用 MIBK 萃取。萃取液用细内径的毛细管吸入火焰中,并将燃气乙炔的流量适当调小,以保证吸入 MIBK 后,火焰状态不变。须注意的是测定污水和土壤时,消化液常加入高氯酸。若消化结束时,高氯酸未赶尽,加碘化钾时会出现 $KClO_4$ 沉淀,量少时不影响测定,但大量出现会使结果偏低。所以应赶尽高氯酸,或用碘化钠代替碘化钾也可避免出现此现象。消化时应至近干,否则铁、铝盐可能因脱水生成难溶的氯化物而不易溶解,使结果偏低。萃取时应避免日光直射并远离热源,以防止配合离子分解。碘化钾往往空白较高,需提纯处理,其方法是将配制好的碘化钾溶液与等体积 0.2% 的盐酸混匀后,用 MIBK 萃取两次,弃去 MIBK。不过此时碘化钾溶液浓度稀释了一倍,需引起注意。地面水和地下水中的共存离子和化合物在常见浓度下不干扰铅的测定。但当样品中含盐量很高时,可能出现非特征吸收,如高浓度的钙会产生背景吸收,使结果偏高。硫酸对测定也有影响,以不超过 2% 为宜,或用盐酸和硝酸。

(二)石墨炉原子吸收光谱法

石墨炉原子吸收光谱法由于采取多次进样干燥,样品原子化前可在石墨炉内进行多倍数的预富集,大大提高了方法的灵敏度。采用石墨炉作为原子化器,原子化温度可高达 2000~3000℃,试样中待测原子几乎可以完全原子化。同时通入氮气或氩气作为保护气体,有效防止了石墨管和试样被氧化,特别是对易于形成难熔氧化物的元素测定更显示出了其优越性。

地面水和地下水可以不经消化直接进样,进样量一般为 $20\mu l$,当样品中铅含量较高时可减少到 $2\mu l$ 或 $5\mu l$,含量太低时可增至 $50\mu l$ 或采取多次进样的办法。

石墨炉测定铅、镉时,常遇严重干扰,特别是对成分复杂的污水和沉积物样品。此时可用磷酸盐作基体改进剂,将铅转化为较稳定的磷酸盐,提高灰化温度,降低基体效应后再测定。也可用萃取的方法,使铅、镉与基体分离,将有机相直接进石墨炉。用校准曲线法定量。萃取体系可用 APDC-MIBK 或 I^--MIBK。但当试样中 Fe^{3+} 含量较高时,使用 APDC-MIBK 会因 Fe^{3+} 也被萃取而影响铅、镉的定量萃取,因此推荐使用 HCl-KI-MIBK 萃取体系,可避免其他金属离子的干扰。

(三)示波极谱法

示波极谱法测定水中铅的体系很多,常用的底液体系有盐酸-碘化钾-抗坏血酸、乙酸铵-铜铁试剂-亚硫酸钠、盐酸羟胺-氯化钠-氨基己酸体系等。一些体系还能直接或稍添加一些试剂后实现多元素的连续测定。如在 10g/L 碘化钾、10g/L 抗坏血酸、5%盐酸所组成的底液中,铅、镉能与碘离子形成 $[PbI_4]^{2-}$、$[CdI_4]^{2-}$ 配离子,吸附于滴汞电极表面,还原产生吸附催化波。铅、镉峰电位分别为 -0.5 V 和 -0.7 V(vs SCE)。

任务十　水中镉的测定

一　概述

(一)来源及危害

水中的镉主要以二价价态存在,并常与氨、氰化物、卤素阴离子等形成可溶性配合物,也可与一些酸根离子如 CO_3^{2-}、PO_4^{3-}、$C_2O_4^{2-}$、S^{2-} 等形成不溶物。根据水体的具体情况,镉在水中可能呈悬浮状态或沉降于河底。河水中常常含有微量的溶解性镉,天然水中镉的浓度在 $1\mu g/L$ 以下,海水中则低于 $0.15\mu g/L$。

自 1817 年被发现以来,镉得到广泛使用,世界年产量逐年增加,成为水和土壤中常见的污染物之一。1940 年以后开始有关于慢性镉中毒的报道,特别是痛痛病的发生,引起了世界范围对镉中毒的重视。水中的镉主要来自电镀、冶金、化工、电池、塑料、油漆等工业废水。镀锌管道及焊接处所含杂质是饮用水中镉污染的来源之一。

镉为有毒元素,其化合物毒性更大。急性中毒症状主要表现为恶心、流涎、呕吐、腹痛、腹泻,继而引起中枢神经中毒症状。严重者可因虚脱而死亡。当环境受到镉污染后,镉可在生物体内富集,通过食物链进入人体引起慢性中毒。镉的生物半衰期为 10～30 年,且生物富集作用显著,即使停止接触,大部分以往蓄积的镉仍会继续停留在人体内。长期摄入含镉食品和水,可使肾脏发生慢性中毒,主要是损害肾小管和肾小球,导致蛋白尿、氨基酸尿和糖尿。同时,由于镉离子取代了骨骼中的钙离子,从而妨碍钙在骨质上的正常沉积,也妨碍骨胶原的正常固化成熟,导致软骨病。

(二)污水排放标准要求

《污水综合排放标准》(GB 8978—1996)规定,企业对外排放废水中总镉含量不能超过 0.1mg/L。

二 测定方法

镉的测定方法较多。二硫腙分光光度法为经典方法,利用镉离子在强碱性条件下与二硫腙生成红色配合物,用有机溶剂萃取后比色定量。但灵敏度低,操作烦琐,干扰离子多。萃取火焰原子吸收光谱法和石墨炉无火焰原子吸收光谱法具有灵敏、快速、重现性好等优点,是目前常用的测镉方法,但仪器较昂贵是其缺点。

清洁水样可无须制备,直接进行分析,或只需加少量硝酸、盐酸消化即可。对土壤和污水常用王水、高氯酸消化样品。也可用 1mol/L 盐酸分解样品,此法简便、快速、空白值低,受到分析者的喜爱。若要测定有效态镉可用 0.1mol/L 盐酸振荡提取或用 EDTA、DTPA (二乙烯三胺五乙酸)振荡提取。

(一)原子吸收光谱法

由于水和土壤中镉含量较低,共存的干扰离子较多,因此原子吸收光谱法测镉的方法可分为萃取火焰原子吸收光谱法和石墨炉无火焰原子吸收光谱法。

前者是用适当的配位剂与镉生成配合物,用有机溶剂萃取,萃取液吸入原子化器。常用的萃取体系有 APDC-MIBK 或 I^--MIBK。后者可在原子化前先经多次进样预富集样品,以提高灵敏度。

但两种方法在分析前都需检查是否存在基体干扰或背景吸收。其方法是通过加标回收试验来判断基体干扰程度。通过测定分析线附近 1nm 内的一条非特征吸收线处的吸收来判断背景吸收的大小。如镉的分析线为 228.8nm,可选择 229nm 的非特征吸收谱线来测试样品背景吸收的大小。

根据检验结果,如果存在基体干扰,可加入干扰抑制剂或用标准加入法测定,并计算结果。如果存在背景吸收可用自动背景校正装置或邻近非特征吸收谱线法进行校正。后一种方法是从分析线处测得的吸收中扣除邻近非特征吸收谱线处的吸收,从而得到被测元素原子的真正吸收。此外也可用萃取或样品稀释来分离或降低基体干扰和背景吸收的影响。

(二)示波极谱法

镉的示波极谱法测定底液较多,其中最常用的还是利用 Cd^{2+} 与 I^- 形成 $[CdI_4]^{2-}$,在汞表面还原产生吸附催化波的方法。镉的峰电位约 -0.74 V(vs SCE)。其方法和注意事项等可见前节铅测定的示波极谱法。

任务十一　水中汞的测定

一　概述

(一)来源及危害

在重金属的环境污染中,汞是普遍为人们所关注的一个元素之一。各种形态的汞均有毒,一般说来,无机汞的毒性不及有机汞,低价汞的毒性小于二价汞,元素汞的毒性小于离子汞。各种形态的汞中以低烷基汞的毒性最强,毒性较小的无机汞经化学或生物的作用,可转变成毒性较大的甲基汞。

汞在水环境中的存在形态取决于水体情况,在 pH 大于 5 又不含氯离子的中等氧化力的水中,汞主要以金属形式存在。有氯离子共存时,则主要以离子形式出现。在中等还原条件下,硫化汞则成为主要形态。在富含腐殖质的淡水中,主要存在形态是汞腐殖酸配合物;在海水等含大量氯离子的水体中,$HgCl_3^-$、$HgCl_4^{2-}$ 等氯配合阴离子为主要形态。

目前中国总的汞消费量在 1000t 左右,约占世界总量的 50%,已经成为世界上最大的生产国和消费国。中国是现在少数几个仍旧开采汞矿的国家之一,PVC 生产是中国最大的用汞行业,大部分 PVC 采用乙炔法生产,需要使用大量含汞触媒(许多国家已经采用乙烯法,在生产过程中并不需要汞触媒)。其次还包括电池、血压计、温度计、荧光灯、牙科材料等。

汞及其衍生物有机汞,因具有持久性、易迁移性、高度的生物富集性和高生物毒性等特性,作为一种重要的有毒环境污染物,可在大气和食物链中持久存在,并可远距离迁移。

汞可通过食道、呼吸道和皮肤侵入机体。汞在机体内的吸收效率取决于汞的形态,无机汞的吸收率远远低于有机汞。例如,醋酸汞、氯化汞等离子型汞化合物,在人体内的吸收率约为 7%,而甲基汞、乙基汞之类的低烷基汞在肠道内的吸收率竟高达 95%,它们在呼吸道内的吸收率也高达 80%。进入体内的烷基汞排泄异常缓慢,常在肝、肾、脑等器官中蓄积。甲基汞在脑内的蓄积时间很长,长期摄入甲基汞的食物或职业接触甲基汞,可导致大脑皮质变性和萎缩以及感觉麻痹、感觉异常、共济失调、听力和视力减退等一系列病变。

(二)污水排放标准要求

《污水综合排放标准》(GB 8978—1996)规定,企业对外排放废水中烷基汞不得检出,而总汞含量不能超过 0.05mg/L。

二　样品保存与处理

水样保存以用硼硅玻璃瓶或高密度聚乙烯塑料瓶为佳,采样时尽量装满容器以减少器壁吸附。采样后按每升水加 10ml 浓硫酸,确保溶液 pH<1,否则补加,然后加 0.5g 重铬酸

钾,若橙色消失,应补加。密塞,置阴凉处可放置一个月。

样品的制备方法与测总砷的制备方法相近。制备时要注意解决好样品完全无机化和防止汞挥发损失的问题。样品的处理方法有两类,即干法消化和湿法消化。干法消化的主要特点是一次能处理较大量的样品,试剂空白低,但挥发和滞留损失的危险较大。湿法消化有消化速度快、挥发和滞留损失小、分析试液的基体成分较易控制等优点,但每次能处理的样品数量较少、空白值较高、消化过程需要严密注视。在实际工作中这两类方法都有应用,但以湿法消化更为普遍。

湿法消化主要是用各种不同的氧化剂氧化样品中的有机物以及结合态汞,主要有以下方法:

(1)硝酸-硫酸-五氧化二钒法

这种方法氧化力强,对低烷基汞的消化特别有效。

(2)硫酸-高锰酸钾氧化法

样品加消化液后煮沸 10min 即可。对清洁水和有机物轻度污染的废水比较适用,是一些国家推荐方法中的氧化条件。

(3)高锰酸钾-过硫酸铵消化法

对一般废水在加入消化液后加热至 100℃,然后保持近沸 30min。对有机物、悬浮物较多,组成复杂的水样可用煮沸法,即对加消化液的样品保持 100℃,10min。

(4)溴酸钾-溴化钾消化法

两种混合试剂在 0.6～2mol/L 盐酸或 0.5mol/L 硫酸介质中产生溴,加塞摇匀,于室温 20℃以上保持 5min,可将水中汞氧化为 Hg^{2+}。5min 后样品应保持橙黄色,否则应补充。消化完毕用盐酸羟胺除去过剩的氧化剂,摇匀后放置以除去产生的氯气。混合试剂还可用作保护剂,水样可保存半年以上。方法适用于地面水、饮用水、含有机物特别是洗涤剂的生活污水和工业废水。汞回收率在 95％以上。含有机物和悬浮物多、组成复杂的水样需在电炉上加热消化。

(5)紫外光照射消化法

利用紫外线来分解有机汞。一般将水样盛于无色、透明、较薄的容器内,用紫外线照射 20～30min。该法可消除氯化物的干扰。光源有汞灯(适用于分解有机物较少的水)、镉灯、锌灯(适用于含有机物较多的河水及一般污水)。紫外法分解效率高、无外来污染、易于实现自动化分析。

三 汞的测定

汞的测定方法目前最常用的是冷原子吸收光谱法。该法的原理是汞原子蒸气对波长 253.7nm 的紫外光具有强烈的吸收作用,汞蒸气浓度与吸光度成正比(见图3-2)。通过氧化分解试样中各种形式存在的汞,使之转化为可溶态汞离子进入溶液,用盐酸羟胺还原过剩的氧化剂,用氯化亚锡将汞离子还原成汞原子,用净化空气做载气将汞原子载入冷原子吸收测汞仪的吸收池进行测定。该法准确、灵敏、测定速度快、仪器体积小、价格低廉、易于普及推广。

市售测汞仪型号较多,但就结构而言,可分为两类:一类是具有密封装置的测汞仪,从

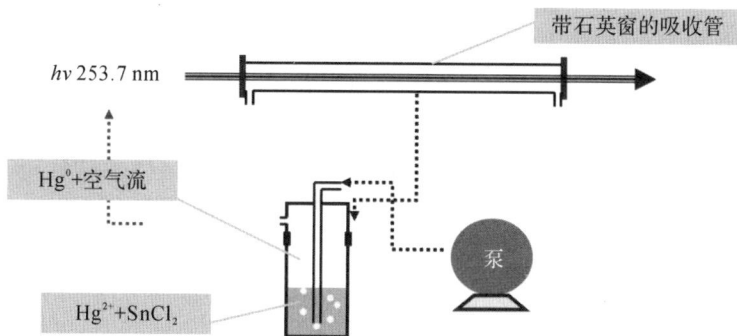

图 3-2　测汞仪原理图

汞发生瓶中产生的汞蒸气送入吸收池之间是循环的。这种仪器产生的分析信号稳定,精密度较好,但有明显的记忆效应,仪器读数不易校零,每测一个样品都需要连续吹气,将吸收池中的水蒸气和残留汞蒸气吹出后再测定。另一类是将产生的汞蒸气直接送入吸收池中以产生一个峰值分析信号,可克服上一类仪器的不足。其最大缺点是精密度较差,读数受产生汞蒸气条件的影响。

为提高测定的灵敏度、降低检出限量,可根据仪器结构和性能,采取以下措施:

(1)加入氯化亚锡后,先在闭气条件下振摇汞发生器 $30\sim60s$,待达到气液平衡后再将汞蒸气吹入吸收池。实验证明此法可提高信号值 $80\%\sim110\%$。

(2)选择大小适当、气化效果好的汞还原器。发生器的大小应根据测定时的试样体积决定。吹气头形状以莲蓬形最佳,且与底部距离越近越好。吹气鼓泡进样时,气相与液相体积比在 $1:1\sim5:1$ 时对灵敏度的影响较小,当采用闭气振摇法时,以 $3:1\sim8:1$ 时灵敏度最高。

(3)选择合适的载气流速和进样方式。当用吹气鼓泡法时,流速过大会使进入吸收池的汞蒸气浓度降低。过小又会使气化速度减慢,一般以 $0.8\sim1.2L/min$ 较好。也可采取抽入气相法,即将吹气头离液面 $5\sim10mm$,加入 $SnCl_2$ 后,先闭气振摇 $1min$,然后才通入载气,将汞蒸气吹入吸收池。此法灵敏度高,零点稳定,缺点是残留住废液中的汞污染室内空气。

(4)室温低于 10℃ 时,不能进行测定,应采取办法提高环境测试温度。

练习题

一、名词解释

真色、表色、氰化物、硫化物、氟化物、化学需氧量

二、简答题

1.试述冷原子吸收光谱法测定水中汞的原理。

2. 试述萃取-火焰原子吸收光谱法测定铅的原理。

3. 试述氢化物发生-原子吸收光谱法测定砷的原理。

4. 铂钴比色法测定水中色度,如何配制 1 度的标准水样?

5. COD_{cr} 测定中,(1)为什么要保证 2h 加热回馏过程中 $K_2Cr_2O_7$ 过量?(2)如何判定回馏过程中 $K_2Cr_2O_7$ 过量与不过量?(3)如果判断出回馏过程中 $K_2Cr_2O_7$ 不过量,应如何处理?

6. 对于废水样品采集,不同的工况及监测项目对应不同的废水样品类型,简述你所知道的废水样品类型。

7. 离子选择电极法测定水中氟化物时,主要有哪两种校准的方法?各适用于何种样品的测定?

能力拓展一　水质氰化物的测定
（异烟酸-巴比妥酸分光光度法）

【项目所需时间】

4 学时。

【实验原理】

向水样中加入磷酸和 EDTA 二钠,在 pH<2 条件下,加热蒸馏,利用金属离子与 EDTA 络合能力比与氰离子络合能力强的特点,使络合氰化物离解出氰离子,并以氰化氢形式被蒸馏出,用氢氧化钠溶液吸收。

在弱酸性条件下,水样中氰化物与氯胺 T 作用生成氯化氰,然后与异烟酸反应,经水解而成戊烯二醛,最后再与巴比妥酸作用生成一紫蓝色化合物,在波长 600nm 处测定吸光度。

环节一　总氰化物制备预处理

【实验目的】

掌握测定总氰化物的预处理方法。

【实验时间】

90min。

【实验准备】

1. 样品准备

采取 500ml 水样后必须立即加氢氧化钠固定,一般每升水样加 0.5g 固体氢氧化钠。当水样酸度高时,应多加固体氢氧化钠,使样品的 pH>12。

2.试剂准备

(1)10g/L 氢氧化钠溶液,50ml/瓶。

(2)100g/L 乙二胺四乙酸二钠盐(EDTA-2Na)溶液,50ml/瓶。

(3)$\rho(H_3PO_4)=1.69g/ml$ 磷酸。

3.仪器准备

(1)600W 或 800W 可调电炉。

(2)500ml 全玻璃蒸馏器:包括蒸馏瓶、接收瓶、馏出液导管。

(3)250ml 量筒。

(4)10ml 吸量管 3 支。

(5)棉手套 1 副。

【实验内容】

1.参照图 3-3,将蒸馏装置连接。用量筒量取 200ml 样品,移入蒸馏瓶中(若氰化物浓度高,可少取样品,加水稀释至 200ml),加数粒玻璃珠。

2.往接收瓶内加入 10ml 氢氧化钠溶液,作为吸收液。

3.馏出液导管上端接冷凝管的出口,下端插入接收瓶的吸收液中,检查连接部位,使其严密。蒸馏时,馏出液导管下端要插入吸收液液面下,使吸收完全。

4.将 10ml EDTA-2Na 溶液加入蒸馏瓶内。再迅速加入 10ml 磷酸,当样品碱度大时,可适当多加磷酸,使 pH<2,立即盖好瓶塞,打开冷凝水,打开可调电炉,由低挡逐渐升高,馏出液以 2～4ml/min 速度进行加热蒸馏。

5.接收瓶内试样体积接近 100ml 时,停止蒸馏,用少量水冲洗馏出液导管,取出接收瓶,用水稀释至标线,此为碱性试样"A"待测。

6.用实验用水代替样品,按上述步骤操作,得到空白试验试样"B"待测。

【实验流程图】

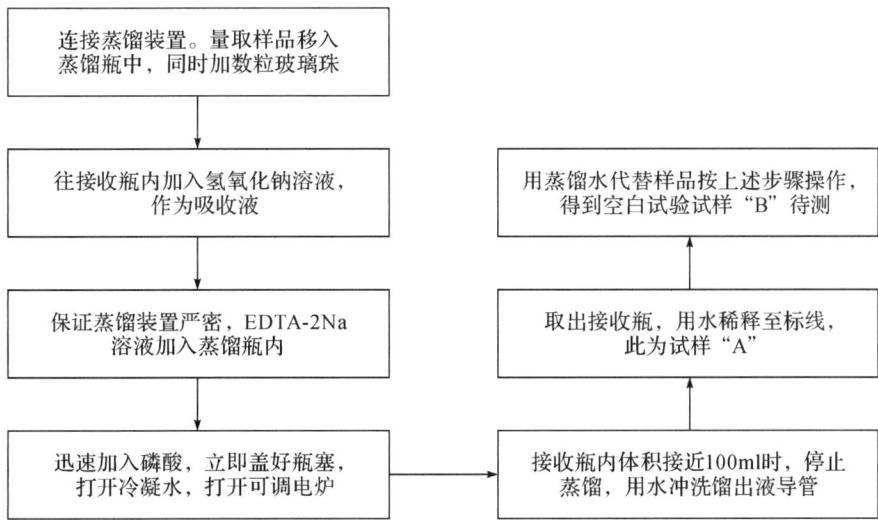

【仪器使用示意图】

见图 3-3。

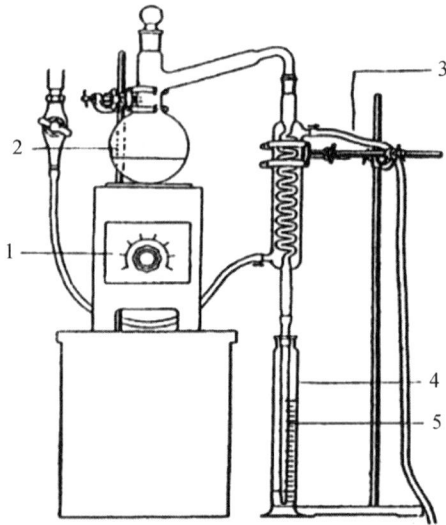

1—可调电炉；2—蒸馏烧瓶；3—冷凝水出水口；4—接收瓶；5—馏出液导管。

图 3-3　氰化物蒸馏装置

【实验注意事项】

在总氰测定中，氰络合物的离解程度与加热时间有关。因此，需控制馏出速度、馏出液体积或回流时间，以使其尽可能地解离完全。

【思考题】

氰化物测定预处理包括什么？其目的分别是什么？

环节二　总氰化物比色测定

【实验目的】

掌握异烟酸-巴比妥酸分光光度法测定水中总氰化物的实验原理和操作技术。

【实验时间】

90min。

【实验准备】

1. 试剂准备

(1) $\rho(CN^-)$＝1.00mg/L 氰化钾标准溶液，50ml/瓶（配法：称量溶解后经硝酸银标准溶液标定后,稀释得到)。

(2)磷酸二氢钾缓冲溶液(pH＝4.0),100ml/瓶(配法:称取 136.1g 无水磷酸二氢钾溶于水,稀释定容至 1000ml,加入 2.00ml 冰乙酸摇匀)。

(3)10g/L 氯胺 T 溶液,50ml/瓶(配法:称取 1.0g 氯胺 T 溶于水,稀释定容至 100ml,摇匀,贮于棕色瓶中,用时现配)。

(4)异烟酸-巴比妥酸显色剂,100ml/瓶(配法:称取 2.50g 异烟酸和 1.25g 巴比妥酸溶于氢氧化钠溶液,稀释定容至 100ml,用时现配)。

2. 仪器准备

(1)10ml 吸量管 2 支,5ml 吸量管 1 支,1ml 吸量管 1 支。

(2)洗瓶 1 个。

(3)分光光度计。

【实验内容】

1.吸取 10.00ml 试样"A"于具塞比色管中。

2.另取 10.00ml 空白试验试样"B"于具塞比色管中。

3.取 8 支具塞比色管,分别加入氰化钾标准使用溶液 0.00ml、0.20ml、0.50ml、1.00ml、2.00ml、3.00ml、4.00ml 和 5.00ml,再加入氢氧化钠溶液至 10ml。

4.向各管中加入 5.0ml 磷酸二氢钾缓冲溶液,混匀,迅速加入 0.30ml 氯胺 T 溶液,立即盖塞子,混匀,放置 1～2min。

5.向各管中加入 6.0ml 异烟酸-巴比妥酸显色剂,加水稀释至标线,混匀。于 25℃ 显色 15min(15℃ 显色 25min;30℃ 显色 10min)。

6.分光光度计在 600nm 波长处,用 10mm 比色皿,以水作参比,测定吸光度,以氰化物含量为横坐标,扣除试剂空白的吸光度为纵坐标,以最小二乘法绘制校准曲线。

【实验流程图】

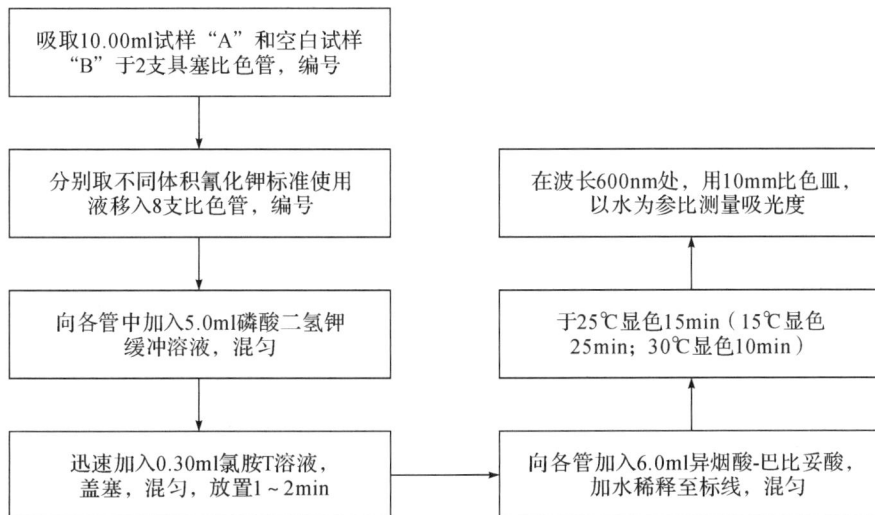

【实验注意事项】

1. 反应溶液的 pH 值直接影响显色的吸光度。因此,应控制吸收液的碱浓度,注意磷酸盐的缓冲容量。

2. 实践发现,氯胺 T 的有效氯含量的改变,常常是导致实验失败的原因。

【实验安全】

剧毒品(氰化钾):在实验中应避免口腔食入毒物;实验室配备中毒相关的应急措施。严禁敞口情况下,在氰化钾溶液中加入酸性溶液。

【思考题】

当出现不显色或不呈线性、灵敏度低等现象时,应考虑哪些因素的影响?

实验记录
氰化物校准曲线测定记录表

检验日期		比色皿/mm	
检测方法依据		测定波长/nm	
氰化物标液浓度		参比溶液	

标准系列序号:	1	2	3	4	5	6	7	8
氰化物标液/ml:								
氰化物质量 $x/\mu g$:								
吸光度 y:								

计算参数	回归方程:$y = bx + a$ a: b: r:

水样氰化物测定记录表

样品名称			
检测依据		评价依据	
水样取样量		实验环境	温度:　　℃
样品序号	1	2	3
样品吸光度 A			
样品空白吸光度 A_0			
$A - A_0$			
样品稀释倍数 n			
样品浓度结果/$(mg \cdot L^{-1})$			

续表

平均值/(mg·L^{-1})	
相对偏差/%	
结论	
质量控制方法 简述	

计算公式：

$$c=\frac{m}{V}$$

式中：m——试样中氰化物量，μg；

V——试样体积，ml。

实验评分标准

序号	考核项目	考核内容	分值	分配	评分标准	扣分
1	样品处理	蒸馏装置的连接	15	5	正确连接蒸馏装置顺序	
		蒸馏操作		10	正确加入试剂到吸收管，接收管正确插入吸收液中	
2	标准溶液的配制	移液管操作	15	10	正确使用移液管。移液时未出现吸空现象，调节零刻度液面前处理管尖部，移液管最后靠壁	
		标准系列的配制		5	工作液无液体回放，加入试剂顺序正确，显色时间正确	
3	试样的测定	分光光度计预热	20	5	正确预热分光光度计，正确选择波长，正确调"0%"和"100%"	
		测定操作		10	正确手持比色皿，正确擦拭比色皿外壁，进行比色皿配套性选择，读数准确，未撒落溶液导致仪器污染	
		测定后的处理		5	清洗并控干比色皿，关闭仪器开关及电源并盖保护罩	
4	实验数据处理	标准曲线的绘制	20	5	正确绘制标准曲线，回归方程中参数数字修约正确	
		原始记录		10	正确使用计量单位，数据没有空项，数据没有涂改	
		样品结果计算		5	样品结果计算正确	

续表

序号	考核项目	考核内容	分值	分配	评分标准	扣分
5	测定结果	标准曲线线性	15	5	相关系数 $\gamma \geqslant 0.999$	
		测定结果准确度		5	$|RE| \leqslant 10\%$	
		测定结果精密度		5	相对偏差 $\leqslant 15\%$	
6	结束工作	整理	10	5	清洗、整理实验用仪器和台面	
		文明操作		5	无器皿破损、无仪器损坏	
7	实验时间		5	5	在规定时间内完成	

能力拓展二　水质硫化物的测定
（亚甲蓝分光光度法）

【项目所需时间】

4 学时。

【实验原理】

样品经酸化,硫化物转化成硫化氢,用氮气将硫化氢吹出,转移到盛乙酸锌-乙酸钠溶液的吸收显色管中,与 N,N-二甲基对苯二胺和硫酸铁铵反应生成蓝色的络合物亚甲蓝,在 665nm 波长处测定。

环节一　样品中硫化物预处理

【实验目的】

掌握测定硫化物的预处理方法。

【实验时间】

90min。

【实验准备】

1.样品准备

硫化物容易被氧化,硫化氢易从水样中逸出,因此在采样时应防止曝气,采样时先在贮样瓶底加入乙酸锌-乙酸钠溶液(每升水样加 2ml),再加水样,再加适量氢氧化钠溶液,使水样呈碱性并形成硫化锌沉淀。通常氢氧化钠溶液的加入量为每升中性水样加 1ml,硫化物含量较高时应酌情多加直至沉淀完全。水样应充满瓶,瓶塞下不留空气。现场采集并固定的水样应贮存在棕色瓶内,保存时间为一周。

2.试剂准备

(1)乙酸锌-乙酸钠溶液,100ml/瓶(配法:50g 乙酸锌和 12.5g 乙酸钠溶于 1000ml 水中,再分装)。

(2)抗氧化剂,100ml/瓶(配法:2g 抗坏血酸、0.1g 乙二胺四乙酸二钠和 0.5g 氢氧化钠溶于 100ml 水中)。

(3)磷酸(1+1)溶液,100ml/瓶。

(4)氢氧化钠溶液,$c=4g/100ml$,100ml/瓶。

3.仪器准备

(1)酸化-吹气-吸收装置。

(2)氮气,纯度>99.99%。

【实验内容】

1.连接酸化-吹气-吸收装置,通氮气,检查装置的气密性后,关闭气源。

2.取 20ml 乙酸锌-乙酸钠溶液,从侧向玻璃接口处加入吸收显色管。

3.取一定体积、采样现场已固定并混匀的水样,加 5ml 抗氧化剂溶液。取出加酸通氮管,将水样移入反应瓶,加水至总体积约 200ml。重装加酸通氮管,接通氮气,以 200～300ml/min 的速度预吸气 2～3min 后,关闭气源。

4.关闭加酸通氮管活塞,取出顶部接管,向加酸通氮管内加 10ml 磷酸溶液后,重接顶部接管。

5.缓慢旋开加酸通氮管活塞,接通氮气,以 300ml/min 的速度连续吹气 30min,吹气速度和吹气时间的改变均会影响测定结果,必要时可通过测定硫化钠标准使用液的回收率进行检验。

6.以蒸馏水代替试料,进行空白试验。

【实验流程图】

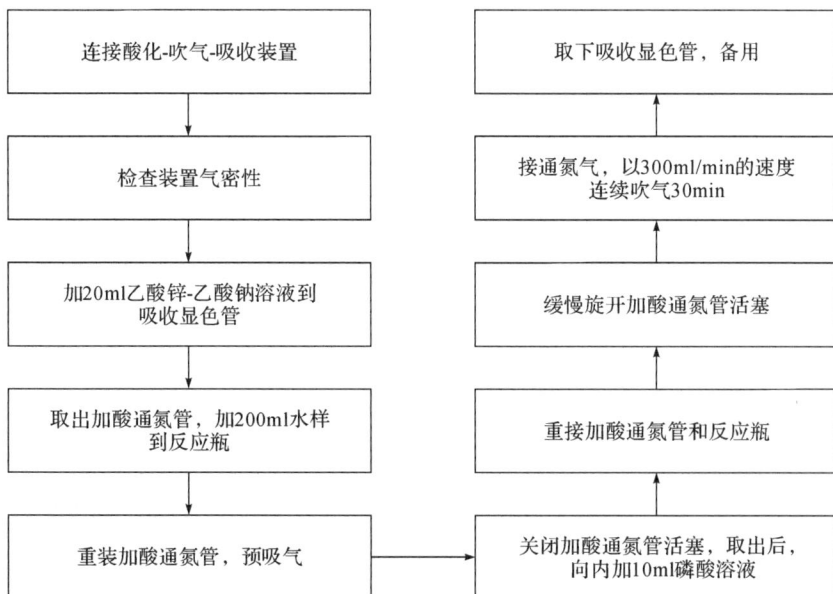

【实验注意事项】

对于含悬浮物、浑浊度较高、有色、不透明的水样,采用酸化-吹气-吸收法测定。对于无色、透明、不含悬浮物的清洁水样,采用沉淀分离法测定。

【思考题】

若水样颜色深、浑浊且悬浮物多,用亚甲蓝分光光度法测定硫化物时应选用何种预处理方法?

环节二　硫化物比色测定

【实验目的】

掌握亚甲蓝分光光度法测定水中硫化物的实验原理和操作技术。

【实验时间】

90min。

【实验准备】

1.试剂准备

(1)N,N-二甲基对苯二胺溶液,50ml/瓶(配法:2g N,N-二甲基对苯二胺盐酸盐溶于200ml水中,缓缓加入200ml浓硫酸,冷却后用水稀释至1000ml)。

(2)硫酸亚铁铵溶液,50ml/瓶(配法:25g硫酸铁铵溶于含有5ml浓硫酸的水中,用水稀释至250ml)。

(3)乙酸锌-乙酸钠溶液,100ml/瓶(配法:50g乙酸锌和12.5g乙酸钠溶于1000ml水中)。

(4)硫化物标准使用溶液,$c=10.00\mu g/ml$,100ml/瓶。

2.仪器准备

(1)100ml具塞比色管11支。

(2)吸量管5支。

(3)洗瓶1个。

(4)分光光度计。

【实验内容】

1.校准曲线的绘制:取9支100ml具塞比色管,各加20ml乙酸锌-乙酸钠溶液,分别取0.00ml、0.50ml、1.00ml、2.00ml、3.00ml、4.00ml、5.00ml、6.00ml和7.00ml硫化钠标准使用液移入各比色管,加水至约60ml,沿比色管壁缓慢加10ml N,N-二甲基对苯二胺溶液,立即密塞并缓慢倒转一次,加1ml硫酸铁铵溶液,立即密塞并充分摇匀。放置10min后,用水稀释至标线,摇匀。使用1cm比色皿,以水作参比,在波长为665nm处测量吸光度。

2.取下吸收显色管,关闭气源,以少量水冲洗吸收显色管各接口,加水至约 60ml,由侧向玻璃接口处缓慢加入 10ml N,N-二甲基对苯二胺溶液,立即密塞并将溶液缓慢倒转一次,再从侧向玻璃接口处加入 1ml 硫酸铁铵溶液,立即密塞并充分振荡,放置 10min。

3.将溶液移入 100ml 具塞比色管,用水冲洗吸收显色管,冲洗液并入比色管,用水稀释至标线,摇匀。使用 1cm 比色皿,以水作参比,在波长为 665nm 处测量吸光度。

【实验流程图】

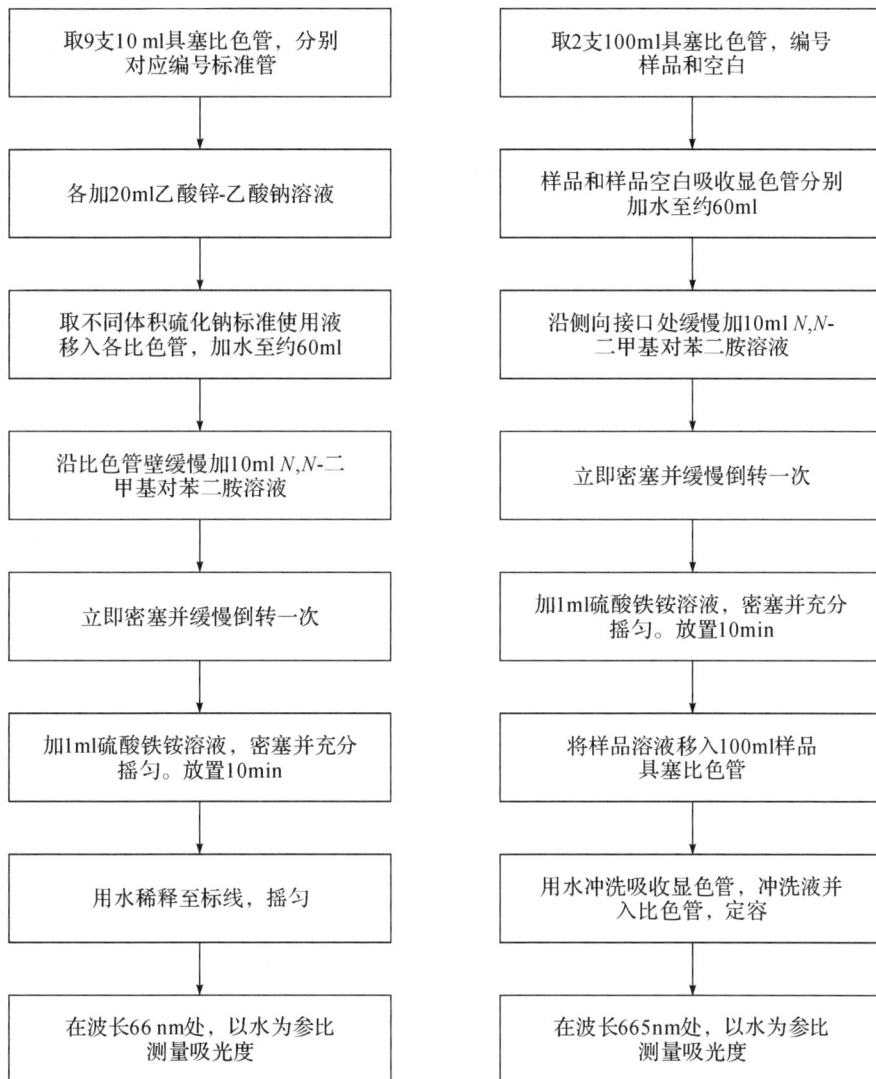

取9支10 ml具塞比色管,分别对应编号标准管
↓
各加20ml乙酸锌-乙酸钠溶液
↓
取不同体积硫化钠标准使用液移入各比色管,加水至约60ml
↓
沿比色管壁缓慢加10ml N,N-二甲基对苯二胺溶液
↓
立即密塞并缓慢倒转一次
↓
加1ml硫酸铁铵溶液,密塞并充分摇匀。放置10min
↓
用水稀释至标线,摇匀
↓
在波长66 nm处,以水为参比测量吸光度

取2支100ml具塞比色管,编号样品和空白
↓
样品和样品空白吸收显色管分别加水至约60ml
↓
沿侧向接口处缓慢加10ml N,N-二甲基对苯二胺溶液
↓
立即密塞并缓慢倒转一次
↓
加1ml硫酸铁铵溶液,密塞并充分摇匀。放置10min
↓
将样品溶液移入100ml样品具塞比色管
↓
用水冲洗吸收显色管,冲洗液并入比色管,定容
↓
在波长665nm处,以水为参比测量吸光度

【仪器使用示意图】

见图 3-4。

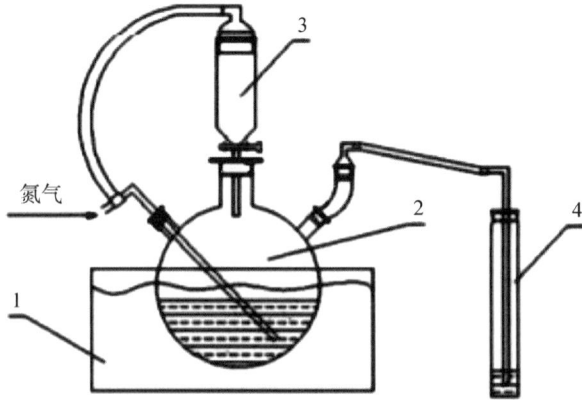

1—水浴;2—500ml 反应瓶;3—加酸分液漏斗;4—100ml 吸收管。

图 3-4 酸化吹气装置

【实验注意事项】

1.市售的二甲基对苯二胺存放较久时呈黑色,空白值较高,此时要对试剂进行纯化,用加石油醚的苯溶液进行重结晶,得到白色晶体。

2.在含 S^{2-} 溶液中,应先加入胺试剂溶液,混合后,迅速加入 Fe^{3+} 溶液,再充分混匀。经验显示,在 Fe^{3+} 溶液加入之后,真正反应发生在一个短的时间内。加 Fe^{3+} 溶液之前不充分混合,则引起结果偏低,试剂加入顺序颠倒,则可不显色。

【实验安全】

1.剧毒品(N,N-二甲基对苯二胺):在实验中应避免口腔食入毒物;实验室配备中毒相关的应急措施。

2.有毒气体(硫化氢):在前处理过程中观察前处理装置有无漏气。

3.高压气体(氮气):应学会正确打开氮气钢瓶的方法。

【思考题】

亚甲蓝分光光度法测定水中硫化物时,如何配制硫化物标准使用液?

实验记录

硫化物校准曲线测定记录表

检验日期		比色皿/mm	
检测方法依据		测定波长/nm	
硫化钠标液浓度		参比溶液	

标准系列序号:	1	2	3	4	5	6	7	8	9
硫化钠标液/ml:									
硫化钠质量 x/μg:									
吸光度 y:									

计算参数	回归方程:$y=bx+a$ a: b: r:

水样硫化物测定记录表

样品名称			
检测依据		评价依据	
水样取样量		实验环境	温度: ℃
样品序号	1	2	3
样品吸光度 A			
样品空白吸光度 A_0			
$A-A_0$			
样品稀释倍数 n			
样品浓度结果/(mg·L^{-1})			
平均值/(mg·L^{-1})			
相对偏差(%)			
结论			
质量控制方法 简述			

计算公式:

$$c=\frac{m}{V}$$

式中:m——试样中硫化物量,μg;

V——试样体积,ml。

实验评分标准

序号	考核项目	考核内容	分值	分配	评分标准	扣分
1	样品处理	酸化-吹气-吸收装置的检查	15	5	正确进行气密性检查	
		酸化-吹气-吸收操作		10	正确加入不同试剂到吸收显色管、反应瓶和加酸通氮管,正确连接设备	
2	标准溶液的配制	移液管操作	15	10	正确使用移液管。移液时未出现吸空现象,调节零刻度液面前处理管尖部,移液管最后靠壁	
		标准系列的配制		5	工作液无液体回放,加入试剂顺序正确,显色时间正确	
3	试样的测定	分光光度计预热	20	5	正确预热分光光度计,正确选择波长,正确调"0％"和"100％"	
		测定操作		10	正确手持比色皿,正确擦拭比色皿外壁,进行比色皿配套性选择,读数准确,未撒落溶液导致仪器污染	
		测定后的处理		5	清洗并控干比色皿,关闭仪器开关及电源并盖保护罩	
4	实验数据处理	标准曲线的绘制	20	5	正确绘制标准曲线,回归方程中参数数字修约正确	
		原始记录		10	正确使用计量单位,数据没有空项,数据没有涂改	
		样品结果计算		5	样品结果计算正确	
5	测定结果	标准曲线线性	15	5	相关系数 $\gamma \geqslant 0.999$	
		测定结果准确度		5	$|RE| \leqslant 10\%$	
		测定结果精密度		5	相对偏差 $\leqslant 15\%$	
6	结束工作	整理	10	5	清洗、整理实验用仪器和台面	
		文明操作		5	无器皿破损、无仪器损坏	
7	实验时间		5	5	在规定时间内完成	

能力拓展三　废水中挥发酚含量的测定
（4-氨基安替比林分光光度法）

【项目所需时间】

4 学时。

【实验原理】

本方法分为萃取分光光度法和直接分光光度法两种方法。其中,萃取分光光度法适用于地表水、地下水和饮用水的测定,检出限为 0.0003mg/L,测定下限为 0.001mg/L,测定上限为 0.04mg/L。直接分光光度法适用于工业废水和生活污水的测定,检出限为 0.01mg/L,测定下限为 0.04mg/L,测定上限为 2.50mg/L。本项目主要采用直接分光光度法进行测定。

样品经蒸馏后,蒸馏出挥发性酚类化合物,并与干扰物质和固定剂分离。被蒸馏出的酚类化合物于 pH＝10.0±0.2 的介质中,在铁氰化钾存在下,与 4-氨基安替比林显色后,在 30min 内,于 510nm 波长测定吸光度。

环节一　水样前处理

【实验目的】

掌握 4-氨基安替比林直接分光光度法测定挥发酚含量干扰的消除方法。

【实验时间】

60min。

【实验准备】

1. 样品准备

采样现场,用淀粉-碘化钾试纸检测样品中有无游离氯等氧化剂的存在。若试纸变蓝,应及时加入过量硫酸亚铁去除。样品采集量应大于 500ml,贮于硬质玻璃瓶中。采集后的样品应及时加磷酸酸化至 pH 约 4.0,并加适量硫酸铜,使样品中硫酸铜质量浓度约为 1g/L,以抑制微生物对酚类的生物氧化作用。采集后样品应 4℃下冷藏,24h 内进行测定。

2. 试剂准备

(1)硫酸(1＋4)溶液,50ml/瓶。

(2)乙醚,250ml/瓶。

(3)氢氧化钠溶液,ρ(NaOH)＝100g/L,50ml/瓶(配法:称取 10g 氢氧化钠溶于水,稀释至 100ml)。

(4)淀粉-碘化钾试纸。

(5)乙酸铅试纸。

3.仪器准备

(1)分液漏斗 4 个。

(2)50ml 烧杯 2 个。

(3)50ml 量筒 1 个。

(4)吸量管 1 支。

(5)水浴锅。

【实验内容】

1.当样品中有黑色沉淀时,表明样品中有硫化物,可取一滴样品放在乙酸铅试纸上,若试纸变黑色,说明有硫化物存在。样品加磷酸酸化,置通风柜内进行搅拌曝气,直至生成的硫化氢完全逸出。

2.若样品中含有甲醛、亚硝酸盐等有机或无机还原性物质,可分取适量样品于分液漏斗中,加(1+4)硫酸溶液使呈酸性,分次加入 50ml、30ml、30ml 乙醚萃取酚,合并乙醚层于另一分液漏斗,分次加入 4ml、3ml、3ml 氢氧化钠溶液进行反萃取,使酚类转入氢氧化钠溶液中。合并碱萃取液,移入烧杯中,水浴加热,除去残余乙醚,最后用水将碱萃取液稀释到原分取样品的体积。同时以水做空白试验。

3.若样品静置分离出浮油后,也可按步骤(2)进行操作。

【实验流程图】

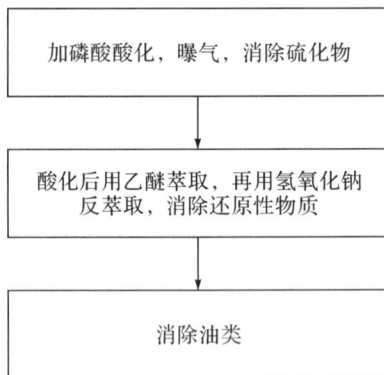

【实验注意事项】

1.样品含有苯胺类干扰物,会与 4-氨基安替比林发生显色反应干扰酚的测定,可在酸性(pH<0.5)条件下,通过预蒸馏分离,后续试验步骤中即可除去该干扰物。

2.本试验要求在样品存在该干扰物时才需要操作,若鉴定没有该干扰物无须消除。

3.乙醚是低沸点、易燃和具麻醉作用的有机溶剂,使用时务必要注意安全,通风橱内进行实验,周围无明火,室温较高时,样品和乙醚应在冰水浴中降温后尽快进行萃取操作。

【思考题】

为什么需要消除硫化物以及有机或无机还原性物质的干扰？

环节二　酚标准贮备液的标定

【实验目的】

1. 掌握酚标准贮备液的标定原理。
2. 熟悉酚标准贮备液标定的实验注意事项。

【实验时间】

60min。

【实验准备】

1. 试剂准备

(1)无酚水,2000ml/瓶,应贮于玻璃瓶中,取用时,应避免与橡胶制品(橡皮塞或乳胶管等)接触(无酚水制法:①于每升水中加入 0.2g 经 200℃ 活化 30min 的活性炭粉末,充分振摇后,放置过夜,用双层中速滤纸过滤;②加氢氧化钠使水呈强碱性,并加入高锰酸钾至溶液呈紫红色,移入全玻璃蒸馏器中加热蒸馏,集取馏出液)。

(2)碘化钾,10g/瓶。

(3)盐酸,$\rho(HCl)=1.19g/ml$,50ml/瓶。

(4)精制苯酚,10g/瓶(配法:取苯酚(C_6H_5OH)于具有空气冷凝管的蒸馏瓶中,加热蒸馏,收集 182～184℃ 的馏出部分,贮于棕色瓶中,冷暗处密封保存)。

(5)$c(1/6\ KBrO_3)=0.1mol/L$ 溴酸钾-溴化钾溶液,50ml/瓶(配法:称取 2.784g 溴酸钾溶于水,加入 10g 溴化钾,溶解后移入 1000ml 容量瓶中,用水稀释至标线)。

(6)$c(Na_2S_2O_3)\approx0.0125mol/L$ 硫代硫酸钠溶液,100ml/瓶(配法:称取 3.1g 硫代硫酸钠溶于煮沸放冷的水中,加入 0.2g 碳酸钠,溶解后移入 1000ml 容量瓶中,用水稀释至标线)。

(7)淀粉溶液,50ml/瓶(配法:称取 1g 可溶性淀粉,用少量水调成糊状,加沸水至 100ml,冷却后,移入试剂瓶中,置冰箱内冷藏保存)。

(8)酚标准贮备液:$\rho(C_6H_5OH)\approx1.00g/L$,50ml/瓶(配法:称取 1.00g 精制苯酚溶于水,溶解后移入 200ml 容量瓶中,用水稀释至标线)。

2. 仪器准备

(1)250ml 碘量瓶 6 个。

(2)25ml 棕色碱式滴定管 1 支。

(3)100ml 量筒 1 个。

(4)10ml 移液管 1 支。

(5)吸量管 3 支。

【实验内容】

1. 吸取 10.0ml 酚标准贮备液在碘量瓶中，加无酚水稀释至 100ml。

2. 加 10.0ml $c(1/6\ KBrO_3)=0.1mol/L$ 溴酸钾-溴化钾溶液，立即加入 5ml 浓盐酸，盖上瓶塞，缓慢摇匀，暗处放置 15min。

3. 加入 1g 碘化钾，盖上瓶塞，摇匀，放置暗处 5min。

4. 用 $c(Na_2S_2O_3)\approx0.0125mol/L$ 硫代硫酸钠溶液滴定至淡黄色。

5. 加 1ml 淀粉溶液，继续滴定至蓝色刚好褪去，记录用量。

6. 空白试验：用无酚水代替酚标准贮备液做空白试验，记录硫代硫酸钠溶液的用量。

7. 酚标准贮备液和空白试验各试验三次。

【实验流程图】

```
┌─────────────────────────┐      ┌─────────────────────────┐
│取3个碘量瓶加10.0ml酚标准  │      │记录滴定硫代硫酸钠消耗量，  │
│贮备液，加90.0ml无酚水     │      │并计算该标准溶液浓度       │
└───────────┬─────────────┘      └───────────▲─────────────┘
            │                                │
┌───────────▼─────────────┐      ┌───────────┴─────────────┐
│取3个碘量瓶加100.0ml无酚水，│      │加淀粉指示剂，再用硫代硫酸钠 │
│作为空白                  │      │溶液滴定至蓝色刚好褪去      │
└───────────┬─────────────┘      └───────────▲─────────────┘
            │                                │
┌───────────▼─────────────┐      ┌───────────┴─────────────┐
│加入10.0ml溴酸钾-溴化钾溶液后，│   │用硫代硫酸钠溶液滴定，滴定至 │
│立即加入5ml浓盐酸          │      │溶液呈浅黄色              │
└───────────┬─────────────┘      └───────────▲─────────────┘
            │                                │
┌───────────▼─────────────┐      ┌───────────┴─────────────┐
│密塞，缓慢摇匀，暗处放置15min │─────▶│加1g碘化钾，盖上瓶塞，摇匀， │
│                         │      │放置暗处5min             │
└─────────────────────────┘      └─────────────────────────┘
```

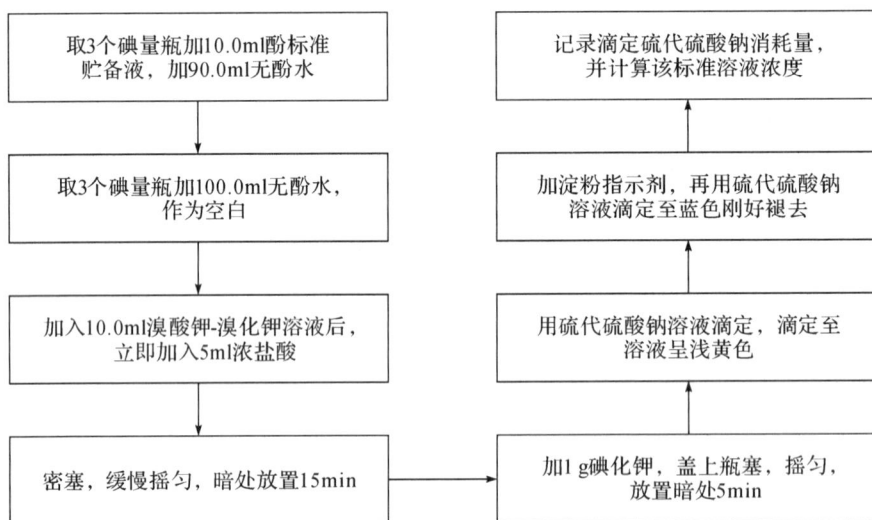

【实验注意事项】

1. 制备精制苯酚中，馏分冷却后应为无色晶体。

2. 淀粉指示剂不宜久存，以防变质。

3. 酚标准贮备液可以在冰箱内冷藏，稳定保存一个月。

【思考题】

配制酚标准贮备液要注意什么？为什么？

环节三　挥发酚的测定

【实验目的】

掌握 4-氨基安替比林直接分光光度法测定水中挥发酚的实验原理和操作技术。

【实验时间】

60min。

【实验准备】

1. 试剂准备

(1)无酚水,2000ml/瓶,应贮于玻璃瓶中,取用时,应避免与橡胶制品(橡皮塞或乳胶管等)接触(无酚水制法:①于每升水中加入 0.2g 经 200℃ 活化 30min 的活性炭粉末,充分振摇后,放置过夜,用双层中速滤纸过滤;②加氢氧化钠使水呈强碱性,并加入高锰酸钾至溶液呈紫红色,移入全玻璃蒸馏器中加热蒸馏,集取馏出液)。

(2)磷酸(1+9)溶液,100ml/瓶。

(3)缓冲溶液,pH=10.7,50ml/瓶(配法:称取 20g 氯化铵溶于 100ml 氨水中,密塞,置冰箱中保存)。

(4)4-氨基安替比林溶液,50ml/瓶(配法:称取 2g 4-氨基安替比林溶于水,加入 100ml 容量瓶中,用水稀释至标线)。

(5)铁氰化钾溶液,$\rho(K_3[Fe(CN)_6])=80g/L$,50ml/瓶(配法:称取 8g 铁氰化钾溶于水,溶解后移入 100ml 容量瓶,用水稀释至标线)。

(6)酚标准使用液,$\rho(C_6H_5OH)=10.0mg/L$,50ml/瓶(配法:根据求得的酚标准贮备液质量浓度,量取适量的酚标准贮备液,用无酚水稀释至 100ml 容量瓶中)。

(7)甲基橙指示液:ρ(甲基橙)$=0.5g/L$,50ml/瓶(配法:称取 0.1g 甲基橙溶于水,溶解后移入 200ml 容量瓶中,用水稀释至标线)。

2. 仪器准备

(1)500ml 全玻璃蒸馏器。

(2)玻璃珠。

(3)250ml 容量瓶 2 个。

(4)50ml 量筒 1 个。

(5)50ml 比色管 10 支。

(6)吸量管 3 支。

(7)分光光度计。

(8)pH 广泛试纸:1~14。

【实验内容】

1. 预蒸馏:取 250ml 样品移入 500ml 全玻璃蒸馏器中,加 25ml 水,加数粒玻璃珠以防爆沸,再加数滴甲基橙指示液,若试样未显橙红色,则需继续补加(1+9)磷酸溶液。连接冷凝器,加热蒸馏,收集馏出液 250ml 至容量瓶中。

2. 显色:分取馏出液 50ml 于比色管,加 0.5ml 缓冲溶液,摇匀,此时 pH 值为 10.0±0.2,加 1.0ml 4-氨基安替比林溶液,摇匀,再加 1.0ml 铁氰化钾溶液,充分混匀后,盖上瓶塞,放置 10min。

3.吸光度测定:510nm 波长,20mm 比色皿,以无酚水为参比,30min 内测定溶液的吸光度值。

4.空白试验:用无酚水代替试样,进行预蒸馏、显色和吸光度测定操作。要求:空白和试样的吸光度测定需同时进行。

5.校准曲线的绘制:取 8 支 50ml 比色管,分别加入 0.00ml、0.50ml、1.00ml、3.00ml、5.00ml、7.00ml、10.00ml 和 12.50ml 酚标准使用液,加无酚水至标线,按照显色和吸光度测定步骤进行测定。

【实验流程图】

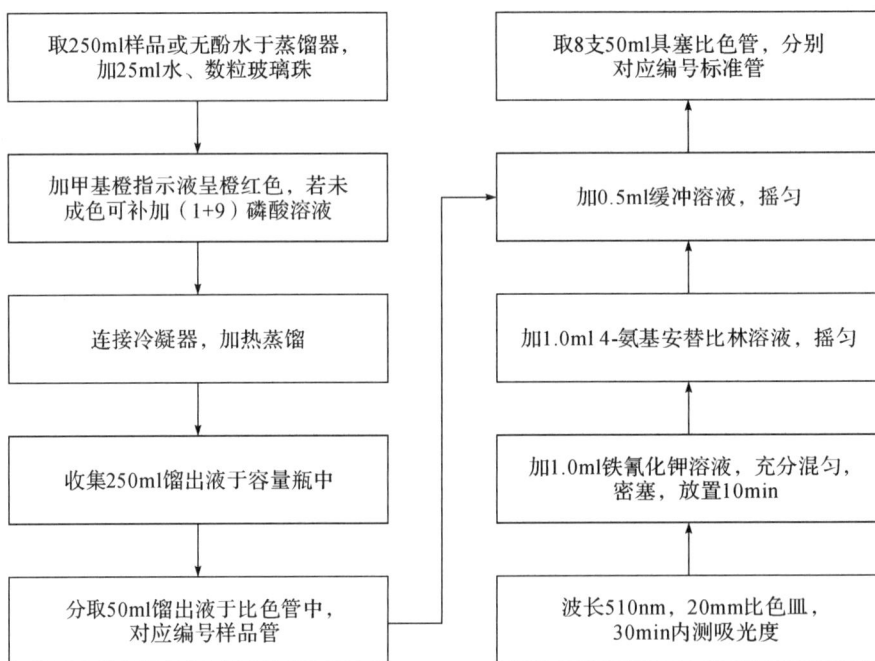

【仪器使用示意图】

见图 3-5。

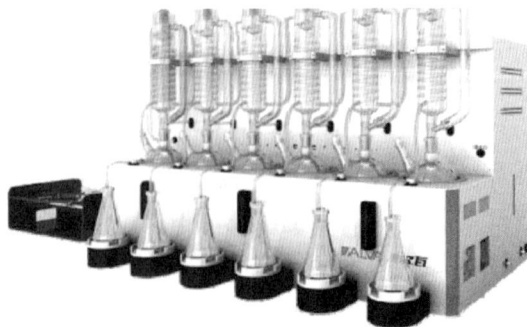

图 3-5 蒸馏仪

【实验注意事项】

1. 为避免氨的挥发引起 pH 值改变,缓冲溶液应根据使用情况适量配制,且在低温下保存,取用后立即加塞盖严。

2. 必要时,4-氨基安替比林溶液可以采取以下方法提纯:加 10g 硅镁型吸附剂(弗罗里硅土,60～100 目,600℃烘制 4h),用玻璃棒充分搅拌,静置片刻,将溶液在中速定量滤纸上过滤,收集滤液,置于棕色试剂瓶内,4℃下保存。

3. 铁氰化钾溶液可以在冰箱内冷藏保存一周。

4. 酚标准使用液不稳定,使用时应当天配制。

5. 每次试验前后,应清洗整个蒸馏设备。

6. 不得用橡胶塞、橡胶管连接蒸馏瓶及冷凝器,以防止对测定产生干扰。

7. 蒸馏过程中,若发现甲基橙红色褪去,应在蒸馏结束后,放冷,再加 1 滴甲基橙指示液,如发现蒸馏后残液不呈酸性,则应重新取样,并增加(1＋9)磷酸溶液的用量进行蒸馏。

8. 由于酚类化合物的挥发速度随馏出液体积而变化,因此,馏出液体积必须与试样体积相等。

【实验安全】

1. 腐蚀性试剂烧伤(硫酸、磷酸、氢氧化钠):取用该试剂时应小心谨慎;实验室配备化学烧伤相关的应急措施(碳酸氢钠溶液、硼酸溶液和醋酸溶液等)。

2. 刺激性试剂(溴酸钾-溴化钾溶液):取用该试剂时应小心谨慎,并避免眼、口接触试剂。

3. 毒性试剂(乙醚:低沸点、易燃和具麻醉作用的有机溶剂):取用该试剂时应小心谨慎,通风橱内操作;室温较高时,样品和乙醚应先置冰水浴中降温后,再尽快进行萃取操作。

4. 蒸馏操作安全(电炉):蒸馏过程中应全程关注电炉,不可擅自离开实验台。

【思考题】

1. 为什么应使用全玻璃蒸馏器,不能用橡胶管连接?预蒸馏中,水样的用量是 250ml,馏出液也是 250ml,为什么蒸馏前后的体积相同?

2. 根据求得的酚标准贮备液质量浓度,计算配制酚标准使用液的用量。

实验记录

酚储备液标定记录表

基准溶液名称及浓度				参考标准	
气温/℃				气压/kPa	
序号			1	2	3
基准液体积/ml					
标定记录/ml	起始读数 $V_始$				
	终止读数 $V_终$				
	实耗体积 V_2				

续表

空白记录/ml	起始读数 $V_始$			
	终止读数 $V_终$			
	实耗体积 V_1			
酚储备液溶液浓度/$(mg \cdot L^{-1})$				
平均值/$(mg \cdot L^{-1})$				
相对偏差/%				

酚储备液 $c(mg/L)$ 计算公式：

$$c = \frac{(V_1 - V_2) \times c_B \times 15.68}{V}$$

式中：V_1——空白试验消耗硫代硫酸钠溶液滴定量，ml；

V_2——滴定酚储备液时消耗硫代硫酸钠溶液滴定量，ml；

c_B——硫代硫酸钠溶液浓度，mmol/L；

V——试份体积，ml。

挥发酚校准曲线测定记录表

检验日期		比色皿（mm）	
检测方法依据		测定波长（nm）	
挥发酚标液浓度		参比溶液	

标准系列序号：   1   2   3   4   5   6   7   8

挥发酚标液/ml：

挥发酚质量 $x/\mu g$：

吸光度 y：

计算参数	回归方程：$y = bx + a$ a： b： r：

水样挥发酚物测定记录表

样品名称			
检测依据		评价依据	
水样取样量		实验环境	温度：　　℃
样品序号	1	2	3
样品吸光度 A			
样品空白吸光度 A_0			

续表

$A-A_0$			
样品稀释倍数 n			
样品浓度结果/$(mg \cdot L^{-1})$			
平均值/$(mg \cdot L^{-1})$			
相对偏差/%			
结论			
质量控制方法简述			

计算公式:

$$c = \frac{m}{V}$$

式中:m——试样中挥发酚量,μg;

V——试样体积,ml。

实验评分标准

序号	考核项目	考核内容	分值	分配	评分标准	扣分
1	样品处理	酸化曝气	15	5	酸化曝气步骤正确	
		萃取操作		10	萃取操作步骤正确	
2	标准溶液的配制	移液管操作	15	10	正确使用移液管。移液时未出现吸空现象,调节零刻度液面前处理管尖部,移液管最后靠壁	
		标准系列的配制		5	工作液无液体回放,加入试剂顺序正确,显色时间正确	
3	试样的测定	分光光度计预热	20	5	正确预热分光光度计,正确选择波长,正确调"0%"和"100%"	
		测定操作		10	正确手持比色皿,正确擦拭比色皿外壁,进行比色皿配套性选择,读数准确,未撒落溶液导致仪器污染	
		测定后的处理		5	清洗并控干比色皿,关闭仪器开关及电源并盖保护罩	

续表

序号	考核项目	考核内容	分值	分配	评分标准	扣分
4	实验数据处理	标准曲线的绘制	20	5	正确绘制标准曲线,回归方程中参数数字修约正确	
		原始记录		10	正确使用计量单位,数据没有空项,数据没有涂改	
		样品结果计算		5	样品结果计算正确	
5	测定结果	标准曲线线性	15	5	相关系数 $\gamma \geqslant 0.999$	
		测定结果准确度		5	$|RE| \leqslant 10\%$	
		测定结果精密度		5	相对偏差 $\leqslant 15\%$	
6	结束工作	整理	10	5	清洗、整理实验用仪器和台面	
		文明操作		5	无器皿破损、无仪器损坏	
7	实验时间		5	5	在规定时间内完成	

能力拓展四 水质化学需氧量的测定
（重铬酸钾法）

【项目所需时间】

4 学时。

【实验原理】

在水样中加入已知量的重铬酸钾溶液,并在强酸性介质下以硫酸银作催化剂,经沸腾回流后,以试亚铁灵作指示剂,用硫酸亚铁铵溶液滴定水样中未被还原的重铬酸钾,由消耗的硫酸亚铁铵的量换算成消耗的氧的质量浓度。

在酸性重铬酸钾条件下,芳烃及吡啶难以被氧化,其氧化率较低。在硫酸银催化作用下,直链脂肪族化合物可有效地被氧化。

环节一 硫酸亚铁铵溶液的标定

【实验目的】

1.掌握硫酸亚铁铵溶液的标定原理。
2.熟悉硫酸亚铁铵溶液的标定实验注意事项。

【实验时间】

30min。

【实验准备】

1.试剂准备

(1)$c(1/6\ K_2Cr_2O_7)=0.2500mol/L$ 重铬酸钾标准溶液,100ml/瓶(配法:称取预先在 105～110℃烘干两个小时并冷却的基准或优级纯重铬酸钾 12.2580g 溶于水中移入 1000ml 容量瓶,稀释至标线,摇匀)。

(2)$\rho=1.84g/ml$ 硫酸,100ml/瓶。

(3)试亚铁灵溶液,50ml/滴瓶(配法:称取 1.4585g 邻菲罗啉与 0.695g 硫酸亚铁溶于水,稀释至 400ml,摇匀,贮于棕色瓶中)。

(4)$c=0.1mol/L$ 硫酸亚铁铵标准滴定溶液,150ml/瓶(配法:称取 39.2g 硫酸亚铁铵溶于水中,缓慢加入 20ml 浓硫酸,冷却后移入 1000ml 容量瓶中,用水稀释至标线,摇匀。此溶液每次临用前,必须用重铬酸钾标准溶液标定)。

2.仪器准备

(1)碘量瓶 3 个。

(2)10ml 胖肚移液管 1 支。

(3)洗瓶 1 个。

(4)25ml 棕色碱式滴定管 1 支。

【实验内容】

1.用移液管准确各吸取 $c(1/6\ K_2Cr_2O_7)=0.2500mol/L$ 重铬酸钾标准溶液 10.00ml 在 3 个 250ml 锥形瓶中,加水稀释至 110ml 左右。

2.缓慢加入 30ml 浓硫酸,摇匀。

3.冷却后,加入 3 滴试亚铁灵指示液(约 0.15ml)。

4.用硫酸亚铁铵溶液滴定,溶液的颜色由黄色经蓝色至红褐色即为终点。

5.取下滴定管读数,分别记录三次滴定硫酸亚铁铵消耗量,并计算硫酸亚铁铵标准溶液浓度。

【实验流程图】

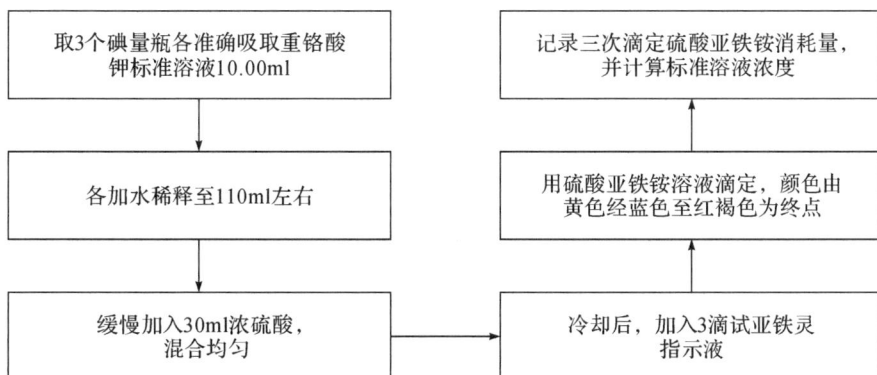

【实验注意事项】

硫酸亚铁铵标准溶液不是很稳定,每次临用前需要进行标定。

【思考题】

在配制硫酸亚铁铵溶液时为什么要加入硫酸?

环节二　化学需氧量的测定

【实验目的】

掌握水质化学需氧量测定的原理和方法。

【实验时间】

150min。

【实验准备】

1.试剂准备

(1)硫酸汞,10g/瓶。

(2)硫酸-硫酸银溶液,100ml/瓶。

(3)$c(1/6\ K_2Cr_2O_7)=0.2500mol/L$ 重铬酸钾标准溶液,100ml/瓶。

(4)硫酸亚铁铵标准溶液,浓度在标定计算后得到。

(5)试亚铁灵溶液,30ml/滴瓶。

2.仪器准备

(1)回流装置:250ml 全玻璃回流装置。

(2)加热装置:电热板。

(3)洗瓶 1 个。

(4)25ml 棕色碱式滴定管 1 支。

【实验内容】

1.取 20ml 混合均匀的废水样 V_0(或适量废水稀释至 20ml)于 250ml 磨口的回流锥形瓶中。

2.加入硫酸汞 0.4g,混匀。

3.准确加入 0.2500mol/L 1/6$K_2Cr_2O_7$重铬酸钾标准溶液 10.00ml 及数粒玻璃珠,混匀。

4.锥形瓶接上回流装置,放到电热板上。

5.自冷凝管上口慢慢加入 30ml 硫酸-硫酸银溶液,轻轻摇动锥形瓶使溶液混匀。

6.加热回流 2h(自开始沸腾时起计算,温度为 146℃)。

7.回流结束冷却后,用 20～30ml 水冲洗冷凝管壁,取下锥形瓶,再用水稀释至 140ml 左右。溶液总体积不得少于 140ml,否则因酸度太大滴定终点不明显。

8.溶液冷却至室温后,加 3 滴试亚铁灵指示剂,用硫酸亚铁铵标准滴定溶液滴定,溶液的颜色由黄色经蓝色至褐色即为终点,记录硫酸亚铁铵标准溶液的用量 V_2。

9.以 20.00ml 蒸馏水代替试料,进行空白试验。记录空白滴定时硫酸亚铁铵标准溶液的用量 V_1。

【实验流程图】

分别取混合水样和蒸馏水20.00ml
于2个250ml回流锥形瓶

↓

加入氯化汞0.4g,混匀

↓

准确加入重铬酸钾标准溶液10.00ml
及数粒玻璃珠,混匀

↓

锥形瓶接上回流装置,
放到电热板上

↓

自冷凝管上口慢慢加入30ml
硫酸-硫酸银溶液,混匀

→

加热回流2h

↑

冷却后,用20~30ml水冲洗冷凝
管壁,取下锥形瓶

↑

再用水稀释至140ml左右,
加3滴试亚铁灵指示液

↑

用硫酸亚铁铵溶液滴定,颜色由
黄色经蓝色至红褐色为终点

↑

取下滴定管读数,记录样品和空白
滴定硫酸亚铁铵溶液用量

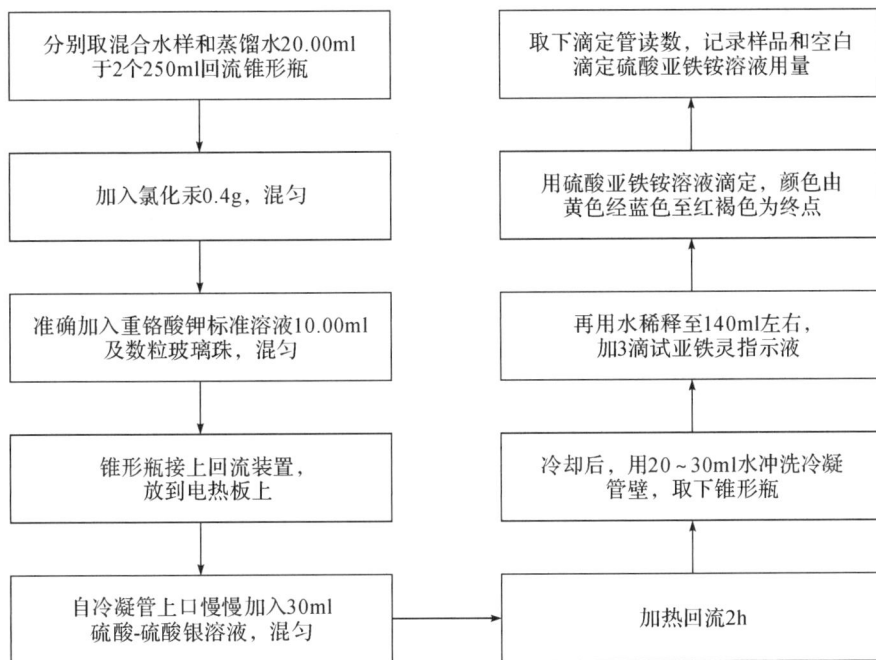

【仪器使用示意图】

见图 3-6。

图 3-6　水样加热消解

【实验注意事项】

1.由于方法的检出下限为 10mg/L,在 10～50mg/L 范围的 COD 测定一定要采用 0.025mol/L 的重铬酸钾溶液氧化,再用 0.01mol/L 的硫酸亚铁铵滴定。为了减少测定的相对标准偏差,建议加大试样的取样量,最好取 50.0ml,平行测定也以三次以上为宜。为减少滴定误差,可采用 50.0ml 的取样量(不然偏差大)。

2.水中的 NO_2^- 会消耗 $K_2Cr_2O_7$,使结果偏高,可向样品和空白瓶中按每 1mg NO_2^- 加 10mg 氨基磺酸,将 NO_2^- 转变为氮气,消除 NO_2^- 干扰。

3.水样的氧化回流应该在通风橱内进行,以防氯气之类的有害气体影响操作人员的健康。

4.在 COD 测定过程中产生的废液中,含有浓硫酸、重铬酸钾、硫酸汞,属于危险废物,应该作为危险废物专门处理,不得直接排往下水道中。

【实验安全】

1.化学腐蚀烧伤(硫酸-硫酸银溶液):取用该试剂时应小心谨慎,实验室配备化学烧伤相关的应急措施。

2.高毒(硫酸汞、重铬酸钾溶液):在实验中应避免口腔食入和皮肤接触毒物,实验室配备中毒相关的应急措施。

【思考题】

化学需氧量作为一个条件性指标,有哪些因素会影响其测定值?

实验记录

硫酸亚铁铵标定记录表

标准溶液名称及浓度			参考标准	
气温/℃			气压/kPa	
序号		1	2	3
基准液体积/ml				
标定记录 /ml	起始读数 $V_{始}$			
	终止读数 $V_{终}$			
	实耗体积 V			
硫酸亚铁铵浓度/(mmol·L^{-1})				
平均值/(mmol·L^{-1})				
相对偏差/%				

计算公式：

$$c = \frac{10.00 \times 0.2500}{V}$$

式中：c——硫酸亚铁铵标准溶液的浓度，mol/L；

V——硫酸亚铁铵标准溶液的用量，ml。

化学需氧量检验记录表

样品名称				
样品编号				
收样日期		检验日期		
检测依据		实验环境		
水样取样量		标液名称及浓度		
序号		1	2	3
滴定记录 /ml	起始读数 V_0			
	终止读数 V_1			
	实耗体积 V			
化学需氧量浓度/(mg·L^{-1})				
平均值/(mg·L^{-1})				
相对偏差/%				
质量控制方法 简述				

计算公式：

$$\mathrm{COD_{cr}} = \frac{(V_1 - V_2) \times N \times 8 \times 1000}{V_0}$$

式中：$\mathrm{COD_{cr}}$——水样中的化学需氧量，mg/l；

V_1——空白滴定硫酸亚铁铵标准溶液的用量，ml；

V_2——废水样滴定硫酸亚铁铵标准溶液的用量，ml；

N——硫酸亚铁铵标准溶液的当量浓度，mol/L；

V_0——废水样的体积，ml。

测定结果一般保留三位有效数字，对 COD 值小的水样，当计算出 COD 值小于 10mg/L 时，应表示为"COD<10mg/L"。

实验评分标准

序号	考核项目	考核内容	分值	分配	评分标准	扣分
1	样品处理	试剂加入	10	5	加入硫酸-硫酸银溶液、硫酸汞试剂正确	
		水样加热		5	加热时间和温度正确	
2	滴定管的使用	滴定台的搭建	15	2	滴定管夹位置合适正确	
		检漏		2	检漏方法正确	
		洗涤、润洗		2	正确用蒸馏水与标准溶液润洗滴定管	
		装液		2	装入标准溶液时未借助其他器皿	
		排气泡		2	排气泡方法正确	
		调零		2	调零操作正确	
		最后一滴		3	最后一滴操作正确	
3	硫酸亚铁铵的标定	滴定操作	15	5	滴定操作正确	
		计算		5	使用公式计算正确	
		结果		5	标准偏差≤0.1%	
4	样品的滴定	滴定前冲洗	20	3	用水冲洗冷凝管壁	
		指示剂的添加		2	滴定前加入指示剂	
		滴定操作		2	锥形瓶、滴定管操作正确、手法规范	
		滴定速度		2	滴定速度合理,无成线状	
		半滴操作		2	半滴操作正确	
		终点判断		2	终点判断正确	
		读数		2	读数操作正确	
		整体印象		5	操作熟练、正确	
5	实验数据处理	原始记录	10	10	正确使用计量单位,数据没有空项,数据没有涂改,有效数字记录正确	
6	测定结果	样品结果计算	15	5	计算公式、过程及结果正确	
		测定结果精密度		5	相对偏差≤15%	
		测定结果准确度		5	|RE|≤10%	
7	结束工作	整理	10	5	清洗、整理实验用仪器和台面	
		文明操作		5	无器皿破损、无仪器损坏	
8	实验时间		5	5	在规定时间内完成	

能力拓展五　水质总汞的测定
（冷原子吸收分光光度法）

【项目所需时间】

4 学时。

【实验原理】

水中汞于酸性高锰酸钾处理后,即转变为汞离子,后者经氯化亚锡还原又形成元素汞,利用空气流将元素汞由溶液中吹出而导入测汞仪的吸收管道,利用汞蒸气对波长为 253nm 的紫外线有强烈的吸收作用,进行定量测定。

环节一　水样采集及处理

【实验目的】

熟悉试样的制备方法。

【实验时间】

60min。

【实验准备】

1. 试剂准备

(1)高锰酸钾溶液:$\rho(KMnO_4)=50g/L$:称取 50g 高锰酸钾(优级纯,必要时重结晶精制)溶于少量水中。然后用水定容至 1000ml。

(2)过硫酸钾溶液:$\rho(K_2S_2O_8)=50g/L$:称取 50g 过硫酸钾溶于少量水中。然后用水定容至 1000ml。

(3)浓硫酸。

(4)硝酸(1+1)溶液。

(5)盐酸羟胺 $\rho(NH_2OH \cdot HCl)=200g/L$:称取 200g 盐酸羟胺溶于适量水中,然后用水定容至 1000ml。该溶液常含有汞,应提纯。当汞含量较低时,采用巯基棉纤维管除汞法;当汞含量较高时,先按萃取除汞法除掉大量汞,再按巯基棉纤维管除汞法除尽汞。

2. 仪器准备

(1)聚乙烯瓶 1 个,容积在 250～300ml。采样前,所用聚乙烯瓶先用洗涤剂洗净,再用硝酸溶液(1+1)浸泡 24h 以上,然后用纯水冲洗干净。

(2)采水器 1 个。

(3)50ml 容量瓶 3 个。

【实验内容】

1. 样品的保存和制备

水样采集后盛于硬质玻璃瓶或聚乙烯塑料瓶中保存,采好样后应尽快送到实验室,实验室必须在 10 天内分析完毕。最少采样量 100ml。

2. 试料处理

近沸保温法:

该消解方法适用于地表水、地下水、工业废水和生活污水。

样品摇匀后,量取 100.0ml 样品移入 250ml 锥形瓶中。若样品中汞含量较高,可减少取样量并稀释至 100ml。同时做空白实验。

依次加入 2.5ml 浓硫酸,2.5ml 硝酸(1+1)溶液和 4ml 高锰酸钾溶液,摇匀。若15min内不能保持紫色,则需补加适量高锰酸钾溶液,以使颜色保持紫色,但高锰酸钾溶液总量不超过30ml。然后,加入 4ml 过硫酸钾溶液,插入漏斗,置于沸水浴中在近沸状态保温 1h,取下冷却。

测定前,边摇边滴加盐酸羟胺溶液,直至刚好使过剩的高锰酸钾及器壁上的二氧化锰全部褪色为止,待测。

【实验流程图】

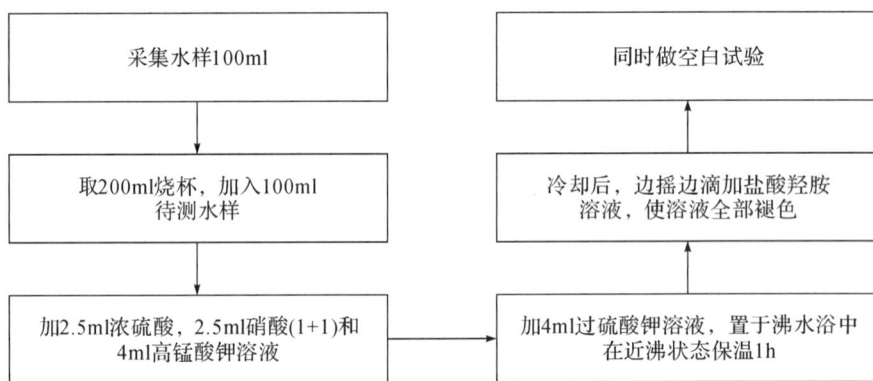

【实验注意事项】

锥形瓶在水浴锅中要注意防止倾倒。

【思考题】

为什么要加入盐酸羟胺？如果盐酸羟胺过量会对结果产生什么影响？

环节二　冷原子吸收分光光度计的使用

【实验目的】

1. 了解冷原子吸收分光光度计的原理与基本结构。

2.掌握冷原子吸收分光光度计测定水中总汞含量的实验方法。

【实验时间】

120min。

【实验准备】

1.试剂准备

(1)0.1μg/ml 汞标准液。

(2)10％氯化亚锡溶液。

2.仪器准备

(1)接上抽气泵,调节流量阀使流量稳定在 1.2L/min。

(2)仪器预热一段时间后(约 20～30min),调节调零电位器使数字显示 000。

【实验内容】

1.调节调零电位器使数字显示 000,按下保持钮。

2.打开翻泡瓶盖,用移液管在瓶内加入 0.3ml 浓度为 0.1μg/ml 的汞标液,再加入8ml蒸馏水、2ml 10％ 氯化亚锡溶液,随即盖好翻泡瓶,载气将瓶内的汞蒸气带入吸收池,电路记录吸收峰值,通过显示器显示,并被保持,调节显示调节钮,使显示的数值为 060。

3.按一下复零钮,使显示数值恢复到 000,再用同样的方法加 0.5ml 浓度为 0.1μg/ml的汞标液,调节线性电位器,使显示的数值为 100,上述校正最好重复进行 2～3 次,直至调准为止。旋下线性电位器保护套。

4.将经过消解处理的样品液取 8ml 加入翻泡瓶内,再加入 2ml 10％ 氯化亚锡溶液进行测定,查校正曲线得到浓度结果。

【实验流程图】

(1)仪器校正

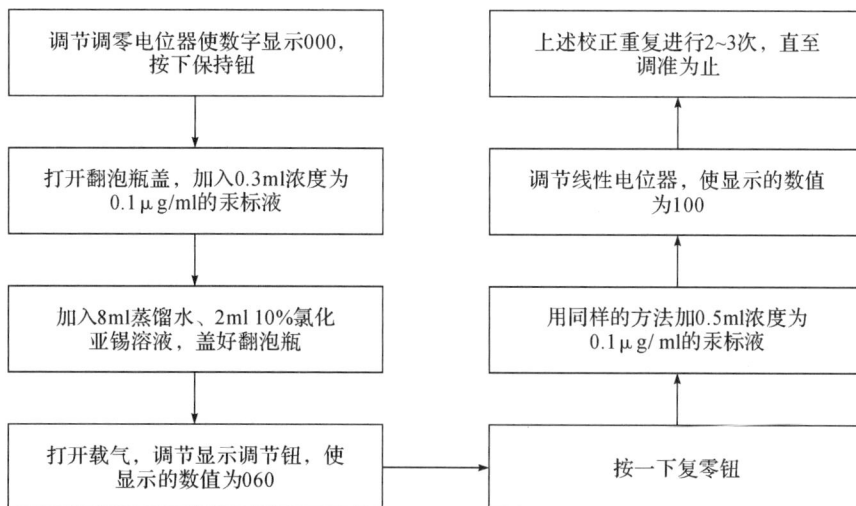

（2）样品测定

```
┌────────────────────────┐          ┌────────────────────────┐
│  经过消解处理的样品液取8ml  │          │  得到的电位值代入标准曲线，│
│     加入翻泡瓶内          │          │    再计算浓度结果         │
└────────────────────────┘          └────────────────────────┘
           │                                    ↑
           ↓                                    │
┌────────────────────────┐          ┌────────────────────────┐
│  再加入2ml 10%氯化亚锡溶液  │ ───────→ │   盖好翻泡瓶，打开载气     │
└────────────────────────┘          └────────────────────────┘
```

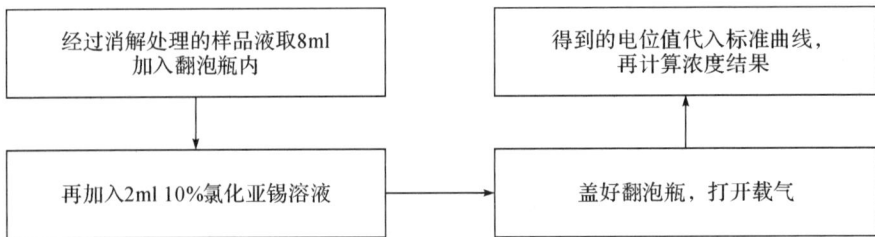

【实验注意事项】

1. 流量的选择：一般调定在 1.2L/min，但用户可在 1～2.5L/min 内改变。对本仪器来说，流量减小，能提高响应峰值，提高灵敏度，否则相反。

2. 在测量过程中，保持常规钮在保持状态时，测完一个样品，均要按复零钮使表头显示恢复到初始状态后，再进行下一个样品的测量。

3. 校正次数：原则上每做一次校正一次，但若环境温度变化不大（5℃以内）可省略，直接参照上一次的校正曲线便可。

【实验安全】

主要风险：废液的处理。

【思考题】

仪器校正时，只配制一种汞标准液（0.1μg/ml）（以下简称标样）。其他浓度的汞标准液通过改变标样在翻泡瓶内的加入量来实现，在翻泡瓶内加入 0.3ml 的标样（含 30ng 汞），瓶内再加 8ml 蒸馏水、2ml 氯化亚锡，则最终瓶内汞浓度约为多少？

实验记录
原子吸收光度法检验原始记录表

检验日期		检测方法依据		
仪器名称		实验环境	温度：	℃
水样取样量				
气体条件	空气工作压力：	MPa，流量：		L/min
样品序号	1		2	
测量浓度/$(\mu g \cdot ml^{-1})$				
样品稀释倍数 n				
样品浓度结果/$(mg \cdot L^{-1})$				
平均值/$(mg \cdot L^{-1})$				

续表

相对偏差/%		
结论		
质量控制方法简述		

灯　波长　nm　　　标准曲线
Hg

计算公式：

$$c = \frac{m}{V}$$

式中：c——实验室样品中汞浓度，mg/L；

　　　m——试料中的汞含量，μg；

　　　V——分取水样体积，ml。

实验评分标准

序号	考核项目	考核内容	分值	分配	评分标准	扣分
1	样品处理	消解操作	15	5	正确加入高锰酸钾、硫酸消解	
				5	盐酸羟胺溶液滴加褪色	
		定容操作		5	完成样液的定容	
2	标准溶液的配制	移液管操作	10	10	正确使用移液管。移液时未出现吸空现象，调节零刻度液面前处理管尖部，移液管最后靠壁	
3	试样的测定	仪器校正测定后的处理	40	5	正确调零	
				10	正确加入试剂	
				5	正确调节"调节"钮到指定数值	
				5	正确调节"线性"钮到指定数值	
				5	正确反复调整到准确	
		试样测定		10	正确按步骤测定试样溶液	
4	实验数据处理	标准曲线的绘制	20	5	正确绘制标准曲线，回归方程中参数数字修约正确	
		原始记录		10	正确使用计量单位，数据没有空项，数据没有涂改	
		样品结果计算		5	样品结果计算正确	
5	测定结果	测定结果准确度	10	5	|RE|≤10%	
		测定结果精密度		5	相对偏差≤20%	

续表

序号	考核项目	考核内容	分值	分配	评分标准	扣分
6	结束工作	整理	10	5	清洗、整理实验用仪器和台面	
		文明操作		5	无器皿破损、无仪器损坏	
7	实验时间		5	5	在规定时间内完成	

能力拓展六　水质阿特拉津的测定
（液相色谱法）

【项目所需时间】

4 学时。

【实验原理】

阿特拉津,又名莠去津、园去尽等。化学名称为 2-氯-4-二乙胺基-6-异丙胺基-1,3,5-三氮苯,分子式 $C_8H_{14}ClN_5$。阿特拉津为无色晶体,熔点 173～175℃,沸点 200℃,水中溶解度 33mg/L。阿特拉津结构中含有三个 N≡N 不饱和键,能产生电子跃迁,在紫外区形成强吸收带,其吸收强度与阿特拉津浓度成正比。

本方法采用二氯甲烷萃取水中阿特拉津,萃取液经无水硫酸钠脱水后,用浓缩器浓缩至近干,以甲醇定容,通过具有紫外检测器的高效液相色谱仪进行分离检测。以保留时间定性,色谱峰面积(峰高)外标法定量。本方法适用于地表水、地下水、生活污水和工业废水中阿特拉津的测定。当样品取样量为 100ml 时,阿特拉津的方法检出限为 $0.2\mu g/L$,测定下限为 $0.8\mu g/L$。

环节一　水样采集及处理

【实验目的】

熟悉试样的制备方法。

【实验时间】

120min。

【实验准备】

1.试剂准备

本标准所用试剂除另有说明外,均使用符合国家标准或专业标准的分析纯试剂和去离子水或同等纯度的水。

（1）甲醇：HPLC 级。

（2）二氯甲烷：农残级。

（3）无水硫酸钠：在 400℃灼烧 4h,冷却后密闭保存在玻璃瓶中。

（4）氯化钠。

2.仪器准备

（1）振荡器：可调速。

（2）浓缩装置：旋转蒸发装置。

（3）分液漏斗：250ml,每组 1 个。

（4）一般实验室常用仪器。

【实验内容】

1.样品采样及保存

采集水样 100ml 置于棕色玻璃容器中。采样前用待测水样将样品瓶清洗 2～3 次。采样后,水样应充满样品瓶并加盖密封,置于 4℃冰箱内避光保存。采样后应在 7d 内对样品进行萃取,萃取液在 40d 内分析完毕。

2.样品预处理

（1）提取：取 100ml 配制的水样于 250ml 分液漏斗中,加入 5g 氯化钠摇匀,溶解后加入 10ml 二氯甲烷,于振荡器上充分振摇 5min。注意手动振摇放气,静置分层后,转移出有机相,再加入 10ml 二氯甲烷萃取,分层,合并有机相,并用无水硫酸钠脱水干燥。

（2）浓缩和更换溶剂：采用浓缩装置将萃取液或净化洗脱液浓缩至近干,用甲醇定容至 1.00ml。过 0.45μm 滤膜,供色谱分析用,试样保存在 4℃的冰箱中,在 40d 内分析完毕。

（3）空白试样：在对样品进行预处理同时,用蒸馏水替换水样,采用上述相同步骤制备空白试样。

【实验流程图】

```
┌─────────────────────────┐        ┌─────────────────────────┐
│  采集水样100ml置于250ml    │        │  用蒸馏水代替水样,用上述相同  │
│      分液漏斗              │        │    步骤制备空白试样          │
└────────────┬────────────┘        └────────────▲────────────┘
             │                                   │
             ▼                                   │
┌─────────────────────────┐        ┌─────────────────────────┐
│  依次加入5g氯化钠和10ml二氯甲烷│        │   过0.45μm滤膜,供色谱分析用   │
│      重复萃取两遍           │        │                         │
└────────────┬────────────┘        └────────────▲────────────┘
             │                                   │
             ▼                                   │
┌─────────────────────────┐        ┌─────────────────────────┐
│  分液收集有机相,并用无水硫酸钠  │───────▶│  过滤浓缩至近干,用甲醇定容    │
│      脱水干燥              │        │     至1.00ml             │
└─────────────────────────┘        └─────────────────────────┘
```

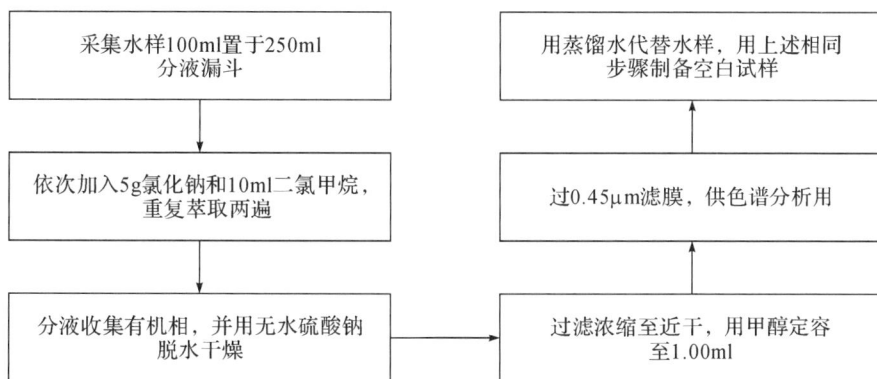

【实验注意事项】

1.如果萃取过程中出现乳化现象,可采用机械手段完成两相分离,包括搅动、离心、超声等方法破乳,也可采用冷冻的方法破乳。

2.苯、石油醚、二氯甲烷和三氯甲烷都可作为萃取剂对样品进行萃取。从色谱图上看,萃取剂为三氯甲烷时,阿特拉津出峰前有一个很大的干扰峰,影响阿特拉津的辨别。从萃取效果来看,用二氯甲烷最好,其溶剂沸点低,浓缩时间短,减少浓缩过程中目标化合物的损失。

3.萃取时,在水样中加入5%的氯化钠能降低阿特拉津在水中的溶解度,提升萃取率,但加入量过多反而会降低阿特拉津的萃取率。

4.萃取液在浓缩时,浓缩状态不同,会直接影响阿特拉津的回收效果。当溶剂不转换,尽管目标化合物的回收影响不大,但是进样溶剂与流动相不匹配,会影响色谱出峰时间及峰形。样品在制备中应注意,萃取液浓缩至近干时,应立即定容,否则阿特拉津会有较大损失。浓缩状态见表3-3。

表3-3　浓缩状态表

化合物	萃取液直接浓缩定容至1.0ml	萃取液浓缩至近干,加甲醇,定容至1.0ml	萃取液浓缩至0.5ml,加10ml甲醇,浓缩定容至1.0ml	浓缩干透,加1.0ml甲醇,定容至1.0ml
阿特拉津回收率	91.5%	86.6%	62.9%	56.8%

【思考题】

阿特拉津萃取液浓缩至近干后,为何需要立刻定容?

环节二　水样的测定

【实验目的】

熟悉高效液相色谱仪测定阿特拉津的方法步骤,了解高效液相色谱仪的工作原理、测定方法优化原则。

【实验时间】

120min。

【实验准备】

1.试剂准备

(1)甲醇:液相色谱纯。

(2)阿特拉津标准溶液,$\rho=100.0mg/L$,市售有证阿特拉津标准溶液,浓度为100.0mg/L,介质为甲醇。在4℃冰箱中保存。

(3)阿特拉津标准贮备溶液,$\rho=10.0mg/L$。正确吸取$\rho=100.0mg/L$阿特拉津标准溶液1.00ml于10ml容量瓶中,用甲醇稀释至标线,在4℃冰箱中保存。

2. 仪器准备

(1)高效液相色谱仪：具有可调波长的紫外检测器或二极管阵列检测器。

(2)色谱柱：选用反相 ODS 柱即十八烷基硅烷化学键合相色谱柱（参考），规格 200mm（柱长）×4.6mm（内径），5.0μm（粒径）。

3. 色谱条件

柱温为 40℃，流动为甲醇：水＝70：30（体积分数），流速为 0.8ml/min，紫外检测波长为 225nm。待测样品经 0.45μm 滤膜过滤，仪器稳定平衡后进样 10μL。

【实验内容】

1. 标准曲线的绘制

(1)标准系列的制备：根据所确定的色谱条件，分别移取 10mg/L 的阿特拉津标准贮备液 0.3ml、0.5ml、1.0ml、5.0ml、10.0ml 于 100ml 容量瓶中，用甲醇稀释配制成浓度为 0.030mg/L、0.050mg/L、0.100mg/L、0.500mg/L 和 1.00mg/L 的标准系列曲线。

(2)初始标准曲线：通过自动进样器或样品定量环分别移取 5 种浓度的标准使用液 10μL，注入液相色谱，得到不同浓度的阿特拉津的色谱图。采用外标法测定，以阿特拉津浓度对峰面积绘制标准曲线。标准曲线的相关系数≥0.999，否则重新绘制标准曲线。

2. 样品的测定

取 10μL 待测样品注入高效液相色谱仪中。记录色谱峰的保留时间和峰高（或峰面积）。

3. 空白实验

在分析样品的同时，应做空白实验，即用蒸馏水代替水样，按与样品测定相同步骤分析，检查分析过程中是否有污染。

【实验流程图】

```
┌─────────────────────────┐          ┌─────────────────────────┐
│ 分别移不同体积10mg/L的阿特拉 │          │   用蒸馏水代替水样，         │
│ 津标准贮备液于容量瓶         │          │   完成空白试验             │
└───────────┬─────────────┘          └───────────△─────────────┘
            │                                    │
            ▼                                    │
┌─────────────────────────┐          ┌─────────────────────────┐
│ 用甲醇稀释成不同浓度的标准溶液 │          │  取待测样品注入液相色谱仪中，  │
│                         │          │  记录色谱图               │
└───────────┬─────────────┘          └───────────△─────────────┘
            │                                    │
            ▼                                    │
┌─────────────────────────┐          ┌─────────────────────────┐
│ 将5种浓度的标准溶液注入液相    │          │ 采用外标法测定，以阿特拉津浓度 │
│ 色谱，记录标准溶液色谱图  ─────┼─────────▶│ 对峰面积绘制标准曲线         │
└─────────────────────────┘          └─────────────────────────┘
```

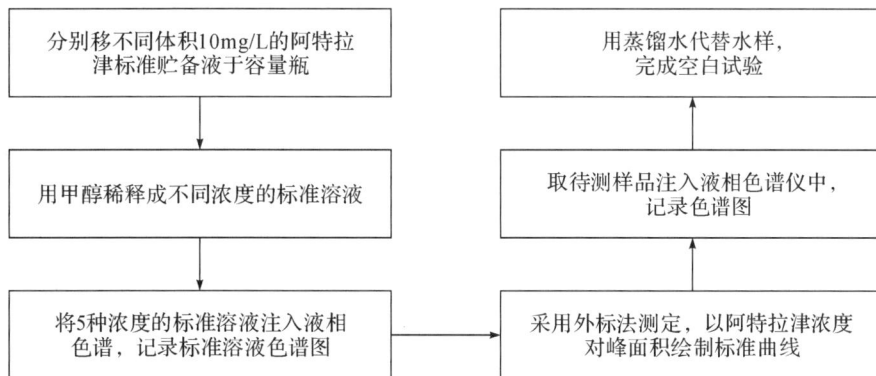

【仪器使用示意图】

见图 3-7 和图 3-8。

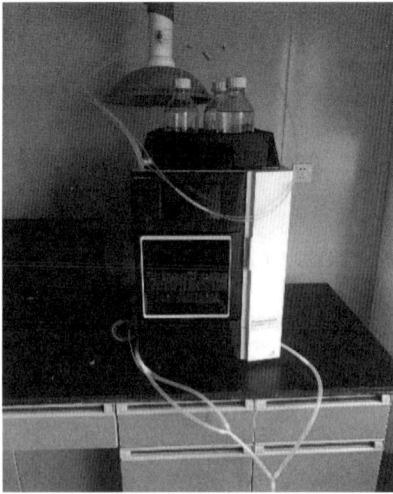

图 3-7　高效液相色谱仪

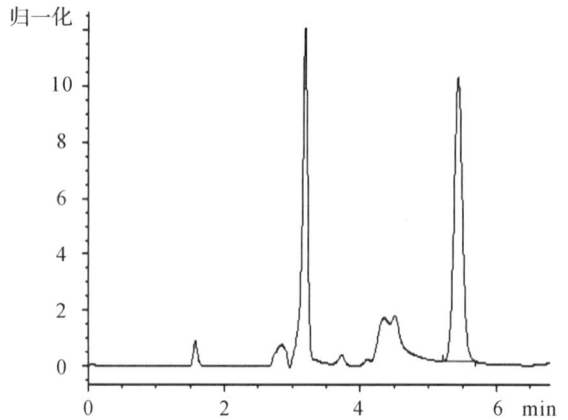

图 3-8　阿特拉津标准色谱图（参考）

【实验注意事项】

1．标准样品进样体积与试样体积相同，标准样品浓度应接近试样的浓度。

2．标准样品和试样尽可能同时分析，直接与单个标样比较以测定浓度。

【实验安全】

主要风险1：所用有机溶剂甲醇、二氯甲烷有毒性，正己烷易燃，均为易挥发性试剂，操作时必须遵守有关规定，重蒸馏有机溶剂必须在通风柜中进行，严禁明火。

主要风险2：分析的阿特拉津为致癌物，因此要有保护措施。用过的废液集中处理后排放。

【思考题】

高效液相色谱有哪几种定量方法？其中哪种是比较精确的定量方法？简述之。

实验记录

阿特拉津检验记录表

样品名称				
检测方法依据		检验日期		
仪器名称及编号		样品前处理		
流动相		分析柱		
检测波长		柱温/℃		

标准系列序号：　　　　　　　　　1　　　2　　　3　　　4

阿特拉津标准浓度(mg/L)：

阿特拉津峰面积：

计算阿特拉津回归方程			
样品序号	阿特拉津峰面积	试液中阿特拉津测定浓度（μg/ml）	水样中阿特拉津测定浓度（μg/L）
1			
2			
3			
质量控制方法简述			

计算公式：

$$\rho = \frac{m \times V_t}{V_s} \times 1000$$

式中：ρ——水样中阿特拉津的质量浓度，μg/L；

m——从校准曲线上查出的阿特拉津的质量浓度，μg/ml；

V_t——萃取液浓缩定量后的体积，ml；

V_s——被萃取水样的体积，L。

实验评分标准

序号	考核项目	考核内容	分值	分配	评分标准	扣分
1	样品处理	萃取操作	20	5	正确量取水样	
				5	正确使用分液漏斗	
		萃取液浓缩操作		5	浓缩操作正确	
				5	定容体积准确	
2	操作过程	色谱条件的选择	35	5	正确设置采集时间	
				5	正确设置检测器波长	
				5	正确选择流动相和设置流动相流速	
		检验操作		5	正确设置样品信息	
				5	正确取样	
				5	正确进样	
				5	正确关机	

续表

序号	考核项目	考核内容	分值	分配	评分标准	扣分
3	实验数据处理	标准曲线的绘制	15	5	正确绘制标准曲线,回归方程中参数数字修约正确	
		原始记录		5	正确使用计量单位,数据没有空项,数据没有涂改	
		样品结果计算		5	样品结果计算正确	
4	测定结果	标准曲线线性	15	5	相关系数 $\gamma \geqslant 0.999$	
		测定结果准确度		5	$|RE| \leqslant 10\%$	
		测定结果精密度		5	相对标准偏差 $\leqslant 20\%$	
5	结束工作	整理	10	5	清洗、整理实验用仪器和台面	
		文明操作		5	无器皿破损、无仪器损坏	
6	实验时间		5	5	在规定时间内完成	

项目四

环境空气质量监测

空气污染直接影响着人们的日常生活,会增加中风、心脏病、肺癌以及慢性和急性呼吸道疾病,包括哮喘导致的疾病负担。解决空气污染问题、营造健康生活环境,是贯彻落实"健康可持续发展"的重要举措。

2013 年初,我国东部地区出现长时间大范围重污染天气,多地空气质量指数(AQI)"爆表",北京部分监测站点 PM2.5 小时浓度超过 $800\mu g/m^3$,对公众健康和社会发展造成了极大影响。为切实改善环境空气质量,2013 年 9 月,国务院发布实施《大气污染防治行动计划》(简称"大气十条")。

"大气十条"实施成效显著。2013 年以来,我国在经济持续快速增长、能源消费量持续增加的情况下,环境空气质量总体明显改善。2018 年,全国国内生产总值(GDP)相比 2013 年增长 39%,能源消费量和民用汽车保有量分别增长 11% 和 83%,而多项主要大气污染物浓度实现了大幅下降。

目前,我国环境空气质量预报技术达到世界先进水平,初步建成国家—区域—省级—城市四级空气质量预报体系,区域和省级基本具备 7~10 天空气质量预报能力,准确率达到 80% 以上,为重污染天气应对和重大活动环境质量保障提供了有力支撑。

任务一　环境空气样品采集

一　空气采样方法和采样仪器

(一)大气中有害物质的存在状态

大气中污染物大致可分为气态和气溶胶两大类。

1. 气态

某些污染物质因其化学性质不稳定、沸点低等因素的影响,在常温常压下以气体形式分散在大气中。常见的气态污染物有 CO、SO_2、NO_x、Cl_2 和苯等。

2. 气溶胶

有害物质的固体微粒或液体微粒逸散于空气中以多种状态同时存在的分散系称为气溶胶。有雾、烟和尘三类气溶胶。雾为液态,由气体蒸发至空气后遇冷凝聚而成。烟和尘均为固态,前者由固态物质受热蒸发至空气中遇冷凝聚而成,后者是固态物质因机械粉碎或爆破时产生的微粒,能长期悬浮于空气中。

(二)大气采样方法

上述采样方法可归纳为直接采样法和浓缩采样法两类。

1. 直接采样法

当空气中被测组分浓度较高,或者所选用分析方法的灵敏度较高时,采用直接采样法采取少量空气样品就可满足分析需要。

(1)注射器采样

注射器(见图 4-1)通常由玻璃、塑料等材质制成,采样前根据方法要求选择。一般用 50ml 或 100ml 带有惰性密封头的注射器。

事先检查注射器的气密性并校正刻度。采样时,移去注射器的密封头,抽吸现场空气 3~5 次,然后抽取一定体积的气样,密封后将注射器进口朝下、垂直放置,使注射器的内压略大于大气压。做好样品标识。

(2)塑料袋采样

气袋适用于采集化学性质稳定、不与气袋起化学反应的低沸点气态污染物(见图 4-2)。气袋常用的材质有聚四氟乙烯、聚乙烯、聚氯乙烯和金属衬里(铝箔)等。根据监测方法标准要求和目标污染物性质等选择合适的气袋。

气袋采样方式可分真空负压法和正压注入法。真空负压法采样系统由进气管、气袋、真空箱、阀门和抽气泵等部分组成。正压注入法用双联球、注射器、正压泵等器具通过连接管将样品气体直接注入气袋中。

采样时,在采样现场首先对采气袋用空气冲洗 3~5 次,然后采样,用乳胶帽封口,做好标识,尽快送检分析。

图 4-1 注射器

图 4-2 塑料袋

(3)真空瓶采样

用耐压玻璃或不锈钢瓶,事先抽真空至 133 Pa 左右,将真空瓶携带至采样现场。打开瓶阀采气,然后关闭阀门,迅速送检。

2.浓缩采样法

当空气中被测组分浓度较低,需浓缩后方能满足分析方法的要求时应用此法。

(1)溶液吸收采样法

溶液吸收采样法适用于二氧化硫、二氧化氮、氮氧化物、臭氧等气态污染物的样品采集。

使用动力装置使空气通过装有吸收液的吸收管时,空气中的被测组分经气液界面浓缩于吸收液中,常用于采集气态或蒸汽态的污染物。

常用的吸收液有水、水溶液和有机溶剂等,选择吸收液时应考虑到以下几点:被测物质在吸收液中溶解度大,化学反应速度快。被测组分在吸收液中要有足够的稳定时间。选择吸收液还要考虑到下一步化学反应,应与以后的分析步骤紧密衔接起来。吸收液要价廉易得。

(2)滤膜采样法

滤膜采样法适用于总悬浮颗粒物、可吸入颗粒物、细颗粒物等大气颗粒物的质量浓度监测及成分分析,以及颗粒物中重金属、苯并[a]芘、氟化物(小时和日均浓度)等污染物的样品采集。

它是使用动力装置使空气通过滤料,通过机械阻留、吸附等方式采集空气中的气溶胶。常用的滤料有玻璃纤维滤料、有机合成纤维滤料、微孔滤膜和浸渍试剂滤料等。

针对空气中被测组分选择合适的滤料是一个关键性的问题,通常应考虑以下几个方面的要求:

①所选用的滤料和采样条件要能保证有足够高的采样效率。

②滤料的种类,如分析空气中无机元素应选用有机滤料(因本底值低),而分析空气中有机成分时,应选用无机玻璃纤维滤料。

③滤料的阻力要尽量小,这样可提高采样速度,且易解决动力问题。

④滤料的机械强度、本身重量以及价格等也要考虑。

(3)吸附管采样法

吸附管采样法适用于汞、挥发性有机物等气态污染物的样品采集。

吸附管为装有各类吸附剂的普通玻璃管、石英管或不锈钢管等。常见的固体吸附剂有活性炭、硅胶和有机高分子等吸附材料。

空气通过装有固体吸附剂的采样管时,被测组分被固体吸附剂吸附而被浓缩,送实验室后,经解吸作用后分析测定。

该法的主要特点是有较好的采样效率,且稳定时间较长,可长时间采用。

(三)采样仪器

大气采样设备通常由样本收集器和动力装置所组成。

1.收集器

根据被测组分在空气中的存在状态,选择合适的收集器,现介绍几种常用的收集器。

(1)液体吸收管

①气泡吸收管:分普通型和直筒型两种。普通型吸收管内可装 10ml 吸收液,采气流量

为 0.5～1.5L/min。直筒型吸收管可装 50ml 吸收液,采气流量 0.2L/min,用于 24 小时采样。如图 4-3 所示。

②多孔玻板吸收管:分普通型和大型两种。普通型装入 10ml 吸收液,采气流量为 0.1～1L/min,用于短时间采样;大型装 50ml 吸收液,采气流量为 0.1～1L/min,用于 24 小时采样。多孔玻板吸收管的优点是增加了气液接触界面,提高了吸收效率。如图 4-4 所示。

③冲击式吸收管:分小型和大型两种。小型管可装 10ml 吸收液,采气流量为 2.8L/min;大型管可装 50～100ml 吸收液,采气流量为 28L/min。

主要适用于采集气溶胶状物质。采样效率主要取决于中心管嘴尖大小(决定气流冲击速度)及其与瓶底的距离。如图 4-5 所示。

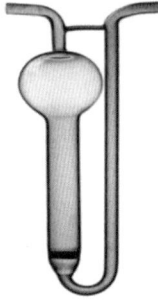

图 4-3　气泡吸收管　　　　图 4-4　U 形多孔玻板吸收管　　　　图 4-5　冲击式吸收管

(2)填充柱采样管

用一个内径 3～6mm、长 60～150mm 的玻璃管或内径 5mm、长 178mm、内壁抛光的不锈钢管,内装涂以某种化学吸附剂的颗粒状或纤维状担体,采气流量 0.1～0.5L/min,采用时间根据被测对象及吸附剂性质而定,对于不同被测组分的采集,吸附剂的选择是关键。

(3)低温冷凝浓缩采样瓶

在特制的低温瓶内,装入制冷剂,将装有吸附剂的 U 形采样管插入冷阱中,采用的流量和时间根据被测组分、吸附剂性质及其他相关条件而定,主要用于低沸点气态物质的采集。

2. 采样器

以下介绍几种常用的采样器。

(1)小流量气体采样器:常用的小流量气体采样器的流量范围为 0.1～0.3L/min,其体积小,便于携带至现场使用,能用于多种气态或气溶胶空气污染物采样。

(2)小流量可吸入颗粒采样器:采样流量范围 1～30L/min。

(3)大流量颗粒物采样器:流量范围 $1.1～1.7m^3/min$。用于测定空气中总悬浮颗粒物。

(4)个体采样器:用于评价个体对污染物的接触量,按其工作原理,分为主动式与被动式两类。

主动式个体采样器由样品收集器、流量计、抽气泵与电源几部分组成,是一种随身携带的微型采样装置,技术要求:重量不大于 550g,体积上长度≤150mm,宽度≤75mm,厚≤50mm,连续采样时间≥8h,流量可达 2.8L/min,功率损失<20%,携带方便等。

被动式个体采样器无动力装置,污染物通过扩散或渗透作用与采样器中的吸收介质反应,以达到采样的目的,按作用原理分为扩散式个体采样器和渗透式个体采样器。这些采样器体积小、重量轻、结构简单、使用方便、价格低廉,是一类新型的采样工具,适用于气态污染物采样。

3.现场监测仪

这类仪器可用于对现场某种被测组分直接测定,如 CO 监测仪、可吸入颗粒物计数仪等,这类快捷的监测方法是未来发展的方向。

二　大气采样点的选择

(一)点位布设数量

1.环境空气质量评价城市点

采样点的数目设置是一个与精度要求和经济投资相关的效益函数,应根据监测范围大小、污染物的空间分布特征、人口分布密度、气象、地形、经济条件等因素综合考虑确定。国家环境保护行政主管部门规定,各城市环境空气质量评价城市点的最少监测点位数量应符合表 4-1 的要求。当按建成区城市人口和建成区面积确定的最少监测点位数不同时,取两者中的较大值。

表 4-1　环境空气质量评价城市点设置数量要求

建成区城市人口/万人	建成区面积/km²	最少监测点数
<25	20	1
25～50	20～50	2
50～100	50～100	4
100～200	100～200	6
200～300	200～400	8
>300	>400	按每 50～60km² 建成区面积设 1 个监测点,并且不少于 10 个点

2.环境空气质量评价区域点、背景点

区域点的数量由国家环境保护行政主管部门根据国家规划,兼顾区域面积和人口因素设置。各地方可根据环境管理的需要,申请增加区域点数量。

背景点的数量由国家环境保护行政主管部门根据国家规划设置。

3.污染监控点

污染监控点的数量由地方环境保护行政主管部门组织各地环境监测机构根据本地区环境管理的需要设置。

(二)监测点的分布

1. 环境空气质量评价城市点

位于各城市的建成区内,并相对均匀分布,覆盖全部建成区。全部城市点的污染物浓度的算术平均值应代表所在城市建成区污染物浓度的总体平均值。

可以利用城市加密网格点实测法,将城市建成区均匀划分为若干加密网格点,单个网格不大于 2km×2km(面积大于 200km² 的城市也可适当放宽网格密度),在每个网格中心或网格线的交点上设置监测点,了解所在城市建成区的污染物整体浓度水平和分布规律。

也可利用模式模拟计算法,通过污染物扩散、迁移及转化规律,预测污染分布状况进而寻找合理的监测点位的方法。

2. 环境空气质量评价区域点、背景点

区域点和背景点应远离城市建成区和主要污染源,区域点原则上应离开城市建成区和主要污染源 20km 以上,背景点原则上应离开城市建成区和主要污染源 50km 以上。

区域点应根据我国的大气环流特征设置在区域大气环流路径上,反映区域大气本底状况,并反映区域间和区域内污染物输送的相互影响。

背景点设置在不受人为活动影响的清洁地区,反映国家尺度空气质量本底水平。

3. 污染监控点

污染监控点依据排放源的强度和主要污染项目布设,应设置在源的主导风向和第二主导风向(一般采用污染最重季节的主导风向)的下风向的最大落地浓度区内,以捕捉到最大污染特征为原则进行布设。

对于固定污染源较多且比较集中的工业园区等,污染监控点原则上应设置在主导风向和第二主导风向(一般采用污染最重季节的主导风向)的下风向的工业园区边界,兼顾排放强度最大的污染源及污染项目的最大落地浓度。

(三)监测点周围环境和采样口设置的具体要求

1. 监测点周围环境

(1)点式监测仪器采样口周围,监测光束附近或开放光程监测仪器发射光源到监测光束接收端之间不能有阻碍环境空气流通的高大建筑物、树木或其他障碍物。从采样口或监测光束到附近最高障碍物之间的水平距离,应为该障碍物与采样口或监测光束高度差的两倍以上,或从采样口至障碍物顶部与地平线夹角应小于30°。

(2)采样口周围水平面应保证270°以上的捕集空间,如果采样口一边靠近建筑物,采样口周围水平面应有180°以上的自由空间。

2. 采样口设置

(1)对于手工采样,其采样口离地面的高度应在 1.5～15m 范围内。

(2)对于自动监测,其采样口或监测光束离地面的高度应在 3～20m 范围内。

(3)在保证监测点具有空间代表性的前提下,若所选监测点位周围半径 300～500m 范围内建筑物平均高度在 25m 以上,无法按满足(1)、(2)条的高度要求设置时,其采样口高度可以在 20～30m 范围内选取。

（4）在建筑物上安装监测仪器时，监测仪器的采样口离建筑物墙壁、屋顶等支撑物表面的距离应大于 1m。

（5）对于环境空气质量评价城市点，采样口周围至少 50m 范围内无明显固定污染源。

三　采样频次和采样时间

（一）小时浓度间断采样频率

获取环境空气污染物小时平均浓度时，如果污染物浓度过高，或者使用直接采样法采集瞬时样品，应在 1h 内等时间间隔采集 3～4 个样品。

（二）被动采样时间及频率

污染物被动采样时间及采样频率应根据监测点位周围环境空气中污染物的浓度水平、分析方法的检出限及监测目的确定。监测结果可代表一段时间内待测环境空气中污染物的时间加权平均浓度或浓度变化趋势。

硫酸盐化速率及氟化物（长期）采样时间为 7～30d，但要获得月平均浓度，样品的采样时间应不少于 15d。降尘采样时间为（30±2）d。

四　标准采样体积计算

气体体积随温度和空气压力的变化而不同，现场采样温度和空气压力各不相同，为使结果具有可比性，我国《环境空气质量标准》（GB 3095—2012）规定采样体积采用标准状态（0℃，101.325kPa）下的体积。将现场状态下的采样体积换算成标准状态下的采样体积，其换算的公式为

$$V_n = Q_n \times t = Q \times t \times \frac{P \times 273.15}{101.325 \times T}$$

式中：V_n——标准状况下采样体积，L；

Q_n——标准状况下的采样流量，L/min；

t——采样时间，min；

Q——实际采样流量，L/min；

P——采样时的环境大气压，kPa；

T——采样时环境的温度，K。

【例】　空气采样时，现场气温为 18℃，大气压力为 85.3kPa，实际采样体积为 450ml。问标准状态下的采样体积是多少？（在此不考虑采样器的阻力）

　解　$V_0 = \dfrac{0.45 \times 273 \times 85.3}{(273+18) \times 101.3} = 0.36(L)$

任务二　大气中二氧化硫的测定

一　概述

(一)性质、来源及危害

二氧化硫又名亚硫酸酐,分子量 64.06,为无色气体,具有强烈的刺激性臭味,沸点 10℃,熔点 76.1℃,对空气的相对密度 2.26,易溶于水,在 20℃时,1 体积水中大约能溶解 40 体积的二氧化硫,二氧化硫也可溶于乙醇和乙醚。

二氧化硫具有酸性氧化物的通性、弱漂白性、氧化性和还原性。在亚铁和锰等金属离子的催化下,空气中的 SO_2 进一步氧化生成 SO_3,SO_3 化学性质活泼,毒性比 SO_2 大 10 倍左右,可溶于空气的水分中形成硫酸,并以气溶胶的状态存在。

环境空气中二氧化硫来源于自然界和人为污染两个方面。沼泽、洼地、大陆架等地方排入大气的硫化氢,经氧化生成二氧化硫,火山爆发时产生大量二氧化硫。燃料燃烧、工业生产等活动也向空气排放 SO_2 气体,如火力发电厂、硫酸及硫酸盐制造、漂白、制冷、熏蒸消毒杀虫等生产过程中,特别是熔炼硫化矿石或燃烧含硫燃料(如石煤、焦炭、页岩、硫化石油)排放的烟气是空气中二氧化硫污染的主要来源。

二氧化硫进入人体呼吸道后,因易溶于水,故大部分被阻滞在上呼吸道,在湿润的黏膜上生成具有腐蚀性的亚硫酸、硫酸和硫酸盐,使刺激作用增强,当浓度达到 10～15ppm 时,呼吸道纤毛运动和黏膜的分泌功能受到抑制,浓度达到 20ppm 时引起咳嗽,浓度达到 100ppm 时,支气管和肺部将出现明显的刺激症状,使肺部组织受损,浓度达到 400ppm 时,使人产生呼吸困难。当 SO_2 与烟尘共同存在时的联合危害作用比 SO_2 单独存在时大得多。吸附在可吸入颗粒物上的 SO_2 可进入肺深部,毒性增加 3～4 倍。

二氧化硫是大气主要污染物之一,在空气中,SO_2 溶于水汽形成亚硫酸酸雾,经氧化成为硫酸雾。SO_2 也可以先被可吸入颗粒物中的三氧化铁等金属氧化物催化氧化成 SO_3,或者先被自由基氧化成 SO_3,溶于水汽后再形成硫酸雾,硫酸雾凝成大颗粒后形成酸雨。酸雾和酸雨对生态环境和工业生产都会造成严重的危害,长期的酸雨作用还将对土壤和水质产生不可估量的损失。

(二)环境质量标准要求

《环境空气质量标准》(GB 3095—2012)规定一级标准二氧化硫小时浓度限值为 $150\mu g/m^3$,二级标准二氧化硫小时浓度限值为 $500\mu g/m^3$。

二　测定方法

测定空气中二氧化硫的方法很多,最常用的有定电位电解法、紫外荧光法和分光光度法等(见表 4-2)。

表 4-2　环境空气中 SO_2 几种测定方法主要优缺点比较

分析方法	主要优缺点	适用范围	干扰因子
副玫瑰苯胺分光光度法	灵敏度高、吸收效率高、吸收液毒性小	短时采样和 24h 连续采样	NO_x、O_3、Mn^{2+} 等重金属离子
四氯汞钾分光光度法	灵敏度高、选择性好、吸收液毒性大	短时采样和 24h 连续采样	NO_x、O_3、Mn^{2+} 等重金属离子
溶液电导法	仪器结构简单	适用于间歇测定	HCl、Cl_2、NO_x 等正干扰，NH_3 负干扰
电化学法	灵敏度、精密度较高、选择性较差	连续自动监测	能与 I_2、Br_2 分子反应的物质都有干扰
紫外荧光法	灵敏度高、选择性好、不消耗化学试剂	广泛适用于自动监测	主要干扰物为水及芳烃类有机物

我国现行的《环境空气　二氧化硫的测定　甲醛吸收-副玫瑰苯胺分光光度法》(HJ 482—2009)和工作场所空气中二氧化硫测定的标准方法都采用了甲醛吸收-副玫瑰苯胺分光光度法。

(一)甲醛吸收-副玫瑰苯胺分光光度法

1. 测定原理

空气中的二氧化硫被甲醛缓冲溶液吸收后，生成稳定的羟甲基磺酸。在碱性条件下，羟甲基磺酸与盐酸副玫瑰苯胺($C_{19}H_{18}N_3Cl \cdot 3HCl$，简称 PRA，俗称副品红)反应，生成紫红色的化合物。具体反应如下：

$$SO_2 + H_2O \longrightarrow H_2SO_3$$

$$H_2SO_3 + HCHO \longrightarrow HOCH_2SO_3H$$

盐酸副玫瑰苯胺

该紫红色的化合物在 577nm 处有最大吸收,其吸光度与 SO_2 含量成正比。

当使用 10ml 吸收液,采样体积为 30L 时,测定空气中二氧化硫的检出限为 $0.007mg/m^3$,测定下限为 $0.028mg/m^3$,测定上限为 $0.667mg/m^3$。当使用 50ml 吸收液,采样体积为 288L,试份为 10ml 时,测定空气中二氧化硫的检出限为 $0.004mg/m^3$,测定下限为 $0.014mg/m^3$,测定上限为 $0.347mg/m^3$。

2. 注意事项

(1)氮氧化物、臭氧及锰、铜、铬等离子对测定有干扰。样品放置 20min,可使臭氧分解氮氧化物与水作用可生成亚硝酸,干扰显色反应,应加入氨基磺酸钠消除氮氧化物的干扰。

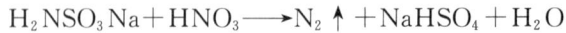

$$H_2NSO_3Na + HNO_3 \longrightarrow N_2 \uparrow + NaHSO_4 + H_2O$$

$5\mu g$ 以下的 Mn^{2+} 以及 $50\mu g$ 以下的 Ca^{2+}、Mg^{2+}、Cr^{3+}、Cu^{2+} 不干扰测定,但含量高时干扰测定,吸收液中加入磷酸及环己二胺四乙酸二钠盐(CDTA-2Na)可以消除或减少金属离子的干扰。$0.5\mu g$ 的 Cr^{6+} 产生负干扰,因此,应避免用铬酸洗液清洗玻璃仪器。若已用硫酸-铬酸洗液洗涤过,则需用盐酸溶液(1+1)浸洗,再用水充分洗涤。

(2)吸收液为甲醛-CDTA-2Na-邻苯二甲酸氢钾缓冲液。采样时吸收液的最佳温度范围是 23~29℃。

(3)样品在采集、运输、存储过程中,避免日光直射,否则吸收的二氧化硫急剧减少。

(4)显色剂加入方式对吸光度影响很大,一定要按操作步骤进行。

(5)如果样品溶液的吸光度超过标准曲线的上限,可用试剂空白液稀释,在数分钟内再测定吸光度,但稀释倍数不要大于 6。

(6)在给定条件下校准曲线斜率应为 0.042 ± 0.004。

(7)显色温度与室温之差不应超过 3℃。根据季节和环境条件按表 4-3 选择合适的显色温度与显色时间。

表 4-3 显色温度与显色时间

显色温度/℃	10	15	20	25	30
显色时间/min	40	25	20	15	5
稳定时间/min	35	25	20	15	10
试剂空白吸光度	0.030	0.035	0.040	0.050	0.060

(二)紫外荧光法

1. 测定原理

样品空气以恒定的流量通过颗粒物过滤器进入仪器反应室,波长为 200~220nm 的紫外光激发二氧化硫分子使其处于激发态,二氧化硫分子从激发态衰减返回基态时产生 240~420nm 的荧光,荧光强度被带滤光片的光电倍增管得,荧光强度与二氧化硫浓度成正比,根据荧光强度确定二氧化硫浓度(见图 4-6)。测定范围为 $0 \sim 1000\mu g/m^3$。

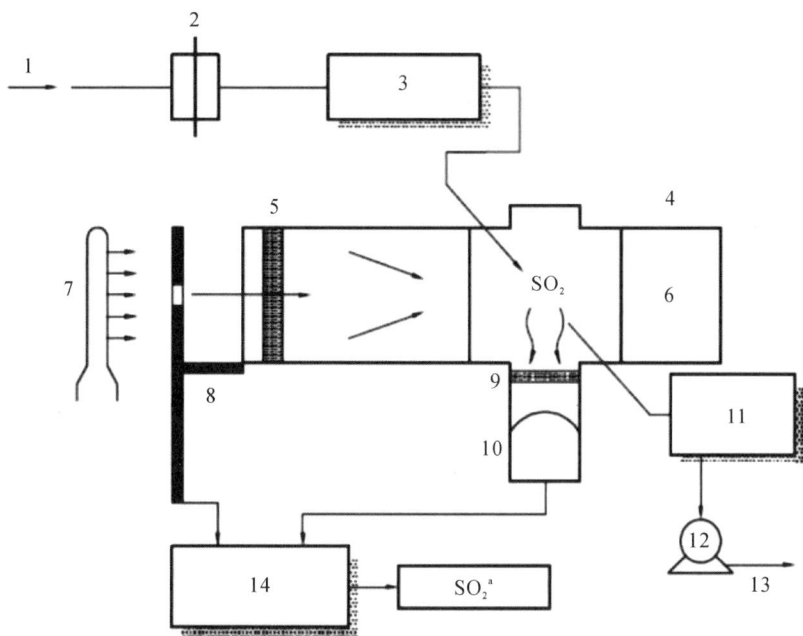

1—样品空气；2—颗粒物过滤器；3—干扰物质去除管；4—反应室；5—光学滤波器；

6—光线捕集器；7—紫外灯；8—调幅器；9—光学滤波器；10—光电倍增管；

11—流量控制器和流量计；12—抽气泵；13—废气；14—放大器。

图 4-6　紫外荧光法二氧化硫仪器示意图

2. 测定步骤

(1)根据当地不同季节二氧化硫实际浓度水平来确定仪器量程。当二氧化硫浓度低于量程的 20％时,应选择更低量程。

(2)将零气通入仪器,读数稳定后,调整仪器输出值等于零。

(3)将浓度为量程 80％ 的标准气体通入仪器,读数稳定后,调整仪器输出值等于标准气体浓度值。

(4)将样品空气通入仪器,记录二氧化硫浓度。

任务三　大气中氮氧化物的测定

一　概述

(一)性质、来源及危害

氮氧化物是氮的氧化物的总称,又称氧化氮,常以 NO_x 表示。它包括 N_2O、NO、NO_2、N_2O_3、N_2O_4、N_2O_5 六种形式氮的氧化物,通过分解、相互反应或与氧反应而相互转化。表 4-4 列出了各种氮氧化物的理化性质,其中二氧化氮和四氧化二氮是不同形式的同种氧化物。不同价态的氮氧化物的稳定性不同,空气中常见的是化学性质相对稳定的 NO、NO_2。

表 4-4 各种氮氧化物的理化性质

名称	分子式	熔点（℃）	沸点（℃）	密度（相对空气）	理化性质
一氧化二氮（氧化亚氮,笑气）	N_2O	−102.6	−89.4	1.53	无色气体或无色液体。有甜香味,性质稳定,能助燃。可溶于水,有氧化性
一氧化氮	NO	−163.6	−151.7	1.04	无色无臭气体或蓝色液、固体,难溶于水。可被空气中的氧气氧化成 NO_2,也可被还原剂还原成 N_2
三氧化二氮（亚硝酸酐）	N_2O_3	−102.0	3.5 分解	1.447	红棕色气体或蓝色液体。易分解成 NO 和 NO_2,与水反应生成亚硝酸
二氧化氮（四氧化二氮）	NO_2	−11.2	21.2	1.58	NO_2 是具有刺激性气味的红棕色气体或黄色液体,白色固体,可助燃。在 $0\sim140℃$,NO_2 和 N_2O_4 共存,温度降低,NO_2 比率下降。二者均能溶于水生成等量的 HNO_3 和 HNO_2,与碱反应生成等量的亚硝酸盐和硝酸盐,可被还原剂还原成 N_2
五氧化二氮（硝酸酐）	N_2O_5	30.0	47.0 分解	2.05	无色气体或白色结晶体,34℃升华,易分解成 NO_2 和 O_2,与热水反应生成硝酸

氮氧化物是常见的空气污染物。主要来源于石油、煤、天然气等燃料的燃烧,是生产过程的中间体或废弃物。在燃烧过程中,一方面燃料中的含氮化合物与空气中的氧化合生成 NO_x,另一方面在高温条件下空气中的氮与氧也可以结合生成 NO_x,城市中 NO_x 主要来源于火力发电厂、大型燃煤锅炉、重油锅炉和汽车排出的废气等。在燃烧完全、汽车发动机高速运转时,汽车尾气中仅 NO 的含量就可高达 $3000\sim6000mg/m^3$,汽车尾气的氮氧化物中,NO 约占 65%,NO_2 约占 35%。炉灶和吸烟是室内 NO_x 的主要污染源。硝酸厂、氮肥厂、硝基炸药厂、冶炼厂等也排放 NO_x。据估计,全世界每年向空气排放的 NO_x 量可达 5.3×10^7 t。在固定污染源中,93% 为燃料燃烧排放的 NO_x,各种工业生产过程释出量仅占 5% 左右。另外,土壤和海洋中细菌对硝酸盐的分解、闪电过程和大气中 NH_3 的氧化、森林火灾等都产生 NO_2,约占大气中 NO_x 排放总量的一半。

氮氧化物作为一次污染物,本身会对人体健康产生危害,它可刺激人的眼、鼻、喉和肺部,容易造成呼吸系统疾病,例如引起导致支气管炎和肺炎的流行性感冒,诱发肺细胞癌变;对儿童来说,氮氧化物可能会造成肺部发育受损。NO 对血红蛋白的亲和力非常强,是氧的数十万倍。一旦 NO 进入血液中,就从氧化血红蛋白中将氧驱赶出来,与血红蛋白牢固地结合在一起。长时间暴露在 1～1.5mg/L 的 NO 环境中较易引起支气管炎和肺气肿等病变,这些毒害作用还会促使早衰、支气管上皮细胞发生淋巴组织增生,甚至是肺癌等症状的产生。

氮氧化物的二次污染物是硝酸酸雾和光化学烟雾。光化学烟雾是由汽车、工厂等污染源排入大气的碳氢化合物(HC)和氮氧化物(NO_x)等一次污染物,在阳光的作用下发生化学反应,生成臭氧(O_3)、醛、酮、酸、过氧乙酰硝酸酯(PAN)等二次污染物,对肺功能有损伤作用,可显著降低动物对呼吸道感染的抵抗力。氮氧化物还通过雨水落在江河湖泊、海洋中,进入地下水,造成水体的富营养化。

(二)环境质量标准要求

《环境空气质量标准》(GB 3095—2012)规定一、二级标准氮氧化物小时浓度限值为 $200\mu g/m^3$。

二　测定方法

空气中氮氧化物的测定方法主要有盐酸萘乙二胺分光光度法、库仑原电池法、化学发光法等。化学发光法简便快速、灵敏度高、选择性好,干扰少,准确度高,响应时间短,线性范围可达 5～6 个数量级。但是所用仪器不易推广。氮氧化物的自动监测仪器常用库仑原电池法,该法是根据库仑原电池原理制成的氮氧化物专用分析仪,仪器结构简便,但是空气中常见的共存物 SO_2、H_2S、O_3、Cl_2 等干扰测定,使用该仪器测定时,必须选用前置过滤器滤去干扰成分。目前,国内外广泛使用盐酸萘乙二胺分光光度法测定氮氧化物,该法操作简便、灵敏度高,干扰因素少,显色稳定。但在结果计算中所用的 Saltzman 转换系数不稳定,影响结果的准确性。目前我国环境空气中二氧化氮监测检验标准方法是盐酸萘乙二胺分光光度法(HJ 479—2009)。

(一)盐酸萘乙二胺分光光度法

1. 测定原理

在对氨基苯磺酸和盐酸萘乙二胺混合吸收液中,空气中的 NO_2 被吸收形成亚硝酸,与对氨基苯磺酸进行重氮化反应生成重氮盐,然后与盐酸萘乙二胺偶合,形成玫瑰紫色的偶氮化合物。在 540nm 处测定吸收值,吸光度值与 NO_2 浓度成正比。

NO 与吸收液不反应,经过高锰酸钾氧化瓶将其氧化成 NO_2 后,才能被吸收液吸收、显色、测定。因此,经过氧化管氧化后可以测得空气中 NO_x(即 NO 和 NO_2)的总量,不经过氧化管氧化测得的是 NO_2 的量,二者之差为 NO 含量。

主要反应式:

$$3NO + 2CrO_3 \longrightarrow 3NO_2 + Cr_2O_3$$
$$2NO_2 + H_2O \longrightarrow HNO_2 + HNO_3$$

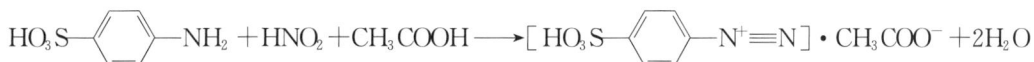

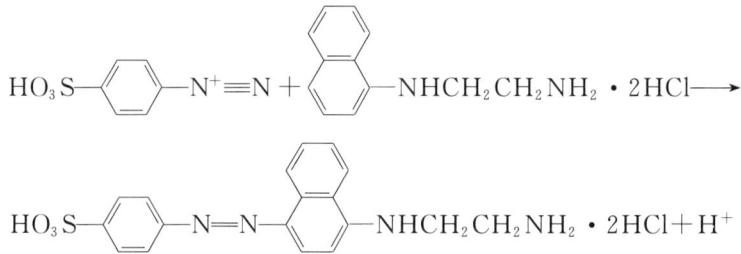

$$HO_3S-\underset{}{\bigcirc}-N^+\equiv N+\underset{}{\bigodot}-NHCH_2CH_2NH_2\cdot 2HCl\longrightarrow$$

$$HO_3S-\underset{}{\bigcirc}-N=N-\underset{}{\bigodot}-NHCH_2CH_2NH_2\cdot 2HCl+H^+$$

方法检出限为 $0.12\mu g/10ml$。当吸收液体积为 $10ml$,采样体积为 $24L$ 时,氮氧化物(以二氧化氮计)的最低检出浓度为 $0.005mg/m^3$。

2. 注意事项

(1)空气中二氧化硫浓度为氮氧化物浓度 30 倍时,对二氧化氮的测定产生负干扰。空气中过氧乙酰硝酸酯(PAN)对二氧化氮的测定产生正干扰。空气中臭氧浓度超过 $0.25mg/m^3$ 时,对二氧化氮的测定产生负干扰。采样时在采样瓶入口端串接一段 $15\sim 20cm$ 长的硅橡胶管,可排除干扰。

(2)Saltzman 转换系数(f):由测定原理可知,气体 NO_2 与盐酸萘乙二胺不发生显色反应,在溶液中转变为 NO_2^- 后才能显色测定。Saltzman 转换系数是 NO_2 在吸收液中由 NO_2(气)$\longrightarrow NO_2^-$(液)的转换系数。$f=0.88$ 指的是在吸收液中 $1mol\ NO_2$(气)能转换为 $0.88mol\ NO_2^-$(液)。或者说,在该显色反应中,$1mol\ NO_2$(气)与 $0.88mol\ NO_2^-$(液)产生相同程度的颜色。因此,当用 $NaNO_2$ 溶液配制的标准曲线法进行测定时,在结果计算中应该由测得的 NO_2^-(液)含量,除以转换系数(f),才是空气样品中二氧化氮的真实含量。

如果用 NO_2 标准气体配制标准曲线进行测定,因标准系列溶液和样品溶液的实验过程相同,发生相同的 NO_2(气)$\rightarrow NO_2^-$(液)转换,在结果计算中不要除以转换系数(f)。

Saltzman 转换系数(f)的影响因素:f 值受多种因素的影响,其中包括 NO_2 的浓度、吸收液的组成、采气速度、吸收管的结构、共存离子和气温等,前两种因素的影响最大。当 $c_{NO_2}=10\sim 350、350\sim 600$ 和 $600\sim 1000\mu g/ml$ 时,Saltzman 转换系数分别为 $f=0.90、0.85$ 和 0.77。实验中应根据二氧化氮的浓度范围选用合适的 f 值。

(3)显色液应用棕色瓶密闭、避光存放,$25℃$ 以下暗处存放可稳定三个月。若呈现淡红色,应重配。

(4)吸收液中的冰乙酸不仅可以提供显色反应所必需的酸度,而且可以使吸收液在采样过程中产生丰富的泡沫,使 NO_2 与吸收液充分接触,从而提高采样效率。

(5)所有试剂均用不含亚硝酸根的水配制,所用水以不使吸收液呈淡红色为合格。

(6)吸收瓶玻板阻力及微孔均匀性检查:新的多孔玻板吸收瓶在使用前,要用 $HCl(1+1)$ 浸泡 $4h$ 以上,用水清洗。每个吸收瓶在使用前或使用一段时间以后,要按以下方法测定其玻板阻力,检查气泡分散的均匀性:

内装 $10ml$ 吸收液的多孔玻板吸收管,以 $0.4L/min$ 流量采样时,玻板阻力为 $4\sim 5kPa$,通过玻板后的气泡应分散均匀。

内装 $50ml$ 吸收液的多孔玻板吸收瓶,以 $0.2L/min$ 流量采样时,玻板阻力为 $5\sim 6kPa$,通过玻板后的气泡应分散均匀。

阻力不符合要求、气泡分散不均匀的吸收瓶不能采样。

(二)化学发光法

1. 测定原理

样品空气以恒定的流量通过颗粒物过滤器进入仪器反应室,与过量的臭氧混合,一氧化氮分子被过量臭氧氧化形成激发态的二氧化氮分子,返回基态过程中发光,光强度与一氧化氮的浓度成正比。

样品空气中一氧化氮和二氧化氮通过钼炉,二氧化氮转化为一氧化氮,测量一氧化氮总量得到氮氧化物浓度(见图 4-7)。

二氧化氮的浓度通过氮氧化物和一氧化氮的浓度差值进行计算。

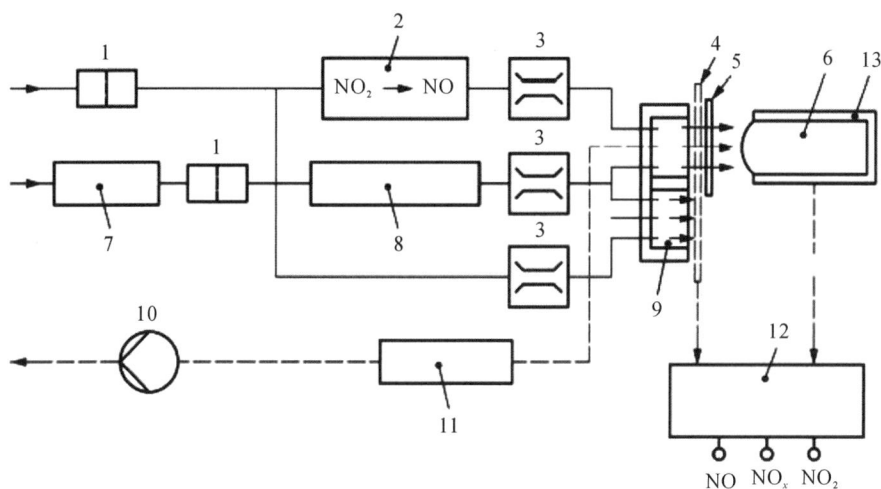

1—颗粒物过滤器;2—转化器;3—流量控制器;4—斩光器;5—滤光器;

6—光电倍增管;7—干燥器;8—臭氧发生器;9—双反应室;

10—采样泵;11—臭氧去除器;12—数据同步输出;13—制冷壳。

图 4-7　双反应室单检测器型氮氧化物仪器示意图

2. 测定步骤

(1)根据当地不同季节氮氧化物实际浓度水平来确定仪器量程。当二氧化硫浓度低于量程的 20% 时,应选择更低量程。

(2)将零气通入仪器,读数稳定后,调整仪器输出值等于零。

(3)将浓度为量程 80% 的标准气体通入仪器,读数稳定后,调整仪器输出值等于标准气体浓度值。

(4)将样品空气通入仪器,记录一氧化氮、二氧化氮和氮氧化物浓度。

任务四　大气中一氧化碳的测定

一　概述

(一)性质、来源及危害

一氧化碳是一种无色、无臭、无味、无刺激性的有毒气体。沸点-191℃,熔点-205℃,对空气的相对密度为0.967,溶解度为23ml/L(20℃时)。属易燃易爆气体,与空气混合能形成爆炸性混合物,遇明火、高热能引起燃烧爆炸,与空气混合物爆炸限为12%~75%。

含碳物质不完全燃烧时产生大量CO。全世界每年人为排放的空气污染物中,CO的排放量最大,排放总量达到$3\times10^8\sim4\times10^8$t,主要来源于交通运输、采暖锅炉、民用炉灶、燃放烟花爆竹、吸烟以及炼钢炉、炼铁炉、炼焦炉、煤气发生站等工矿企业排放的废气,其中汽车排放的CO占一半以上。

火山爆发、森林火灾、矿坑爆炸、闪电、植物生长过程和各种天然有机化合物的光化学分解反应等,都能造成局部地区的CO浓度增高。在大气中CO比较稳定,转化成CO_2的过程很缓慢,可长期存在空气中,一般可长达2~3年,CO是空气中常见的污染物质。

随空气进入人体的一氧化碳,经肺泡进入血循环后,能与血液中的血红蛋白、肌肉中的肌红蛋白和含二价铁的细胞呼吸酶等形成可逆性结合。一氧化碳与血红蛋白的亲和力比氧与血红蛋白的亲和力大200~300倍,因此,一氧化碳侵入机体,便会很快与血红蛋白结合成碳氧血红蛋白(HbCO),从而阻碍氧与血红蛋白结合成氧合血红蛋白。但碳氧血红蛋白的解离速度只是氧合血红蛋白的1/3600,因而延长了碳氧血红蛋白的解离时间和加剧了一氧化碳的毒性作用。

神经系统对缺氧最为敏感,接触者如果连续呼吸含CO 12.5mg/m³的空气,可使血液内HbCO大于2%,此时就可引起时间辨别能力发生障碍;大气中CO的浓度在37.5mg/m³时,HbCO上升为5%,可使视觉和听觉器官的敏感度降低;HbCO达10%以上,便会出现CO中毒的症状,包括眩晕、头痛、恶心、疲乏、记忆力降低等神经衰弱综合征,并兼有心前区紧迫感和针刺样疼痛;HbCO上升到45%~60%时意识模糊、昏迷;HbCO高达70%时可发生痉挛甚至死亡。

(二)环境质量标准要求

《环境空气质量标准》(GB 3095—2012)规定一、二级标准氮氧化物小时浓度限值为10mg/m³。

二　测定方法

一氧化碳是最常见的空气污染监测指标之一。目前,主要应用仪器分析方法测定空气中的一氧化碳,包括非分散红外吸收法、气相色谱法、定电位电解法、间接冷原子吸收法和汞置换法等等。非分散红外吸收法属干法操作,不需要配制溶液,操作简便、快速,可连续自动监测,但 CO_2、水蒸气和悬浮颗粒物有干扰,需经特殊过滤管处理。气相色谱法也具有操作简单快速、可连续自动监测等优点。汞置换法灵敏度高,响应时间快,适用于空气中低浓度一氧化碳的测定,但共存的丙酮、甲醛、乙烯、乙炔、SO_2 及水蒸气干扰测定,必须用特殊过滤管过滤干扰物质。

(一)非分散红外法

1. 测定原理

样品空气以恒定的流量通过颗粒物过滤器进入仪器反应室,一氧化碳对红外光源产生 $4.7\mu m$ 波长的红外光具有特征吸收,样品空气中一氧化碳浓度与红外光衰减量成正比。测量范围为 $0.125 \sim 62.5 mg/m^3$。

非分散红外吸收法 CO 监测仪的工作原理见图 4-8。

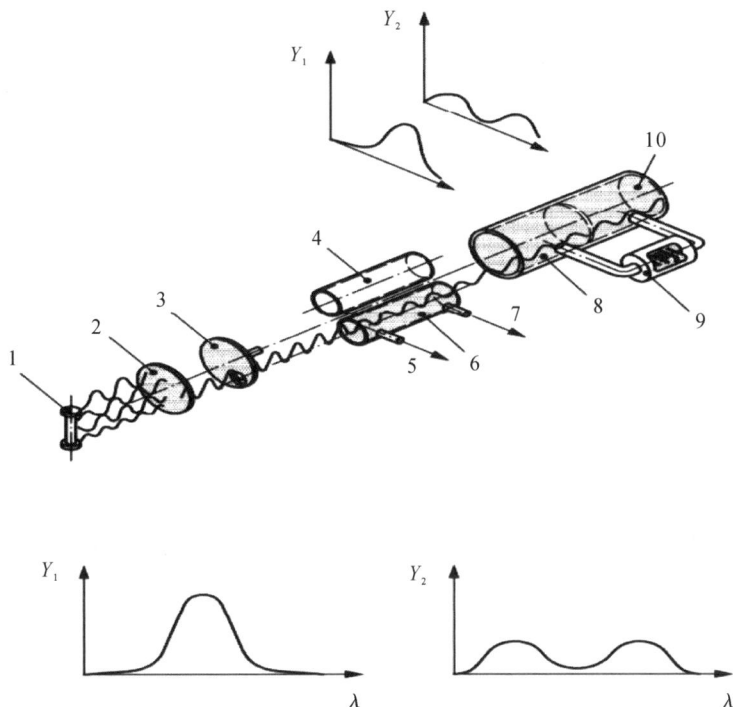

1—红外源;2—滤波器;3—斩波器;4—参比室;5—气体出口;6—样品室;
7—气体出口;8—第一反应室;9—微流量传感器;10—第二反应室;
Y_1—第一反应室内光吸收;Y_2—第二反应室内光吸收;λ—波长。

图 4-8　非分散红外法一氧化碳监测仪工作原理

从红外光源发射出能量相等的两束平行光,被同步电机带动的切光器交替切断。一束光通过参比室,称为参比光束,测定过程中光强度不变。另一束光通过样品(测定)室,称为测量光束。气样通过样品室时,气样中的 CO 吸收了部分特征波长的红外光,使射入检测室的测量光束强度减弱,导致参比光束强度大于测量光束强度,两室气体温度不同;CO 的含量越高,光束强度减弱越多,温差越大;转换形成的电信号就越大。经放大处理后,由指示器可显示和记录 CO 的测定结果。

2. 检测步骤

(1)采样:抽取现场空气,将聚乙烯薄膜采气袋清洗 3～4 次,采气 0.5～1.0L,密封,带回实验室分析。记录采样地点、采样日期和时间、采气袋编号。

(2)根据当地不同季节氮氧化物实际浓度水平来确定仪器量程。当二氧化硫浓度低于量程的 20% 时,应选择更低量程。

(3)将零气通入仪器,读数稳定后,调整仪器输出值等于零。

(4)将浓度为量程 80% 的标准气体通入仪器,读数稳定后,调整仪器输出值等于标准气体浓度值。

(5)样品测定:将待测气体抽入仪器样品室,待仪器指示值稳定后读数,测得一氧化碳的浓度。

3. 注意事项

(1)CO 的红外吸收峰在 $4.5\mu m$ 附近,CO_2 的在 $4.3\mu m$ 附近,水蒸气的在 $3\mu m$ 和 $6\mu m$ 附近,当环境空气中二氧化碳浓度为 $340\mu mol/mol$ 时,产生的干扰相当于 $0.2\mu mol/mol$ 一氧化碳。测定前用制冷或通过干燥剂的方法可除去水蒸气,用窄带光学滤光片或气体滤波室将红外辐射限制在 CO 吸收的窄带光范围内,可消除 CO_2 的干扰。

(2)测量时,先通入纯氮气进行零点校正,再用 CO 标准气体校正,最后通入气样,便可直接显示、记录气样中 CO 浓度。

(二)气相色谱法

测定原理:一氧化碳在色谱柱中与空气的其他成分完全分离后,进入转化炉,在 360℃ 镍触媒催化作用下,与氢气反应,生成甲烷,用氢火焰离子化检测器测定。

该方法在进样 1ml 时,最低检出质量浓度为 $0.50mg/m^3$,测量范围为 $0.50～50.0mg/m^3$。

任务五　大气中臭氧和氧化剂的测定

一　概述

(一)性质、来源及危害

臭氧是氧气的同素异形体,具有特殊腥臭味的淡蓝色气体,沸点 $-112℃$,熔点 $-193℃$,对空气相对密度 1.65。0℃ 时溶解度 3.2g/L,溶解度比氧大。

臭氧在常温下分解缓慢,在高温下迅速分解成氧气。该物质是已知最强的氧化剂之一,在酸性溶液中氧化还原电位为 2.01 V,与可燃物质和还原性物质反应剧烈。臭氧还能与烃类和氮氧化物发生光化学反应,形成具有强烈刺激作用的光化学烟雾,臭氧占光化学烟雾总量的 85%。

许多空气污染物具有氧化性,空气中除氧以外的那些有氧化性的物质称为总氧化剂。

一般是能氧化碘化钾析出碘的物质,主要是臭氧、少量的过氧酰基硝酸酯(PAN)及过氧化氢等,并以臭氧浓度作为总氧化剂的含量。

臭氧是高空大气的正常组分,平均含量为 $10^{-3} \sim 10^{-2}\,mg/m^3$,大部分集中在 $10 \sim 30km$ 的平流层,对流层中仅占约 10%。平流层 O_3 能吸收紫外线,保护环境。但对流层大气中 O_3 多为污染物。短波($185 \sim 210nm$)光辐射可使空气中的氧转变成臭氧。雷电可使氧气光致离解生成臭氧,高压电器放电过程、紫外灯、电弧、高频无声放电以及焊接切割等过程都会产生一定量的臭氧。臭氧广泛用于消毒、灭菌、除臭、脱色等行业。在饮用水消毒、污水处理、食品保鲜、纺织品和纸张漂白以及空气净化等过程中都可产生臭氧,使环境空气中臭氧的浓度增加。

臭氧几乎可以与任何生物组织反应,当臭氧被吸入呼吸道时,就会与呼吸道中的细胞和组织很快发生反应,导致肺功能减弱和组织损伤。人若吸入高浓度的臭氧,可导致肺水肿、心脏活动减弱乃至死亡。长期吸入低浓度的臭氧,可引起慢性呼吸道炎症。臭氧会造成人的神经中毒,头晕头痛、视力下降、记忆力衰退。臭氧对人体皮肤中的维生素 E 起到破坏作用,致使人的皮肤起皱、出现黑斑。臭氧还会破坏人体的免疫机能,诱发淋巴细胞染色体病变,加速衰老,致使胎儿畸形。

除对人体有一定毒害作用外,臭氧对动物和植物生长也会产生一定的危害。据统计,空气污染使美国作物年总产量损失 $2\% \sim 4\%$,其中 90% 以上是臭氧和其他氧化剂污染造成的。

(二)环境质量标准要求

《环境空气质量标准》(GB 3095—2012)规定一级标准臭氧 1 小时浓度限值为 $160\mu g/m^3$,二级标准臭氧 1 小时浓度限值为 $200\mu g/m^3$。

二 测定方法

臭氧的测定方法有《环境空气 臭氧的测定 靛蓝二磺酸钠分光光度法》(HJ 504—2009)、《环境空气 臭氧的测定 紫外光度法》(HJ 590—2010)、差分吸收光谱法和化学发光法(见表 4-5)。国内在 20 世纪 80 年代开始较多地使用紫外光度法和化学发光法,20世纪 90 年代中期国内逐渐开始采用差分吸收光谱法进行臭氧的测定。

表 4-5　国内外环境空气中臭氧几种测定方法

标准号	方法名称	检出限	测量范围	应用领域	备注
HJ 504—2009	《环境空气 臭氧的测定 靛蓝二磺酸钠分光光度法》	0.010mg/m³(采样体积30L)	0.040～0.5mg/m³(采样体积 5～30L)	环境空气	手工分析方法

续表

标准号	方法名称	检出限	测量范围	应用领域	备注
ISO 10313：1993(E)	《环境空气 臭氧的测定 化学发光法》	$0.002mg/m^3$	$0.002\sim10mg/m^3$	环境空气	自动分析方法
HJ 590—2010	《环境空气 臭氧的测定 紫外光度法》	$0.002mg/m^3$	$0.002\sim2.000mg/m^3$	环境空气	
EPA 40CFR PART53	长光程差分吸收光谱分析法	2 ppb	$0\sim467$ ppb	环境空气	

(一)化学发光法

1. 测定原理

乙烯法是基于 O_3 与乙烯发生均相化学发光反应,生成激发态甲醛,当激发态甲醛瞬间回至基态时,放出光子,波长范围为 $300\sim600nm$,峰值波长 435nm。发光强度与 O_3 浓度成正比。其反应式如下:

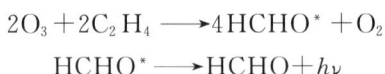

$$2O_3+2C_2H_4\longrightarrow4HCHO^*+O_2$$

$$HCHO^*\longrightarrow HCHO+h\nu$$

样气经粉尘过滤器吸入反应室与乙烯发生化学发光反应,其发射光经滤光片滤光投至

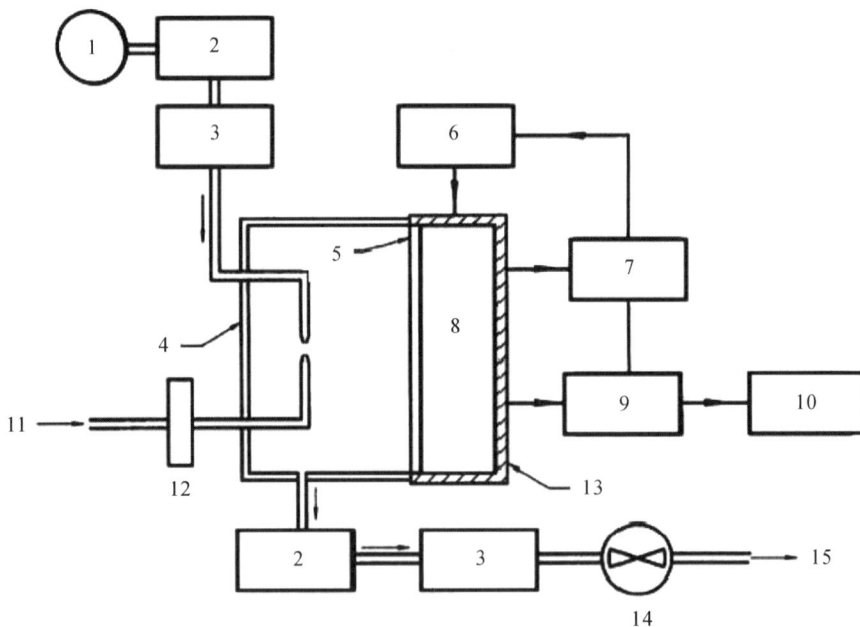

1—乙烯进口;2—流量控制器;3—流量计;4—反应室;5—石英窗;

6—温控器;7—电源;8—光电倍增管;9—放大器;10—信号处理器;

11—样气进口;12—颗粒物过滤器;13—热电冷却器;14—抽气泵;15—废气。

图 4-9 化学发光法臭氧仪器示意图

光电倍增管上转换成电信号,经阻抗转换和放大后送入显示和记录仪表显示、记录测量结果。

空气样品通过聚四氟乙烯导管,以 400ml/min 的流量进入仪器,从记录仪上读取臭氧的浓度。

2. 注意事项

乙烯的爆炸下限为 $27.5L/m^3$,使用时应遵守标准安全防范措施,过量的乙烯应该排放到室外,必要时采用化学方法去除,特别是站点同时测量碳氢化合物时。

任务六　空气中的颗粒物测定

一　概述

颗粒物简称 PM。空气中颗粒物的测定项目有自然降尘量、总悬浮颗粒物浓度、可吸入颗粒物浓度、颗粒物中化学组分含量等。

颗粒物对环境产生的危害主要包括人体健康效应、植物和生态系统影响、能见度降低以及材料的腐蚀等。颗粒物对光线具有散射和吸收作用,使能见度下降,细颗粒物的影响更为显著,而且颗粒物的浓度、组分及环境湿度都对能见度下降产生影响。颗粒物通过干、湿沉降一方面对生态系统产生影响,另一方面对建筑材料产生腐蚀作用。颗粒物在植物和土壤上的沉积可以直接或间接产生生态系统反应,导致生态系统结构形态和生态过程功能改变。颗粒物中的硫酸盐和硝酸盐通过沉降进入土壤后,改变能量流和营养物质循环,抑制营养物质吸收,改变生态系统结构和影响生态系统多样性。

细颗粒物的成分很复杂,主要是有机碳化合物、硫酸盐、硝酸盐、铵盐,其他常见的成分包括各种金属元素,既有钠、镁、钙、铝、铁等地壳中含量丰富的元素,也有铅、锌、砷、镉、铜等主要源自人类污染的重金属元素。这些颗粒粒径小,质量轻,悬浮于空气的时间长,传播距离远,并富含大量有毒有害物质,造成严重的空气污染,从而影响人类的身体健康。

(一)颗粒物大小表示方法

为了便于测量和相互比较,目前,国内外都采用空气动力学当量直径来表示颗粒物的粒径。它是指在通常的温度、压力和相对湿度下,层流气流中,与单位密度($1g/cm^3$)球体具有相同沉降速度的颗粒直径。这一表示方法又分为两种。

1. 颗粒物的空气动力学直径

它是指在通常温度、压力、相对湿度的空气中,在重力作用下与实际颗粒物具有相同末速度、密度为 $1g/cm^3$ 球体的直径。

2. 颗粒物的扩散直径

它是指在通常温度、压力和相对湿度条件下,与实际颗粒物具有相同扩散系数的球形直径。小颗粒物的扩散作用比重力沉降作用更显著,由于布朗运动,不能很快沉降。此时,应使用扩散直径来表示颗粒物的粒径。

（二）颗粒物分类种类

1.按照粒径大小分类

（1）总悬浮颗粒物

TSP 是能悬浮在空气中，空气动力学当量直径≤100μm 的颗粒物。曾是我国唯一的环境大气中颗粒物的监测指标，现仍用作环境监测指标，主要用于工作场所粉尘的监测。

（2）PM10

PM10 是悬浮在空气中，空气动力学当量直径≤10μm 的颗粒物。因其粒径小，受扩散等因素影响，能够在空气中长时间飘浮，曾经称之为"飘尘"。

（3）PM2.5

PM2.5 指悬浮在空气中，空气动力学当量直径≤2.5μm 的颗粒物。大多数 PM2.5 能进入呼吸道，由于表面积大，容易吸附许多空气中的有毒物质。因此，PM2.5 对人体健康的危害非常大，越来越受到人们的重视。

2.根据颗粒物的来源和形成方式分类

（1）尘

指由于各种机械作用粉碎而形成的颗粒。尘化学性状与母体材料是相同的。

（2）烟

指燃烧产物，是炭粒、水汽、灰分等燃烧产物的混合物。

（3）雾

指空气中的细小液体颗粒。

二　自然降尘量的测定

自然降尘量，是指每月在每平方公里的面积上，自然沉降于地面的空气颗粒物。测定自然降尘量的方法常用的是质量法。

1.测定原理

空气中可沉降的颗粒物沉降在装有乙二醇水溶液的集尘缸内，经蒸发、干燥、称量后，计算灰尘自然沉降量。

2.测定步骤

（1）采样

将采样点选择在矮建筑物的顶部，以方便更换集尘缸等操作。采样点附近无高大的建筑物、高大的树木及局部污染源。集尘缸距地面 5～15m 高，相对高度 1～1.5m，以防止受扬尘的影响。各采样点集尘缸的放置高度应基本一致。同时，在清洁区设置对照点采样。

于集尘缸中加入 60～80ml 乙二醇（以覆盖缸底为准），再加入适量水（冬、夏季加 50ml 左右，春、秋季加 100～200ml），固定放置在采样点采样。记录放缸地点、缸号和时间（年、月、日、时）。

按月定期更换集尘缸（30±2d）。取缸时应核对地点、缸号，记录取缸时间（年、月、日、时）。用塑料袋罩好集尘缸，带回实验室。更换缸的时间统一规定为月底五日内完成。在夏天多雨季节,因降雨量较大,应注意缸内积水情况,防止水满溢出,造成尘样流失。必要时,应中途更换干净的集尘缸,继续收集,采集的样品合并后测定。

（2）样品的处理与测定

测定前,将瓷坩埚洗净、编号,在105℃±5℃下烘至恒重（两次称量误差小于0.4mg）,记为m_0。

用光亮无锈的镊子夹取落入缸内的树叶、昆虫等异物,用水将附着在上面的细小尘粒淋洗下来后弃取。将缸内的溶液和尘粒全部转入1000ml烧杯中,在电热板上小心蒸发,使体积浓缩至10～20ml。将烧杯中的溶液和尘粒全部转移到已恒重的瓷坩埚中,放在搪瓷盘里,在电热板上小心蒸发至干,然后放入烘箱,于105℃±5℃下烘至恒重,记为m_1。

在样品测定的同时,做试剂空白实验。将恒重时的质量减去瓷坩埚的质量即为试剂空白的质量,记为m_c。

（3）结果计算

根据定义,用下式计算灰尘自然沉降量：

$$F = \frac{m_1 - m_0 - m_c}{S \cdot n} \times 30 \times 10^4$$

式中：F 为灰尘自然沉降量,$t/(km^2 \cdot 30d)$；m_1 为采样后经处理恒重后样品和坩埚的质量,g；m_0 为空坩埚的恒重后的质量,g；S 为缸口面积,cm^2；n 为采样天数（准确到0.1d）。

3. 注意事项

（1）测量缸口面积时,应从三个不同方向测量缸的内径,求平均值,计算缸口面积。

（2）每个样品所使用的集尘缸、烧杯和瓷坩埚的编号必须一致,并及时填入记录表中。

（3）瓷坩埚在烘箱、搪瓷盘及干燥器中,应分散放置,不可重叠。

（4）样品在瓷坩埚中蒸发、浓缩时,不要用水淋洗坩埚壁,以防乙二醇-水界面剧烈沸腾使溶液溢出。当样品溶液浓缩至20ml以下时,应降低温度并不断摇动,使尘粒黏附在坩埚壁上,避免样品溅出。

（5）做空白实验时,所用乙二醇与加入集尘缸的乙二醇应是同一批号,且加入量要相等。

（6）加乙二醇水溶液既可以防止冰冻,又可以保持缸底湿润,还能抑制微生物及藻类的生长。

（7）报告结果要求保留一位小数。

三　总悬浮颗粒物的测定

大气粗颗粒物,一般以总悬浮颗粒物（TSP）表征,其测定方法常用重量法。当TSP中颗粒物粒径越大,在空气中的停留时间越短,传输的距离也越近。

1. 测定原理

通过具有一定切割特性的采样器,以恒速抽取定量体积的空气,空气中粒径小于$100\mu m$的悬浮颗粒物,被截留在已恒重的滤膜上。根据采样前、后滤膜重量之差及采样体积,计算总悬浮颗粒物浓度。该方法适合于用大流量或中流量总悬浮颗粒物采样器进行空气中总悬浮颗粒物的测定。方法检出限为$0.001mg/m^3$。

2. 检测步骤

（1）采样器的流量校准

采样器每月用孔口校准器进行流量校准。

（2）采样

①每张滤膜使用前均需用光照检查，不得使用有针孔或有任何缺陷的滤膜采样。

②迅速称重在平衡室内已平衡24h的滤膜，读数准确至0.1mg，记下滤膜的编号和重量，将其平展地放在光滑洁净的纸袋内，然后贮存于盒内备用。天平放置在平衡室内，平衡室温度在20~25℃，温度变化小于±3℃，相对湿度小于50%，湿度变化小于5%。

③将已恒重的滤膜用小镊子取出，"毛"面向上，平放在采样夹的网托上，拧紧采样夹，按照规定的流量采样。

④采样5min后和采样结束前5min，各记录一次U形压力计压差值，读数准确至1mm。若有流量记录器，则可直接记录流量。测定日平均浓度一般从8:00开始采样至第二天8:00结束。若污染严重，可用几张滤膜分段采样，合并计算日平均浓度。

⑤采样后，用镊子小心取下滤膜，使采样"毛"面朝内，以采样有效面积的长边为中线对叠好，放回表面光滑的纸袋并贮于盒内。将有关参数及现场温度、大气压力等记录。

（3）样品测定

将采样后的滤膜在平衡室内平衡24h，迅速称重，结果及有关参数记录。

3. 注意事项

（1）滤膜称重时的质量控制：取清洁滤膜若干张，在平衡室内平衡24h，称重。每张滤膜称10次以上，则每张滤膜的平均值为该张滤膜的原始质量，此为"标准滤膜"。每次称清洁或样品滤膜的同时，称量两张"标准滤膜"，若称出的重量在原始重量±5mg范围内，则认为该批样品滤膜称量合格，否则应检查称量环境是否符合要求，并重新称量该批样品滤膜。

（2）要经常检查采样头是否漏气。当滤膜上颗粒物与四周白边之间的界线逐渐模糊，则表明应更换面板密封垫。

（3）称量不带衬纸的聚氯乙烯滤膜时，在取放滤膜时，用金属镊子触一下天平盘，以消除静电的影响。

四　可吸入颗粒物（PM10）测定

PM10也称为可吸入颗粒物。世界卫生组织则称之为可进入胸部的颗粒物。空气中可吸入颗粒物对人体的危害非常大。细粒子中Pb、Cd、As等元素，硫酸盐、多环芳烃等污染物含量较高，在空气中持留时间长，易将污染物带到很远的地方使污染范围扩大。对环境的有害影响还有散射阳光、降低大气的能见度等。可吸入颗粒物同时在大气中还可为化学反应提供反应床，是气溶胶化学中研究的重点对象，已被定为空气质量监测的一个重要指标。

可吸入颗粒物（PM10）与人体健康关系密切，是室内外空气质量的重要监测指标。测定可吸入颗粒物的方法有质量法、光散射法、压电晶体差频法和 β 射线吸收法。1）质量法具有检出限低、结果准确等优点。质量法是用具有入口切割粒径 $D_{50}=(10\pm1)\mu m$ 的采样器采样和测定。切割器常用冲击式和旋风式两种，冲击式切割器可以装在大、中、小流量采样器上,而旋风式切割器主要用在小流量采样上。其中二段冲击式小流量采样器已被列为居住区大气和室内空气中可吸入颗粒物测定的标准方法(GB 11667—89 和 GB/T 17095—1997)。2)压电晶体差频法是将压电晶体作为一种微天平,用静电采样器将颗粒物采集在石英谐振器的电极表面。电极上因增加了颗粒物的质量,其振荡频率发生变化。根据频率的变化,可测得空气中颗粒物的浓度。3)β 射线吸收法是利用颗粒物对 β 射线的吸收进行测定,其采样效率高达 99.98%,测得的结果是颗粒物的质量浓度,且不受颗粒物粒径、组成、颜色及分散状态的影响。4)光散射法是利用颗粒物对光的散射作用进行测定的,该法仪器携带方便,测定范围宽(0.01~100mg/m³),是我国公共场所空气中可吸入颗粒物(PM10)浓度测定的标准方法(WS/T 206—2001)。

测量可吸入颗粒物(PM10)的首选方法在国内外都是重量法,相关采样仪器制造工工艺成熟。

1. 测定原理

分别通过具有一定切割特性的采样器,以恒速抽取定量体积空气,使环境空气中 PM10 被截留在已知质量的滤膜上,根据采样前后滤膜的重量差和采样体积,计算出 PM10 浓度。该方法主要适用于环境空气中 PM10 浓度的手工测定。方法检出限为 0.010mg/m³。

$$c = \frac{m_2 - m_1}{V_0} \times 1000$$

式中:c 为空气中 PM10 的浓度,mg/m³;m_1 和 m_2 分别是采样前和采样后滤料的质量,g;V_0 为换算成标准状况下的采样体积,m³。

2. 样品采集与处理

将已恒重的滤料,毛面向上,平置于采样夹中。按采样器说明书操作。在采样器规定的流量下,采气 8~24h。置干燥器中 24h,称量至恒重。记录采样时的气温和气压。

采样后,小心取下采样滤料,尘面向里对折,放于清洁纸袋中,再放入样品盒内保存。

3. 注意事项

(1)采样期间流量应保持恒定。使用前应用皂膜流量计进行校准,误差应小于 5%。

(2)采样前应认真清洁采样头的内外表面和分级喷嘴,安装时应防止漏气和压损滤膜。

(3)对采样滤料的称量应进行质量控制。具体方法是:在已平衡、称量的滤料中,随机抽取 4~5 张,每张反复平衡、称量 10 次以上,计算各张滤料的质量均值,作为称量质量控制的"标准滤料"。每次称量空白滤料和采样后的滤料时,必须同时称两张"标准滤料"。若用感量为 0.1mg 的分析天平称量,所称"标准滤料"的质量与其均值之差必须小于 0.45mg,否则,应重新平衡后再称量。

练习题

一、名词解释

总悬浮颗粒物、PM10、标准滤膜、PM2.5、Saltzman 转换系数、标准采样体积、直接采样

法、浓缩采样法、气态污染物、气溶胶污染物、溶液吸收法、滤膜采样法

二、问答题

1. 大气监测布点必须依据监测项目并结合区域环境特点及污染物特性,通常布点应遵循哪些原则?

2. 可吸入颗粒物(PM10)的测定方法及原理是什么?

3. 简要说明盐酸萘乙二胺分光光度法测定大气中 NO_2 的原理。

4. 简述空气中二氧化硫测定方法与原理。

5. 简述总悬浮颗粒物的测定步骤。

6. 简述化学发光法测定臭氧的原理。

能力拓展一 空气采样器的流量校正和环境空气采样

【项目所需时间】

4 学时。

【实验原理】

空气采样器为空气采样所使用的重要工具,能确保采样流量的精确与准确性。可以利用一级及二级流量校正装置校正空气采样器。

环节一 采样器的流量校正

【实验目的】

为保证液体吸收法和固体吸附法检测数据的准确性,对每个空气采样系统(采样器+对应的采样管)流量逐一校准,将每个样品由于采样引起的误差降至最小,从而保证检测数据在大于方法最小检测浓度时其误差保持在允许范围内。

【实验时间】

60min。

【实验准备】

仪器准备:

(1)流量校正器——皂膜流量计或红外线流量校正器。

(2)大气采样器 1 台。

【实验内容】

1.复习空气采样仪的组成与原理

2.操作方法

(1)将空气采样器与对应的气泡吸收管进行唯一性编号。

(2)在每支吸收管中加入与标准方法中规定的相同溶液或纯水(ml)。

(3)选择500ml皂膜流量计,连接好仪器,向皂膜流量计中加入少量5％的皂液。

(4)开启空气采样器,调节采样器至采样时的流量。

(5)待气泡稳定后记下从零升起的膜并开动秒表记时;记录当皂膜升至500ml的时间(t),取三次结果的平均值并换算成分钟。

【实验注意事项】

1.大气采样器与校准仪器之间需安装缓冲瓶。

2.皂膜计管壁必须清洁。肥皂膜要单个、光滑。

3.选用不同内径的皂膜计,其测定范围可从每分钟几毫升至几十升。测定小流量时,选用细径玻管皂膜计,测定大流量时,选用粗径玻管。

【思考题】

大气采样器在使用前必须经过流量校准,流量误差应在什么水平?

环节二　吸收管(瓶)阻力测定

【实验目的】

1.掌握吸收管阻力测定方法。

2.熟悉玻板阻力合格要求。

【实验时间】

30min。

【实验准备】

仪器准备:

(1)吸收管1支。

(2)大气采样器1台。

(3)压力计1支。

【实验内容】

1. 向吸收管(瓶)内注入与采样吸收液等体积的水,按图 4-10 连接好测定装置,确定系统不漏气,开启抽气泵,按监测方法标准规定的采样流量采样,待流量稳定后,读取测定装置上负压表测值。

2. 测试多孔玻板吸收管(瓶)阻力时,如监测方法标准对吸收管(瓶)阻力有明确规定的,应以其为准。如监测方法标准无明确规定的,一般按以下要求进行。

3. 内装 50ml 吸收液的大型多孔玻板吸收管(瓶),以 0.2L/min 流量采样时,玻板阻力应为(6.7±0.7)kPa,通过玻板后的气泡应分散均匀。

4. 内装 10ml 吸收液多孔玻板吸收管(瓶),以 0.5L/min 流量采样时,玻板阻力应为(4.7±0.7)kPa,通过玻板后的气泡应分散均匀。

【仪器使用示意图】

见图 4-10。

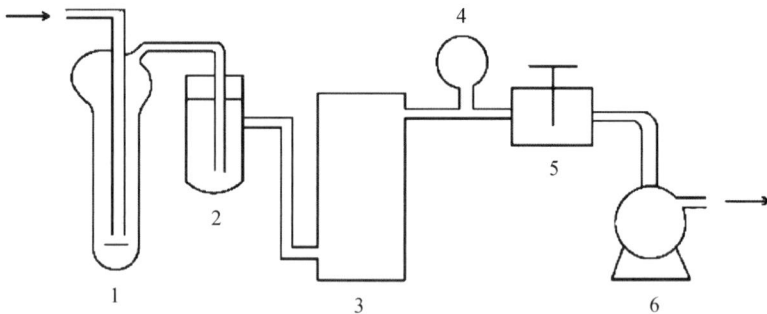

1—吸收管(瓶);2—滤水井;3—干燥器;4—负压表;5—流量控制装置;6—抽气泵。

图 4-10　吸收管(瓶)压力测定装置

环节三　环境空气采样

【实验目的】

1. 掌握气体采样器的使用,会调节采样流量,会搭支架。
2. 熟悉标准采样体积的计算。
3. 了解采样仪器的使用实验注意事项。

【实验时间】

90min。

【实验准备】

　　仪器准备：

　　(1)采样器。

　　(2)空盒气压计。

　　(3)三杯风向风速仪。

【实验内容】

　　1.用三杯风向风速仪测定并记录风向、风速。

　　2.采样时,按照校准采样系统时的唯一性编号连接采样器和采样管,调整转子流量计浮子与采样时完全一致。

　　(1)手动

　　当仪器接通电源后,将开关置于"手动"位置,仪器即开始工作,反之则停止工作。

　　(2)自动

　　定关机时间,仪器开始工作,时间到仪器自动停止。

　　3.用空盒气压计测定现场实际温度和大气压,换算出每个采样系统的使用流量,最后再换算成标准状况下的流量(在现场采样单中体现)。

【实验注意事项】

　　1.连接气路请注意吸收瓶的进出口,仪器的进气管与吸收瓶的出气口相连,以免接反使吸收剂吸入泵内造成故障。如不慎造成此类事故,请立即将无水乙醇吸入泵内运转一会,故障即可排除。

　　2.采样前最好将吸收瓶盛上与采样吸收液同量的水,连好气路后开机,流量调至采样的实际流量,以免现场调试引起流量误差。

【实验安全】

　　1.交通安全:在路途中遵守交通规则,不能打闹。

　　2.采样现场安全:应有纪律、有秩序完成实验,注意现场危险因素。

【思考题】

　　如何判断采样器是否有漏气?

实验记录

流量计校正记录表

仪器型号		仪器编号	
校准日期		校准人	
吸收管(瓶)体积		玻板阻力/kPa	
温度/K		大气压/kPa	

续表

校准次数	仪器流量 /(L·min⁻¹)	校准体积 /ml	校准时间/s	校准结果 /(L·min⁻¹)	平均值 /(L·min⁻¹)	标准偏差 /SD
1						
2						
3						
1						
2						
3						
1						
2						
3						

校准计算公式:$Q = V/t$,(L/min)

式中:V——校准体积,L;

t——校准时间,min。

大气采样记录表

项目名称＿＿＿＿＿＿＿＿＿＿＿＿＿＿　　采样地点＿＿＿＿＿＿＿＿＿＿＿＿＿＿

测点编号＿＿＿＿＿＿＿＿＿＿＿＿＿＿　　功能区类＿＿＿＿＿＿＿＿＿＿＿＿＿＿

风速(m/s)＿＿＿＿＿＿＿＿＿＿＿＿＿＿　　气温(℃)＿＿＿＿＿＿＿＿＿＿＿＿＿＿

气压(kPa)＿＿＿＿＿＿＿＿＿＿＿＿＿＿　　天气情况＿＿＿＿＿＿＿＿＿＿＿＿＿＿

采样点序号	样品编号	测试项目	采样时间 /min	采样流量 /(L·min⁻¹)	采样体积 /L	标态体积 /L

实验评分标准

序号	考核项目	考核内容	分值	分配	评分标准	扣分
1	实验准备	仪器的选择	25	5	正确选择阻力达到要求的吸收管	
				5	正确选择规格合适的皂膜流量计	
		仪器连接		10	正确对校正仪器进行连接	
				5	气密性检查,无漏气	

序号	考核项目	考核内容	分值	分配	评分标准	扣分
2	实验过程	流量计校正	30	5	正确记录大气压和气温	
				5	正确在吸收管中加入溶液	
				5	加入肥皂液适量	
				5	计时开始前器壁光滑	
				5	能挤出单个气泡	
				5	正确记录通过时间	
3	实验数据结果	原始记录	30	10	正确使用计量单位,数据没有空项,数据没有涂改	
		样品结果计算		10	样品结果计算正确	
		有效数字		5	正确保留有效数字	
		测定结果精密度		5	标准偏差不大于5%	
4	结束工作	整理	10	5	清洗、整理实验用仪器和台面	
		文明操作		5	无器皿破损、无仪器损坏	
5	实验时间		5	5	在规定时间内完成	

能力拓展二　环境空气中悬浮颗粒物浓度的测定
（重量法）

【项目所需时间】

4 学时。

【实验原理】

通过具有一定切割特性的采样器,以恒速抽取一定体积的空气,空气中某一粒径范围的悬浮颗粒物被截留在已恒重的滤膜上。根据采样前、后滤膜质量之差及采样体积,计算总悬浮颗粒物的浓度。滤膜经处理后,可再进行组分分析。

本方法适合于大流量或中流量悬浮颗粒物的测定。方法的检测限为 0.001mg/m^3。悬浮颗粒物含量过高或雾天采样使滤膜阻力大于 10kPa 时,本方法不适用。

环节一　环境空气中悬浮颗粒物的采集

【实验目的】

掌握环境空气中悬浮颗粒物的采集方法。

【实验时间】

90min。

【实验准备】

1. 仪器准备

(1)大流量或中流量采样器:1台,应按 HYQ 1.1—89《总悬浮颗粒物采样器技术要求(暂行)》的规定。

(2)大流量孔口流量计:1个,量程 0.7～1.4m³/min,流量分辨率 0.01m³/min,精度优于±2%。

(3)中流量孔口流量计:1个,量程 70～160L/min,流量分辨率 1L/min,精度优于±2%。

(4)U 形管压差计:1个,最小刻度 0.1hPa。

(5)X 光看片机:1台,用于检查滤膜有无缺损。

(6)打号机:1台,用于在滤膜及滤膜袋上打号。

(7)镊子:1个,用于夹取滤膜。

(8)超细玻璃纤维滤膜:10 片,对 0.3μm 标准粒子的截留不低于 99%,在气流速度为 0.45m/s 时,单张滤膜阻力不大于 3.5kPa,在同样气流速度下,抽取经高效过滤器净化的空气 5h,1cm² 滤膜失重不大于 0.012mg。

(9)滤膜袋:10 个,用于存放采样后对折的采尘滤膜,袋面印有编号、采样日期、采样地点、采样人等项栏目。

(10)滤膜保存盒:1个,用于保存、运送滤膜,保证滤膜在采样前处于平展不受折状态。

(11)恒温恒湿箱:1台,箱内空气温度要求在 15～30℃ 范围内连续可调,控温精度±1℃;箱内空气相对湿度应控制在(50±5)%,恒温恒湿箱可连续工作。

(12)悬浮颗粒物大盘天平:1台,用于大流量采样滤膜称量,称量范围≥10g,感量 1mg,标准差≤2mg。

(13)分析天平:1台,用于中流量采样滤膜称量,称量范围≥10g,感量 0.1mg,标准差≤0.2mg。

【实验内容】

1. 采样器的流量校准

新购置或维修后的采样器在启动前,须进行流量校准。正常使用的采样器每月也要进行一次流量校准。流量校准步骤如下:

(1)计算采样器工作点的流量:采样器应工作在规定的采气流量下,该流量称为采样器

的工作点。在正式采样前,应调整采样器,使其工作在正确的工作点上,按下述步骤进行:

采样器采样口的抽气速度 u 为 0.3m/s,大流量采样器的工作点流量 $QH(m^3/min)$ 为:

$$QH = 1.05$$

中流量采样器的工作点流量 $QM(m^3/min)$ 为:

$$QM = 60000 \times u \times A$$

式中:A——采样器采样口截面面积,m^2。

将 QH 和 QM 计算值换算成标准状态下的流量 $QH_N(m^3/min)$ 和 $QM_N(L/min)$:

$$QH_N = (QH \times P \times T_N)/(T \times P_N)$$

$$QM_N = (QM \times P \times T_N)/(T \times P_N)$$

$$\lg P = \lg 101.3 - h/18400$$

式中:T——测试现场月平均温度,K;

P_N——标准状态下的压力,101.3kPa;

T_N——标准状态下的温度,273 K;

P——测试现场平均大气压,kPa;

h——测试现场海拔高度,m。

将下式中 Q_N 用 QH_N 或 QM_N 代入,求出修正项 Y,再按下式计算需要达到的压差 ΔH(Pa):

$$Y = B \times Q_N + A$$

$$\Delta H = (Y \times 2 \times T \times P_N)/(P \times T_N)$$

式中:斜率 B 和截距 A 由孔口流量计的标定部门给出。

(2)采样器工作点流量的校准:

①打开采样头的采样盖,按正常采样位置,放一张干净的采样滤膜,将孔口流量计的接口与采样头密封连接,孔口流量计的取压口接好压差计;②接通电源,开启采样器,待工作正常后,调节采样气流量,使孔口流量计压差值达到计算的 ΔH 值;③校准流量时,要确保气路密封连接,流量校准后,如发现滤膜上尘的边缘轮廓不清楚或滤膜安装歪斜等情况,可能造成漏气,应重新进行校准;④校准合格的采样器即可用于采样,不得再改动调节器状态。

2. 滤料的准备

(1)采样用的每张滤纸或滤膜均须用 X 光看片器对着光仔细检查。不可使用有针孔或有任何缺陷的滤料采样。然后,将滤料打印编号,号码打印在滤料两个对角上。

(2)清洁的玻璃纤维滤纸或滤膜在称重前应放在天平室的干燥器中平衡 24h。滤纸或滤膜平衡和称量时,天平室温度在 20~25℃,温差变化小于 ±3℃;相对湿度小于 50%,相对湿度的变化小于 5%。

(3)称量前,要用 2~5g 标准砝码检验分析天平的准确度,砝码的标准值与称量值的差不应大于 ±0.5mg。

(4)在规定的平衡条件下称量滤纸或滤膜,准确到 0.1mg。称量要快,每张滤料从平衡的干燥器中取出,30s 内称完,记下滤料的质量和编号,将称过的滤料每张平展地放在洁净的托板上,置于样品滤料保存盒内备用。在采样前不能弯曲和对折滤纸和滤膜。

3. 安放滤膜及采样

①打开采样头顶盖,取出滤膜夹。用清洁干布擦去采样头内及滤膜夹的灰尘。②将已

编号并称量过的滤膜绒面向上,放在滤膜支持网上。放上滤膜夹,对正,拧紧,使不漏气。安好采样头顶盖,按照采样器使用说明,设置采样时间,即可启动采样。③样品采完后,打开采样头,用镊子轻轻取下滤膜,采样面向里,将滤膜对折,放入号码相同的滤膜袋中。取滤膜时,如发现滤膜损坏,或滤膜上尘的边缘轮廓不清晰、滤膜安装歪斜(说明漏气),则本次采样作废,需重新采样。

【实验流程图】

```
┌─────────────────────┐        ┌─────────────────────┐
│  计算采样器工作点的流量  │        │  将滤膜和采样仪器带到采样现场  │
│                     │        │     完成采样工作       │
└─────────────────────┘        └─────────────────────┘
          │                               ▲
          ▼                               │
┌─────────────────────┐        ┌─────────────────────┐
│  采样器工作点流量的校准  │        │  称重,准确到 0.1mg, 每张  │
│                     │        │   滤料量要在30s内称完    │
└─────────────────────┘        └─────────────────────┘
          │                               ▲
          ▼                               │
┌─────────────────────┐        ┌─────────────────────┐
│  用X光看片器检查每张滤纸  │───────▶│  称重前,把清洁的玻璃纤维滤纸或  │
│      或滤膜          │        │   滤膜放在干燥器中平衡24h   │
└─────────────────────┘        └─────────────────────┘
```

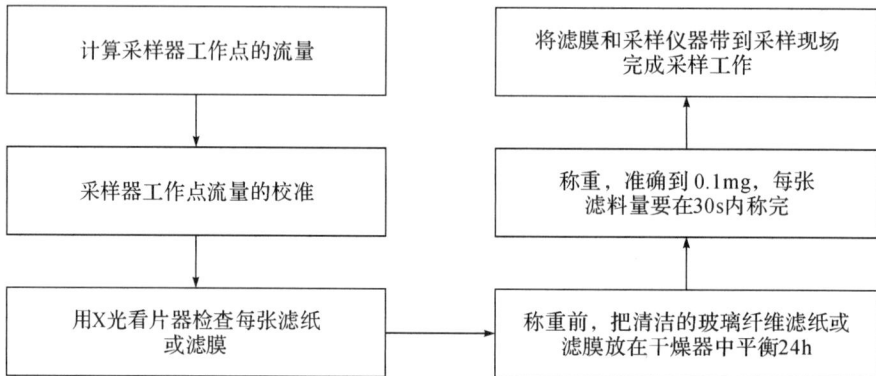

【实验注意事项】

1. 在采样前不能弯曲和对折滤纸和滤膜。
2. 不可使用有针孔或有任何缺陷的滤料采样。

【思考题】

称量滤纸或滤膜时,要在多长时间内完成称量?为什么?

环节二　空气中悬浮颗粒物含量测定

【实验目的】

掌握环境空气中悬浮颗粒物的测定。

【实验时间】

90min。

【实验准备及实验内容】

尘膜的平衡及称量:尘膜在恒温恒湿箱中,与干净滤膜平衡条件相同的温度、湿度下,平衡24h。在上述平衡条件下称量滤膜,大流量采样器滤膜称量精确到1mg,中流量采样器滤膜称量精确到0.1mg。记录下滤膜质量 m_1(g)滤膜增重,大流量滤膜不小于100mg,中流量采样器滤膜不小于10mg。

【实验注意事项】

1.称量好的滤膜平展地放在滤膜保存盒中,采样前不得将滤膜弯曲或折叠。

2.如发现滤膜损坏,或滤膜上尘的边缘轮廓不清晰、滤膜安装歪斜(说明漏气),则本次采样作废,需重新采样。

3.测试方法的再现性:当两台总悬浮颗粒物采样器安放位置相距不大于4m、不少于2m时,同样采样测定总悬浮颗粒物含量,相对偏差不大于15%。

【思考题】

滤膜损坏,或滤膜上尘的边缘轮廓不清晰、滤膜安装歪斜时,会对测定结果造成哪些影响?

实验记录

空气中悬浮颗粒物采集记录表

采样地点_____ 采样编号_____ 采样日期_____ 采样人_____

滤膜编号	采样标况流量 /($m^3 \cdot min^{-1}$)	累积采样时间/ min	累积采样体积/ m^3	滤膜称量结果/g			计算悬浮颗粒物含量 /($mg \cdot m^{-3}$)
				采样前(W_0)	采样后(W_1)	差值(ΔW)	

计算公式:

$$悬浮颗粒物含量(\mu g/m^3) = \frac{K \times (W_1 - W_0)}{Q_N \times t}$$

式中:t——累积采样时间,min;

Q_N——采样器平均抽气流量,即QH_N或QM_N的计算值;

K——常数,大流量采样器$K = 1 \times 10^6$,中流量采样器$K = 1 \times 10^9$。

实验评分标准

序号	考核项目	考核内容	分值	分配	评分标准	扣分
1	采样准备	滤膜准备	15	5	正确选择滤膜,正确编号	
		采样器流量校正		10	正确进行流量的校正	
2	样品采集	总悬浮颗粒采样	25	5	滤膜绒面向上	
				5	采样过程中不漏气	
				5	正确设置采样时间和采样流量	
				5	采样完用镊子夹取滤膜	
				5	正确对折滤膜	
3	称量	分析天平称量准备	20	5	正确检查天平水平,正确校准天平	
		滤膜干燥		5	干燥时间正确	
		分析天平操作		5	正确称量药品,称量在规定时间内完成,读数时关门读数,读数及记录正确	
		称量后处理		5	正确清洁天平,做仪器使用记录	
4	实验数据结果	原始记录	30	10	正确使用计量单位,数据没有空项,数据没有涂改	
		样品结果计算		10	样品结果计算正确	
		有效数字		5	正确保留有效数字	
		测定结果精密度		5	相对偏差不大于15%	
5	结束工作	整理	10	5	清洗、整理实验用仪器和台面	
		文明操作		5	无器皿破损、无仪器损坏	

能力拓展三 环境空气二氧化硫的测定
（副玫瑰苯胺分光光度法）

【项目所需时间】

4学时。

【实验原理】

二氧化硫被甲醛缓冲溶液吸收后,生成稳定的羟甲基磺酸加成化合物,在样品溶液中加入氢氧化钠使加成化合物分解,释放出的二氧化硫与副玫瑰苯胺、甲醛作用,生成紫红色化合物,用分光光度计在波长577nm处测量吸光度。

环节一　空气二氧化硫的采集

【实验目的】

掌握空气中气态污染物二氧化硫的采样方法。

【实验时间】

75min。

【实验准备】

1.试剂准备

(1)c(CDTA-2Na)＝0.05mol/L 环己二胺四乙酸二钠溶液(配法:称取 1.82g 反式-1,2-环己二胺四乙酸(CDTA),加入 6.5ml 1.5mol/L 氢氧化钠溶液,溶解后,用水稀释至 100ml)。

(2)甲醛缓冲吸收溶液,250ml/瓶(配法:吸取 5.5ml 36%～38% 的甲醛溶液、0.050mol/L CDTA-2Na 20.0ml;称取 2.04g 邻苯二甲酸氢钾(KHP),溶于少量水中;将三种溶液合并,再用水稀释至 100ml。用水将上述甲醛缓冲吸收贮备液稀释 100 倍,即得)。

2.仪器准备

(1)大气采样器 1 台。

(2)10ml U 形多孔玻板 2 支,用于短时间采样。

(3)吸量管 1 支。

【实验内容】

1.分别吸取 10.00ml 吸收液于 2 支 U 形多孔玻板吸收管,编号样品管和空白管,并将吸收管两端封口。

2.将采样仪器带到指定的采样地点。

3.将采样支架撑起,将空气采样仪中心固定螺丝旋入支架上的仪器安装座孔内。

4.所要采样的吸收管放在金属架上,打开两端封口,然后用橡皮管与仪器旁侧吸气接头相连接。注意吸收管方向不能接反,以免吸收液倒流入流量计内。

5.设定采样时间 45～60min,按下电源开关,调整流量调节旋钮,使流量计指示到 0.5L/min 流量红线处。

6.采样时间到后,将吸收管取下重新封口,收起采样支架和采样仪。

7.填写采样记录单,记录采样时的 t 和 P。

【实验流程图】

```
┌─────────────────────────┐        ┌─────────────────────────┐
│ 分别吸取10ml吸收液于2支U形 │        │ 填写采样记录单，记录采样时的t和P │
│ 多孔玻板吸收管            │        │                         │
└────────────┬────────────┘        └────────────▲────────────┘
             │                                  │
             ▼                                  │
┌─────────────────────────┐        ┌─────────────────────────┐
│ 编号样品管和空白管，并将吸收  │        │ 采样时间到后，将吸收管取下重新 │
│ 管两端封口               │        │ 封口，收起采样支架和采样仪    │
└────────────┬────────────┘        └────────────▲────────────┘
             │                                  │
             ▼                                  │
┌─────────────────────────┐        ┌─────────────────────────┐
│ 采样仪器带到指定的采样地点    │        │ 按下电源开关，调整流量调节旋钮 │
│                         │        │ 到0.5L/min              │
└────────────┬────────────┘        └────────────▲────────────┘
             │                                  │
             ▼                                  │
┌─────────────────────────┐        ┌─────────────────────────┐
│ 将采样支架撑起，将空气采样仪  │        │ 设定采样时间，按下电源开关，   │
│ 安装到支架上             │        │ 调整流量调节旋钮           │
└────────────┬────────────┘        └────────────▲────────────┘
             │                                  │
             ▼                                  │
┌─────────────────────────┐        ┌─────────────────────────┐
│ 采样的吸收管放在金属架上，打开 │───────▶│ 将吸收管与仪器旁侧吸气       │
│ 两端封口               │        │ 接头相连接               │
└─────────────────────────┘        └─────────────────────────┘
```

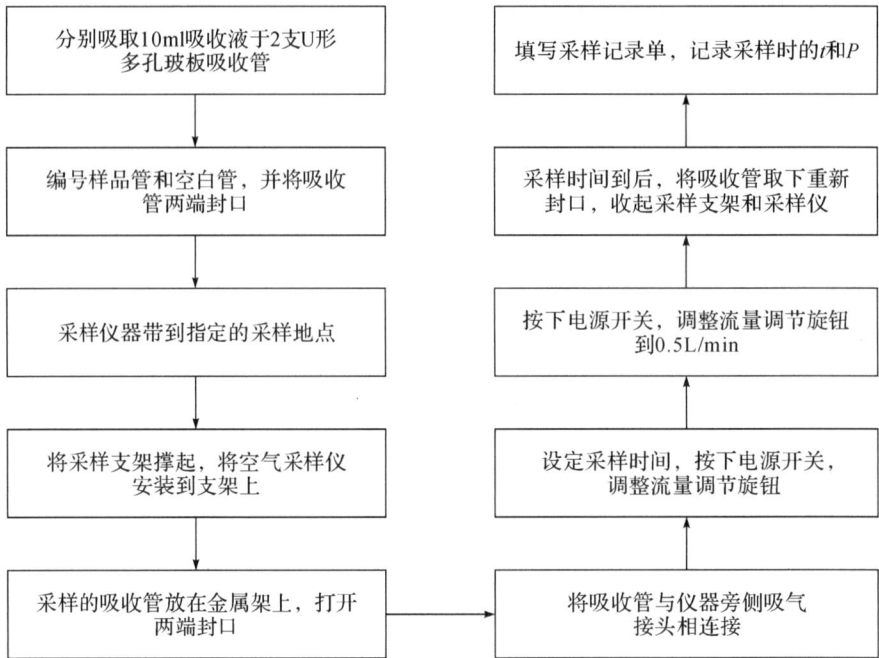

【实验注意事项】

24h 连续采样需用内装 50ml 吸收液的多孔玻板吸收瓶，以 0.2L/min 的流量连续采样 24h。吸收液温度保持在 23～29℃范围。

【思考题】

如何有效地将吸收液加入吸收管中？

环节二　亚硫酸钠溶液的标定与配制

【实验目的】

1.掌握亚硫酸钠溶液的标定原理。

2.熟悉亚硫酸钠溶液的标定实验注意事项。

【实验时间】

45min。

【实验准备】

1.试剂准备

(1)$c(1/2I_2)$＝0.010mol/L 碘溶液,500ml/瓶(配法:称取 12.7g 碘(I_2)于烧杯中,加入 40g 碘化钾和 25ml 水,搅拌至完全溶解,用水稀释至 1000ml,贮存于棕色细口瓶中。量取上述碘贮备液 50ml,用水稀释至 500ml,贮于棕色细口瓶中)。

(2)ρ＝5.0g/L 淀粉溶液,50ml/瓶。

(3)$c(Na_2S_2O_3)$＝0.01mol/L±0.00001mol/L 硫代硫酸钠标准滴定溶液(配法:称取 25.0g 硫代硫酸钠($Na_2S_2O_3 \cdot 5H_2O$),溶于 1000ml 新煮沸但已冷却的水中,加入 0.2g 无水碳酸钠,贮于棕色细口瓶中,放置一周后备用。如溶液呈现浑浊,必须过滤。用碘量法标定后再稀释至所需浓度)。

(4)甲醛缓冲吸收贮备液,100ml/瓶(配法:吸取 5.5ml 36%～38% 的甲醛溶液、0.050mol/L CDTA-2Na 20.0ml;称取 2.04g 邻苯二甲酸氢钾(KHP),溶于少量水中;将三种溶液合并,再用水稀释至 100ml,即得)。

(5)冰醋酸,50ml/瓶。

(6)甲醛缓冲吸收溶液,250ml/瓶。

2.仪器准备

(1)250ml 碘量瓶 3 个。

(2)25ml、50ml 胖肚移液管各 1 支。

(3)洗瓶 1 个。

(4)50ml 棕色碱式滴定管 1 支。

(5)100ml 容量瓶 1 个。

【实验内容】

1.取 6 个 250ml 碘量瓶(A_1、A_2、A_3、B_1、B_2、B_3),分别编号。

2.在 A_1、A_2、A_3 内各加入 25ml 水,在 B_1、B_2、B_3 内加入 25.00ml 亚硫酸钠溶液。

3.立即吸取 2.00ml 亚硫酸钠溶液加到一个已装有 40～50ml 甲醛缓冲吸收贮备液的 100ml 容量瓶中,并用该液稀释至标线、摇匀。此溶液即为二氧化硫标准贮备溶液。在 4～5℃下冷藏,可稳定 6 个月。

4.在碘量瓶中分别加入 50.0ml 碘溶液和 1.00ml 冰醋酸。

5.盖好瓶盖,A_1、A_2、A_3、B_1、B_2、B_3 六个瓶子于暗处放置 5min。

6.用硫代硫酸钠溶液滴定至浅黄色,加 5ml 淀粉指示剂,继续滴定至蓝色刚刚消失。

7.取下滴定管读数,分别记录滴定硫代硫酸钠消耗量,并计算亚硫酸钠溶液浓度。

8.用甲醛缓冲吸收液将标定好的二氧化硫标准贮备溶液稀释成每毫升含 1.0μg 二氧化硫的标准溶液。

【实验流程图】

```
┌─────────────────────────────┐         ┌─────────────────────────────┐
│ 取6个250ml碘量瓶（A₁、A₂、    │         │ 计算，并用甲醛吸收液将二氧化硫  │
│ A₃、B₁、B₂、B₃），编号         │         │ 贮备液稀释至1.0μg/ml          │
└──────────────┬──────────────┘         └──────────────▲──────────────┘
               ↓                                        │
┌─────────────────────────────┐         ┌─────────────────────────────┐
│ 在A₁、A₂、A₃内各加入25ml水     │         │ 分别记录滴定硫代硫酸钠消耗量，  │
│                             │         │ 并计算亚硫酸钠溶液浓度         │
└──────────────┬──────────────┘         └──────────────▲──────────────┘
               ↓                                        │
┌─────────────────────────────┐         ┌─────────────────────────────┐
│ 在B₁、B₂、B₃内加入25.00ml      │         │ 加5ml淀粉指示剂，继续滴定至    │
│ 亚硫酸钠溶液                   │         │ 蓝色刚刚消失                  │
└──────────────┬──────────────┘         └──────────────▲──────────────┘
               ↓                                        │
┌─────────────────────────────┐         ┌─────────────────────────────┐
│ 吸取2.00ml亚硫酸钠，用甲醛缓冲  │         │ 用硫代硫酸钠溶液滴定          │
│ 吸收贮备液定容至100ml          │         │ 至浅黄色                     │
└──────────────┬──────────────┘         └──────────────▲──────────────┘
               ↓                                        │
┌─────────────────────────────┐         ┌─────────────────────────────┐
│ 在碘量瓶中分别加入50.0ml碘溶液 │────────▶│ 盖好瓶盖，六个瓶子于暗处       │
│ 和1.00ml冰醋酸                 │         │ 放置5min                     │
└─────────────────────────────┘         └─────────────────────────────┘
```

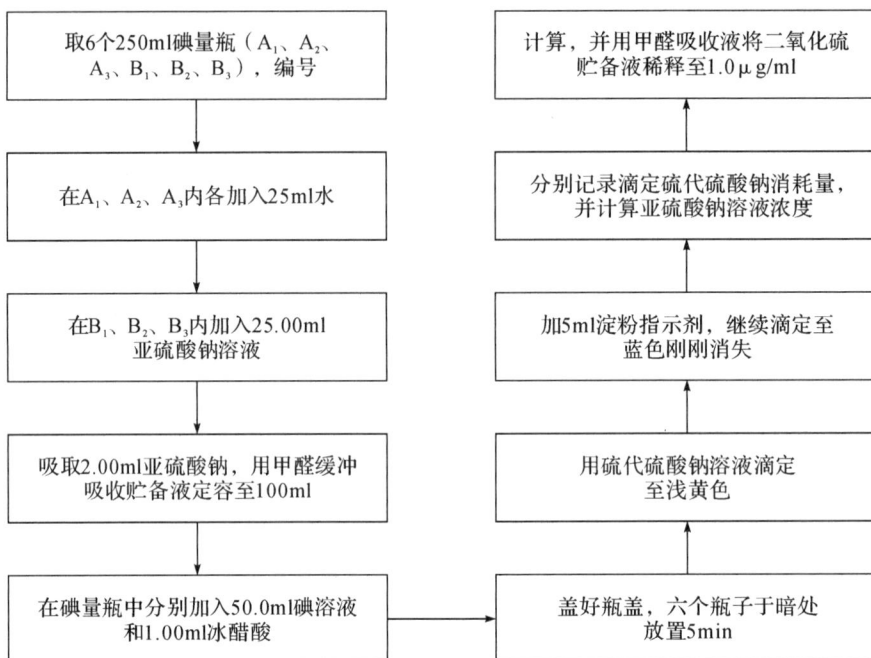

【实验注意事项】

淀粉指示剂不宜久存，以防变质。

【思考题】

从高浓度溶液稀释成低浓度溶液有哪些实验注意事项？

环节三 二氧化硫比色测定

【实验目的】

掌握盐酸副玫瑰苯胺测定二氧化硫的步骤。

【实验时间】

90min。

【实验准备】

1.试剂准备

(1)$\rho = 6.0g/L$ 氨基磺酸钠溶液,50ml/瓶(配法:称取 0.60g 氨磺酸[H_2NSO_3H]置于 100ml 烧杯中,加入 1.5mol/L 氢氧化钠 4.0ml,用水搅拌至完全溶解后稀释至 100ml,摇匀。此溶液密封可保存10d)。

（2）$c=1.5$mol/L 氢氧化钠溶液，50ml/瓶。

（3）$\rho=0.050$g/100ml 副玫瑰苯胺溶液，50ml/瓶（配法：称取盐酸副玫瑰苯胺0.2g，用100ml 蒸馏水溶解，吸取上述溶液25.00ml 于100ml 容量瓶中，加30ml 85%的浓磷酸，12ml 浓盐酸，用水稀释至标线，摇匀，放置过夜后使用。避光密封保存）。

2. 仪器准备

（1）吸量管2支。

（2）洗瓶1个。

（3）分光光度计。

（4）10ml 具塞比色管18支。

【实验内容】

1. 将样品和空白采样 U 形多孔板吸收管中的吸收液全部转入10ml 比色管中，用少量吸收液洗涤吸收管2～3次，合并洗液于比色管中，用吸收液定容。此为样品液和采样空白液，编号，备用。

2. 取16支10ml 具塞比色管，分 A、B 两组，A 组7支，B 组9支，分别对应编号。

3. A 组按表4-6配制校准系列。

表4-6　二氧化硫标准系列

管号	0	1	2	3	4	5	6
二氧化硫标准溶液/ml	0	0.50	1.00	2.00	5.00	8.00	10.00
甲醛缓冲吸收液/ml	10.00	9.50	9.00	8.00	5.00	2.00	0
二氧化硫含量/(μg·10ml^{-1})	0	0.50	1.00	2.00	5.00	8.00	10.00

4. 在 A 组各管中分别加入0.5ml 氨磺酸钠溶液和0.5ml 氢氧化钠溶液，混匀。

5. 在 B 组各管中分别加入1.00ml PRA 溶液。

6. 将 A 组各管以及样品管、空白管的溶液迅速地全部倒入对应编号并盛有 PRA 溶液的 B 管中。

7. 立即加塞混匀后放入恒温水浴装置中显色。

8. 在波长577nm 处，用10mm 比色皿，以水为参比测量吸光度。

【实验流程图】

```
┌─────────────────────────┐        ┌─────────────────────────┐
│ 将2支吸收管中吸收液转入2支  │        │ 波长577nm处，用10mm比色皿，│
│ 10ml比色管中，定容          │        │ 以水为参比测量吸光度        │
└─────────────────────────┘        └─────────────────────────┘
            │                                    ↑
            ↓                                    │
┌─────────────────────────┐        ┌─────────────────────────┐
│ 取16支10ml比色管，分A、B两组，│        │ 加塞混匀，放入恒温水浴中显色 │
│ A组7支，B组9支             │        │                          │
└─────────────────────────┘        └─────────────────────────┘
            │                                    ↑
            ↓                                    │
┌─────────────────────────┐        ┌─────────────────────────┐
│ A组按表加入不同体积二氧化硫   │        │ A组管、样品管、空白管中溶液全部│
│ 标准溶液和甲醛吸收液        │        │ 倒入对应编号的B管中         │
└─────────────────────────┘        └─────────────────────────┘
            │                                    ↑
            ↓                                    │
┌─────────────────────────┐        ┌─────────────────────────┐
│ 再分别加入0.5ml氨磺酸钠溶液和 │  ───→  │ B组各管中分别加入1.00mlPRA溶液│
│ 0.5ml氢氧化钠溶液          │        │                          │
└─────────────────────────┘        └─────────────────────────┘
```

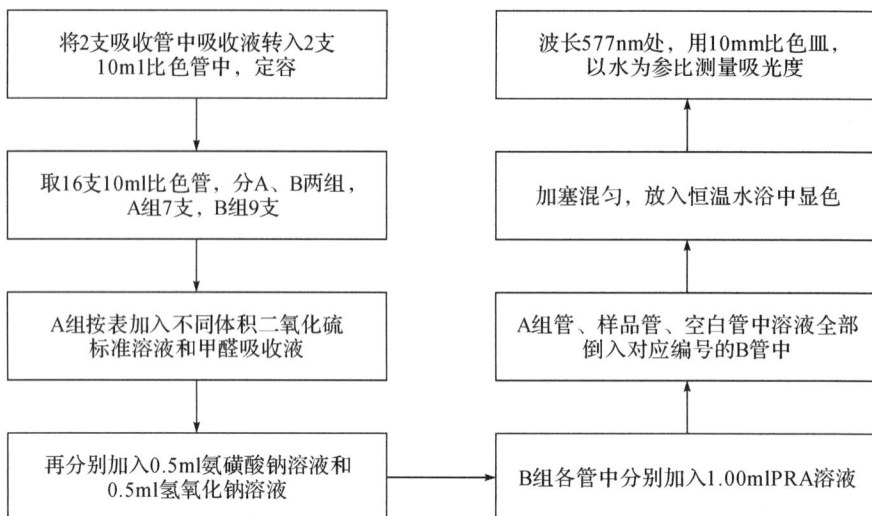

显色温度与室温之差不应超过 3℃。根据季节和环境条件按表 4-7 选择合适的显色温度与显色时间。

表 4-7　盐酸副玫瑰苯胺法的显色温度与显色时间

显色温度/℃	10	15	20	25	30
显色时间/min	40	25	20	15	5
稳定时间/min	35	25	20	15	10
试剂空白溶液吸光度	0.030	0.035	0.040	0.050	0.060

【实验安全】

1.交通安全:在路途中遵守交通规则,不能打闹。

2.采样现场安全:应有纪律、有秩序完成实验,注意现场危险因素。

3.腐蚀性试剂烧伤(PRA 溶液):取用该试剂时应小心谨慎,防止皮肤接触;实验室配备化学烧伤相关的应急措施。

【思考题】

如何有效地将吸收液从吸收管转移到比色管当中?

实验记录

亚硫酸钠储备液标定记录表

基准溶液名称及浓度				参考标准	
气温/℃				气压/kPa	
序号		1		2	3
基准液体积（ml）					
标定记录 （ml）	起始读数 $V_{始}$				
	终止读数 $V_{终}$				
	实耗体积 V_1				
	实耗体积均值				
空白记录 （ml）	起始读数 $V_{始}$				
	终止读数 $V_{终}$				
	实耗体积 V_0				
	实耗体积均值				
二氧化硫标准贮备液浓度（mg/L）					

二氧化硫标准贮备液 c(mg/L)计算公式：

$$c=\frac{(V_0-V_1)\times 32.02\times c_1\times 10^3}{25.00}\times\frac{2.00}{100}$$

式中：V_0——空白试验消耗硫代硫酸钠溶液滴定量，ml；

V_1——滴定亚硫酸钠储备液时消耗硫代硫酸钠溶液滴定量，ml；

c_1——硫代硫酸钠溶液浓度，mol/L。

二氧化硫校准曲线测定记录表

检验日期		比色皿 /mm	
检测方法依据		测定波长/nm	
二氧化硫标液浓度		参比溶液	

标准系列序号： 　　1　　　2　　　3　　　4　　　5　　　6　　　7

二氧化硫标液(ml)：

二氧化硫质量 $x(\mu g)$：

吸光度 y：

计算参数	回归方程：$y=bx+a$ a： b： r：

空气中二氧化硫测定记录表

样品名称				
检测依据		评价依据		
标准采样体积		实验环境		
样品序号	1	2		3
样品吸光度 A				
样品空白吸光度 A_0				
$A-A_0$				
样品稀释倍数 n				
样品浓度结果/$(mg \cdot m^{-3})$				
结论				
质量控制方法简述				

空气中二氧化硫计算公式：

$$X_{SO_2} = \frac{(A-A_0) \times B_s}{V_0}$$

式中：A——样品溶液吸光度；

A_0——试剂空白的吸光度；

B_s——校准因子，μg/吸光度；

V_0——换算成标准状态下($101.325kPa$,$273\ K$)的采样体积，L；

X_{SO_2}——二氧化硫浓度，mg/m^3。

实验评分标准

序号	考核项目	考核内容	分值	分配	评分标准	扣分
1	样品采集	采样器连接	15	5	正确连接采样器顺序	
		采样检漏		5	正确使用检漏方法	
		采样操作		5	正确设置采样时间和采样流量,采样过程中流量稳定	
2	标准储备溶液的标定	滴定操作	15	5	滴定操作正确	
		计算		5	使用公式计算正确	
		结果		5	标准偏差≤0.1%	

续表

序号	考核项目	考核内容	分值	分配	评分标准	扣分
3	标准溶液的配制	移液管操作	10	5	正确使用移液管。移液时未出现吸空现象,调节零刻度液面前处理管尖部,移液管最后靠壁	
		标准系列的配制		5	工作液无液体回放,加入试剂顺序正确,显色时间正确	
4	试样的测定	分光光度计预热	20	5	正确预热分光光度计,正确选择波长,正确调"0%"和"100%"	
		测定操作		10	正确手持比色皿,正确擦拭比色皿外壁,进行比色皿配套性选择,读数准确,未洒落溶液导致仪器污染	
		测定后的处理		5	清洗并控干比色皿,关闭仪器开关及电源并盖保护罩	
5	实验数据处理	标准曲线的绘制	15	5	正确绘制标准曲线,回归方程中参数数字修约正确	
		原始记录		5	正确使用计量单位,数据没有空项,数据没有涂改	
		样品结果计算		5	样品结果计算正确	
6	测定结果	标准曲线线性	15	5	相关系数 $\gamma \geqslant 0.999$	
		测定结果准确度		5	$|RE| \leqslant 10\%$	
		测定结果精密度		5	相对偏差 $\leqslant 15\%$	
7	结束工作	整理	10	5	清洗、整理实验用仪器和台面	
		文明操作		5	无器皿破损、无仪器损坏	
8	实验时间		5	5	在规定时间内完成	

能力拓展四　环境空气氮氧化物的测定
（盐酸萘乙二胺分光光度法）

【项目所需时间】

4学时。

【实验原理】

氮氧化物指空气中以一氧化氮和二氧化氮形式存在的氮的氧化物(以 NO_2 计)。

空气中的二氧化氮被串联的第一支吸收瓶中的吸收液吸收并反应生成粉红色偶氮染料。空气中的一氧化氮不与吸收液反应,通过氧化管时被酸性高锰酸钾溶液氧化为二氧化氮,被串联的第二支吸收瓶中的吸收液吸收并反应生成粉红色偶氮染料。生成的偶氮染料在波长 540nm 处的吸光度与二氧化氮的含量成正比。分别测定第一支和第二支吸收瓶中样品的吸光度,计算两支吸收瓶内二氧化氮和一氧化氮的质量浓度,二者之和即为氮氧化物的质量浓度(以 NO_2 计)。

环节一　空气氮氧化物的采集

【实验目的】

掌握空气中气态污染物氮氧化物的采样方法。

【实验时间】

90min。

【实验准备】

1. 试剂准备

(1)冰乙酸。

(2)盐酸羟胺溶液,$\rho = 0.2 \sim 0.5$g/L。

(3)硫酸溶液,$c(1/2H_2SO_4) = 1$mol/L。

(4)$\rho(KMnO_4) = 25$g/L 酸性高锰酸钾溶液,50ml/瓶(配法:称取 25g 高锰酸钾于 1000ml 烧杯中,加入 500ml 水,稍微加热使其全部溶解,然后加入 1mol/L 硫酸 500ml,搅拌均匀,贮于棕色试剂瓶中。分装)。

(5)$\rho(C_{10}H_7NH(CH_2)_2NH_2 \cdot 2HCl) = 1.00$g/L N-(1-萘基)乙二胺盐酸盐贮备液(配法:称取 0.50g N-(1-萘基)乙二胺盐酸盐于 500ml 容量瓶中,用水溶解稀释至刻度。此溶液贮于密闭的棕色瓶中,在冰箱中冷藏可稳定保存三个月)。

(6)显色液,100ml/瓶(配法:称取 5.0g 对氨基苯磺酸($NH_2C_6H_4SO_3H$)溶解于约 200ml 40~50℃热水中,将溶液冷却至室温,全部移入 1000ml 容量瓶中,加入 50ml N-(1-萘基)乙二胺盐酸盐贮备液和 50ml 冰乙酸,用水稀释至刻度。分装)。

此溶液贮于密闭的棕色瓶中,在 25℃ 以下暗处存放可稳定三个月。若溶液呈现淡红色,应弃之重配。

(7)吸收液,50ml/瓶(配法:使用时将显色液和水按 4:1 比例混合,即为吸收液。(吸收液的吸光度应小于等于 0.005)。

2. 仪器准备

(1)大气采样器 1 台。

(2)10ml 棕色 U 形多孔玻板 3 支,用于短时间采样。

(3)氧化瓶。

(4)吸量管。

【实验内容】

1. 分别吸取 10.00ml 吸收液于 3 支 U 形多孔玻板吸收管,编号二氧化氮样品管、一氧化氮样品管和空白管,另在氧化瓶内装 5～10ml 酸性高锰酸钾溶液,用尽量短的硅橡胶管将氧化瓶串联在两支样品管之间,并将吸收管两端封口。

2. 将采样仪器带到指定的采样地点。

3. 将采样支架撑起,将空气采样仪中心固定螺丝旋入支架上的仪器安装座孔内。

4. 所要采样的吸收管放在金属架上,打开两端封口,然后用橡皮管与仪器旁侧吸气接头相连接。注意吸收管方向不能接反,以免吸收液倒流入流量计内。

5. 以 0.4L/min 流量采气 4～24L,设定采样时间 10～60min,按下电源开关,调整流量调节旋钮,使流量计指示到 0.4L/min 流量红线处。

6. 采样时间到后,将吸收管取下重新封口,收起采样支架和采样仪。

7. 填写采样记录单,记录采样时的 t 和 P。

【实验流程图】

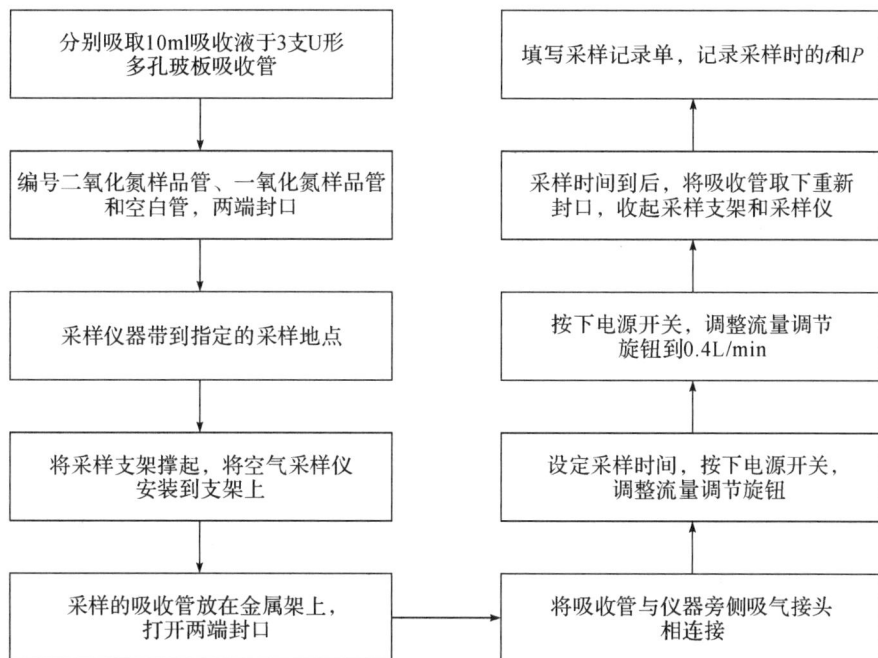

【实验注意事项】

1. 24h 连续采样需用内装 25ml 或 50ml 吸收液的多孔玻板吸收瓶,以 0.2L/min 的流量连续采样 24h。吸收液温度保持在 16~24℃ 范围。

2. 可装 5ml、10ml 或 50ml 酸性高锰酸钾溶液的洗气瓶,液柱高度不能低于 80mm。使用后,用盐酸羟胺溶液浸泡洗涤。

【思考题】

一氧化氮氧化成二氧化氮在分子量上有什么变化?

环节二　标准系列和样品的测定

【实验目的】

1. 掌握盐酸萘乙二胺分光光度法测定空气中氮氧化物的原理。
2. 熟悉分光光度计的使用。

【实验时间】

90min。

【实验准备】

1. 试剂准备

$\rho(NO_2^-) = 2.5\mu g/ml$ 亚硝酸盐标准工作液,50ml/瓶(配法:先配制 $\rho(NO_2^-) = 250\mu g/ml$ 亚硝酸盐标准贮备液,准确称取 0.3750g 亚硝酸钠($NaNO_2$,优级纯,使用前在 105℃±5℃ 干燥恒重)溶于水,移入 1000ml 容量瓶中,用水稀释至标线。此溶液贮于密闭棕色瓶中于暗处存放,可稳定保存三个月。再准确吸取 $\rho(NO_2^-) = 250\mu g/ml$ 亚硝酸盐标准贮备液 10.00ml 于 1000ml 容量瓶中,用水稀释至标线,临用现配。分装)。

2. 仪器准备

(1) 10ml 具塞比色管 6 支。
(2) 吸量管 3 支。
(3) 洗瓶 1 个。
(4) 分光光度计。

【实验内容】

1. 校准曲线的绘制

取 6 支 10ml 具塞比色管,按表 4-8 制备亚硝酸盐标准溶液系列。根据表 4-8 分别移取相应体积的亚硝酸钠标准工作液,加水至 2.00ml,加入显色液 8.00ml。

表 4-8 NO_2^- 标准溶液系列

管号	0	1	2	3	4	5
标准工作液/ml	0.00	0.40	0.80	1.20	1.60	2.00
水/ml	2.00	1.60	1.20	0.80	0.40	0.00
显色液/ml	8.00	8.00	8.00	8.00	8.00	8.00
NO_2^- 浓度/($\mu g \cdot ml^{-1}$)	0.00	0.10	0.20	0.30	0.40	0.50

各管混匀,于暗处放置 20min(室温低于 20℃时放置 40min 以上),用 10mm 比色皿,在波长 540nm 处,以水为参比测量吸光度,扣除 0 号管的吸光度以后,对应 NO_2^- 的浓度($\mu g/ml$),用最小二乘法计算标准曲线的回归方程。

标准曲线斜率控制在 0.180~0.195(吸光度· $ml/\mu g$),截距控制在 ±0.003 之间。

2. 空白试验

(1)实验室空白试验:取实验室内未经采样的空白吸收液,用 10mm 比色皿,在波长 540nm 处,以水为参比测量吸光度。实验室空白吸光度 A_0 在显色规定条件下波动范围不超过 ±15%。

(2)现场空白:同实验室空白测定吸光度。

3. 样品测定

采样后放置 20min,室温低于 20℃时放置 40min 以上,取下吸收管,用水将采样瓶中吸收液的体积补充至标线,混匀。用 10mm 比色皿,在波长 540nm 处,以水为参比测量吸光度,同时测定空白样品的吸光度。

【实验流程图】

取6支10ml具塞比色管,分别对应编号标准管 → 移取不同体积亚硝酸钠标准工作液至各比色管,加水至2.00ml → 各管分别加入8.0ml显色液,摇匀,密塞,于暗处放置20min → 用10mm比色皿,在波长540nm处,以水为参比测量吸光度

吸收管采样后放置20min → 样品和空白吸收管分别用水至补充至标线,混匀 → 用10mm比色皿,波长540nm处,以水为参比测量吸光度

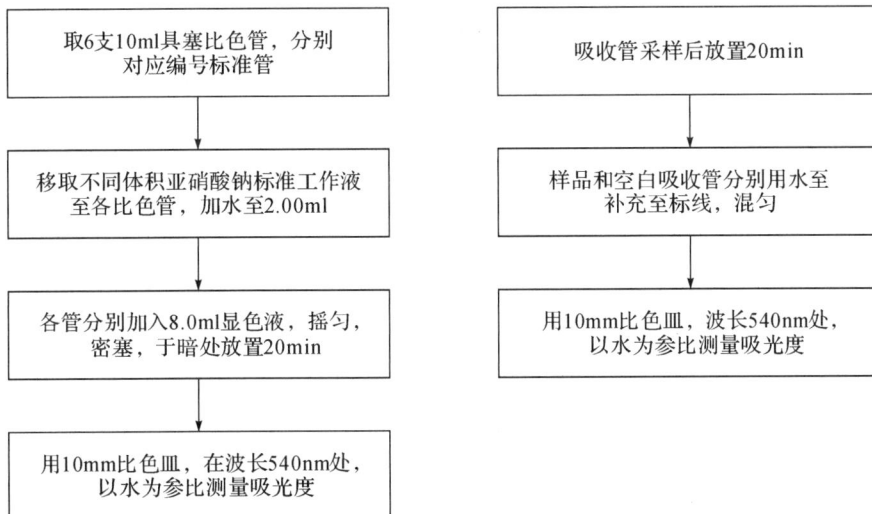

【实验注意事项】

硫酸稀释时要在不断搅拌下,将硫酸慢慢倒入水中,切勿将水倒入酸中。

【实验安全】

1.交通安全:在路途中遵守交通规则,不能打闹。

2.采样现场安全:应有纪律、有秩序完成实验,注意现场危险因素。

3.腐蚀性试剂烧伤(硫酸溶液):取用该试剂时应小心谨慎,防止皮肤接触;实验室配备化学烧伤相关的应急措施。

【思考题】

在计算时 Saltzman 转换系数 f 表示什么?

实验记录

氮氧化物校准曲线测定记录表

检验日期		比色皿/mm	
检测方法依据		测定波长/nm	
亚硝酸钠标液浓度		参比溶液	

标准系列序号: 1   2   3   4   5   6
亚硝酸钠标液(ml):
亚硝酸钠浓度 $x(\mu g/ml)$:
吸光度 y:

计算参数	回归方程:$y = bx + a$ a: b: r:

空气中氮氧化物测定记录表

样品名称			
检测依据		评价依据	
标准采样体积		实验环境	温度: ℃
样品序号	第一支吸收管	第二支吸收管	
样品吸光度 A			
样品空白吸光度 A_0			
$A - A_0$			
样品稀释倍数 n			
样品浓度结果/$(mg \cdot m^{-3})$			
结论			
质量控制方法 简述			

空气中氮氧化物计算公式：

空气中二氧化氮的浓度 ρ_{NO_2}（mg/m³），按下式计算：

$$\rho_{NO_2} = \frac{(A_1 - A_0 - a) \times V \times D}{b \times f \times V_0}$$

空气中一氧化氮的浓度 ρ_{NO}（mg/m³）以二氧化氮（NO_2）计，按下式计算：

$$\rho_{NO} = \frac{(A_2 - A_0 - a) \times V \times D}{b \times f \times V_0 \times K}$$

式中：A_1、A_2——分别为串联的第一支和第二支吸收瓶中样品的吸光度；

A_0——实验室空白的吸光度；

b——标准曲线的斜率，吸光度·ml/μg；

a——标准曲线的截距；

V——采样用吸收液体积，ml。

V_0——换算成标准状态下（101.325kPa，273 K）的采样体积，L；

K——NO→NO_2氧化系数，0.68；

D——样品的稀释倍数；

f——Saltzman 实验系数，0.88（当空气中二氧化氮浓度高于 0.72mg/m³ 时，f 取值 0.77）。

实验评分标准

序号	考核项目	考核内容	分值	分配	评分标准	扣分
1	样品采集	采样器连接	15	5	正确连接采样器顺序	
		采样检漏		5	正确使用检漏方法	
		采样操作		5	正确设置采样时间和采样流量，采样过程中流量稳定	
2	标准溶液的配制	移液管操作	15	10	正确使用移液管。移液时未出现吸空现象，调节零刻度液面前处理管尖部，移液管最后靠壁	
		标准系列的配制		5	工作液无液体回放，加入试剂顺序正确，显色时间正确	
3	试样的测定	分光光度计预热	20	5	正确预热分光光度计，正确选择波长，正确调"0％"和"100％"	
		测定操作		10	正确手持比色皿，正确擦拭比色皿外壁，进行比色皿配套性选择，读数准确，未洒落溶液导致仪器污染	
		测定后的处理		5	清洗并控干比色皿，关闭仪器开关及电源并盖保护罩	

续表

序号	考核项目	考核内容	分值	分配	评分标准	扣分
4	实验数据处理	标准曲线的绘制	20	5	正确绘制标准曲线,回归方程中参数数字修约正确	
		原始记录		10	正确使用计量单位,数据没有空项,数据没有涂改	
		样品结果计算		5	样品结果计算正确	
5	测定结果	标准曲线线性	15	5	相关系数 $\gamma \geqslant 0.999$	
		测定结果准确度		5	$|RE| \leqslant 10\%$	
		测定结果精密度		5	相对偏差 $\leqslant 15\%$	
6	结束工作	整理	10	5	清洗、整理实验用仪器和台面	
		文明操作		5	无器皿破损、无仪器损坏	
7	实验时间		5	5	在规定时间内完成	

项目五

室内空气污染物监测

室内空气质量检验以室内空气质量卫生标准为依据,检验的对象是某一特定的房间或场所内的环境空气,目的是了解和掌握室内环境空气状况(污染物种类、水平、变化规律),评价污染物浓度是否超过国家卫生标准,空气污染物对人体健康是否有影响。

室内空气污染不仅破坏人们的工作和生活环境,而且直接威胁着人们的身体健康。这主要是因为:(1)人们每天大约有 80% 以上的时间是在室内度过的,所呼吸的空气主要来自室内,与室内污染物接触的机会和时间均多于室外。(2)室内污染物的来源和种类日趋增多,造成室内空气污染程度在室外空气污染的基础上更加重了一层。(3)为了节约能源,现代建筑门窗密封程度不断提高,由于中央空调换气设施不完善,造成室内通风换气次数减少,新风量严重不足,致使室内污染物不能及时排出室外,造成室内空气质量的恶化。

我国大多数室内空气质量指标的分析方法采用了与环境空气质量监测相同的方法,一些则引用了原工业或居民区卫生防护的一些测试方法,如表 5-1 所示。

表 5-1 室内空气质量标准中的有关分析方法

序号	参数	检验方法	来源
1	二氧化硫	甲醛吸收-盐酸副玫瑰苯胺分光光度法	GB/T 16128 GB/T 15262
2	二氧化氮	改进的 Saltzaman 法	GB/T 12372 GB/T 15432
3	一氧化碳	非分散红外线气体分析法 不分光红外线气体分析法、气相色谱法、汞置换法	GB/T 9801 GB/T 18204.23
4	二氧化碳	不分光红外线气体分析法 气相色谱法 容量滴定法	GB/T 18204.24

续表

序号	参数	检验方法	来源
5	氨	靛酚蓝分光光度法、纳氏试剂分光光度法 离子选择性电极法 次氯酸钠-水杨酸分光光度法	GB/T 18204.25 GB/T 14668 GB/T 14669 GB/T 14679
6	臭氧	紫外光度法 靛蓝二磺酸钠分光光度法	GB/T 15438 GB/T 18204.27 GB/T 15437
7	甲醛	AHMT 分光光度法 酚试剂分光光度法、气相色谱法 乙酰丙酮分光光度法	GB/T 16129 GB/T 18204.26 GB/T 15516
8	苯	气相色谱法	GB/T 11737
9	甲苯、二甲苯	气相色谱法	GB/T 11737 GB/T 14677
10	苯并[α]芘	高效液相色谱法	GB/T 15439
11	可吸入颗粒物	撞击式称重法	GB/T 17095
12	总挥发性有机化合物	气相色谱法	
13	菌落总数	撞击法	
14	温度	玻璃液体温度计法 数显式温度计法	GB/T 18204.13
15	相对湿度	通风干湿表法 氯化锂湿度计法 电容式数字湿度计法	GB/T 18204.14
16	空气流速	热球式电风速计法 数字式风速表法	GB/T 18204.15
17	新风量	示踪气体法	GB/T 18204.18
18	氡	空气中氡浓度的闪烁瓶测量方法 径迹蚀刻法 双滤膜法 活性炭盒法	GB/T 16147 GB/T 14582

  室内空气污染包括物理、化学、生物和放射性污染,来源于室内和室外两部分。室内来源主要有消费品和化学品的使用、建筑和装饰材料以及个人活动。如:(1)各种燃料燃烧、烹调油烟及吸烟产生的 CO、NO_2、SO_2、可吸入颗粒物、甲醛、多环芳烃(苯并[α]芘)等。(2)建筑、装饰材料、家具和家用化学品释放的甲醛和挥发性有机化合物(VOCs)、氡及其子体等。(3)家用电器和某些办公用具导致的电磁辐射等物理污染和臭氧等化学污

染。(4)通过人体呼出气、汗液、大小便等排出的 CO_2、氨类化合物、硫化氢等内源性化学污染物,呼出气中排出的苯、甲苯、苯乙烯、氯仿等外源性污染物。通过咳嗽、打喷嚏等喷出的流感病毒、结核杆菌、链球菌等生物污染物。(5)室内用具产生的生物性污染,如在床褥、地毯中滋生的尘螨等。

室外来源主要有:(1)室外空气中的各种污染物包括工业废气和汽车尾气通过门窗、孔隙等进入室内。(2)人为带入室内的污染物,如干洗后带回家的衣服,可释放出残留的干洗剂四氯乙烯和三氯乙烯;将工作服带回家中,可使工作环境中的苯进入室内等。

任务一　室内空气样品采集

一　选点要求

(1)采样点的数量:采样点的数量根据监测室内面积大小和现场情况而确定,以期能正确反映室内空气污染物的水平。原则上小于 $50m^2$ 的房间应设 1~3 个点;50~100m^2 设 3~5 个点;100m^2 以上至少设 5 个点。在对角线上或梅花式均匀分布。

(2)采样点应避开通风口,离墙壁距离应大于 0.5m。

(3)采样点的高度:原则上与人的呼吸带高度一致。相对高度 0.5~1.5m 范围。

二　采样时间和频率

年平均浓度至少采样 3 个月,日平均浓度至少采样 18h,8h 平均浓度至少采样 6h,1h 平均浓度至少采样 45min,采样时间应涵盖通风最差的时间段。

三　采样方法和采样仪器

根据污染物在室内空气中存在状态,选用合适的采样方法和仪器,用于室内的采样器的噪声应小于 50dB(A)。具体采样方法应按各个污染物检验方法中规定的方法和操作步骤进行。

(一)筛选法采样

采样前关闭门窗 12h,采样时关闭门窗,至少采样 45min。如检测合格为符合标准要求,如不合格者,必须用累积采样法检验结果评价。

(二)累积法采样

当采用筛选法采样达不到标准要求时,必须采用累积法(按年平均、日平均、8h 平均值)的要求采样。

四 采样质量保证措施

(一)气密性检查

有动力采样器在采样前应对采样系统气密性进行检查,不得漏气。

(二)流量校准

采样系统流量要能保持恒定,采样前和采样后要用一级皂膜计校准采样系统进气流量,误差不超过 5%。

(三)采样器流量校准

在采样器正常使用状态下,用一级皂膜计校准采样器流量计的刻度,校准 5 个点,绘制流量标准曲线。记录校准时的大气压力和温度。

(四)空白检验

在一批现场采样中,应留有两个采样管不采样,并按其他样品管一样对待,作为采样过程中空白检验,若空白检验超过控制范围,则这批样品作废。

仪器使用前,应按仪器说明书对仪器进行检验和标定。在计算浓度时应将采样体积换算成标准状态下的体积。

任务二 空气氨的测定

一 概述

(一)性质、来源及危害

氨为无色气体,有强烈辛辣刺激性臭味,熔点 $-77.8℃$,沸点 $-33.5℃$,对空气的相对密度 0.5962。氨极易溶于水,溶解度 1∶700,氨溶于水时生成一水合氨($NH_3 \cdot H_2O$)。氨的水溶液呈弱碱性,易挥发。氨具有可燃性,燃烧时火焰稍带绿色,生成有毒的氮氧化物烟雾。氨在空气中的含量达到 $16.5\% \sim 26.8\%$(V/V)时,能形成爆炸性气体。高温时氨分解成氮和氢,有还原作用。经催化,氨可氧化成一氧化氮。氨以铵盐或游离态形式存在于空气中,NH_4^+ 与 NH_3 之间的平衡受温度、酸度和离子强度的影响,温度升高、pH 值增大有利于 NH_3 的形成。

氨是化学工业的主要原料,广泛用于生产硝酸、氮肥、炸药、冷冻剂、药物、塑料、染料、油漆、树脂和铵盐,生产和使用氨的过程都可能产生大量的含氨废气废水。农业生产使用氮肥时,由于氮肥的挥发和流失,都可能造成氨的污染。

室内空气中氨气首先来自建筑施工中使用的混凝土添加剂。添加剂中含有大量氨类物质,在墙体中随温度、湿度等环境因素的变化而还原成氨气释放出来。其次,家具使用的加工木制板材在加压成型过程中使用了大量黏合剂,此黏合剂主要是甲醛和尿素加工聚合而成。它们在室温下易释放出气态的氨,造成室内空气中氨的污染。

　　氨主要通过呼吸道和消化道进入人体,氨浓度较高时,也可通过皮肤进入。由于氨在水中的溶解度很大,所以对眼、口、鼻黏膜及上呼吸道有强烈的刺激作用,影响人体对疾病的抵抗力。长期接触低浓度的氨,可使鼻咽部、呼吸道黏膜充血、水肿;高浓度的氨可损伤肺泡毛细血管壁,引起支气管炎和肺炎;浓度过高时可使中枢神经系统兴奋性增强,产生痉挛等症状;严重中毒者可出现呼吸抑制、肺水肿昏迷和休克;还可通过三叉神经末梢的反射作用引起心脏停搏和呼吸停止。

(二)环境质量标准要求

　　《室内空气质量标准》(GB/T 18883—2022)规定氨 1 小时浓度限值为 0.20mg/m³。

二　测定方法

　　氨的常用测定方法有氨气敏电极法、靛酚蓝分光光度法、次氯酸钠-水杨酸分光光度法、纳氏试剂分光光度法、亚硝酸盐分光光度法等。1)纳氏试剂分光光度法操作简便,应用广泛,但显色胶体不稳定,易受干扰。2)靛酚蓝分光光度法灵敏度高、显色产物稳定,但受试剂和环境的影响较大。3)氨气敏电极法测定大气中氨,发挥了离子选择电极所具有的快速、灵敏及测定范围宽等优点,保证了大气中低浓度氨测定的准确性和可靠性。4)此外,利用氮氧化物分析仪可连续测定空气中的氨,在 340℃ 条件下,应用纯铜丝先将氨转化成氮氧化物,然后测定其含量。氨的常用测定方法对比见表 5-2。

表 5-2　氨测定方法的对比

标准号	测定方法	检出限 μg/10ml	检出限 mg/m³
HJ 533—2009	环境空气和废气 氨的测定 纳氏试剂分光光度法	0.5	吸收液体积 50ml,采样体积 10L 时,检出限 0.25mg/m³
HJ 534—2009	环境空气 氨的测定 次氯酸钠-水杨酸分光光度法	0.1	吸收液体积 10ml,采样体积 10L 时,检出限 0.008mg/m³
GB/T 14669—93	空气质量 氨的测定 离子选择电极法	0.7	吸收液体积 10ml,采样体积 60L 时,检出限 0.014mg/m³

(一)氨气敏电极法

1. 原理

　　以 0.05mol/L 硫酸为吸收液,采集空气中的氨。测定时向样品溶液中加入强碱,将硫酸铵盐转变为氨,再用氨气敏电极测定样品中氨的含量。

　　氨气敏电极是一个复合电极,以 pH 玻璃电极为指示电极,银-氯化银电极为参比电极,此电极对置于盛有 0.1mol/L 氯化铵内充液的塑料套管中,塑料套管管底有一张微孔疏水薄膜,将管内氯化铵溶液与管外样品溶液隔开,该膜具有良好的疏水性和透气性。在它与 pH 电极的玻璃膜之间有一层非常薄的液膜,水和其他离子都不能通过透气膜,但样品溶液中产生的 NH_3 可以扩散通过透气膜,并进入液膜,使管内氯化铵溶液存在的下列平衡反应向左移动引起氢离子浓度改变:

$$NH_4^+ \longrightarrow NH_3 + H^+$$

由 pH 玻璃电极测得 pH 值的变化量。在恒定的离子强度下,测得的电极电位与氨浓度的对数呈线性关系,根据测得的电位值确定样品中氨的含量。

测定时,向待测溶液中加入强碱,用氨气敏电极测定电位。同时用吸收液代替样品溶液做空白实验,根据测得的电位,从半对数坐标纸所绘制的标准曲线上查得样品吸收液中氨浓度值($\mu g/ml$),然后计算出空气中氨的浓度(mg/m^3)。

$$c_i = \frac{(c - c_0) \times 10}{V_0}$$

式中:c_i 为空气中氨的含量,mg/m^3;c 为样品溶液中氨浓度,$\mu g/ml$;c_0 为空白溶液中氨浓度,$\mu g/ml$;V_0 为换算成标准状态下的采样体积,L。

2. 注意事项

(1)电极组装时,玻璃电极敏感膜与透气膜之间的紧压程度应调节得当,接触过松时,形成的中介液层不够薄,平衡时间显著延长。接触过紧,则两者间形成的液膜可能过薄而不连续,电位值漂移。另外,透气膜不能有丝毫破损,以防内充液泄漏。

(2)测试前,应将电极用无氨水洗至电极说明书要求的电位值,然后再测定。

(3)测定样品或标准系列应由低浓度至高浓度逐级测定。

(4)水样温度与标液及电极间温度应相差很小(2℃以内)。

(5)如果响应时间较长,应考虑是否采用的标准溶液浓度较小,作适当调整。

(6)该方法检测限为 $0.014 \sim 0.018 mg/m^3$,精密度约为 1.4%(相对标准偏差),回收率在 97%~102%。

(二)靛酚蓝分光光度法

1. 基本原理

用稀硫酸吸收空气中的氨,在硝普钠及次氯酸钠存在下,与水杨酸反应生成蓝绿靛酚蓝染料,具体反应如下:

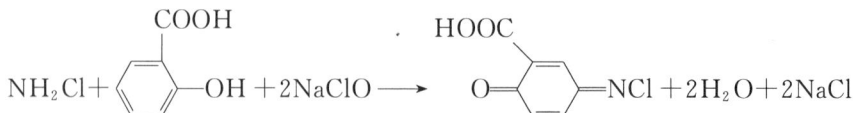

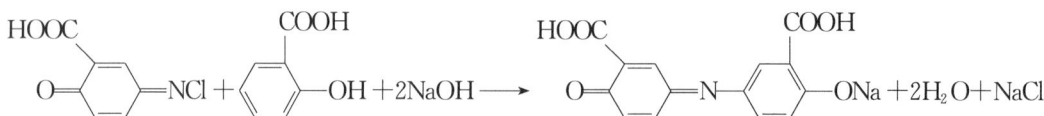

$$2NH_3 + H_2SO_4 \longrightarrow 2NH_4^+ + SO_4^{2-}$$

$$NH_4^+ + NaClO \longrightarrow NH_2Cl + H_2O + Na^+$$

2. 检测步骤

以 0.005mol/L 硫酸为吸收液,用普通型气泡吸收管,按 0.5L/min 流量采气 10L,记录采样时的温度和气压。采样后,样品在室温下保存,于 24h 内分析。采样效率为 96%。

用水补充至采样前吸收液的体积,加入 0.5ml 水杨酸溶液、0.1ml 1% 硝普钠溶液和 0.1ml 0.05mol/L 次氯酸钠溶液,混匀。室温下放置 1h,以水作参比,在 697nm 下,测定吸光度。再根据标准曲线和采气量计算空气中氨的含量。同时,用吸收液作试剂空白测定。

如果样品溶液吸光度值超过标准曲线的范围,则取部分样品溶液,用吸收液稀释后再进行分析。计算浓度时,应乘以样品溶液的稀释倍数。用下列算式计算氨的含量。以回归方程斜率的倒数作为样品测定的计算因子 B_s(μg/吸光度)。

$$c = \frac{(A - A_0) \times B_s}{V_0}$$

式中:c 为空气中氨浓度,mg/m^3;A 为样品溶液中吸光度;A_0 为空白溶液中吸光度;B_s 为计算因子,μg/吸光度;V_0 为换算成标准状态下的采样体积,L。

3. 注意事项

(1)由于铵盐和氨具有相同的显色反应,本法测定结果是氨与铵盐的总和。

(2)所有试剂均须用无氨水配制。无氨水制备方法:向普通蒸馏水中加少量的高锰酸钾至浅紫红色,再加少量氢氧化钠至呈碱性,蒸馏。取中间蒸馏部分的水,加少量硫酸至微酸性,再蒸馏一次。

(3)常见阳离子 Ca^{2+}、Mg^{2+}、Fe^{3+}、Mn^{2+}、Al^{3+} 等可用柠檬酸掩蔽除去。

(4)2μg 以上苯胺、30μg 以上 H_2S 可使测定结果偏低。

(5)实验中要防止试剂及环境空气中氨和铵盐的污染:用蒸馏水调 $A = 0$,试剂空白 A 值不得大于 0.06,否则说明有氨或铵盐污染,需要用扣除空白值的方式消除干扰。

(6)本法检出限:0.5μg/10ml,当采样体积为 5L 时,最低检出浓度为 0.01mg/m^3。

任务三　空气甲醛的测定

一　概述

(一)性质、来源及危害

甲醛是一种无色液体,具有强烈刺激性气味。相对密度 1.06,沸点 20℃,熔点 −92℃。甲醛易溶于水、醇和醚。在碱性溶液中有强的还原性,可被碘溶液氧化成甲酸。甲醛在水溶液中以水合甲醛的形式存在。甲醛易聚合,其浓溶液长期放置能形成多聚甲醛的白色沉淀,聚合物受热易分解,常温下释放出微量气态甲醛,在甲醛中加入少量甲醇可以防止聚合。甲醛具有使蛋白质凝固的作用,因而可以杀菌、防腐。35%~40% 的甲醛水溶液称为"福尔马林",沸点 19℃,因此,室温下极易挥发,并随温度升高挥发速度加快。福尔马林是一种有效的杀菌剂和防腐剂,用于外科手术器械的消毒,也用于保存解剖标本。

甲醛是室内空气主要污染物之一。由于各种人造板材(细木工板、刨花板、中密度纤维板、胶合板、复合地板等)使用了脲醛树脂和酚醛树脂作黏合剂,它们都含有甲醛,遇热、潮解时装饰材料逐渐向周围环境释放甲醛,污染室内空气。

甲醛也是重要化工原料,广泛用于合成树脂、合成纤维、工程塑料、农药和染料等行业。甲醛与氨反应生成六次甲基四胺可用作橡胶硫化促进剂、纺织品防缩剂和泌尿系统消毒剂。由于甲醛用途广泛,因此工业生产量大,职业接触人群较广。香烟烟雾中也含有甲醛,每支过滤嘴香烟的烟气中甲醛含量达 $20\sim100\mu g$。

甲醛对人体健康的影响主要表现在嗅觉异常、刺激、过敏、肺功能异常、肝功能异常、免疫功能异常等方面,而个体差异很大(见表5-3)。

表 5-3 短时间甲醛暴露的人体急性刺激反应

人体健康效应	空气甲醛浓度水平/(mg·m^{-3})	
	报道范围	中位数
嗅阈	$0.06\sim1.2$	0.1
眼刺激阈	$0.01\sim1.9$	0.5
咽刺激阈	$0.1\sim3.1$	0.6
眼刺激感	$2.5\sim3.7$	3.1
流泪(30min 暴露)	$5.0\sim6.2$	5.6
强烈流泪(1h 暴露)	$12\sim25$	17.8
危及生命:水肿、炎症、肺炎	$37\sim60$	37.5
死亡	$60\sim125$	125

(二)环境质量标准要求

《室内空气质量标准》(GB/T 18883—2022)规定甲醛 1 小时浓度限值为 $0.08mg/m^3$。

二 测定方法

甲醛的测定方法可分为五类:分光光度法、色谱(气相色谱、高效液相色谱)法、电化学分析(示波极谱、微分脉冲极谱)法、荧光分析法和化学发光法。其中常用的是分光光度法和气相色谱法。

分光光度法中包括 4-氨基-3-联氨-5-巯基-1,2,4-三氮杂茂(简称 AHMT)分光光度法、酚试剂(3-甲基-2-苯并噻唑酮腙盐酸盐,简称 MBTH)分光光度法、乙酰丙酮分光光度法、变色酸分光光度法和盐酸副玫瑰苯胺分光光度法。1)乙酰丙酮分光光度法操作简单,重现性好,共存的酚和乙醛不干扰测定,但灵敏度较低。2)变色酸分光光度法显色稳定,但需使用浓硫酸,操作不便,共存的酚干扰测定。3)酚试剂分光光度法在常温下可以显色,灵敏度比前两种方法的都高。4)AHMT 分光光度法在室温下显色,SO_2、NO_2 共存时不干扰测定,灵敏度也比较高。《室内空气质量标准》(GB/T 18883—2022)选择 AHMT 分光光度法、酚试剂分光光度法、乙酰丙酮分光光度法和气相色谱法作为甲醛测定的标准方法。

(一)酚试剂分光光度法

1. 原理

空气中的甲醛被 MBTH 溶液吸收,反应生成嗪。在酸性条件下,嗪被三价铁离子氧化生成蓝绿色化合物,最大吸收波长 630nm,其吸光度值与甲醛含量成正比,标准曲线法定量。反应方程式如下:

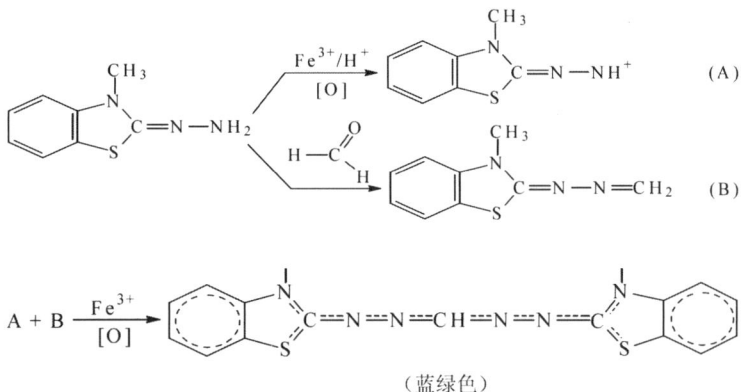

(蓝绿色)

2. 检测步骤

用一个大型气泡吸收管,以酚试剂溶液作为吸收液,按 0.5L/min 流量采集气体 10L。记录采样时的气温和气压,采样后应在 24h 内分析。

样品处理时,将样品溶液全部转入比色管中,用少量吸收液洗吸收管。向吸收液中加入适量水,补充至采样前吸收液体积值。准确移取适量样品溶液于比色管中备用。

然后取比色管,在各管中加入一定量的甲醛标准溶液和吸收液,再加入一定量 1‰硫酸铁铵溶液,放置 15min。在 630nm 波长下,以水作参比,测定标准系列溶液的吸光度值。

最后按绘制标准曲线的测定条件和操作步骤,测定样品溶液的吸光度值(A)。测定每批样品的同时,用 5ml 未采过样的吸收液作试剂空白实验,测定吸光度值(A_0)。根据($A-A_0$)值从标准曲线上找出样品溶液中甲醛的含量,并计算空气中甲醛的浓度。

3. 注意事项

(1)酚试剂也能与乙醛($>2\mu g$)和丙醛反应生成蓝绿色化合物,此法测得的是样品中以甲醛表示的总醛含量。

(2)二氧化硫对测定有干扰,测定前将气样通过硫酸锰滤纸过滤,可除去其干扰,当相对湿度大于 88% 时,去除效率较好。

(3)温度影响显色程度:室温低于 15℃ 时显色不完全,20～35℃ 时 15min 显色达完全,放置 4h 稳定不变。实验中要注意控制温度。

(4)日光照射能氧化甲醛。因此,在采样时要选用棕色吸收管,要避光运输、存放样品。

(5)方法检出限为 0.05ng/ml,当采气量为 10L 时,最低检出浓度为 0.01mg/m³。本方法可用于一般情况下室内空气的检测,也可用于工作场所空气中甲醛的测定。

(二)AHMT 分光光度法

1. 原理

空气中的甲醛被吸收液吸收后,在碱性条件下,与 AHMT(Ⅰ)反应缩合(Ⅱ),进一步被高碘酸钾氧化成 6-巯基-5-三氮杂茂(4,3-b)-S-四氮杂苯(Ⅲ)紫红色化合物。该化合物的最大吸收波长为 550nm,吸光度值与甲醛浓度呈线性关系。反应方程式如下:

2. 检测步骤

取三乙醇胺、焦亚硫酸钠和 EDTA 溶于水配成吸收液,用气泡吸收管,以 0.5L/min 流量采气 20L,记录采样时的气温和气压。

采样后,向样品溶液中补充吸收液至采样前体积,混匀,取 2.00ml 测定用。

取适量甲醛标准溶液配制标准系列溶液,分别加入氢氧化钾溶液和 AHMT 溶液,混匀,室温下放置 20min,加入高碘酸钾溶液,轻轻振摇 5min 后,在 550nm 波长下,用水作参比溶液,测定各标准系列溶液的吸光度值。用吸光度值对甲醛的含量绘制标准曲线。

样品测定同酚试剂分光光度法。

3. 注意事项

(1)AHMT 分光光度法抗干扰能力强,灵敏度高,但需严格控制显色时间,标准溶液与样品溶液的显色反应时间必须严格一致。

(2)所用试剂需进口,且价格较昂贵,方法成本较高,不宜在基层单位普及应用。因此本法适宜与酚试剂分光光度法配合使用,只有进行仲裁分析或当测定结果不符合卫生标准限量要求,必须进行复测时,才用 AHMT 法进行检验。

(3)本方法要检出限为 $0.13\mu g/ml$。当采样体积为 20L 时,最低检出浓度为 $0.032mg/m^3$,测定浓度范围为 $0.05\sim0.80mg/m^3$。

(4)本法适用于居住区、室内及公共场所空气中甲醛浓度的测定。

(三)乙酰丙酮分光光度法

1. 基本原理

空气中的甲醛被乙酰丙酮的铵盐溶液吸收。在沸水浴条件下,甲醛与乙酰丙酮作用生成稳定的黄色化合物 3,5-二甲酰基-2,4-二甲基-1,4-二氢卢剔啶(DDL),该化合物在波长 414nm 处有最大吸收。反应方程式如下:

2.检测步骤

用一个内装 10ml 吸收液的气泡吸收管,以 0.5～1.0L/min 流量下采气 5～20min。如不能立即分析,采集的样品应于 2～5℃贮存,并且需在 2 日内分析完毕,以防甲醛氧化。

取一定量甲醛标准溶液,加入乙酰丙酮溶液的铵盐溶液,置沸水浴上加热 3min,冷却至室温后,以水为参比,于 413nm 处测定吸光度值。采用标准曲线法定量。

3.注意事项

(1)本法最大的优点是乙醛、酚类物质不干扰测定。但是 SO_2 有一定影响,使用 $NaHSO_3$ 作为保护剂则可以消除 SO_2 的干扰。

(2)本法操作简便,重现性好,但灵敏度较低,当采样体积为 10L 时,最低检出浓度为 $0.5mg/m^3$。因此,本方法主要用于工业废气和环境空气中甲醛的测定。已知室内空气中甲醛浓度较大($>0.5mg/m^3$)时,才适于测定室内空气中的甲醛含量。

任务四　空气中苯、甲苯、二甲苯的测定

一　概述

(一)性质、来源及危害

苯、甲苯、二甲苯属同系物,都是煤焦油的分馏产物和石油的裂解产物,均为无色、有芳香气味的易挥发液体;分子极性小,都难溶于水,易溶于二硫化碳、三氯甲烷、丙酮、乙醚、乙醇等有机溶剂。当空气中这三种物质的蒸气达到一定浓度范围(苯 1.2%～2.6%,甲苯 1.6%～6.8%,二甲苯 1%～5.3%)时,有爆炸危险。二甲苯有邻位、对位和间位三种异构体,因三者沸点非常接近,很难从煤焦油制备的产物中获得某种单一的异构体。工业用二甲苯中,间-二甲苯占 45%～70%、对-二甲苯占 15%～25%、邻-二甲苯占 10%～15%。苯、甲苯、二甲苯的主要性质见表 5-4。

表 5-4　苯、甲苯、二甲苯的性质

化合物	相对分子	密度 (d_4^{20})	熔点 (℃)	沸点 (℃)	蒸气密度 (对空气)	蒸汽压 (kPa,20℃)
苯	78.11	0.879	5.5	80.1	2.71	9.96
甲苯	92.15	0.867	−94.5	110.6	3.14	2.94
二甲苯	106.16				3.66	1.4～2.2
邻-二甲苯		0.880	−25.2	144.4		
间-二甲苯		0.864	−47.4	139.1		
对-二甲苯		0.861	13.2	138.3		

苯、甲苯、二甲苯是合成橡胶、合成纤维、染料、化肥、农药、炸药、洗涤剂和香料等化学工业的基本原料,也是化学工业优良的有机溶剂;制药、油漆、油脂提炼等也常以苯系物作溶剂;煤焦油的提炼、液体石油产品高温裂解也能产生苯、甲苯和二甲苯;许多化工生产过程中都可能存在苯、甲苯和二甲苯的污染。目前室内装饰中多用甲苯、二甲苯代替纯苯作各种油漆涂料和防水材料的溶剂或稀释剂。

苯于1993年被世界卫生组织(WHO)确认为强烈致癌物质。苯可以引起白血病和再生障碍性贫血也被医学界公认。由于苯属芳香烃类,使人一时不易警觉其毒性。人在短时间内吸入高浓度的甲苯、二甲苯时,可出现中枢神经系统麻醉作用,轻者有头晕、头痛、恶心、胸闷、乏力、意识模糊,严重者可致昏迷以致呼吸、循环衰竭而死亡。如果长期接触一定浓度的甲苯、二甲苯会引起慢性中毒,可出现头痛、失眠、精神萎靡、记忆力减退等神经衰弱症。甲苯、二甲苯对生殖功能亦有一定影响,并导致胎儿先天性缺陷(即畸形)。对皮肤和黏膜刺激性大,对神经系统损伤比苯强,长期接触有引起膀胱癌的可能。

(二)环境质量标准要求

《室内空气质量标准》(GB/T 18883—2022)规定苯、甲苯和二甲苯1小时浓度限值分别为0.03mg/m³、0.20mg/m³和0.20mg/m³。

二 测定方法

目前国内相关苯系物的检测标准方法有:一是用热脱附对环境空气中的苯系物进行测定,主要标准为:《空气质量 苯系物的测定 固体吸附/热脱附-气相色谱法》(HJ 583—2010)、《居住区大气中苯、甲苯和二甲苯卫生检验标准方法 气相色谱法》(GB 11737—1989)、《固定污染源废气挥发性有机物的测定固相吸附-热脱附/气相色谱－质谱法》(HJ 734—2014)。该法操作简便,灵敏度高,但需要特殊进样设备,在条件落后的地区,相对难以实行。

二是用溶剂洗脱,包括《环境空气苯系物的测定活性炭吸附/二硫化碳解析气相色谱法》(HJ 584—2010)、《居住区大气中苯、甲苯和二甲苯卫生检验标准方法 气相色谱法》(GB 11737—1989)。该法方法可靠,设备简单,由于该方法不需要特殊的前处理设备,所以普及性很好。但是这种方法灵敏度低,并且所用的二硫化碳中常含有不容易去除的苯,在使用二硫化碳之前都要进行纯化以去除杂质。

(一)溶剂洗脱-气相色谱法

1. 基本原理

空气中苯、甲苯和二甲苯用活性炭管采集,然后经热解吸或用二硫化碳提取出来,再经过色谱柱分离,用氢火焰离子化检测器检测,以保留时间定性,以峰值定量。

2. 检测步骤

(1)采样及样品制备

用活性炭采样管以0.2~0.6L/min的流量采气1~2h,再将活性炭取出,放入磨口具塞试管中,每个试管中各加入1.00ml二硫化碳(CS_2)密闭,轻轻振动,在室温下解吸1h后,待测。

（2）色谱柱的选择

常用于苯系物分析的色谱柱为 DB-WAX，只有 WAX 才能见对二甲苯和间二甲苯基本分离，可使用 30m×0.32mm、膜厚 0.25μm 的 DB-WAX 气相色谱柱。

（3）其他条件的选择

柱箱温度：65℃ 保持 10min，以 5℃/min 速率升温到 90℃ 保持 2min。柱流量：2.6ml/min。进样口温度：150℃。检测器温度：250℃。尾吹气流量：30ml/min。氢气流量：40ml/min。空气流量：400ml/min。

（4）标准曲线的绘制

分别取适量的标准贮备液，稀释到 1.00ml 的二硫化碳中，配制质量浓度依次为 0.5μg/ml、1.0μg/ml、10μg/ml、20μg/ml 和 50μg/ml 的校准系列。分别取标准系列溶液 1.0μl 注射到气相色谱仪进样口。根据各目标组分质量和响应值绘制校准曲线。

（5）样品测定

取制备好的试样 1.0μL，注射到气相色谱仪中，目标组分经色谱分离后，由 FID 进行检测。记录色谱峰的保留时间和相应值。

3. 注意事项

（1）当测定结果小于 0.1mg/m³ 时，保留到小数点后四位。大于等于 0.1mg/m³ 时，保留三位有效数字。

（2）当空气中水蒸气或水雾太大，以致在活性炭管中凝结时，影响活性炭管的穿透体积及采样效率，空气湿度应小于 90%。

（3）采样前后的流量相对偏差应在 10% 以内。

任务五　空气中挥发性有机物的测定

一　概述

（一）性质、来源及危害

空气中有机污染物的种类非常多。根据化合物的沸点不同，WHO 把空气中的有机化合物分为高挥发性有机化合物、挥发性有机化合物、半挥发性有机化合物和颗粒有机化合物。常压下，沸点为 50～250℃ 的各种有机化合物属于挥发性有机化合物（VOC）。按其化学结构，VOC 可进一步分为烷烃类、芳烃类、烯烃类、卤烃类、酯类和醛酮类等。目前已经鉴定出 300 多种。最常见的有苯、甲苯、二甲苯、苯乙烯、三氯乙烯、三氯甲烷、三氯乙烷、二异氰酸酯（TDI）和二异氰酸甲苯酯等。

挥发性有机化合物是室内空气污染检测的重要指标。目前，国内外通常只是定性和定量测定空气中的一小部分挥发性有机物，如苯、甲苯、乙苯、二甲苯、苯乙烯、二甲苯、乙酸正丁酯和正十一烷，其余的未知物则折算成甲苯的质量。我国环保总局编写的《空气和废气检测分析方法》中规定，用 Tenax GC 或 Tenax TA 采样，经非极性色谱柱进行分析，保留时间在正己烷和正十六烷之间的所有挥发性有机化合物,称为总挥发性有机化合物(TVOC)。

在工业生产环境的空气中,挥发性有机化合物的浓度常常达到比较高的水平,是工作场所空气污染治理的重点内容。在非作业场所(如室内环境中),挥发性有机化合物的浓度一般不会很高,近年来大量使用的建筑和装修材料、办公用品、生活日用品、杀虫剂、家用燃料以及吸烟等,造成室内空气中挥发性有机化合物的污染。

VOC 确定的和怀疑的危害主要包括五个方面:嗅味不舒适(确定);感觉性刺激(确定);局部组织炎症反应(怀疑);过敏反应(怀疑);神经毒性作用(怀疑)。TVOC 暴露与健康效应的剂量反应关系见表 5-5。

表 5-5 TVOC 暴露与健康效应的剂量反应关系

浓度范围/(mg·m^{-3})	健康效应
<0.2	无刺激、无不适
0.2~3	与其他因素联合作用时可能出现刺激和不适
3~25	刺激和不适;与其他因素联合作用时可能有头痛
>25	除头痛外,可能出现其他的神经毒性作用

(二)环境质量标准要求

《室内空气质量标准》(GB/T 18883—2022)规定 TVOC 8 小时浓度限值为 0.60mg/m^3。

二 常用测定方法

挥发性有机化合物的分子较小,且沸点不高,用气相色谱法来测定可以得到满意的效果。根据气相色谱仪所用检测器的不同,常用的测定方法分为气相色谱法(火焰离子化检测器)、光离子化气相色谱法和气相色谱质谱法等。

(一)热脱附-气相色谱法

1. 原理

使用采样器采集空气,使空气通过装有一种或多种固体吸附剂的吸附管(采样管),然后将吸附管放入热解吸仪中迅速加热,待测物质从吸附剂上被脱附后,由载气带入气相色谱的毛细柱中,经色谱分离到氢火焰离子化检测器进行 VOCs 的定性定量分析。

2. 检测步骤

(1)采样

用塑料管或硅橡胶管连接采样泵与采样管。开启采样泵,以 0.2L/min 流量采样 10L。取下采样管,密封管的两端,或将其放入密封的试管中。样品可保存 14d,记录气温和气压。

(2)样品处理

将采样管安装在热解吸仪上,在规定解吸条件下加热解吸,有机蒸气从吸附剂上解吸下来后,被载气流带入冷阱预浓缩,再以低流速快速解吸,进入毛细管气相色谱仪。

(3)色谱分析条件设置

色谱柱:SE30 石英毛细管柱 50m×0.22mm×2.0μm。程序升温:初始温度 50℃,保持 10min,以 5℃/min 的速率升温至 250℃。气化室温度:250℃。FID 检测器温度:260℃。分流比:1:15。

(4)解吸条件设置

解吸温度 250～325℃,解吸时间 5～15min,解吸气流量 30～50ml/min,冷阱制冷温度 +20～-180℃,冷阱加热温度 250～350℃。

(5)标准曲线的绘制

在下述配气条件下利用配气进样装置,取 0μl、2μl、4μl、6μl、8μl、10μl 标准储备液注入采样管,同时将稀有气体以 100ml/min 流量通过吸附管,5min 后取下吸附管,装入配套的玻璃管密封,制备标准系列。

用热解吸气相色谱法分析吸附管标准系列,以扣除空白后的峰面积为纵坐标,以单一组分的量为横坐标,绘制标准曲线。

(6)样品分析

按绘制工作曲线的热解吸和色谱条件对每支样品吸附管进行分析,用保留时间定性,峰面积定量(用甲苯的响应系数计算未鉴定的挥发性有机化合物的浓度)。

同时做空白实验。

(7)结果计算

$$c_i = \frac{F-B}{V_0} \times 1000$$

式中:c_i 为空气样品中待测组分的浓度,mg/m³;F 为样品管中组分的质量,μg;B 为空白样品管中组分的质量,μg;V_0 为换算成标准状态下采样体积,L。

$$c = \sum_1^n c_i$$

式中:c 为标准状态下所采空气样品中挥发性有机物的总量,mg/m³。

3. 注意事项

(1)根据各种物质的沸点确定配气温度。如配制苯系物标准系列,各种物质的沸点都在 150℃ 以下,故将配气温度定为 150℃。如配制 $C_{11} \sim C_{15}$ 标准系列,正十五烷最高沸点达到 270.5℃,但由于过高的温度将导致气体未能冷却至常温就进入采样管,造成部分有机物在高温下穿透,给配气造成误差,故将配气温度定为 200℃。

(2)整个配气过程中,手不能接触管口和密封用的聚四氟乙烯垫圈,防止手上有机污染物干扰测定。必要时戴手套进行操作。

(3)采样管被污染(吸附了待测化合物)是本方法常遇到的问题,因此在整个采样分析过程中,采样管的制备、存储和处理过程要特别小心。不能直接在采样管上贴标签,应将标签贴在配套的玻璃管上。

(4)外标标准曲线与样品测定必须保证色谱条件一致,以免引起较大误差。

(5)样品和标准应做三次平行测定,求出平均值。样品采集器也必须做空白实验,扣除试剂的本底值。

【例】 热解吸-气相色谱法测定室内空气中总挥发性有机物,某样品采样体积为 11.3L

（标准状况），样品热解吸后进样，得到苯峰高为 25.78 pA，甲苯峰高为 30.34 pA，邻二甲苯峰高为 16.12 pA，未识别峰高共为 19.37 pA，已知 50ng 的苯、甲苯和邻二甲苯峰高分别为 40.25 pA、36.62 pA 和 30.75 pA，并且空白样品中未检出挥发性有机物，试计算该样品中 TVOC 的浓度。

解 苯浓度为：$25.78 \times 50/40.25/11.3 = 2.83(\mu g/m^3)$

甲苯浓度为：$30.34 \times 50/36.62/11.3 = 3.67(\mu g/m^3)$

邻二甲苯浓度为：$16.12 \times 50/30.75/11.3 = 2.32(\mu g/m^3)$

未识别物质浓度为：$19.37 \times 50/36.62/11.3 = 2.34(\mu g/m^3)$

TVOC 的浓度为：$2.83 + 3.67 + 2.32 + 2.34 = 11.16(\mu g/m^3)$

练习题

一、名词解释

VOC、TVOC、氨气敏电极、筛选法采样、累积法采样

二、问答题

1. 溶剂洗脱-气相色谱法测定三苯的原理是什么？
2. 简述如何评价与表示室内空气质量检测结果。
3. 简述室内空气采样时间和频率的基本要求。
4. 简述几种测定分光光度法测定甲醛的优缺点。
5. 室内甲醛污染的来源有哪些？
6. 酚试剂法测定甲醛的原理是什么？
7. 热脱附-气相色谱法测定三苯的原理是什么？
8. 室内空气样品采集的质量保证措施有哪些？
9. 室内空气氨的来源有哪些？

能力拓展一　室内空气甲醛的测定
（酚试剂分光光度法）

【项目所需时间】

4 学时。

【实验原理】

空气中的甲醛被 MBTH 溶液吸收，反应生成嗪。在酸性条件下，嗪被三价铁离子氧化

生成蓝绿色化合物,最大吸收波长 630nm,其吸光度值与甲醛含量成正比,标准曲线法定量。

环节一 空气甲醛的采集

【实验目的】

掌握室内空气中甲醛的采样方法。

【实验时间】

75min。

【实验准备】

1.试剂准备

(1)吸收液原液:称量 0.10g 酚试剂,加水溶解,倾于 100ml 具塞量筒中,加水至刻度。放入冰箱中保存,可稳定三天。

(2)采样吸收液:量取吸收原液 5ml,加 95ml 水,即为吸收液。采样时,临用现配。50ml/瓶。

2.仪器准备

(1)大气采样器 1 台。

(2)10ml U 形多孔玻板 2 支,用于短时间采样。

(3)吸量管 1 支。

【实验内容】

1.分别吸取 5.00ml 吸收液于 2 支 U 形多孔玻板吸收管,编号样品管和空白管,并将吸收管两端封口。

2.将采样仪器带到指定的采样地点。

3.将采样支架撑起,将空气采样仪中心固定螺丝旋入支架上的仪器安装座孔内。

4.所要采样的吸收管放在金属架上,打开两端封口,然后用橡皮管与仪器旁侧吸气接头相连接。注意吸收管方向不能接反,以免吸收液倒流入流量计内。

5.设定采样时间 20min,按下电源开关,调整流量调节旋钮,使流量计指示到 0.5L/min 流量红线处。

6.采样时间到后,将吸收管取下重新封口,收起采样支架和采样仪。

7.填写采样记录单,记录采样时的 t 和 P。

【实验流程图】

```
分别吸取10ml吸收液于2支U形          填写采样记录单，记录
多孔玻板吸收管                        采样时的t和P
      ↓                                  ↑
编号样品管和空白管，并将吸收          采样时间到后，将吸收管取下重新
管两端封口                            封口，收起采样支架和采样仪
      ↓                                  ↑
采样仪器带到指定的采样地点            按下电源开关，调整流量调节
                                      旋钮到0.5L/min
      ↓                                  ↑
将采样支架撑起，将空气采样仪          设定采样时间，按下电源开关，
安装到支架上                          调整流量调节旋钮
      ↓                                  ↑
采样的吸收管放在金属架上，     →     将吸收管与仪器旁侧吸气接头
打开两端封口                          相连接
```

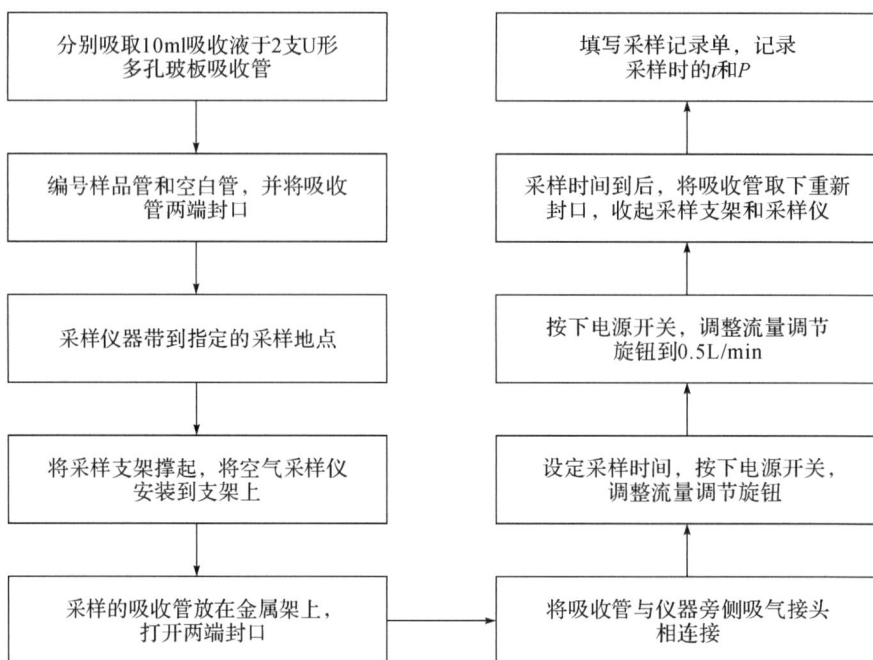

【实验注意事项】

1.二氧化硫对测定有干扰,测定前将气样通过硫酸锰滤纸过滤,可除去其干扰,当相对湿度大于88％时,去除效率较好。

2.日光照射能氧化甲醛。因此,在采样时要选用棕色吸收管,要避光运输、存放样品。

环节二　甲醛贮备液的标定与甲醛标准溶液的配制

【实验目的】

1.掌握亚硫酸钠溶液的标定原理。

2.熟悉亚硫酸钠溶液的标定实验注意事项。

【实验时间】

45min。

【实验准备】

1. 试剂准备

(1)甲醛标准贮备溶液:量取 2.8ml 含量为 36%～38% 甲醛溶液,放入 1L 容量瓶中,加水稀释至刻度。此溶液 1ml 约相当于 1mg 甲醛。其准确浓度用下述碘量法标定。100ml/瓶。

(2)$\rho=5.0$g/L 淀粉溶液,50ml/瓶。

(3)$c(Na_2S_2O_3)=0.01$mol/L± 0.00001mol/L 硫代硫酸钠标准滴定溶液(配法:称取 25.0g 硫代硫酸钠($Na_2S_2O_3 \cdot 5H_2O$),溶于 1000ml 新煮沸但已冷却的水中,加入 0.2g 无水碳酸钠,贮于棕色细口瓶中,放置一周后备用。如溶液呈现浑浊,必须过滤。用碘量法标定后再稀释至所需浓度)。

(4)碘溶液:称量 40g 碘化钾,溶于 20ml 水中,加入 12.7g 碘。待碘完全溶解后,用水定容至 1000ml。移入棕色瓶中,暗处储存。100ml/瓶。

(5)1mol/L 氢氧化钠溶液:称量 40g 氢氧化钠溶于水中,并稀释至 1000ml。100ml/瓶。

(6)0.5mol/L 硫酸溶液:量取 28ml 浓硫酸缓慢加入水中,冷却后,用水稀释至 1000ml。100ml/瓶。

2. 仪器准备

(1)250ml 碘量瓶 4 个。

(2)15ml、20ml 胖肚移液管 1 支和 2 支。

(3)洗瓶 1 个。

(4)25ml 棕色碱式滴定管 1 支。

(5)100ml 容量瓶 2 个。

【实验内容】

1. 精确量取 20.00ml 待标定的甲醛标准贮备溶液,分别置于 2 个 250ml 碘量瓶中。同时用蒸馏水代替甲醛标准贮备溶液做 2 个空白试验。

2. 加入 20.00ml 碘溶液($c(1/2\ I_2)=0.1000$mol/L)和 15ml 1mol/L 氢氧化钠溶液,放置 15min。

3. 加入 20ml 0.5mol/L 硫酸溶液,再放置 15min 用硫代硫酸钠滴定,至溶液呈现淡黄色时,加入 1ml 0.5% 淀粉溶液,继续滴定至刚使蓝色消失为终点,记录所用硫代硫酸钠溶液体积。

4. 临用时将甲醛标准溶液用水稀释至 1.00ml 含 10μg 甲醛。

立即再取 10μg/ml 甲醛溶液 10.00ml,加入 100ml 容量瓶中,加 5ml 吸收原液,用水定容至 100ml,此液 1.00ml 含 1.00μg 甲醛,放置 30min 后,用于配制标准色列管。此溶液可稳定 24h。

【实验流程图】

```
取4个250ml碘量瓶（A₁、A₂、          ──→   用吸收液和水稀释成每毫升含1.0μg
B₁、B₂），分别编号                          甲醛的标准溶液
        │                                        ↑
        ↓                                        │
在A₁、A₂内各加入20ml蒸馏水               分别记录滴定硫代硫酸钠消耗量，
                                            并计算亚硫酸钠溶液浓度
        │                                        ↑
        ↓                                        │
在B₁、B₂内加入20.00ml待标定的            加1ml淀粉指示剂，继续滴定至
甲醛标准贮备溶液                          蓝色刚刚消失
        │                                        ↑
        ↓                                        │
在碘量瓶中加入20.0ml碘溶液和            用硫代硫酸钠溶液滴定至浅黄色
15ml氢氧化钠溶液
        │                                        ↑
        ↓                                        │
盖好瓶盖，4个瓶子于暗处        ──→       加入20ml 0.5mol/L硫酸溶液，
放置15min                                 再放置15min
```

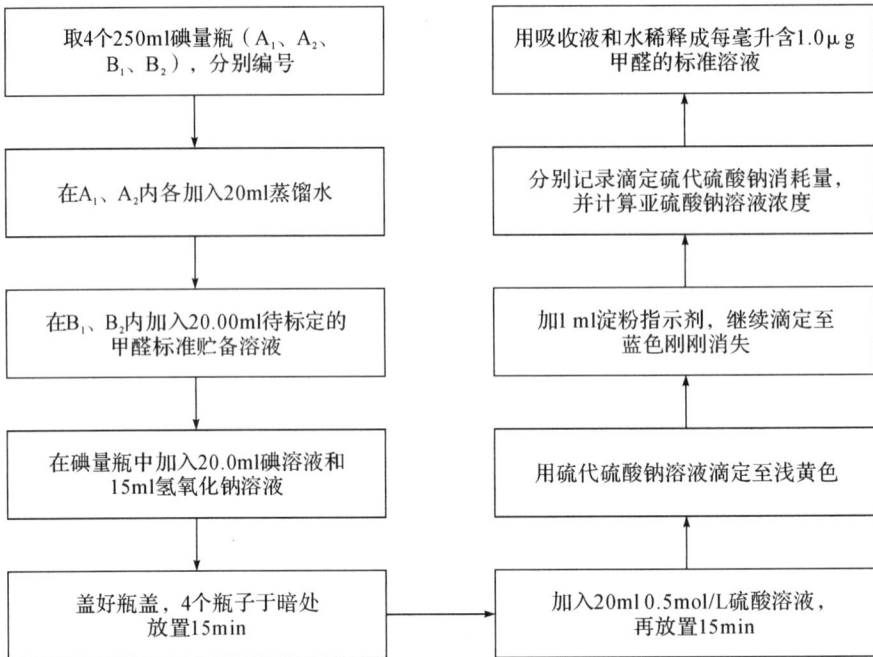

【实验注意事项】

两次平行滴定，误差应小于 0.05ml，否则重新标定。

【思考题】

从高浓度溶液稀释成低浓度溶液有哪些实验注意事项？

环节三　甲醛比色测定

【实验目的】

掌握酚试剂法测定室内空气中甲醛的实验原理和操作技术。

【实验时间】

90min。

【实验准备】

1. 试剂准备

(1)酚试剂：称量 0.10g 酚试剂，加水溶解，倾于 100ml 具塞量筒中，加水至刻度。放入冰箱中保存，可稳定三天。

　　(2)硫酸铁铵溶液:称量 1.0g 硫酸铁铵,用 0.1mol/L 盐酸溶解,并稀释至 100ml。50ml/瓶。

　　(3)甲醛标准使用液:1μg/ml。

2. 仪器准备

　　(1)吸量管 2 支。

　　(2)洗瓶 1 个。

　　(3)分光光度计。

　　(4)10ml 具塞比色管 11 支。

【实验内容】

　　1.将样品和空白采样 U 形多孔板吸收管中的吸收液全部转入 10ml 比色管中,用少量吸收液洗涤吸收管 2～3 次,合并洗液于比色管中,用吸收液定容。此为样品液和采样空白液,编号,备用。

　　2.另取 9 支 10ml 具塞比色管,为标准管,分别对应编号。

　　3.按照表 5-6 中的制备标准系列进行配制。

　　4.在 11 支试管中都加入 0.4ml 1‰ 的硫酸铁胺溶液,将溶液摇至均匀,放置 15min。

　　5.在波长 630nm 处,用 10mm 比色皿,以水为参比测量吸光度。

表 5-6　甲醛标准溶液系列

管号	0	1	2	3	4	5	6	7	8
标准溶液/ml	0.00	0.10	0.20	0.40	0.60	0.80	1.00	1.50	2.00
吸收液/ml	5.00	4.90	4.80	4.60	4.40	4.20	4.00	3.50	3.00
甲醛含量/μg	0.00	0.10	0.20	0.40	0.60	0.80	1.00	1.50	2.00

【实验流程图】

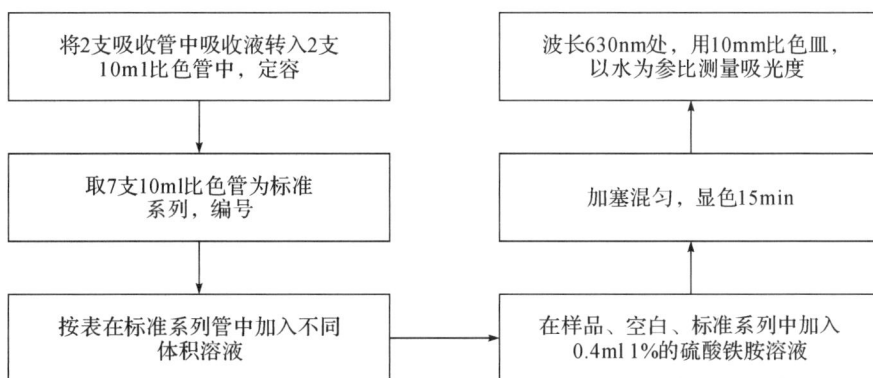

【实验注意事项】

1.酚试剂也能与乙醛($>2\mu g$)和丙醛反应生成蓝绿色化合物,此法测得的是样品中以甲醛表示的总醛含量。

2.温度影响显色程度:室温低于15℃时显色不完全,20～35℃时15min显色达完全,放置4h稳定不变。实验中要注意控制温度。

3.方法检出限为0.05ng/ml,当采气量为10L时,最低检出浓度为0.01mg/m³。本方法可用于一般情况下室内空气的检测,也可用于工作场所空气中甲醛的测定。

【实验安全】

1.交通安全:在路途中遵守交通规则,不能打闹。

2.采样现场安全:应有纪律、有秩序完成实验,注意现场危险因素。

实验记录

甲醛储备液标定记录表

基准溶液名称及浓度			参考标准		
气温/℃			气压/kPa		
序号		1	2		3
基准液体积/ml					
标定记录/ml	起始读数 $V_{始}$				
	终止读数 $V_{终}$				
	实耗体积 V_2				
空白记录/ml	起始读数 $V_{始}$				
	终止读数 $V_{终}$				
	实耗体积 V_1				
亚硫酸钠储备液溶液浓度/(mg·L⁻¹)					
平均值/(mg·L⁻¹)					
相对偏差/%					

甲醛储备液 c(mg/L)计算公式:

$$c=\frac{(A-B)\times 15\times c_1}{20}$$

式中:A——空白试验消耗硫代硫酸钠溶液滴定量,ml;

B——滴定甲醛储备液时消耗硫代硫酸钠溶液滴定量,ml;

c_1——硫代硫酸钠溶液浓度,mol/L。

甲醛校准曲线测定记录表

检验日期		比色皿/mm	
检测方法依据		测定波长/nm	
甲醛标液浓度		参比溶液	

标准系列序号:　　　1　　　2　　　3　　　4　　　5　　　6　　　7
甲醛标液(ml):
甲醛质量 $x(\mu g)$:
吸光度 y:

计算参数	回归方程:$y = bx + a$ a: b: r:

空气中甲醛测定记录表

样品名称			
检测依据		评价依据	
标准采样体积		实验环境	温度:　　　℃
样品序号	1	2	3
样品吸光度 A			
样品空白吸光度 A_0			
$A - A_0$			
样品稀释倍数 n			
样品浓度结果/$(mg \cdot m^{-3})$			
结论			
质量控制方法 简述			

空气中甲醛计算公式:

$$c = \frac{(A - A_0) \times B_s}{V_0} \cdot \frac{V_1}{V_2}$$

式中:A——样品溶液吸光度;

　　　A_0——试剂空白的吸光度;

　　　B_s——校准因子,μg/吸光度;

　　　V_0——换算成标准状态下(101.325kPa,273 K)的采样体积,L;

　　　V_1——采样时吸收液体积,ml;

　　　V_2——分析时吸收液体积,ml;

　　　c——空气中甲醛浓度,mg/m³。

实验评分标准

序号	考核项目	考核内容	分值	分配	评分标准	扣分
1	样品采集	采样器连接	15	5	正确连接采样器顺序	
		采样检漏		5	正确使用检漏方法	
		采样操作		5	正确设置采样时间和采样流量,采样过程中流量稳定	
2	标准储备溶液的标定	滴定操作	15	5	滴定操作正确	
		计算		5	使用公式计算正确	
		结果		5	标准偏差≤0.1%	
3	标准溶液的配制	移液管操作	10	5	正确使用移液管。移液时未出现吸空现象,调节零刻度液面前处理管尖部,移液管最后靠壁	
		标准系列的配制		5	工作液无液体回放,加入试剂顺序正确,显色时间正确	
4	试样的测定	分光光度计预热	20	5	正确预热分光光度计,正确选择波长,正确调"0%"和"100%"	
		测定操作		10	正确手持比色皿,正确擦拭比色皿外壁,进行比色皿配套性选择,读数准确,未撒落溶液导致仪器污染	
		测定后的处理		5	清洗并控干比色皿,关闭仪器开关及电源并盖保护罩	
5	实验数据处理	标准曲线的绘制	15	5	正确绘制标准曲线,回归方程中参数数字修约正确	
		原始记录		5	正确使用计量单位,数据没有空项,数据没有涂改	
		样品结果计算		5	样品结果计算正确	
6	测定结果	标准曲线线性	15	5	相关系数 $\gamma \geqslant 0.999$	
		测定结果准确度		5	$|RE| \leqslant 10\%$	
		测定结果精密度		5	相对偏差≤15%	
7	结束工作	整理	10	5	清洗、整理实验用仪器和台面	
		文明操作		5	无器皿破损、无仪器损坏	
8	实验时间		5	5	在规定时间内完成	

能力拓展二　室内空气苯系物的测定
（活性炭吸附/二硫化碳解吸—气相色谱法）

【项目所需时间】

8 学时。

【实验原理】

用活性炭采样管富集环境空气和室内空气中苯系物，二硫化碳（CS_2）解吸，使用带有氢火焰离子化检测器（FID）的气相色谱仪测定分析。

环节一　空气苯系物的采集

【实验目的】

掌握利用固体采样管采集空气中苯系物的方法。

【实验时间】

90min。

【实验准备】

仪器准备：

（1）大气采样器 1 台。

（2）活性炭采样管 2 支：采样管内装有两段特制的活性炭，A 段 100mg，B 段 50mg。A 段为采样段，B 段为指示段。

【实验内容】

1. 取两支活性炭采样管，分别编号样品管和空白管，准备好空气采样装置、记录单。

2. 将采样仪器带到指定的采样地点。

3. 将采样支架撑起，将空气采样仪中心固定螺丝旋入支架上的仪器安装座孔内。

4. 敲开活性炭采样管的两端，与采样器相连（A 段为气体入口），检查采样系统的气密性。以 0.5L/min 的流量采气 1h（废气采样时间 10min）。

5. 采样完毕前，取下采样管，立即用聚四氟乙烯帽密封。

6. 现场空白样品的采集需将空白活性炭管运输到采样现场，敲开两端后立即用聚四氟乙烯帽密封，并同已采集样品的活性炭管一同存放并带回实验室分析。

7. 填写采样记录单，记录采样时的采样器流量、当前温度、气压及采样时间和地点。

【实验流程图】

```
取两支活性炭采样管分别编号
    样品管和空白管
          │
          ▼
将采样仪器带到指定的采样地点            填写采样记录单
          │                              ▲
          ▼                              │
将采样支架撑起，将空气采样仪     采样完毕前，取下采样管，立即
    安装到支架上                  用聚四氟乙烯帽密封
          │                              ▲
          ▼                              │
打开样品采样管的两端，与采样     设定采样时间1h，按下电源开关，
  器相连，检查气密性    ────────▶   调整流量0.5L/min
```

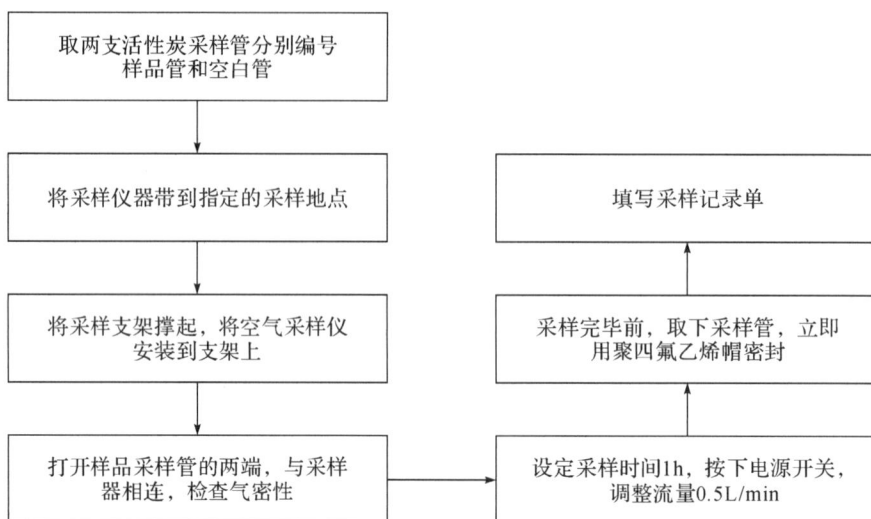

【仪器使用示意图】

见图 5-1 和图 5-2。

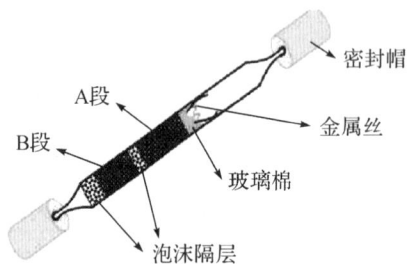

图 5-1　活性炭采样管

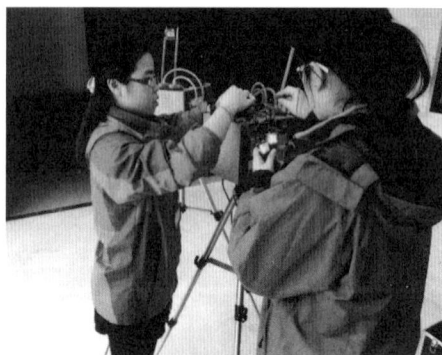

图 5-2　空气中苯系物采样

【实验注意事项】

采样前应对采样器进行流量校准。

环节二　苯系物标准系列和样品的测定

【实验目的】

1. 掌握空气苯系物测定的原理。
2. 熟悉气相色谱仪条件的设置要求。

【实验时间】

270min。

【实验准备】

1.试剂准备

(1)二硫化碳,50ml/瓶:分析纯,经色谱鉴定无干扰峰。

(2)苯系物标准溶液 1 支。

2.仪器准备

(1)微量进样器 1 支:1～5μl,精度 0.1μl。

(2)1.00ml 移液管 1 支。

(3)毛细管柱:固定液为聚乙二醇(PEG-20M),30m × 0.32mm × 1.00μm (可选择 FFAP)或等效毛细管柱。

(4)气相色谱仪:配有 FID 检测器。

(5)2.0ml 样品瓶 6 个,带盖。

3.气体准备

(1)载气:高纯氮气(99.999%)。

(2)燃烧气:高纯氢气(99.99%)或高纯氢气发生器。

(3)助燃气:空气发生器。

上述气体均用气体净化器净化。

【实验内容】

1.将活性炭采样管和采样空白管中 A 段和 B 段取出,分别放入磨口具塞试管中,每个试管中各加入 1.00ml 二硫化碳密闭,轻轻振动,在室温下解吸 1h 后,待测。

2.设置气相色谱条件。柱箱温度:60℃保持 10min,以 5℃/min 速率升温到 90℃保持 2min。进样口温度:200℃。检测器温度:250℃。柱流量:2.6ml/min。尾吹气流量:30ml/min。氢气流量:40ml/min。空气流量:400ml/min。

3.分别取适量的标准贮备液,稀释到 1.00ml 的二硫化碳中,配制质量浓度依次为 0、0.5、1.0、10、20 和 50μg/ml 的校准系列。

4.分别取标准系列溶液 1.0μl 注射到气相色谱仪进样口,由 FID 进行检测。

5.取制备好的试样 1.0μl 和空白样 1.0μl,逐次注射到气相色谱仪中,目标组分经色谱柱分离后,由 FID 进行检测。

6.实验结束后应关闭氢气发生器、待氢气流量为 0、氢火焰熄灭后关空气发生器,氮气、关排风、退出工作软件,等柱温下降到 50℃,进样器温度下降到 100℃,检测器温度下降至 100℃以下后关闭主机电源、关闭电脑、填写仪器使用记录。

【实验流程图】

```
┌─────────────────────────┐        ┌─────────────────────────┐
│ 将采样管中活性炭取出到瓶中，  │        │ 实验结束后按流程关机，      │
│ 各加入1.00ml二硫化碳        │        │ 整理实验台面              │
└─────────────────────────┘        └─────────────────────────┘
            │                                   ↑
            ↓                                   │
┌─────────────────────────┐        ┌─────────────────────────┐
│ 气相色谱的预热及条件设置      │        │ 取相同体积解吸试样和空白试样  │
│                          │        │ 逐次注射到气相色谱仪中       │
└─────────────────────────┘        └─────────────────────────┘
            │                                   ↑
            ↓                                   │
┌─────────────────────────┐        ┌─────────────────────────┐
│ 分别取适量的标准贮备液，      │───────▶│ 取标准系列溶液进样，记录     │
│ 稀释到要求浓度            │        │                          │
└─────────────────────────┘        └─────────────────────────┘
```

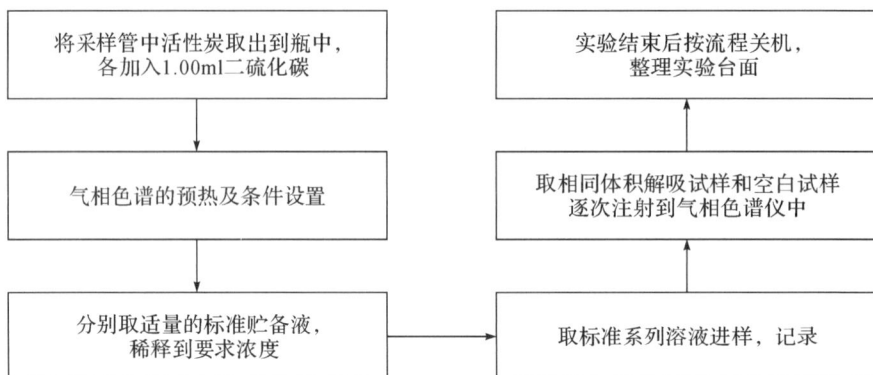

【仪器使用示意图】

见图 5-3 和图 5-4。

图 5-3　从采样管中取出活性炭

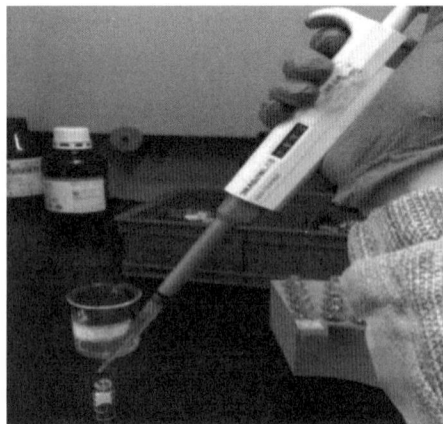

图 5-4　加入二硫化碳解吸

【实验注意事项】

1. 每分析一批样品，必须测定一次吸附管活性炭的空白值。

2. 活性炭采样管的吸附效率应在 80％ 以上，B 段活性炭所收集的组分应小于 A 段的 25％，否则应调整流量或采样时间，重新采样。

【实验安全】

1. 有毒试剂（二硫化碳）：进行前处理应在通风橱中进行，需穿好实验服、戴好乳胶手套和口罩。

2. 易燃气体泄漏（氢气）：实验前对氢气管路进行检漏；实验室配备起火相关的应急措施。

3. 高温烫伤（进样口、柱箱及检测器高温）：在实验进行中禁止将身体各部位长时间放在高温仪器部件上;实验室配备烫伤相关的应急措施。

实验记录

苯系物检验记录表

样品名称			
检测方法依据		检验日期	
仪器名称及编号		样品前处理	
进样口温度/℃		柱温/℃	
检测器温度/℃		柱前压	

标准系列序号:　　　　1　　　2　　　3　　　4

苯标准浓度(μg/ml):

苯峰面积:

甲苯标准浓度(μg/ml):

甲苯峰面积:

二甲苯标准浓度(μg/ml):

二甲苯峰面积:

计算苯系物回归方程	苯回归方程: 甲苯回归方程: 二甲苯回归方程:					
样品序号	苯峰面积	空气苯浓度	甲苯峰面积	空气甲苯浓度	二甲苯峰面积	空气二甲苯浓度
1						
2						
3						

样品中苯系物质量浓度计算公式:

$$c = \frac{(A - A') \times 1.00}{b \times V_0 \times E_s} \times 100$$

式中:c——空气中苯、甲苯或二甲苯浓度,mg/m³;

　　　A——样品中苯、甲苯或二甲苯峰面积;

　　　A'——样品空白峰面积;

　　　V_0——标准采样体积,L;

　　　b——标准曲线斜率,面积·ml/μg;

　　　E_s——二硫化碳提取效率。

实验评分标准

序号	考核项目	考核内容	分值	分配	评分标准	扣分
1	样品采集	采样器连接	15	5	正确连接采样器顺序	
		采样检漏		5	正确使用检漏方法	
		采样操作		5	正确设置采样时间和采样流量,采样过程中流量稳定	
2	样品处理	样品溶剂解吸	5	5	采样活性炭完全转移,准确加入二硫化碳溶剂	
3	操作过程	色谱条件的选择	40	5	正确选择色谱柱选择	
				5	正确设置进样口温度、检测器温度	
				5	正确设置氢气、空气流速	
				5	正确设置柱温、载气流速	
				5	正确设置样品信息	
		检验操作		5	正确取样	
				5	正确进样	
				5	正确关机	
4	实验数据处理	标准曲线的绘制	15	5	正确绘制标准曲线,回归方程中参数数字修约正确	
		原始记录		5	正确使用计量单位,数据没有空项,数据没有涂改	
		样品结果计算		5	样品结果计算正确	
5	测定结果	标准曲线线性	15	5	相关系数 $\gamma \geqslant 0.995$	
		测定结果准确度		5	$|RE| \leqslant 10\%$	
		测定结果精密度		5	相对标准偏差 $\leqslant 20\%$	
6	结束工作	整理	10	5	清洗、整理实验用仪器和台面	
		文明操作		5	无器皿破损、无仪器损坏	

能力拓展三　室内空气 TVOC 的测定

（热解吸-气相色谱法）

【项目所需时间】

8 学时。

【实验原理】

选择合适的吸附剂(Tenax TA),用吸附管采集一定体积的空气样品,空气流中的挥发性有机化合物保留在吸附管中,采样后,将吸附管加热,解吸挥发性有机化合物,待测样品随惰性载气进入毛细管柱气相色谱仪,用保留时间定性,峰高或峰面积定量。

环节一　工作场所空气中 TVOC 的采集

【实验目的】

掌握利用 Tenax TA 采样管采集空气中挥发性有机物的方法。

【实验时间】

60min。

【实验准备】

仪器准备:

(1)大气采样器 1 台。

(2)吸附管 2 支:热解吸型,外径 6.3mm,内径 5mm,长 90mm(或 180mm)内壁抛光的不锈钢管,吸附管的采样入口一端有标记,管中装填 200～1000mg 的吸附剂。

【实验内容】

1.取两支 Tenax TA 采样管分别编号样品管和空白管,准备好空气采样装置、记录单。

2.将采样仪器带到指定的采样地点。

3.将采样支架撑起,将空气采样仪中心固定螺丝旋入支架上的仪器安装座孔内。

4.将吸附管与采样泵用塑料或硅胶管连接。个体采样时,采样管垂直安装在呼吸带。固定位置采样时,选择合适的采样位置。打开采样泵,调节流量为 0.5L/min,以保证在适当的时间内获得所需采样体积(1～10L)。

5.采样完毕前,取下采样管,立即用聚四氟乙烯帽密封。

6.现场空白样品的采集需将空白活性炭管运输到采样现场,打开两端后立即用聚四氟乙烯帽密封,并同已采集样品的活性炭管一同存放并带回实验室分析。

7.填写采样记录单,记录采样时的采样器流量、当前温度、气压及采样时间和地点。

【实验流程图】

```
┌─────────────────────────┐
│ 取Tenax TA采样管分别编号  │
│   样品管和空白管          │
└───────────┬─────────────┘
            ↓
┌─────────────────────────┐          ┌─────────────────────────┐
│ 将采样仪器带到指定的采样地点 │          │     填写采样记录单        │
└───────────┬─────────────┘          └───────────▲─────────────┘
            ↓                                      │
┌─────────────────────────┐          ┌─────────────────────────┐
│ 将采样支架撑起,将空气采样仪 │          │ 采样完毕前,取下采样管,立即 │
│     安装到支架上          │          │   用聚四氟乙烯帽密封        │
└───────────┬─────────────┘          └───────────▲─────────────┘
            ↓                                      │
┌─────────────────────────┐          ┌─────────────────────────┐
│ 打开样品采样管的两端,与采样器 │──────→  │ 设定采样时间,按下电源开关,  │
│   相连,检查气密性         │          │   调整流量0.5L/min        │
└─────────────────────────┘          └─────────────────────────┘
```

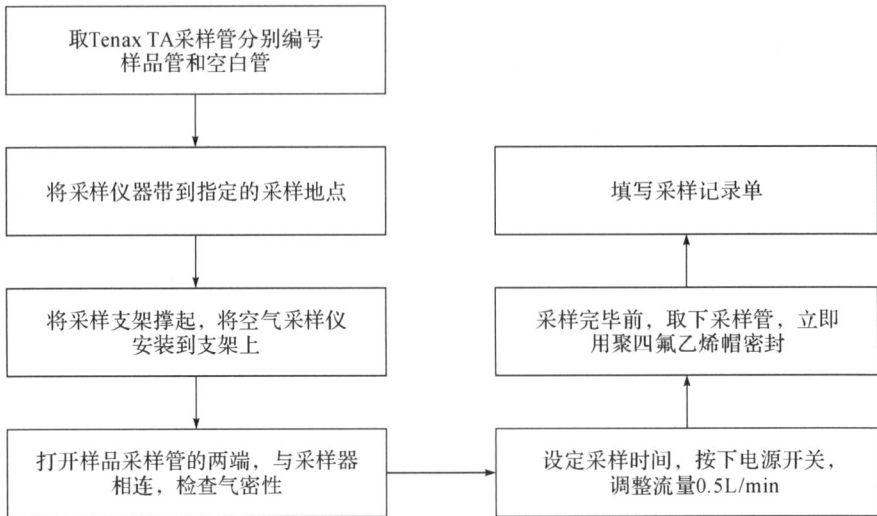

【仪器使用示意图】

见图 5-5。

图 5-5　采样管活化

【实验注意事项】

1.采样前应对采样器进行流量校准。

2.每采集一批样品,必须将吸附管进行活化。

环节二　　TVOC 标准系列和样品的测定

【实验目的】

1. 掌握室内空气 TVOC 测定的原理。
2. 熟悉气相色谱仪条件的设置要求。

【实验时间】

270min。

【实验准备】

1. 试剂准备

(1)甲醇:分析纯,经色谱鉴定无干扰峰。

(2)标准溶液:甲醇中 9 种 VOC 混标。临用前配制。

2. 仪器准备

(1)微量液体注射器 1 支:10μl,精度 0.1μl。

(2)色谱柱:SE-30(50m×0.32mm×1.00μm),固定相可以是二甲基硅氧烷或 7% 的氰基丙烷、7% 的苯基、86% 的甲基硅氧烷。

(3)气相色谱仪:配有 FID 检测器。

(4)热解吸仪 1 台。

3. 气体准备

(1)载气:高纯氮气(99.999%)。

(2)燃烧气:高纯氢气(99.99%)或高纯氢气发生器。

(3)助燃气:空气发生器。

上述气体均用气体净化器净化。

【实验内容】

1. 设置气相色谱条件。柱箱温度:50℃(保持 10min),以 5℃/min 的速率升到 250℃(保持 2min)。进样口温度:250℃。检测器温度:250℃。柱流量:50ml/min。尾吹气流量:30ml/min。氢气流量:40ml/min。空气流量:400ml/min。

2. 标准曲线的绘制:

液体外标法:用 10μL 微量注射器分别取 1~5μL 含液体组分 100μg/ml 和 10μg/ml 的标准溶液注入吸附管,同时用 100ml/min 的稀有气体通过吸附管,5min 后取下吸附管密封,为标准系列。

用热解吸气相色谱法分析吸附管标准系列,以扣除空白后峰面积为纵坐标,以待测物质量为横坐标,绘制标准曲线。

3. 将采过样的 Tenax TA 采样管放入热解吸器中,加热,使有机蒸汽从吸附剂上解吸下来,并被载气流带入冷阱,进行预浓缩,载气流的方向与采样时的方向相反。然后,再以低流速快速解吸,经传输线进入毛细管气相色谱仪。目标组分经色谱柱分离后,由 FID 进行检测。

4.实验结束后应关闭氢气发生器,待氢气流量为 0、氢火焰熄灭后关空气发生器,氮气、关排风、退出工作软件,等柱温下降到 50℃,进样器温度下降到 100℃,检测器温度下降至 100℃以下后关闭主机电源、关闭电脑,填写仪器使用记录。

【实验流程图】

```
┌──────────────────────┐        ┌──────────────────────┐
│  气相色谱的预热及条件设置  │        │  实验结束后按流程关机,    │
│                      │        │  整理实验台面          │
└──────────┬───────────┘        └──────────▲───────────┘
           │                               │
           ▼                               │
┌──────────────────────┐        ┌──────────────────────┐
│ 分别量取适量的标准溶液注入吸附管, │        │ 以热解吸气相法分析,记录样品管 │
│ 再以热解吸气相分析        │        │ 与空白管结果           │
└──────────┬───────────┘        └──────────▲───────────┘
           │                               │
           ▼                               │
┌──────────────────────┐        ┌──────────────────────┐
│  记录一系列标准系列结果    │───────▶│ 将采过样的Tenax TA管放入300℃ │
│                      │        │ 热解吸器中解吸          │
└──────────────────────┘        └──────────────────────┘
```

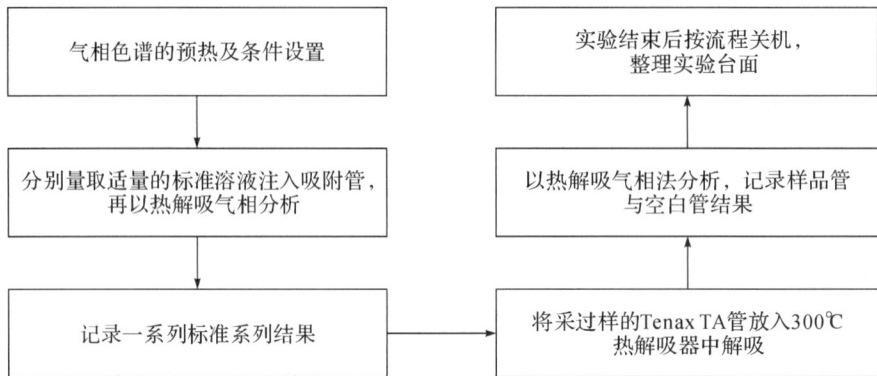

【仪器使用示意图】

见图 5-6 和图 5-7。

图 5-6　采样管组装

图 5-7　样品准备进样

【实验注意事项】

1.每分析一批样品,必须将吸附管进行活化。

2.吸附管不用时应用聚四氟乙烯帽把两端堵住存放于干燥箱内。

【实验安全】

1.易燃气体泄漏(氢气):实验前对氢气管路进行检漏;实验室配备起火相关的应急措施。

2.高温烫伤(进样口、柱箱及检测器高温):在实验进行中禁止将身体各部位长时间放在高温仪器部件上;实验室配备烫伤相关的应急措施。

实验记录
TVOC 检验记录表

样品名称			
检测方法依据		检验日期	
仪器名称及编号		样品前处理	
进样口温度/℃		柱温(℃)	
检测器温度/℃		柱前压	
计算 TVOC 各组分回归方程	苯回归方程: 甲苯回归方程: 乙酸正丁酯回归方程: 乙苯回归方程: 对间二甲苯回归方程: 邻二甲苯回归方程: 苯乙烯回归方程: 正十一烷回归方程:		

序号 ＼ 样品浓度	苯	甲苯	乙酸丁酯	乙苯	对间二甲苯	邻二甲苯	苯乙烯	正十一烷	未知物	TVOC
1										
2										
3										

样品中 TVOC 各组分质量浓度计算公式:

$$c_i = \frac{(A - A') \times B_s}{V_0} \times 100$$

式中:c_i——空气中 TVOC 各组分浓度,mg/m³;

　　A——样品中各组分峰面积;

　　A'——样品空白峰面积;

　　V_0——标准采样体积,L;

　　B_s——校准因子,μg/面积,为回归方程中的 $1/b$。

$$\text{TVOC} = \sum_{i=1}^{i=n} c_i$$

TVOC——标准状况下空气中总挥发性有机化合物的含量,mg/m³。

实验评分标准

序号	考核项目	考核内容	分值	分配	评分标准	扣分
1	样品采集	采样器连接	15	5	正确连接采样器顺序	
		采样检漏		5	正确使用检漏方法	
		采样操作		5	正确设置采样时间和采样流量,采样过程中流量稳定	
2	样品处理	样品热解吸	5	5	正确设置热解吸条件	
3	操作过程	色谱条件的选择	40	5	正确选择色谱柱选择	
				5	正确设置进样口温度、检测器温度	
				5	正确设置氢气、空气流速	
				5	正确设置柱温、载气流速	
				5	正确设置样品信息	
		检验操作		5	正确取样	
				5	正确进样	
				5	正确关机	
4	实验数据处理	标准曲线的绘制	15	5	正确绘制标准曲线,回归方程中参数数字修约正确	
		原始记录		5	正确使用计量单位,数据没有空项,数据没有涂改	
		样品结果计算		5	样品结果计算正确	
5	测定结果	标准曲线线性	15	5	相关系数 $\gamma \geqslant 0.995$	
		测定结果准确度		5	$|RE| \leqslant 10\%$	
		测定结果精密度		5	相对标准偏差 $\leqslant 20\%$	
6	结束工作	整理	10	5	清洗、整理实验用仪器和台面	
		文明操作		5	无器皿破损、无仪器损坏	

项目六

大气污染源废气监测

大气污染源是导致大气中污染物的发生源,常指向大气环境排放有害物质或对环境产生有害影响的场所、设备和装置。

大气污染源监测在大气监测中占有极其重要的位置,是了解和掌握区域排污状况和排污趋势的手段,其监测结果和资料是执行环保法规、标准,全面开展环境管理工作的依据,对于支撑排污许可制度的有效实施具有重要意义。

大气污染源根据其物理特点可分为固定污染源和流动污染源两类。其中,固定污染源是指工业生产和居民生活所用的烟道、烟囱及排气筒等。它们排放的废气中既包含固态的烟尘和粉尘,也包含气态和气溶胶等多种有害物质。流动污染源指汽车、柴油机车等交通运输工具,其排放废气中也含有大量的烟尘和有害物质。

任务一　大气污染源废气样品采集

我国目前使用的污染源手工参比测试技术标准是《固定污染源排气中颗粒物测定与气态污染物采样方法》(GB/T 16157—1996),该标准规定了固定污染源中颗粒物、烟气参数和气态污染物的采样和监测方法。

标准还规定了排气参数温度、压力、水分、成分的测定,排气密度和气体相对分子质量的计算,排气流速和流量的测定,排气中颗粒物的测定和排放浓度,排放率的计算,排气中气态污染物采样和排放浓度、排放率的测定。

一　污染源监测采样要求

(1)进行监测时,生产设备必须处于正常运转状态。

(2)对于随不同的生产过程,废气排放情况不同的污染源,应根据生产过程的变化特点和周期进行系统监测。

(3)测定工业锅炉烟尘浓度时,锅炉应在稳定的负荷下运转,工作负荷不能低于额定负荷的85%。对于人工加煤的锅炉和家用火炉,至少要测定两个加煤周期的浓度。

(4)对汽车排气进行监测时,由于排气中污染物含量与其行驶状态有关,所以在不同行驶状态下(空转、加速、匀速、减速等)排气中的污染物含量均应测定。

二　固定污染源采样位置、采样孔和采样点

(一)采样位置的选择

固定污染源监测点位应避开对测试人员操作有危险的场所。对于输送高温或有毒有害气体的烟道,监测孔应开在烟道的负压段。若负压段下满足不了开孔需求,对正压下输送高温和有毒气体的烟道,应安装带有闸板阀的密封监测孔。

为了保证废气颗粒物采样具有代表性和准确性,颗粒物采样需避开烟道变径湍流区和层流区。监测孔优先设置在垂直管段,应避开烟道弯头和断面急剧变化的部位,设置在距弯头、阀门、变径管下游方向不小于 6 倍直径(或当量直径)和距上述部件上游方向不小于 3 倍直径(或当量直径)处。当现有污染源因现场空间位置有限,监测孔的设置无法满足以上要求时,监测孔应设置在气流稳定的断面,但监测断面与弯头、阀门、变径管等的距离至少是烟道直径(或当量直径)的 1.5 倍。

对于气态污染物,由于混合比较均匀,其采样位置可以不受上述规定限制,但应避开涡流区,如果同时测定排气流量,采样位置要按上述要求进行,需要特别注意的是采样位置要避开对测试人员有危险的场所。

(二)采样孔

在选定的测定位置上开设采样孔,采样孔的内径应不小于80mm,采样孔管长应不大于50mm。不使用时应用盖板、管堵或管帽封闭。(对圆形烟道,采样孔应设在包括各测点在内的互相垂直的直径线上。对矩形或方形烟道,采样孔应设在包括各测点在内的延长线上。)

(三)采样点数目的确定

烟道内同一断面上各点的气流速度和烟尘浓度分布通常是不均匀的,因此,必须按照一定原则进行多点采样。采样点的数目主要根据烟道断面的形状、尺寸大小和流速分布情况来确定。

1. 圆形烟道

按照图 6-1 所示的方法将烟道断面分成适当数量的等面积同心圆环,各测点选择在各环等面积中心线呈垂直相交的两条直径线的交点处,其中一条直径线应在预期浓度变化最大的平面内。若采样断面上气流速度较均匀,可设一个采样孔,采样点数减半。当烟道直径小于 0.3m,且流速均匀时,可只在烟道中心设一个采样点。不同直径圆形烟道的等面积环数、采样点数及采样点距烟道内壁的距离见表 6-1 和图 6-2。

表 6-1　圆形烟道的分环和各点距烟道内壁的距离

烟道直径(m)	分环数(个)	各测点距烟道内壁的距离(以烟道直径为单位)									
		1	2	3	4	5	6	7	8	9	10
<0.5	1	0.146	0.854								
0.5~1	2	0.067	0.250	0.750	0.933						
1~2	3	0.044	0.146	0.296	0.706	0.854	0.956				
2~3	4	0.033	0.105	0.194	0.323	0.677	0.806	0.895	0.967		
3~5	5	0.026	0.082	0.146	0.226	0.342	0.658	0.774	0.854	0.918	0.974

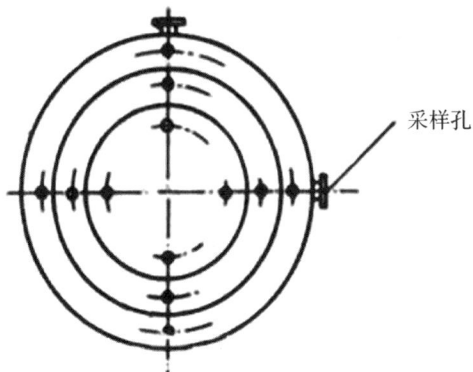

图 6-1　圆形断面的测定点

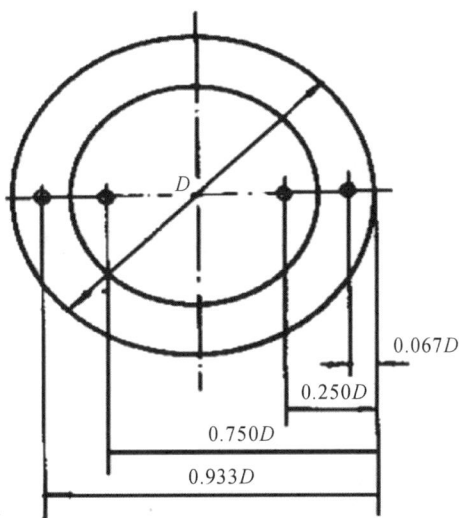

图 6-2　采样点距烟道内壁的距离

2. 矩形烟道

将烟道分成适当数量的等面积矩形小块,各块中心即为测点。矩形小块面积一般要小于 $0.6m^2$。矩形小块的数目可根据烟道断面的面积来定,如表 6-2 和图 6-3 所示。

表 6-2　矩形烟道的分块和测点数

烟道面积(m^3)	等面积小块数	测点数
0~1	2×2	4
1~3	3×3	9
3~7	4×4	16
7~16	5×5	25
16~28	6×6	36

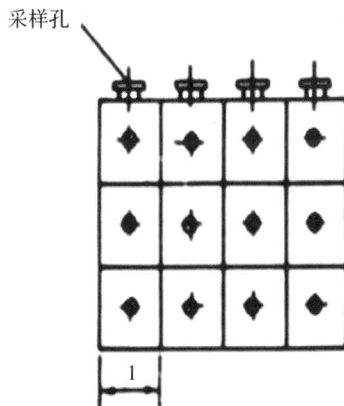

图 6-3　矩形断面的测定点

3. 拱形烟道

这种烟道的上部为半圆形,下部为矩形,可分别按圆形和矩形烟道的布点方法确定采样点的位置及数目。

当烟道内积灰时,应将积灰部分的面积从断面内扣除,按有效面积设置采样点。

在测压管和采样管能到达各采样点位置的情况下,要尽可能地少开采样孔。一般开两个互成 90°的孔,最多开四个孔,采样孔的直径应不小于 75mm。当采集有毒或高温烟气,且采样点处烟气呈正压时,应在采样孔处设置防喷装置。

(四)监测平台要求

为保障监测人员安全及方便操作,保障监测工作顺利进行,涉及 2m 以上高处作业的监测点位需同时配套永久、安全、便于采样和测试的,并带有护栏的监测平台。监测平台应在监测孔的正下方,监测孔距平台面的高度约为 1.2~1.3m。

为提高现场监测的及时性,为随时监测提供方便,监测平台应设置 220V 低压配电箱,内设漏电保护器、至少配备 2 个 16A 插座和 2 个 10A 插座,保证监测设备所需电力。

三 采样频次和采样时间

《固定污染源排气颗粒物测定与气态污染物采样方法》规定的标准值,是指任何一小时排放的污染物平均值不得超过的限值。因此,应按下列要求采用。

(1)以连续一小时的采样获取平均值;或在一小时内,以等时间间隔采集四个样品,并计算平均值。

对连续的有组织排放,在生产期内选择任何一小时连续采样,这样得到的平均值有最高的合理性。在一小时内实行等时间间隔采样,并规定采集四个样品,是考虑到某些采样方法(如真空瓶或注射器采样)不便于实行连续采样一小时,且考虑监测站在人力方面的负担和厂方的监测费用不致太高,规定必须在一小时内实行等时间间隔采样是考虑到监测结果的公正性。

(2)特殊情况下的采样时间和频次。

若某排气筒的排放为间断性排放,排放时间是小于一小时,则应在排放时段内实行连续采样,或在排放时段内以等时间间隔采集 2~4 个样品,并计算平均值。

若某排气筒的排放为间断性排放,排放时间是大于一小时,则应在排放时段内按(1)要求采样。

(3)以上均为正常监督性监测要求的采样时间和频次。对于建设项目竣工验收,采样时间和频次,应能准确反映正常作业时排污情况和环保设施运转效果。国家环保局于 1995 年 6 月 8 日发布了《建设项目环保设施竣工验收监测办法》(试行)规定:有规律的污染源,应以生产周期为采样周期,采样不得小于 2 个周期,每个采样周期内次数一般应为 3~5 次,但不得小于 3 次。

四 污染源监测内容

(1)污染源的废气排放量,m³/h。

(2)污染源的有害物质排放量,kg/h。

(3)污染源排放的废气中有害物质的浓度,mg/m³。

监测时需要注意的是,对有害物质排放浓度和废气排放量进行计算时,气样体积要采用现行监测方法中推荐的标准状态(温度为 0℃,大气压为 101.3kPa 或 760mmHg)下的干燥气体的体积表示。

任务二 固定污染源基本状态参数的测定

烟气的温度和压力、流速和湿含量是烟气的基本状态参数,也是计算烟尘和烟气中有害物质浓度的依据。通过采样流量和采样时间的乘积可以求得烟气体积,而采样流量可由测点烟道断面乘以烟气流速得到,流速由烟气压力和温度计算得知。

一 温度的测量

测温仪器有热电偶或电阻温度计、玻璃温度计等。测定温度时,将温度计元件插入烟道中测点处,封闭测孔,待温度稳定后读数。玻璃温度计不能抽出烟道外读数。

对于直径小、温度不高的烟道,可使用长杆水银温度计。测量时,应将温度计球部放在靠近烟道的中心位置处。

对于直径大、温度高的烟道,要用热电偶测温毫伏计测量。测温原理是将两根金属导线连成闭合回路,当两接点处于不同温度环境时,便产生热电势。两接点温差越大,热电势越大。如果热电偶一个接点(自由端)温度保持恒定,则热电偶的热电势大小便完全取决于另一个接点(工作端)的温度。用测温毫伏计测出热电偶的热电势,便可知工作端所处的环境温度。

根据测温高低,选用不同材料的热电偶。测量 800℃ 以下的烟气用镍铬-康铜热电偶;测量 1300℃ 以下烟气用镍铬-镍铝热电偶;测量 1600℃ 以下的烟气用铂-铂铑热电偶。

二 压力的测量

烟道的压力分为全压 P(指气体在管道中流动具有的总能量)、静压 P_s(指单位体积气体所具有的势能,表现为气体在各个方向上作用于器壁的压力)和动压 P_a(单位体积气体具有的动能,是气体流动的压力),它们之间的关系如下:

$$P = P_s + P_a$$

只要测出三项中任意两项,即可求出第三项。测量烟气压力的仪器由测压管和压力计组成。

(一)测压管

常用的测压管有标准型皮托管(见图 6-4)和 S 型皮托管(见图 6-5)两种。

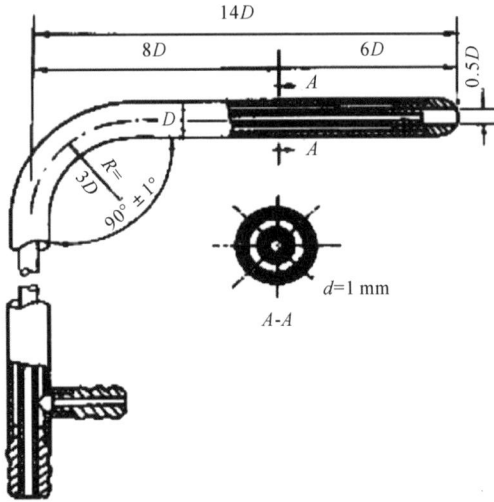

图 6-4　标准型皮托管

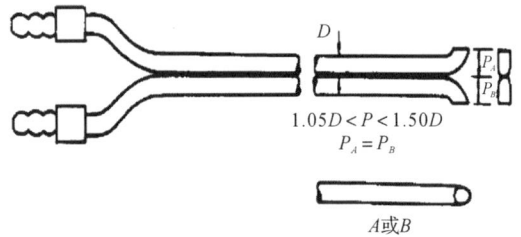

图 6-5　S 型皮托管

标准型皮托管由于测压孔小,用于测定排气静压,而且必须是含尘量少的较清洁的烟气。S 型皮托管由于测压孔口大,不易被颗粒物堵塞,所以可作一般烟气的测定,而向气流的开口测得的压力为全压,背向气流的开口接受气流的静压,由于气体绕流的影响,测得的静压比实际值小,所以使用前必须用标准皮托管校正。

S 型皮托管由两根相同的金属管并联组成,其测量端有两个大小相等、方向相反的开口,测量烟气压力时,一个开口面向气流,测量气流的全压,另一个开口背向气流,测量气流的静压。由于受气体绕流的影响,测得的静压比实际值要小。因此,在使用前必须用标准皮托管进行校正,因开口较大,适用于测烟尘含量较高的烟气。

(二)压力计

常用的压力计有 U 形压力计(见图 6-6)和倾斜式测压计(见图 6-7)。

(1)U 形压力计　它是一个内装工作液体的 U 形玻璃管。常用的工作液体视被测压力范围可选用水、乙醇和汞。使用时,将两端或一端与测压系统连接,压力(P)用下式计算:

$$P = \rho \cdot g \cdot h$$

式中:ρ——工作液体的密度,kg/m³;

　　　g——重力加速度,m/s²;

　　　h——两液面高度差,m。

上式中的压力单位为 Pa,但在实际工作中,常用毫米汞柱表示压力,此时,$P = \rho \cdot h$。U 形压力计的测量误差可达 1～2mm 水柱,不适宜测量微小压力。

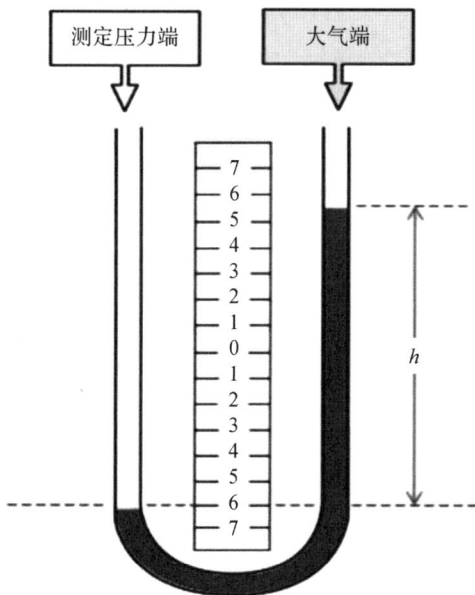

图 6-6　U形压力计

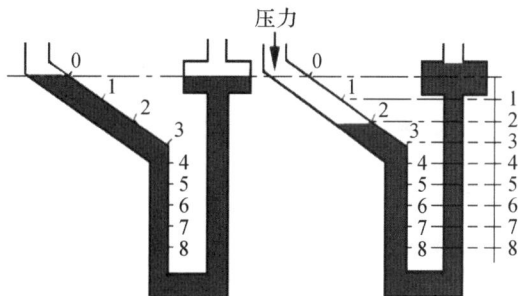

图 6-7　倾斜式压力计

（2）倾斜式压力计　由一截面积（F）较大的容器和一截面积（f）很小的玻璃管连接而成，内装工作溶液，玻璃管上的刻度表示压力读数。测压时，将微压计容器开口与测压系统中压力较高的一端相连，斜管与压力较低的一端相连，作用在两个液面上的压力差使液柱沿斜管上升。

测定步骤：

①测量时，先把仪器调整到水平状态，检查液柱内是否有气泡，并将液面调整至零点；

②将皮托管与压力计连接，把测压管的测压口伸进烟道内测点上，并对准气流方向，从U形压力计上读出液面差，或从微压计上读出斜管液柱长度；按相应公式计算测得的压力。

三　烟气流速和流量的计算

烟气体积由采样流量和采样时间的乘积求得，而采样流量由测点烟道断面乘以烟气流速得到，流速又由烟气压力和温度计算得知。

（一）流速计算

排气的流速与其动压力平方根成正比，根据测得的某点处的动压、静压以及温度等参数后，计算该测点的排气流速（v_s）：

$$v_s = K_p \cdot \sqrt{\frac{2P_v}{\rho}}$$

或

$$v_s = K_p \cdot \sqrt{2P_v} \cdot \sqrt{\frac{R_s \cdot T_s}{B_s}}$$

式中：v_s——烟气流速，m/s；

K_p——皮托管校正系数;

P_v——烟气动压,Pa;

ρ——烟气密度,kg/m³;

R_s——烟气气体常数,J/(kg·K);

T_s——烟气绝对温度,K;

t_s——烟气温度,℃;

B_s——烟气绝对压力,Pa。

当干烟气组分与空气近似,露点温度在 35~55℃,烟气绝对压力在 100~102.6kPa 时,烟气流速计算式可简化为下列形式:

$$v_s = 0.076 K_p \cdot \sqrt{2P_v} \cdot \sqrt{273 + t_s}$$

烟道断面上各采样点烟气平均流速计算式如下:

$$\overline{v_s} = \frac{v_1 + v_2 + \cdots + v_n}{n}$$

或

$$\overline{v_s} = K_p \cdot \overline{\sqrt{P_v}} \cdot \sqrt{\frac{2R_s \cdot T_s}{B_s}}$$

式中:$\overline{v_s}$——烟气平均流速,m/s;

v_1、v_2、$\cdots$、v_n——断面上各测点烟气流速,m/s;

n——测点数;

$\overline{\sqrt{P_v}}$——烟气动压方根平均值。

(二)流量的计算

测量状态下的烟气流量按下式计算:

$$Q_s = 3600 \, \overline{v_s} \cdot S$$

式中:Q_s——烟气流量,m³/h;

S——测点烟道横截面面积,m²。

标准状态下干烟气流量按下式计算:

$$Q_{nd} = Q \cdot (1 - X_w) \times \frac{B_a + p_s}{101325} \times \frac{273}{273 + t_s}$$

式中:Q_{nd}——标准状态下烟气流量,m³/h;

p_s——烟气静压,Pa;

X_w——烟气含湿量体积分数,%;

B_a——大气压力,Pa。

【例】 已知某固定污染源烟道截面积为 1.181m²,测得某工况下湿排气平均流速为 15.3m/s,试计算烟气湿排气状况下的流量。

解 $Q_s = 15.3 \times 1.181 \times 3600 = 6.50 \times 10^4 (\text{m}^3/\text{h})$

四 排气中湿度的测定

在常规烟气排放监测中,烟气湿度是一个重要的参数,也是最难准确测量的一个参数。与大气相比,烟气中的水蒸气含量较高,变化范围较大,为便于比较,监测方法规定以除去水蒸气后标准状态下的干烟气为基准表示烟气中有害物质的测定结果。含湿量的测定方法有重量法、冷凝法、干湿球法等。重量法、冷凝法测试复杂,测试条件要求高,测试时间长,只能作为实验室方法与在线测量方法进行比对测试;干湿球法测试简单,操作简单,适应性强,是目前常用的烟气湿度在线测量参比方法,但误差大。

(一)重量法

从烟道采样点抽取一定体积的烟气,使之通过装有吸收剂的吸收管,则烟气中的水蒸气被吸收剂吸收,吸收管的增重即为所采烟气中的水蒸气重量。

装置中的过滤器可防止烟尘进入采样管。保温或加热装置可防止水蒸气冷凝,U形吸收管由硬质玻璃制成,常装入的吸收剂有氯化钙、氧化钙、硅胶、氧化铝、五氧化二磷、过氯酸镁等。

(二)冷凝法

抽取一定体积的烟气,使其通过冷凝器,根据获得的冷凝水量和从冷凝器排出烟气中的饱和水蒸气量计算烟气的含湿量。该方法测定装置是将重量法测定装置中的吸湿管换成专制的冷凝器,其他部分相同。

(三)干湿球温度计法

烟气以一定流速通过干湿球温度计,根据干湿球温度计读数及有关压力计算烟气含湿量(见图6-8)。

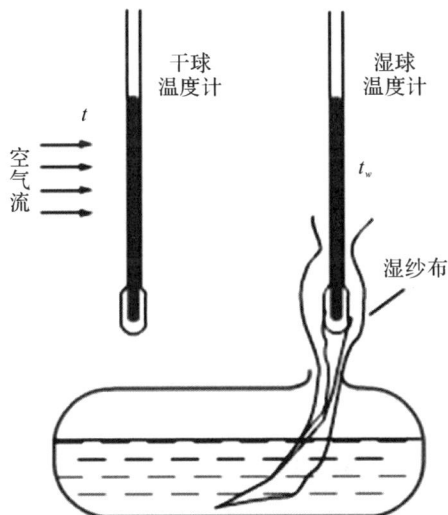

图 6-8 干湿球温度计原理

干湿球法测烟气湿度的主要问题在于:烟气温度较高,时常高于100℃,而干球温度无法达到烟气实际温度,通常介于环境温度与烟气温度之间,造成固定测量误差。

任务三　固定污染源烟尘浓度测定

一　概述

排气中颗粒物等速采样方法及原理是将采样管由采样孔插入烟道中,使采样嘴置于测点上,正对气流按颗粒物等速采样原理即采样嘴吸气速度与测点处气流速度相等(误差不超过10%),抽取一定量的含尘气体,根据采样管滤筒上所捕集到的颗粒物量和同时抽取的气体量,计算出排气颗粒物浓度。

二　测定方法

(一)烟尘采样

1. 采样方法

根据不同的测定目的有不同的采样方法。

(1)移动采样

该方法适用于测定烟道不同断面上烟气中烟尘的平均浓度。采样时用同一个尘粒捕集器在已确定的各采样点上移动采样,在各点的采样时间相同,这是目前普遍采用的方法。

(2)定点采样

该法适用于测定烟道内烟尘的分布状况和确定烟尘的平均浓度。分别在断面上每个采样点采样,即每个采样点采集一个样品。

2. 采样原则

测定烟气烟尘浓度时必须采用等速采样法,即烟气进入采样嘴的速度与采样点烟气流速相等。采气流速大于或小于采样点烟气流速都将造成测定误差。

不同采样速度下尘粒的运动状况不同。1)当采样速度(v_n)大于采样点的烟气流速(v_s)时,由于气体分子的惯性小,容易改变方向,而尘粒惯性大,不容易改变方向,所以采样嘴边缘以外的部分气流被抽入采样嘴,而其中的尘粒按原方向前进,不进入采样嘴,从而导致测量结果偏低。2)当采样速度(v_n)小于采样点烟气流速(v_s)时,情况正好相反,使测定结果偏高。只有$v_n = v_s$时,气体和尘粒才会按照它们在采样点的实际比例进入采样嘴,采集的烟气样品中烟尘浓度才与烟气实际浓度相同。

3. 等速采样方法分类

等速采样的方法有普通型采样管法(即预测流速法)、平行采样法、动压平衡采样管法、静压平衡型采样管法等。

（1）预测流速法

这种方法在采样前先测出采样点的烟气温度、压力、含湿量，计算出烟气流速，然后再结合采样嘴直径计算出等速采样条件下各采样点的采样流量（见图 6-9）。采样时，通过调节流量调节阀按照计算出的流量采样。在流量计前安装有冷凝器和干燥器的等速采样流量按下式计算：

$$Q'_r = 0.00047\, d^2 \cdot V_s \left(\frac{B_a + p_s}{273 + t_s}\right) \left[\frac{M_{sd}(273 + t_r)}{B_a + P_r}\right]^{1/2} (1 - X_{sw})$$

式中：Q'_r——等速采样所需转子流量计指示流量，L/min；

d——采样嘴内径，mm；

v_s——采样点烟气流速，m/s；

B_a——大气压力，Pa；

P_r——转子流量计前烟气的表压，Pa；

T_s——采样点烟气的温度，K；

T_r——流量计前烟气的温度，K；

M_{nd}——干排气的分子量，kg/kmol；

R_{sd}——干烟气的气体常数，J/(kg·K)；

X_w——烟气含湿量（体积％）。

当干烟气组分和干空气近似时，上式简化为：

$$Q'_r = 0.0025\, d^2 \cdot V_s \left(\frac{B_a + p_s}{273 + t_s}\right) \left[\frac{(273 + t_r)}{B_a + P_r}\right]^{1/2} (1 - X_{sw})$$

由于预测流量法测定烟气流速与采样不是同时进行的，故仅适用于烟气流速比较稳定的污染源。

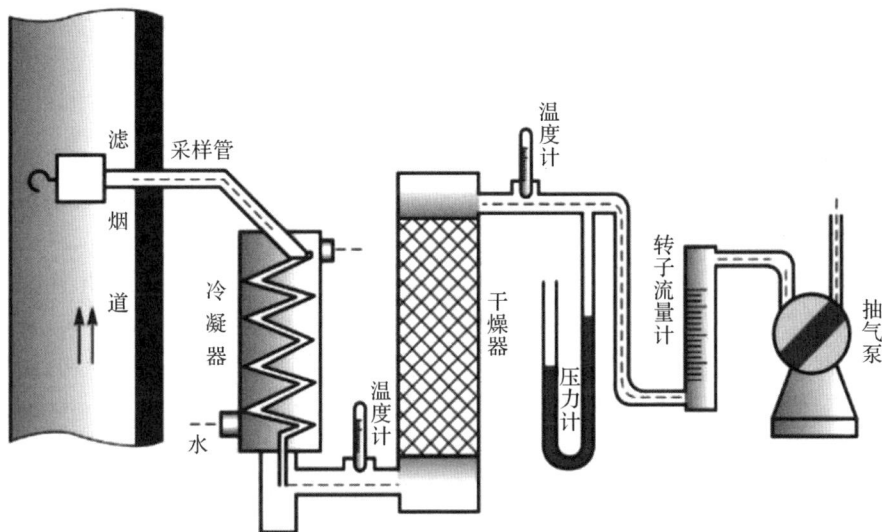

图 6-9　预测流速法颗粒采样装置

（2）平行采样法

该方法是将 S 型皮托管和采样管固定在一起插入采样点（见图 6-10），当与皮托管相连的微压计指示出动压后，利用预先绘制的皮托管动压和等速采样流量关系计算图计算出等速采样流量，及时调整流速进行采样。该法流量的计算与预测流速法相同。平行采样法与预测流速采样法不同之处在于平行采样法测定流速和采样几乎同时进行，减小了由于烟气流速改变而带来的采样误差。

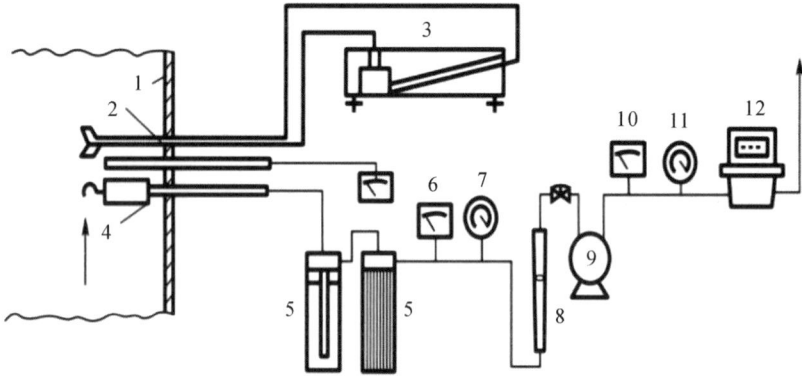

1—烟道壁；2—皮托管；3—压力计；4—采样管；5—干燥器；6—温度计；
7—压力表；8—流量计；9—抽气泵；10—温度计；11—压力表；12—控制器。

图 6-10　平行采样法示意

（3）等速管法（或压力平衡法）

这种方法用特制的压力平衡型等速采样管采样。例如，动压平衡型等速采样管是利用装置在采样管上的孔板差压与皮托管指示的采样点烟气动压相平衡来实现等速采样。该方法不需预先测出烟气流速、状态参数和计算等速采样流量，而通过调节压力即可进行等速采样，不但操作简便，而且能随烟气速度变化随时保持等速采样，采样精度高于预测流速法，但适应性不如预测流速采样法。

4. 采样装置

不同采样方法的采样装置一般均由采样管、捕集器、流量计、抽气泵等部分组成。

（1）预测流速法（或普通型采样管法）

常见的采样管有超细玻璃纤维滤筒采样管和刚玉滤筒采样管。它们由采样嘴、滤筒夹及滤筒、连接管组成。采样嘴的形状应以不扰动气口内外气流为原则，为此，其入口角度应呈小于 $30°$ 的锐角，嘴边缘的壁厚不超过 0.2mm，与采样管连接的一端内径应与连接管内径相同。为适应不同的采样流量，采样嘴内径通常有 6mm、8mm、10mm 和 12mm 等几种。超细玻璃纤维滤筒适用于 500℃ 以下的烟气，对 $0.5\mu m$ 以上的尘粒捕集效率在 99.9% 以上。硅酸铝材质滤筒可承受 1000℃ 高温，其他性能与玻璃纤维滤筒基本相同。刚玉滤筒由氧化铝粉制成，适用于 850℃ 以下的烟气，对 $0.5\mu m$ 以上的尘粒捕集效率也在 99.9% 以上。为防止烟气的腐蚀，采样嘴和采样管均为不锈钢材质。冷凝器和干燥器用于冷凝和吸收烟气中的水蒸气，以保护流量计和抽气泵不受水蒸气及腐蚀性组分的作用，并简化测定结果的计算。温度计、流量计和压力计用来获得计算测定结果所需参数。

（2）动压平衡型等速管法

这种方法将滤筒采样管与 S 型皮托管平行放置,在滤筒采样管的滤筒夹后装有测量流速的孔板,用以控制等速采样。

此外,还有静压平衡型烟尘采样系统、无动力尘粒采样系统等采样装置。

（二）烟尘浓度计算

（1）按重量测定法要求,计算滤筒采样前后重量之差 G（烟尘重量）。

（2）计算出标准状态下的采样体积。

在采样装置的流量计前装有冷凝器和干燥器的情况下,按下式计算:

$$V_{nd} = 0.27 Q'_r \sqrt{\frac{B_a + P_r}{M_{sd}(273 + t_r)}} \cdot t$$

当干烟气的组成与干空气近似时, V_{nd} 计算式可简化为:

$$V_{nd} = 0.05 Q'_r \sqrt{\frac{B_a + P_r}{(273 + t_r)}} \cdot t$$

式中: V_{nd} ——标准状态下干烟气的采样体积,L;

Q'_r ——等速采样流量应达到的读数,L/min;

t ——采样时间,min;

其他项含义同前。

（3）烟尘浓度的计算

根据采样方法不同,分别按下列不同公式计算:

①移动采样时:

$$c = \frac{G}{V_{nd}} \times 10^6$$

式中: c ——烟气中烟尘浓度,mg/m^3;

G ——测得的烟尘重量,g;

V_{nd} ——标准状态下干烟气体积,L。

②定点采样时:

$$\bar{c} = \frac{c_1 v_1 S_1 + c_2 v_2 S_2 + \cdots + c_n v_n S_n}{v_1 S_1 + v_2 S_2 + \cdots + v_n S_n}$$

式中: $\bar{c}$ ——烟气中烟尘平均浓度,mg/m^3;

v_1、v_2、$\cdots$、v_n ——各采样点烟气流速,m/s;

c_1、c_2、$\cdots$、c_n ——各采样点烟气中烟尘浓度,mg/m^3;

S_1、S_2、$\cdots$、S_n ——各采样点所代表的截面积,m^2。

【例】　已知采样时转子流量计前气体温度 $t_r = 40℃$,转子流量计前气体压力 $P_r = -7998$Pa,采气流量 $Q_r = 25$L/min,采样时间 $t = 20$min,大气压力 $B_a = 98.6$kPa,滤筒收尘量 0.9001g,排气量 $Q_{sn} = 6\ 000$m^3/h,试求排放浓度与排放量。

解　标态采气量: $V_{nd} = 0.05 \times Q_r \times [(B_a + P_r)/(273 + t_r)]^{1/2} \times t$

$= 0.05 \times 25 \times [(98600 - 7998)/(273 + 40)]^{1/2} \times 20$

$= 425$(L)

排放浓度：$c = G \times 10^6 / V_{nd} = 0.9001 \times 10^6 / 425 = 2118 (\mathrm{mg/m^3})$

排放量：$Q = c \times Q_{sn} = 2118 \times 6000 \times 10^6 = 12.7 (\mathrm{kg/h})$

任务四　林格曼比黑法测定烟尘

一　概述

林格曼比黑法是将排放源出口烟气的烟尘浓度与林格曼烟气烟尘浓度图进行比较的一种测定方法。我国现行国颁火电、炉窑、锅炉等行业大气污染物排放标准中规定了烟气林格曼黑度限值。林格曼烟气浓度图是 19 世纪末法国林格曼提出的，简称"林格曼图"，是评定烟囱排烟浓度的简易对比图。

二　测定方法

(一)基本原理

林格曼图用来衡量烟气黑度级别，共有 6 级，即从 0 至 5 级。在白色的底上用黑色的小方格表示，白色面积为 100% 时为 0 级，当黑色面积为 20% 时为 1 级，黑色面积为 40% 为 2 级，依此类推，60% 为 3 级，80% 为 4 级，100% 为 5 级（见图 6-11）。当林格曼烟气图放置到一定距离时，人看上去为不同的灰度。当观测时，把林格曼烟气浓度图放置在适当的位置上，使烟气同图作比较，由观察者凭视觉进行判断，得出数值，即为林格曼黑度级。

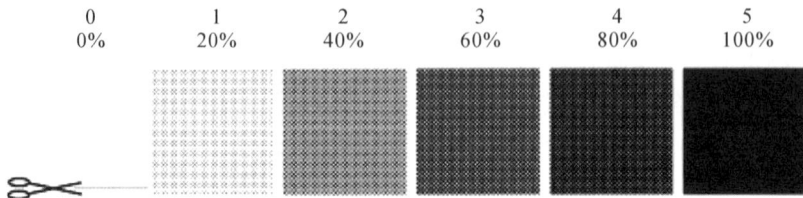

图 6-11　林格曼图

(二)检测步骤

1. 观测位置

应在白天进行观测，观测者站在与烟囱距离约为 40m 的无障碍物阻挡处，林格曼烟气黑度图安置在固定支架上，图片面向观察者，尽可能使图位于观察者至烟囱顶部的连线上，此距离应使浓度图板上的线条看起来似乎消失，形成均匀的黑度为宜，并使图与烟气有相似的天空背景。一般为 15m 左右（见图 6-12）。

图6-12　林格曼黑观测位置

观察者的视线应尽量与烟羽飘动的方向垂直。观察烟气的仰视角不应太大,一般情况下不宜大于45°角,尽量避免在过于陡峭的角度下观察。

观察烟气黑度力求在比较均匀的天空光照下进行。如果在太阳光照射下观察,应尽量使照射光线与视线成直角,光线不应来自观察者的前方或后方。雨雪天、雾天及风速大于4.5m/s时不应进行观察。

2.观测方法

观察烟气的部位应选择在烟气黑度最大的地方,该部位应没有冷凝水蒸气存在。观察时,将烟囱排出烟气的黑度与林格曼烟气黑度图进行比较,记下烟气的林格曼级数。如烟气黑度处于两个林格曼级之间,可估计一个0.5或0.25林格曼级数。每分钟观测4次,观察者不宜一直盯着烟气观测,而应看几秒钟然后停几秒钟,每次观测(包括观看和间歇时间)约15秒,连续观测烟气黑度的时间不少于30min。

观察混有冷凝水汽的烟气,当烟囱出口处的烟气中有可见的冷凝水汽存在时,应选择在离开烟囱口一段距离,看不到水汽的部位观察。

观察含有水蒸气的烟气,当烟气中的水蒸气在离开烟囱出口的一段距离后,冷凝并且变为可见,这时应选择在烟囱口附近水蒸气尚未形成可见的冷凝水汽的部位观察。

观察烟气宜在比较均匀的天空照明下进行。如在阴天的情况下观察,由于天空背景较暗,在读数时应根据经验取稍偏低的级数(减去0.25级或0.5级)。

3.计算

按林格曼黑度级别将观测值分级,分别统计每一黑度级别出现的累计次数和时间。

除了在观测过程中出现5级林格曼黑度时,烟气黑度按5级计,不必继续观测外,其他情况都必须连续观测30min。分别统计每一黑度级别出现的累计时间,烟气黑度按30min内出现累计时间超过2min的最大林格曼黑度级计。

按以下顺序和原则确定烟气黑度级别:

(1)林格曼黑度5级:30min内出现5级林格曼黑度时,烟气的林格曼黑度按5级计。

(2)林格曼黑度4级:30min内出现4级及以上林格曼黑度的累计时间超过2min时,烟气的林格曼黑度按4级计。

（3）林格曼黑度 3 级：30min 内出现 3 级及以上林格曼黑度的累计时间超过 2min 时，烟气的林格曼黑度按 3 级计。

（4）林格曼黑度 2 级：30min 内出现 2 级及以上林格曼黑度的累计时间超过 2min 时，烟气的林格曼黑度按 2 级计。

（5）林格曼黑度 1 级：30min 内出现 1 级及以上林格曼黑度的累计时间超过 2min 时，烟气的林格曼黑度按 1 级计。

（6）林格曼黑度＜1 级：30min 内出现小于 1 级林格曼黑度的累计时间超过 28min 时，烟气的林格曼黑度按＜1 级计。

由于观测者观察到的林格曼浓度图黑度仅是反射光的作用，而实际观察烟气的黑度不仅取决于烟气本身的黑度，而且还与天空的均匀性、亮度、光照角度、风速、烟囱的直径大小、形状以及观测者的视觉因素等有关，因此，这种方法虽然简便易行，并得到广泛的应用，但测定结果的精确度较差，仅为参考值。

任务五　固定污染源烟气组分测定

一　概述

固定污染源烟气的排放是大气污染气体的主要来源之一。烟气组分包括主要气体组分和微量有害气体组分。主要的气体组分包括氮、氧、二氧化碳和水蒸气等。测定这些组分的目的是考察燃料燃烧情况和烟尘测定提供计算烟气气体常数的数据。有害组分包括一氧化碳、氮氧化物、二氧化硫和硫化氢等。

二　测定方法

(一)烟气采样

1.采样方法

烟气中气态污染物由于含量的不固定，有高有低，化学采样法是烟尘中气态污染物的采样方法。其基本原理是通过采样管将样品抽到装有吸收液的吸收瓶或装有固体吸收剂的吸附管、真空瓶、注射器或气袋中，样品溶液或气态样品经化学分析或仪器分析得出污染物含量。

2.采样原则

气态或蒸汽态有害物质分子在烟道内分布一般是均匀的，不需要多点采样，在靠近烟道中心位置的任何一点都可采集到具有代表性的气样。同时，气体分子质量极小，可不考虑惯性作用，故也不需要等速采样。

3.采样装置

烟气采样装置与大气采样装置基本相同。不同之处是因为烟气温度高、湿度大、烟尘及有害气体浓度大并具有腐蚀性,所以在采样管头部都装有烟尘过滤器(内装滤料),同时采样管多采用不锈钢材料制作。采样管需要加热或保温,以防止有水蒸气冷凝而引起被测组分损失。

若所需气样量较少时,可用适当容量的注射器采样,或者在注射器接口处通过双连球将气样压入塑料袋中。

此外,还有烟气自动采样装置,用于烟气组分连续自动监测仪中,对烟气组分进行连续自动监测。

(二)烟气中主要成分的测定

1. 化学法

测定烟气(包括气溶胶)中的有害组分时,先用烟尘采样装置将烟尘捕集在滤筒上,再用适当的预处理方法将被测组分浸取出来制备成溶液供测定。例如,烟气中硫酸雾和铬酸雾的测定,先将其采集在玻璃纤维滤筒上,再用水浸取后测定。铅、铍等烟尘捕集后用醋浸取出来测定等。

如果测定烟尘和气体中有害组分的总量,应在烟尘采样系统中串接捕集气态组分的吸收瓶,然后将两者合并,经处理制备成样品溶液测定。例如,烟气中氯化物总量的测定,将烟尘和吸收液与醋溶液中加热蒸馏分离后测定。用玻璃纤维滤筒和冲击式吸收瓶串联采集气溶胶态和蒸气态沥青烟,用有机溶剂提取后测定。

2. 奥氏气体分析法

排气中 CO、CO_2、O_2 等气体成分,可用奥氏气体分析器吸收法或仪器分析进行测定。

奥氏气体分析器吸收法的基本原理是用不同的吸收液分别对排气的各组分逐一进行吸收,根据吸收前、后气体体积的变化,计算出该成分在排气中各被测组分的体积的百分数。例如用 KOH 溶液吸收 CO_2;用焦性皮食子醋溶液吸收 O_2;用氯化亚铜溶液吸收 CO 等,依次吸收 CO_2、O_2 和 CO 后剩余气体主要是 N_2。

计算:

二氧化碳　　$X_{CO_2} = (100 - a) \times 100\%$

氧气　　$X_{O_2} = (a - b) \times 100\%$

一氧化碳　　$X_{CO} = (b - c) \times 100\%$

氮气　$X_{N_2} = c \times 100\%$

式中:a、b、c——分别是 CO_2、O_2、CO 被吸收液吸收后烟气体积的剩余量,ml。

3. 仪器直读分析法

用仪器分析法可分别测定烟气中的组分,其准确度比奥氏气体吸收法高。例如用红外线气体分析仪或热导式分析仪测定 CO_2;用磁氧分析仪或氧化锆氧量分析仪(测高温烟气)测定 O_2 等。

对直读式仪器(测 SO_2、NO_x、CO 等),要对其准确度进行校准,最好能现场用标气进行校准。仪器检定周期不得超过一年。对于频繁使用的仪器,原则上不超过三个月。长期放置的仪器在使用前也应进行校准,直读式仪器使用时采样时间不要太长,一般 $10 \sim 20min$ 则可,然后应用空气清洗,再测试,以防电极中毒损坏。

有害分子态污染物物质的测定方法见表 6-3。

表 6-3　有害分子态污染物质的测定方法

组分	测定方法	测定范围
一氧化碳	奥氏气体分析器吸收法 红外线气体分析法 检气管法	＞0.5%（体积比） $0\sim1000\,cm^3/m^3$ ＞$20\,mg/m^3$
二氧化硫	碘量法 甲醛缓冲溶液吸收—盐酸副玫瑰苯胺分光光度法 定电位电解法	$140\sim5700\,mg/m^3$ $2.5\sim500\,mg/m^3$ $5\sim2000\,cm^3/m^3$
氮氧化物	中和滴定法 二磺酸酚分光光度法 盐酸萘乙二胺分光光度法	＞$2000\,mg/m^3$ $20\sim2000\,mg/m^3$ $2\sim500\,mg/m^3$
硫化氢	亚甲蓝分光光度法 碘量法（用于仅含 H_2S 的废气）	$0.01\sim10\,mg/m^3$ ＞$3\,mg/m^3$
硫化碳	碘量法 二胺分光光度法	＞$30\,mg/m^3$ $3\sim60\,mg/m^3$
汞	冷原子吸收分光光度法 二硫腙分光光度法	$0.01\sim30\,mg/m^3$ $0.01\sim100\,mg/m^3$
氯气	碘量法 甲基橙分光光度法	＞$35\,mg/m^3$ $3200\,mg/m^3$
氯化氢	硝酸银容量法 硫氰酸汞分光光度法 离子色谱法	＞$40\,mg/m^3$ $0.5\sim65\,mg/m^3$ $25\sim1000\,mg/m^3$
氰化氢	异烟酸-吡唑啉酮分光光度法	$0.05\sim100\,mg/m^3$
光气	碘量法 紫外分光光度法	$50\sim2500\,mg/m^3$ $0.5\sim50\,mg/m^3$
苯（苯系物等）	气相色谱法	$4\sim1000\,mg/m^3$
挥发酚	4-氨基安替比林分光光度法	$0.5\sim50\,mg/m^3$
有机硫化物（硫醇、硫醚）	气相色谱法	硫醇类：$2\sim300\,mg/m^3$ 硫醚类：$1\sim200\,mg/m^3$
氟化物	硝酸钍容量法 离子选择电极法 氟试剂分光光度法	＞1% $1\sim1000\,mg/m^3$ $0.1\sim50\,mg/m^3$

组分	测定方法	测定范围
沥青烟	紫外分光光度法	$5\sim700\text{mg/m}^3$
硫酸雾	偶氮胂（Ⅲ）容量法 铬酸钡分光光度法 离子色谱法	$>60\text{mg/m}^3$ $5\sim120\text{mg/m}^3$ $0.3\sim500\text{mg/m}^3$
铬酸雾	二苯碳酰二肼分光光度法	$2\sim100\text{mg/m}^3$
铅	原子吸收分光光度法 二硫腙分光光度法 络合滴定法	$0.05\sim50\text{mg/m}^3$ $0.01\sim25\text{mg/m}^3$ $>20\text{mg/m}^3$
铍	羊毛铬菁R分光光度法 铍试剂Ⅲ分光光度法 原子吸收分光光度法	$0.01\sim20\text{mg/m}^3$ $0.01\sim10\text{mg/m}^3$ $0.002\sim3\mu\text{g/m}^3$

练习题

一、名词解释

污染源、工况、标准状态下的干排气、过量空气系数、烟气动压、烟气静压、等速采样、移动采样、标准皮托管、S型皮托管

二、问答题

1. 烟气化学采样法的原理是什么？
2. 奥氏气体分析法的原理是什么？
3. 林格曼图测定黑度的观测位置有什么要求？
4. 对于采集污染源的采样位置有什么要求？
5. 如何测定烟道中的排气温度？
6. 测定废气颗粒物浓度，为何要等速采样？

能力拓展一 工作场所空气非甲烷总烃的测定
（热解吸-气相色谱法）

【项目所需时间】

8学时。

【实验原理】

空气中的非甲烷总烃用活性炭管采集,热解吸后进样,经色谱柱分离,氢焰离子化检测器检测,以保留时间定性,峰高或峰面积定量。

环节一 工作场所空气中非甲烷总烃的采集

【实验目的】

掌握利用固体采样管采集空气中非甲烷总烃的方法。

【实验时间】

60min。

【实验准备】

仪器准备:(1)大气采样器1台。

(2)活性炭采样管2支:热解吸型,内装100mg活性炭。

【实验内容】

1.取两支活性炭管,分别编号样品管和空白管,准备好空气采样装置、记录单。

2.将采样仪器带到指定的采样地点。

3.将采样支架撑起,将空气采样仪中心固定螺丝旋入支架上的仪器安装座孔内。

4.短时间采样:在采样点,打开活性炭管两端,以100ml/min流量采集15min空气样品。长时间采样:在采样点,打开活性炭管两端,以50ml/min流量采集2~8h空气样品。个体采样:在采样点,打开活性炭管,佩戴在监测对象的前胸上部,进气口向上,尽量接近呼吸带,以50ml/min流量采集2~8h空气样品。

5.采样完毕前,取下采样管,立即用聚四氟乙烯帽密封。

6.现场空白样品的采集需将空白活性炭管运输到采样现场,打开两端后立即用聚四氟乙烯帽密封,并同已采集样品的活性炭管一同存放并带回实验室分析。

7.填写采样记录单,记录采样时的采样器流量、当前温度、气压及采样时间和地点。

【实验流程图】

```
┌─────────────────────────┐
│ 取两支活性炭采样管，分别编号 │
│ 样品管和空白管            │
└─────────────────────────┘
            │
            ▼
┌─────────────────────────┐       ┌─────────────────────────┐
│ 将采样仪器带到指定的采样地点 │       │ 填写采样记录单           │
└─────────────────────────┘       └─────────────────────────┘
            │                                  ▲
            ▼                                  │
┌─────────────────────────┐       ┌─────────────────────────┐
│ 将采样支架撑起，将空气采样仪 │       │ 采样完毕前，取下采样管，立即 │
│ 安装到支架上             │       │ 用聚四氟乙烯帽密封         │
└─────────────────────────┘       └─────────────────────────┘
            │                                  ▲
            ▼                                  │
┌─────────────────────────┐       ┌─────────────────────────┐
│ 打开样品采样管的两端，与采样器 │ ───▶ │ 根据不同采样方式设定采样   │
│ 相连，检查气密性         │       │ 时间，调整流量           │
└─────────────────────────┘       └─────────────────────────┘
```

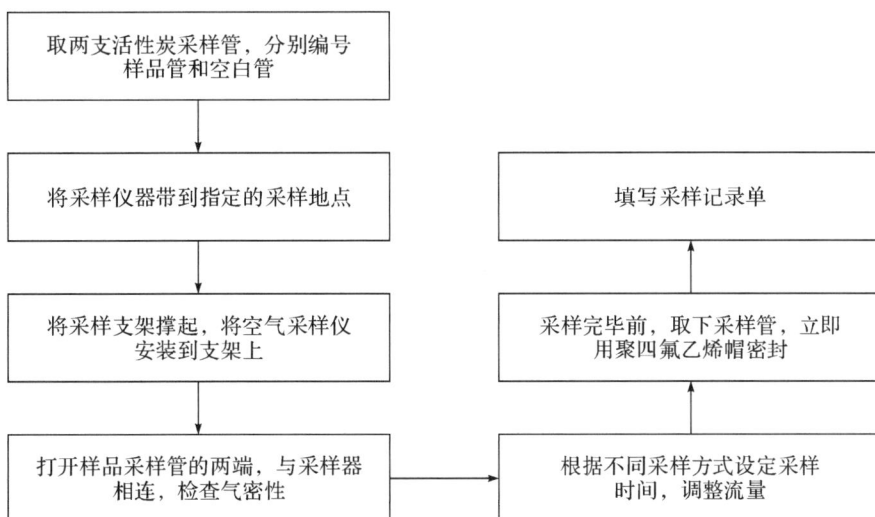

【实验注意事项】

采样前应对采样器进行流量校准。

环节二　非甲烷总烃标准系列和样品的测定

【实验目的】

1.掌握工作场所非甲烷总烃测定的原理。

2.熟悉气相色谱仪条件的设置要求。

【实验时间】

270min。

【实验准备】

1.试剂准备

(1)正己烷:分析纯,经色谱鉴定无干扰峰。

(2)标准气:用微量注射器准确抽取一定量的正己烷(20℃时,1μL 正己烷为 0.6603mg),注入 100ml 注射器中,用清洁空气稀释至 100ml,配成标准气。临用前配制。

2.仪器准备

(1)气密性进样针 1 支:1ml。

(2)填充柱:2m×4mm,80～100 目玻璃微球。

(3)气相色谱仪:配有 FID 检测器。

(4)100ml 注射器 6 根。

3. 气体准备

（1）载气：高纯氮气（99.999％）。

（2）燃烧气：高纯氢气（99.99％）或高纯氢气发生器。

（3）助燃气：空气发生器。

上述气体均用气体净化器净化。

【实验内容】

1. 将采过样的活性炭管放入热解吸器中，抽气端与载气连接，进气端与100ml注射器连接。以氮气作载气，流量为50ml/min，在350℃（用于非甲烷总烃）下解吸至100ml。注射器水平放置，供测定。若解吸气中浓度超过测定范围，用清洁空气稀释后测定，计算时乘以稀释倍数。

2. 设置气相色谱条件。柱箱温度：110℃。进样口温度：150℃。检测器温度：160℃。柱流量：35ml/min。尾吹气流量：30ml/min。氢气流量：40ml/min。空气流量：400ml/min。

3. 标准曲线的绘制：用清洁空气稀释标准气为0.0mg/ml、0.10mg/ml、0.20mg/ml、0.40mg/ml、0.80mg/ml、1.0mg/ml标准系列。参照仪器操作条件，将气相色谱仪调节至最佳测定状态，通过定量环进样1.0ml，分别测定各标准系列。

4. 取制备好的试样1.0ml和空白样1.0ml，通过定量环逐次注射到气相色谱仪中，目标组分经色谱柱分离后，由FID进行检测。

5. 实验结束后应关闭氢气发生器，待氢气流量为0、氢火焰熄灭后关空气发生器，氮气、关排风、退出工作软件，等温度下降至100℃以下后关闭主机电源、关闭电脑，填写仪器使用记录。

【实验流程图】

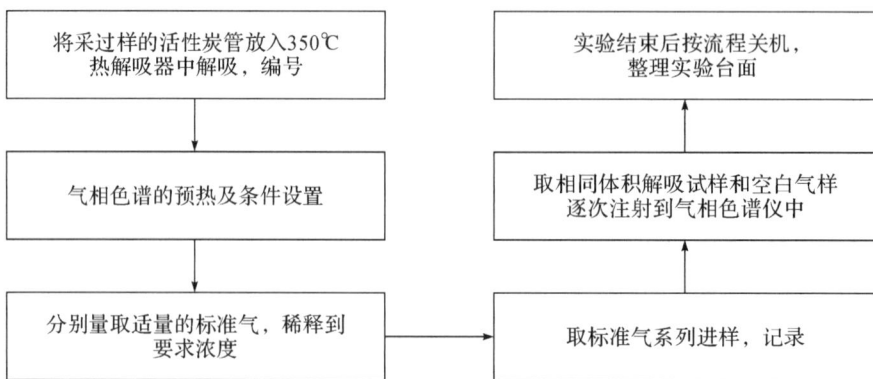

【仪器使用示意图】

见图 6-13 和图 6-14。

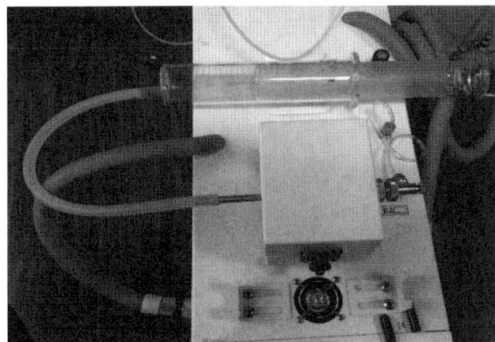

图 6-13 活性炭采样管热解吸

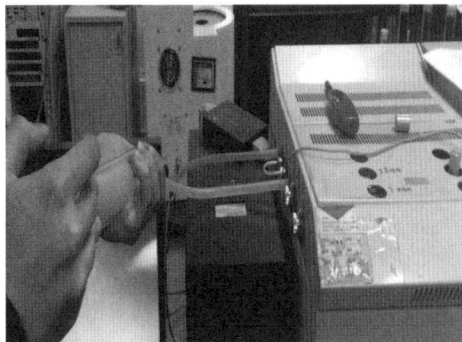

图 6-14 样品六通阀进样

【实验注意事项】

1. 每分析一批样品,必须测定一次吸附管活性炭的解吸效率。

2. 应将收集总烃解吸气的注射器置 40℃恒温箱中保温,以防止器壁吸附总烃。

【实验安全】

1. 玻璃注射器易碎:做样品时应轻拿轻放。

2. 易燃气体泄漏(氢气):实验前对氢气管路进行检漏;实验室配备起火相关的应急措施。

3. 高温烫伤(进样口、柱箱及检测器高温):在实验进行中禁止将身体各部位长时间放在高温仪器部件上;实验室配备烫伤相关的应急措施。

【思考题】

如何测定吸附管的解吸效率?

实验记录

非甲烷总烃检验记录表

样品名称			
检测方法依据		检验日期	
仪器名称及编号		样品前处理	
进样口温度/℃		柱温/℃	
检测器温度/℃		柱前压	

续表

标准系列序号：   1   2   3   4   5

总烃标准浓度（μmol/mol）：

总烃峰面积：

甲烷标准浓度（μmol/mol）：

甲烷峰面积：

计算总烃和甲烷回归方程	总烃回归方程： 甲烷回归方程：		
样品序号	1	2	3
总烃峰面积			
氧峰面积			
甲烷峰面积			
总烃浓度			
甲烷浓度			
非甲烷总烃浓度			

（1）样品中总烃或甲烷质量浓度计算公式：

$$\rho = \varphi \times \frac{16}{22.4} \times D$$

式中：ρ——样品中总烃或甲烷质量浓度，mg/m³；

       φ——从质量曲线上获得的样品中总烃或甲烷的浓度（总烃计算时扣除氧峰面积），μmol/mol；

       D——样品的稀释倍数。

（2）样品中非甲烷总烃浓度计算公式：

$$\rho_{NMHC} = (\rho_{THC} - \rho_{M}) \times \frac{12}{16}$$

     ρ_{NMHC}——样品中非甲烷总烃的质量浓度（以碳计），mg/m³；

     ρ_{THC}——样品中总烃的质量浓度（以甲烷计），mg/m³；

     ρ_{M}——样品中甲烷的质量浓度（以甲烷计），mg/m³。

实验评分标准

序号	考核项目	考核内容	分值	分配	评分标准	扣分
1	样品采集	采样器连接	15	5	正确连接采样器顺序	
		采样检漏		5	正确使用检漏方法	
		采样操作		5	正确设置采样时间和采样流量，采样过程中流量稳定	

续表

序号	考核项目	考核内容	分值	分配	评分标准	扣分
2	操作过程	色谱条件的选择	40	5	正确选择色谱柱选择	
				5	正确设置进样口温度、检测器温度	
				5	正确设置氢气、空气流速	
				5	正确设置柱温、载气流速	
				5	正确设置样品信息	
		检验操作		5	正确取样	
				5	正确进样	
				5	正确关机	
3	实验数据处理	标准曲线的绘制	15	5	正确绘制标准曲线,回归方程中参数数字修约正确	
		原始记录		5	正确使用计量单位,数据没有空项,数据没有涂改	
		样品结果计算		5	样品结果计算正确	
4	测定结果	标准曲线线性	15	5	相关系数 $\gamma \geqslant 0.995$	
		测定结果准确度		5	$\|RE\| \leqslant 10\%$	
		测定结果精密度		5	相对偏差 $\leqslant 15\%$	
5	结束工作	整理	10	5	清洗、整理实验用仪器和台面	
		文明操作		5	无器皿破损、无仪器损坏	
6	实验时间		5	5	在规定时间内完成	

能力拓展二　固定污染源排气中颗粒物测定
（普通型采样管法）

【项目所需时间】

4 学时。

【实验原理】

本方法适用于工况比较稳定的污染物采样,尤其是在烟道气流速度低、高温、高湿、高粉尘浓度的情况下,均有较好的适应性,并可配用惯性尘粒分级仪测量颗粒物的粒径分级组成。

采样前测出各采样点处的排气温度、压力、水分含量和气流速度等参数,结合所选用的采样嘴直径,计算出等速采样条件下各采样点所需的采样流量,然后按该流量在各点采样。

根据采样管滤筒上捕集到的颗粒物量和同时抽取的气体量,计算出排气中颗粒物浓度。

环节一 采样前准备

【实验目的】

掌握采样前排气参数的测定。

【实验时间】

90min。

【实验准备】

仪器准备:
(1)水银玻璃温度计。
(2)干湿球测水装置。
(3)测氧仪。
(4)流速测定仪。

【实验内容】

1.选择采样位置,开设采样孔。
2.确定采样点和采样数目。
3.将温度计插入烟道中测点处,封闭测孔,待温度计读数稳定后读数。
4.用干湿球测水装置获得烟气含湿量。
5.用测氧仪测定排气中 CO、CO_2、O_2 等气体成分。
6.计算排气密度和气体分子量。
7.用流速测定仪测定排气流速、流量。

【实验流程图】

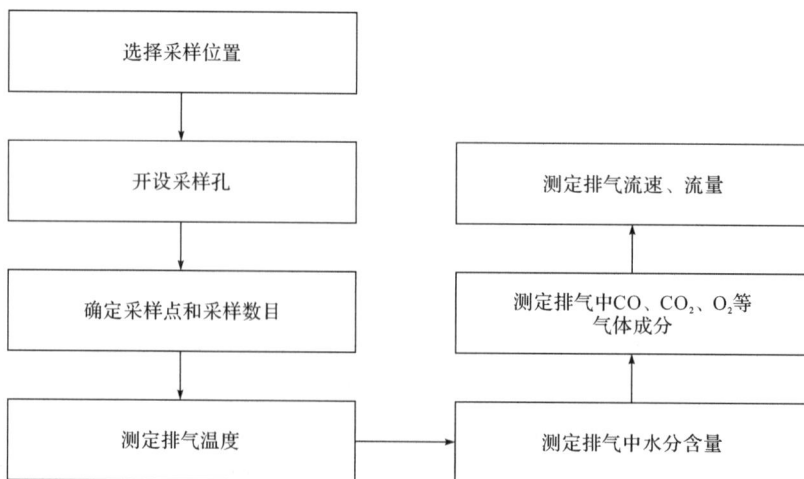

【仪器使用示意图】

见图 6-13 和图 6-14。

图 6-13　烟尘采样图　　　　图 6-14　组合 S 型皮托管

【实验注意事项】

1. 进行排气参数测定时,打开采样孔后应仔细清除采样孔短接管内的积灰,再插入测量仪器,并严密堵住采样孔周围缝隙以防止漏气。

2. 排气温度测定时,应将温度计的测定端插入管道中心位置,待温度指示值稳定后读数,不允许将温度计抽出管道外读数。

3. 排气水分含量测定时,采样管前端应装有颗粒物过滤器,采样管应有加热保温措施。应对系统的气密性进行检查。对于直径较大的烟道,应将采样管尽量深地插入烟道,减少采样管外露部分,以防水汽在采样管中冷凝,造成测定结果偏低。

【思考题】

测定排气温度时,为什么不允许将温度计抽出管道外读数?

环节二　排气中颗粒物的测定

【实验目的】

掌握排气中颗粒物的测定步骤。

【实验时间】

90min。

【实验准备】

仪器准备：

(1)普通型采样管采样装置。

(2)温度计。

(3)气压计。

(4)天平。

(5)烘箱或高温箱。

(6)干燥箱。

(7)镊子。

【实验内容】

1. 可根据实验目的和要求,确定采样频次和采样时间。

2. 用铅笔将滤筒编号,在 $105\sim110℃$ 烘箱中烘烤 1h,取出放入干燥器中冷却至室温,用天平称重至 0.1mg,两次重量之差应不超过 0.5mg。

3. 检查所有的测试仪器功能是否正常,干燥器中的硅胶是否失效。

4. 检查系统是否漏气,如发现漏气,应再分段检查,堵漏,直到合格。

5. 记下滤筒编号,将滤筒装入采样管,用滤筒压盖或滤筒托,将滤筒进口压紧。

6. 检漏后,打开采样孔,清除孔中的积灰。

7. 装上所选定的采样嘴,开动抽气泵调整流量至第一个采样点所需的等速采样流量,关闭抽气泵,记下累积流量计初读数。

8. 按顺序测定排气温度、水分含量、静压和各采样点的气体动压,测定时应封闭采样孔。

9. 装上选定的采样嘴。

10. 将采样管插入烟道中第一采样点处,封闭采样孔,采样嘴对准气流方向,开动抽气泵,并迅速调整流量到第一个采样点的采样流量。

11. 第一采样点采样后,立即将采样管按顺序移到第二个采样点,同时调节流量至第二个采样点所需的等速采样流量,依此类推按顺序在各点采样。

12. 采样结束后,关闭抽气泵,小心地从烟道取出采样管,注意不要倒置,记录累积流量计终读数。

13. 用镊子将滤筒取出,轻轻敲打前弯管,并用细毛刷将附着在前弯管内的尘粒刷到滤筒中,将滤筒用纸包好,放入专用盒中保存。

14. 采样后,滤筒放入 105℃ 烘箱中烤 1h,取出置于干燥器中,冷却至室温,天平称量至恒重。

15. 采样前后滤筒重量之差,就是采集的颗粒物量。

【实验流程图】

```
┌─────────────────────────┐        ┌─────────────────────────────┐
│  确定采样频次和采样时间    │        │  滤筒烘烤1 h后，置于干燥器，    │
│                         │        │  冷却至室温，称重恒量          │
└───────────┬─────────────┘        └──────────────┬──────────────┘
            │                                     ↑
            ↓                                     │
┌─────────────────────────┐        ┌─────────────────────────────┐
│    滤筒处理和称重          │        │  采样结束，取出采样管，用镊子   │
│                         │        │  取滤筒，包好保存于专用盒       │
└───────────┬─────────────┘        └──────────────┬──────────────┘
            │                                     ↑
            ↓                                     │
┌─────────────────────────┐        ┌─────────────────────────────┐
│  采样管装入已记下编号的滤筒 │        │  依此类推，按顺序在各点采样     │
└───────────┬─────────────┘        └──────────────┬──────────────┘
            │                                     ↑
            ↓                                     │
┌─────────────────────────┐        ┌─────────────────────────────┐
│       检查漏气           │        │  按顺序移到第二个采样点，调节流量 │
│                         │        │  至该点所需采样流量            │
└───────────┬─────────────┘        └──────────────┬──────────────┘
            │                                     ↑
            ↓                                     │
┌─────────────────────────┐        ┌─────────────────────────────┐
│   确定采样点数和位置       │        │  开动抽气泵，迅速调整流量到第一个 │
│                         │        │  采样点的采样流量             │
└───────────┬─────────────┘        └──────────────┬──────────────┘
            │                                     ↑
            ↓                                     │
┌─────────────────────────┐        ┌─────────────────────────────┐
│   打开采样孔，清除积灰     │        │  插入第一采样点，封闭采样孔，   │
│                         │        │  采样嘴对准气流方向           │
└───────────┬─────────────┘        └──────────────┬──────────────┘
            │                                     ↑
            ↓                                     │
┌─────────────────────────┐        ┌─────────────────────────────┐
│  封闭采样孔，测定排气温度、水分 │──→ │        装上采样嘴             │
│  含量、静压和气体动压      │        │                             │
└─────────────────────────┘        └─────────────────────────────┘
```

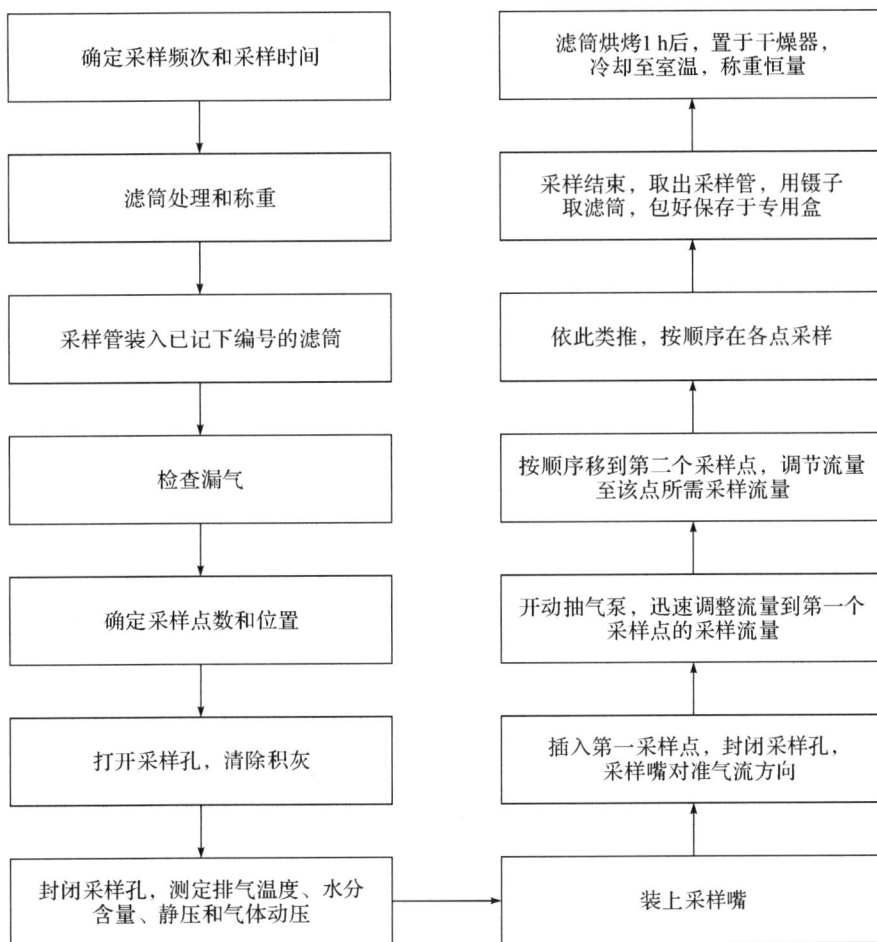

【实验注意事项】

1. 当滤筒在 400℃ 以上高温排气中使用时，为了减少滤筒本身减重，应预先在 400℃ 高温箱中烘烤 1 h，然后放入干燥器中冷却至室温，称量至恒重，放入专用的容器中保存。

2. 滤筒在安放和取出采样管时，须使用镊子，不得直接用手接触，避免损坏和沾污，若不慎有脱落的滤筒碎屑，须收齐放入滤筒中；滤筒安放要压紧固定，防止漏气；采样结束，从管道抽出采样管时不得倒置，取出滤筒后，轻轻敲打前弯管并用毛刷将附在管内的尘粒刷入滤筒中，将滤筒上口内折封好，放入专用容器中保存，注意在运送过程中切不可倒置。

3. 采样时，采样嘴应先背向气流方向插入管道，采样时采样嘴必须对准气流方向，偏差不得超过 10°。采样结束，应先将采样嘴背向气流，迅速抽出管道，防止管道负压将尘粒倒吸。

4. 采样期间，由于颗粒物在滤筒上逐渐聚集，阻力会逐渐增加，需随时调节控制阀以保持等速采样流量，并记下流量计前的温度、压力和该点的采样延续时间。

5. 采样点采样时间视颗粒物浓度而定,原则上每点采样时间应不少于 3min。各点采样时间应相等。每次至少采取三个样品,取其平均值。

6. 用手动采样仪采样过程中,要经常检查和调整流量,普通型采样管法采样前后应重复测定废气流速,当采样前后流速变化大于 20％时,样品作废,重新采样。

【实验安全】

1. 交通安全:在路途中遵守交通规则,不能打闹。

2. 采样现场安全:应有纪律、有秩序完成实验,注意现场危险因素。

3. 蒸气烫伤(烘箱、高温箱):学生在打开烘箱或高温箱时应带棉质手套;实验室配备烫伤相关的应急措施。

【思考题】

如何用天平称重滤筒至恒量?

实验记录
排气参数现场测试记录表

项目名称				
测试仪器名称及编号				
测试日期		测试位置		
管道尺寸		现场环境	温度: ℃,湿度: %,气压: kPa	
工艺设备名称及型号		排气筒高度	m	
净化器名称及型号		废气	温度: ℃,静压: Pa,全压: Pa	
测试项目				

采样孔、滤筒编号	测点编号	动压/Pa 微压计读数	动压/Pa H_2O(mm)	采样嘴直径/mm	等速采样流量/(L·min^{-1})

固定污染源颗粒物检测记录表

项目名称								
仪器名称及编号								
采样日期					检验日期			
分析项目					样品性质			
分析方法及来源					实验环境		温度: ℃, 湿度: %, 气压: kPa	

样品编号	容器编号	取样体积/L	称重(恒重)/g				样品重量/g	样品浓度/(mg·m⁻³)	平均浓度/(mg·m⁻³)
			滤筒＋样品	平均值	滤筒	平均值			

计算公式:

$$c = \frac{G \times 10^6}{V_{nd}}$$

$$G = g_2 - g_1$$

式中:c——烟气中烟尘浓度,mg/m³ 干烟气;

   G——采样所得的烟尘量,g;

   g_1——滤筒初重,g;

   g_2——滤筒终重,g;

   V_{nd}——标态采气总体积,干烟气。

实验评分标准

序号	考核项目	考核内容	分值	分配	评分标准	扣分
1	采样准备	滤膜准备	10	5	正确选择滤膜,正确编号	
		采样器流量校正		5	正确进行流量的校正	
2	样品采集	排气中颗粒物采集	35	5	采样点数量和位置的确定	
				5	排气动、静压的测定	
				5	排气温度的测定	
				5	排气湿度的测定	
				5	采样嘴的选择	
				5	采样开始和结束时采样嘴的方向	
				5	正确移动采样	
3	称量	分析天平称量准备	20	5	正确检查天平水平,正确校准天平	
		滤膜干燥		5	干燥时间正确	
		分析天平操作		5	正确称量药品,称量在规定时间内完成,读数时关门读数,读数及记录正确	
		称量后处理		5	正确清洁天平,做仪器使用记录	
4	实验数据结果	原始记录	25	10	正确使用计量单位,数据没有空项,数据没有涂改	
		样品结果计算		10	样品结果计算正确	
		有效数字		5	正确保留有效数字	
5	结束工作	整理	10	5	清洗、整理实验用仪器和台面	
		文明操作		5	无器皿破损、无仪器损坏	

项目七

噪声监测

任务一　噪声及其物理量度

一　声音与噪声

声音的本质是波动。受作用的空气发生振动,当震动频率在 $20\sim20000\,\mathrm{Hz}$ 时,作用于人的耳鼓膜而产生的感觉称为声音。高于 $20000\,\mathrm{Hz}$,称为超声,低于 $20\,\mathrm{Hz}$,称为次声。超声和次声对人耳不能引起声音感觉。声源可以是固体、也可以是流体(液体和气体)的振动。声音的传媒介质有空气、水和固体,它们分别称为空气声、水声和固体声,人所接触最频繁的是空气声。

人类生活在一个声音的环境中,通过声音进行交谈、表达思想感情以及开展各种活动。但有些声音也会给人类带来危害,例如震耳欲聋的机器声,呼啸而过的飞机声等。这些为人们生活和工作所不需要的声音叫噪声,从物理现象判断,一切无规律的或随机的声信号叫噪声。噪声的判断还与人们的主观感觉和心理因素有关,即一切不希望存在的干扰声都叫噪声,例如,在某些时候,某些情绪条件下音乐也可能是噪声。

噪声干扰人们的工作和休息,强噪声会使人们听力损失,过强噪声还能杀伤人体。

目前环境噪声主要来源于:

(1)交通噪声,包括汽车、火车、飞机等所产生的噪声;

(2)工厂噪声,如各类机器、动力源所产生的噪声;

(3)建筑施工噪声,如打桩机、挖土机和混凝土搅拌机等所发出的声音;

(4)社会生活噪声,如高音喇叭、人群中发出的尖叫声音等。

二　声音的物理特性

(1)频率:声源在单位时间内振动的次数,以 f 表示,单位为 Hz。

(2)周期:声音振动一次所经历的时间,以 T 表示,单位为 s。周期与频率的关系:

$$T = \frac{1}{f}$$

(3)波长:沿声波传播方向,振动一个周期所传播的距离,或在波形上振动完全相同的相邻两点间的距离,记为 λ,单位为 m。

(4)声速:声波每秒在介质中传播的距离,记作 c,单位为 m/s。声速与传播声音的介质和温度有关。常温下,声速约为 345m/s。在空气中,声速(c)和温度(t)的关系可简写为:

$$c = 331.4 + 0.607t$$

频率 f、波长 λ 和声速 c 三者之间的关系是:

$$c = \lambda \cdot f = \frac{\lambda}{T}$$

【例】 波长为 20cm 的声波,在空气、水、钢中的频率分别为多少赫?其周期分别为多少秒?(已知空气中声速 $c=340$m/s,水中声速 $c=1483$m/s,钢中声速 $c=6100$m/s)

解 频率 $f = c/\lambda$;周期 $T = 1/f$

在空气中:$f = c/\lambda = 340/(20/100) = 1700(\text{Hz})$;$T = 1/f = 1/1700(\text{s})$

在水中:$f = c/\lambda = 1483/(20/100) = 741.50(\text{Hz})$;$T = 1/f = 1/741.5(\text{s})$

在钢中:$f = c/\lambda = 6100/(20/100) = 30500(\text{Hz})$;$T = 1/f = 1/30500(\text{s})$

三 声音的量度(声功率、声强和声压)

(1)声功率:是指单位时间内,声波通过垂直于传播方向某指定面积的声能量。在噪声监测中,声功率是指声源总功率。以 W 表示,单位为瓦(W)。

(2)声强:是指单位时间内,声波通过垂直于传播方向单位面积的平均声能量,以 I 表示,单位为 W/m²。

(3)声压:是由于声波振动而引起的空气压强增量。声波在空气中传播时形成压缩和稀疏交替变化,所以压力增值是正负交替的。但通常讲的声压是取均方根值,叫有效声压,故实际上总是正值,以 P 表示,单位 N/m²。对于球面波和平面波,声压与声强的关系是:

$$I = \frac{P^2}{\rho c}$$

式中:ρ——空气密度,如以标准大气压与20℃的空气密度和声速代入,得到 $\rho \cdot c = 408$ 国际单位值,也叫瑞利。称为空气对声波的特性阻抗。

四 分贝、声功率级、声强级和声压级

(一)分贝

人们日常生活中遇到的声音,若以声压值表示,由于变化范围非常大,可以达六个数量级以上,使用不方便。同时由于人体听觉对声信号强弱刺激反应不是线性的,而是成对数比例关系,所以采用分贝来表达声学量值。

所谓分贝是指两个相同的物理量(例 A_1 和 A_0)之比取以 10 为底的对数并乘以 10(或20)。数学表达式为

$$N = 10 \lg \frac{A_1}{A_0}$$

分贝符号为"dB",它是无量纲的。在噪声测量中是很重要的参量。式中 A_0 是基准量(或参考量), A_1 是被量度量。被量度量和基准量之比取对数,这对数值称为被量度量的"级"。亦即用对数标度时,所得到的是比值,它代表被量度量比基准量高出多少"级"。

(二)声功率级

$$L_w = 10 \lg \frac{W}{W_0}$$

式中: L_w——声功率级,dB;

　　　W——声功率,W;

　　　W_0——基准声功率,为 10^{-12} W。

(三)声强级

$$L_I = 10 \lg \frac{I}{I_0}$$

式中: L_I——声压级,dB;

　　　I——声强,W/m^2;

　　　I_0——基准声强,为 10^{-12} W/m^2。

(四)声压级

$$L_P = 10 \lg \frac{P^2}{P_0^2}$$

式中: L_P——声压级,dB;

　　　P——声压,Pa;

　　　P_0——基准声压,为 2×10^{-5} Pa,该值是对 1000Hz 声音人耳刚能听到的最低声压。

五　噪声叠加和相减

(一)噪声的叠加

1. 公式法

声能量是可以代数相加的,设两个声源的声功率分别为 W_1 和 W_2,那么总声功率 $W_{总} = W_1 + W_2$。而两个声源在某点的声强为 I_1 和 I_2 时,叠加后的总声强 $I_{总} = I_1 + I_2$。但声压不能直接相加。

由于

$$I_1 = \frac{P_1^2}{\rho c} \qquad I_2 = \frac{P_2^2}{\rho c}$$

故

$$P_{总} = \sqrt{P_1^2 + P_2^2}$$

又

$$(P_1/P_0)^2 = 10^{L_{P_1}/10}$$

$$(P_2/P_0)^2 = 10^{L_{P_2}/10}$$

故总声压级：

$$L_P = \frac{P_1^2 + P_2^2}{P_0^2}$$

$$= 10\lg(10^{L_{P_1}/10} + 10^{L_{P_2}/10})$$

如 $L_{P1} = L_{P2}$，即两个声源的声压级相等，则总声压级：

$$L_P = L_{P_1} + 10\lg 2$$

$$\approx L_{P_1} + 3(\text{dB})$$

也就是说，作用于某一点的两个声源声压级相等，其合成的总声压级比一个声源的声压级增加 3dB。

2. 图表法

当声压级不相等时，按上式计算较麻烦。可以利用图 7-1 查曲线值来计算。具体步骤为：

(1)两个声压级 $L_{P1} > L_{P2}$，求出两个声压级的 $L_{P1} - L_{P2}$ 值；

(2)按图 7-1 或表 7-1 中查出相应的增值 ΔL_P；

(3)把增值 ΔL_P 与两个声压级中较大的 L_{P1} 相加，可得 L_{P1} 与 L_{P2} 叠加后的声压级，即总声压级 $L_{P总} = L_P + \Delta L_P$；

(4)按照上述步骤，将各个声源的声压级两两进行叠加，即可求出总声压级。

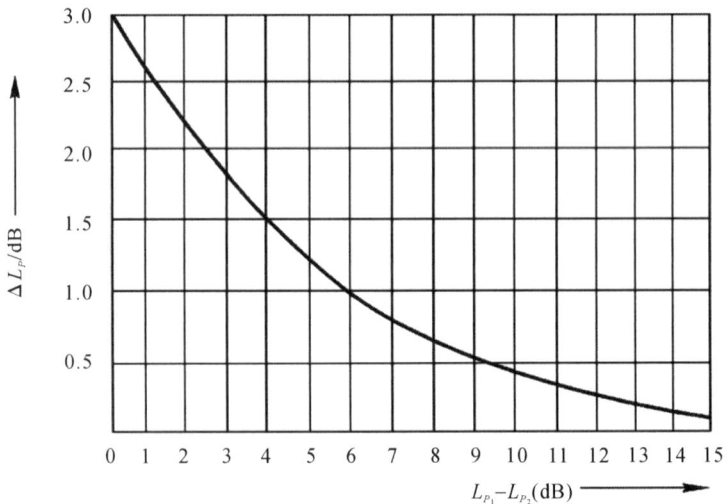

图 7-1 不同声压级叠加分贝增值图

表 7-1 两个不同声压级叠加分贝增值

两声压级差 $L_{P1} - L_{P2}$/dB	0	1	2	3	4	5	6	7	8	9	10	11	12	13	14
声压级增值 ΔL_P/dB	3.0	2.5	2.1	1.8	1.5	1.2	1.0	0.8	0.6	0.5	0.4	0.3	0.2	0.2	0.1

【例】 车间内有 4 个声压级分别为 80dB、83dB、91dB、84dB 的声源,利用公式法和图表法计算总声压级为多少?

解 公式法:将 $L_{P1}=80dB$、$L_{P2}=83dB$、$L_{P3}=91dB$、$L_{P4}=84dB$ 代入公式得:

$$L_{P总}=10\lg(10^{80/10}+10^{83/10}+10^{91/10}+10^{84/10})$$
$$=92.6(dB)$$

图表法:对四个声源的声压级进行叠加,得:

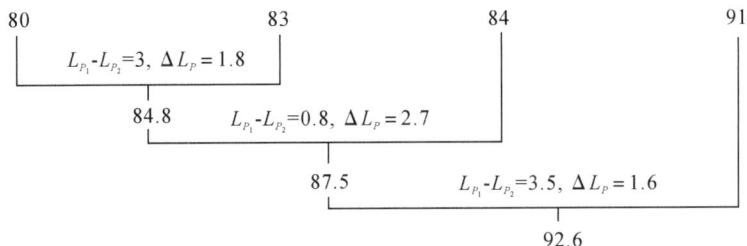

由例题的计算结果可以看出,在使用公式法或图表法对声压进行叠加时,两者结果相同。

两个声压级相差为 0 的声音(即两个相同声级相加)增值最大,在单个声压级的基础上增加 3dB。

(二)噪声级相减

噪声测量中经常碰到如何扣除背景噪声问题,这就是噪声相减的问题。可以利用公式法或背景噪声修正曲线值(图 7-2)来计算。

根据能量叠加法,可以导出声压级减法的计算公式:

$$L_{P2}=10\lg(10^{\frac{L_{PT}}{10}}-10^{\frac{L_{P1}}{10}})$$

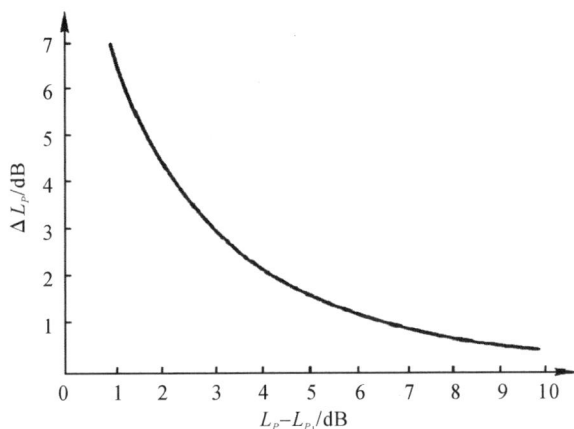

图 7-2 背景噪声修正曲线

【例】 为测定某车间中一台机器的噪声大小,从声级计上测得声级为 104dB,当机器停止工作,测得背景噪声为 100dB,求该机器噪声的实际大小。

解 已知 $L_{PT}=104dB$,$L_{P1}=100dB$,则机器产生的噪声为:

$$L_{P_2}=10\lg(10^{\frac{L_{PT}}{10}}-10^{\frac{L_{P_1}}{10}})=101.8\text{dB}$$

同样,该题也可用图表法来进行求解,由题可知 104dB 是指机器噪声和背景噪声之和(L_P),而背景噪声是 100dB(L_{P1}),则 $L_{PT}=104-100=4$,从图 7-2 中可查得相应 $\Delta L_P=$2.2dB,因此该机器的实际噪声声级 $L_{P2}=L_{PT}-\Delta L_P=101.8\text{dB}$。

六 响度和响度级

(一)响度(N)

噪声对人体的危害与影响,包括客观的物理量声波和主观的感觉两个方面,而且与频率有关。一般说来,两个声压级相同而频率不同的声音听起来是不一样响的。

响度是人耳判别声音由轻到响的强度等级的量。它不仅取决于声音的强度(如声压级),还与它的频率与波形有关。响度用 N 表示,其单位是"宋",1 宋的定义为声压级为40dB,频率为 1000Hz,且来自听者正前方的平面性波强度。如果另一个声音听起来比这个声音大 n 倍,则这个声音的响度为 n 宋。

(二)响度级(L_N)

给定一个声音,若其听起来与 1000Hz 的纯音一样响,那么就把这个纯音的声压级数值称为这个声音的响度级,用 L_N 表示,单位是方(phon)。

如果某噪声听起来与声压级为 80dB、频率为 1000Hz 的纯音一样响,则该噪声的响度级就是 80 方。

利用与基准声音比较的方法,可以得到人耳听觉频率范围内一系列响度相等的声压级与频率的关系曲线,即等响曲线(图 7-3)。从图 7-3 中可以明确地看到频率、声压级与响度之间的关系。

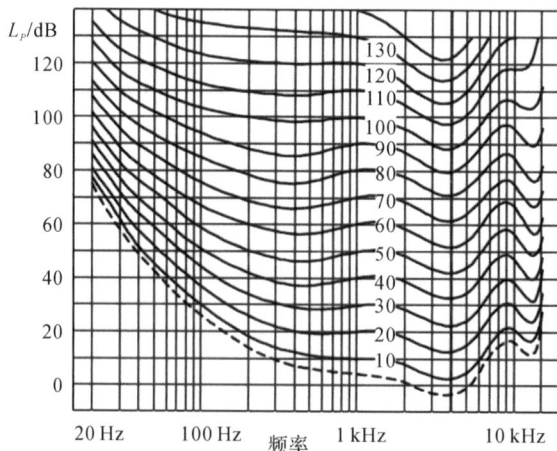

图 7-3 等响曲线

图 7-3 中同一曲线上不同频率的声音,听起来感觉一样响,而声压级是不同的。在1000Hz 线上,声压级每变化 10dB,响度改变了 10 方。当频率低于 50Hz 时,响度也开始明

显下降,而在 800～1000Hz 范围内则普遍处于一个相对比较稳定的状态。从曲线形状可知,人耳对 1000～4000Hz 的声音最敏感。对低于或高于这一频率范围的声音,灵敏度随频率的降低或升高而下降。例如,一个声压级为 80dB 的 20Hz 纯音,它的响度级只有 20 方,因为它与 20dB 的 1000Hz 纯音位于同一条曲线上,同理,与它们一样响的 1 万赫纯音声压级为 30dB。

(三)响度与响度级的关系

根据大量实验得到,当响度在 20～120 方的范围内时,响度级每改变 10 方,响度加倍或减半。例如,响度级为 30 方时,响度为 0.5 宋;响度级为 40 方时,响度为 1 宋;响度级为 50 方时响度为 2 宋,以此类推。它们的关系可用下列数学式表示:

$$N = 2^{\left(\dfrac{L_N - 40}{10}\right)}$$

或

$$L_N = 40 + 33 \lg N$$

响度级的合成不能直接相加,而响度可以相加。例如:两个不同频率而具有 60 方的声音,合成后的响度级不是 120 方,而是先将响度级换算成响度进行合成,然后再换算成响度级。比如,两个响度分别为 50 方和 70 方的声音,其响度为:$N_1 = 2$ 宋,$N_2 = 8$ 宋,$N_总 = N_1 + N_2 = 10$ 宋。对应于 10 宋的响度级,而不是 50＋70＝120 方。

七　计权声级

通常,实际声源发射的声音几乎都包含非常广的频率范围,能引起人听觉的频率范围是一定的(20～2000Hz),而且人的听觉又与声压有关。为了能使噪声测量仪器模拟人耳听觉对声音频率响应的特性,有关人员在噪声测量仪器——声级计中设计了一种特殊滤波器,对某些频率进行衰减,这种特殊滤波器叫计权网络。通过计权网络测得的声压级,已不再是客观物理量的声压级,而叫计权声压级或计权声级,简称声级。通用的有 A、B、C 和 D 计权网络,它们测出的值通常称为 A 声级、B 声级、C 声级、D 声级。

计权网络的频率响应特性见图 7-4。其中 A 计权网络对应于倒置的 40 方等响曲线,对低频有较大衰减,模拟人耳对 55dB 以下低强度噪声的频率特性;B 计权网络对应于倒置的

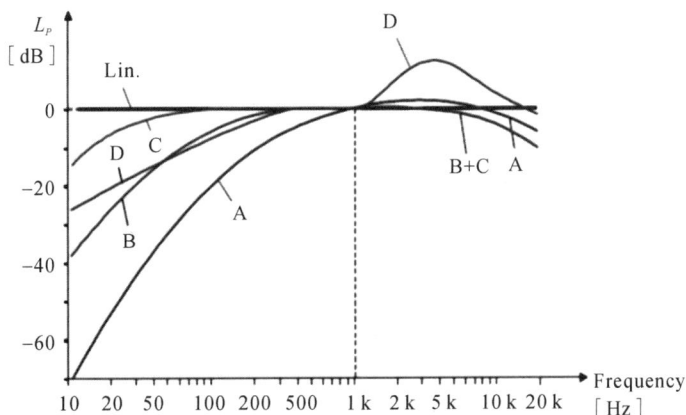

图 7-4　A、B、C、D 计权特性曲线

70 方等响曲线,模拟 55dB 到 85dB 的中等强度噪声的频率特性;C 计权网络对应于倒置的 100 方等响曲线,对各种频率的声音基本上不衰减,模拟高强度噪声的频率特性;D 计权网络是对噪声参量的模拟,专用于飞机噪声的测量。

随着对噪声评价工作的研究和发展,人们发现用 A 计权声级来评价噪声对人的危害和干扰有着良好的结果,故现在大多采用 A 计权声级。

在噪声测量中,必须注明所用的计权声级,比如 85dB(A) 或 85dBA。

八 等效连续声级、噪声污染级和昼夜等效声级

(一)等效连续声级

由于 A 计权声级以等响曲线为基准,将人耳对噪声的主观感觉与客观量度较好地结合起来,评价连续的稳态噪声与人的感觉相吻合,因而得到了广泛应用。对非稳态噪声,如交通噪声,随车流量呈现起伏或不连续变化,用计权声级只能测出某一时刻的噪声值,即瞬时值,若简单地用一个 A 计权声级就不合适了。因此提出了一个用噪声能量按时间平均方法来评价噪声对人的影响,即等效连续声级,符号 "L_{eq}" 或 "$L_{Aeq \cdot T}$",其中 T 表示规定测量时间,它是用一个相同时间内声能与之相等的连续稳定的 A 声级来表示该段时间内噪声的大小的。例如,有两台声级同为 85dB 的机器,第一台连续工作 8h,第二台间歇工作,其有效工作时间之和为 4h。显然作用于操作工人的平均能量是前者比后者大一倍。因此,等效连续声级反映在声级不稳定的情况下,人实际所接受的噪声能量的大小,是一个用来表达随时间变化的噪声的等效量。

$$L_{AeqT} = \lg\left[\frac{1}{T}\int_0^T 10^{0.1L_{PA}}\,\mathrm{d}t\right]$$

式中:L_{PA}——某时刻 t 的瞬时 A 声级,dB;

　　　T——规定的测量时间,s。

当测量是采样测量,且采样的时间间隔一定时,则上式可表示为

$$L_{AeqT} = 10\lg\left[\frac{1}{n}\sum_{i=1}^n 10^{0.1L_{PA}}\right]$$

式中:n——在规定的时间 T 内采样的总数,$n = \dfrac{T}{\Delta t}$;

　　　Δt——采样测量的时间间隔,s;

　　　L_{PA}——第 i 次测量的 A 声级,dB。

由于环境噪声标准中都用 A 声级,故如不加说明,则等效连续 A 声级常简单地用符号 L_{eq} 表示。

如果数据符合正态分布,其累积分布在正态概率纸上为一直线,则可用下面近似公式计算:

$$L_{AeqT} \approx L_{50} + d^2/60, \quad d = L_{10} - L_{90}$$

其中 L_{10}、L_{50}、L_{90} 为累积百分声级,其定义是:

L_{10}——测定时间内 10% 的时间超过的噪声级,相当于在规定时间内噪声的平均峰值;

L_{50}——测定时间内 50% 的时间超过的噪声级,相当于在规定时间内噪声的平均值;

L_{90}——测定时间内 90% 的时间超过的噪声级,相当于在规定时间内噪声的背景值。

累积百分声级 L_{10}、L_{50} 和 L_{90} 的计算方法有两种:其一是在正态概率纸上画出累积分布曲线,然后从图中求得;另一种简便的方法是将测定的一组数据(例如 100 个),将数从大到小排列,第 10 个数据即为 L_{10},第 50 个数据为 L_{50},第 90 个数据即为 L_{90}。

(二)噪声污染级

许多非稳态噪声,其涨落所引起人的烦恼程度比等能量的稳定噪声要大,而且与噪声暴露的变化率和平均强度有关。因此,在等效连续声级的基础上加上一项表示噪声变化幅度的量,更能反映实际污染程度。通常用这种噪声污染级评价航空或道路的交通噪声比较恰当,故噪声污染级 L_{NP} 表示为

$$L_{NP} = L_{eq} + K\sigma$$

式中:K——常数,对交通和飞机噪声取值 2.56;

σ——测定过程中瞬时声级的标准偏差:

$$\sigma = \sqrt{\frac{1}{n+1} \sum_{i=1}^{n} (L_{pi} - L_{pli})^2}$$

式中:L_{pli}——测得第 i 个瞬时 A 声级;

L_{pl}——所测声级的算术平均值;

n——测得总数。

对许多重要的公共噪声,噪声污染级也可写成

$$L_{NP} = L_{eq} + d \quad 或$$

$$L_{NP} = L_{50} + \frac{d^2}{60} + d$$

式中:$d = L_{10} - L_{90}$。

(三)昼夜等效声级

考虑到夜间噪声具有更大的烦扰程度,故提出一个新的评价指标——昼夜等效声级(也称日夜平均声级),符号"L_{dn}"。它是表达社会噪声一昼夜间的变化情况,表达式为

$$L_{dn} = 10\lg\left[\frac{16 \times 10^{0.1L_d} + 8 \times 10^{0.1(L_n+10)}}{24}\right]$$

式中:L_d——白天(6:00—22:00)的等效声级;

L_n——夜间(22:00—6:00)的等效噪声。

为了表明夜间噪声对人的干扰更大,故计算夜间等效声级时应加上 10dB 的计权。

为了表征噪声的物理量和主观听觉的关系,除了上述评价指标外,还有语言干扰级(SIL)、感觉噪声级(PNL)、交通噪声指数(TN_1)和噪声次数指数(NN_1)等。

【例】　某城市全市白天平均等效级为 56dB,夜间全市平均等效声级为 46dB,问全市昼夜平均等效声级为多少?

　解　$L_{dn} = 10\lg[(16 \times 10^{0.1 \times 56} + 8 \times 10^{0.1(46+10)})/24]$

　　　　$= 56.0(dB)$

九 噪声的频谱分析

一般声源所发出的声音,不会是单一频率的纯音,而是由许许多多不同频率、不同强度的纯音组合而成的。将噪声的强度(声压级)按频率顺序展开,使噪声的强度成为频率的函数,并考查其波形,叫作噪声的频率分析(或频谱分析)。研究噪声的频谱分析很重要,它能深入了解噪声声源的特性,帮助寻找主要的噪声污染源,并为噪声控制提供依据。

频谱分析的方法是使噪声信号通过一定带宽的滤波器,通带越窄,频率展开越详细;反之通带越宽,展开越粗略。以频率为横坐标,相应的强度(例声压级)为纵坐标作图。经过滤波后各通带对应的声压级的包络线(即轮廓)叫噪声谱。

滤波器有等带宽滤波器、等百分比带宽滤波器和等比带宽滤波器。等带宽滤波器是指任何频段上的滤波,通带都是固定的频率间隔,即含有相等的频率数。等百分比带宽滤波器具有固定的中心频率百分数间隔,故它所含的频率数随滤波通带的频率升高而增加。例如,等百分比为3%的滤波器,100 Hz的通带为100 ± 3 Hz,1000 Hz的通带为1000 ± 30 Hz,而10000 Hz的通带为10000 ± 300 Hz。

噪声监测中所用的滤波器是等比带宽滤波器,它是指滤波器的上、下截止频率(f_2和f_1)之比以2为底的对数为某一常数,常用的有1倍频程滤波器和1/3倍频程滤波器等。它们的具体定义是:

1倍频程: $$\log_2 \frac{f_2}{f_1} = 1$$

1/3倍频程: $$\log_2 \frac{f_2}{f_1} = \frac{1}{3}$$

其通式为: $$f_2 / f_1 = 2^n$$

1倍频程常简称为倍频程,在音乐上称为一个八度,是最常用的。表7-2列出了1倍频程滤波器最常用的中心频率值(f_m)以及上、下截止频率。这是经国际标准化认定并作为各国滤波器产品的标准值。

表 7-2 常用 1 倍频程滤波器的中心频率和截止频率

中心频率 f_m/Hz	上截止频率 f_2/Hz	下截止频率 f_1/Hz	中心频率 f_m/Hz	上截止频率 f_2/Hz	下截止频率 f_1/Hz
31.5	44.5473	22.2737	1000	1414.20	707.100
63	89.0946	44.5473	2000	2828.40	1414.20
125	176.775	88.3875	4000	5656.80	2828.40
250	353.550	176.775	8000	11313.6	5656.80
500	707.100	353.550	16000	22627.2	11313.6

中心频率(f_m)的定义是:

$$f_m = \sqrt{f_2 \cdot f_1}$$

任务二　噪声的测量仪器

噪声测量是噪声强弱的量度,是分析噪声成分、判明主要噪声污染源的重要手段,也是评价噪声影响、控制噪声污染的基础。测量的内容有噪声强度,主要是声场中的声压,其次是测量噪声的特征,即声压的各种频率组成成分。

噪声测量仪器一般是通过测定声场中的声压或声压中的频率分布来测量噪声值的。常用的测量仪器主要有声级计、声频频谱仪、录音机、自动记录仪和实时分析仪等。

一　声级计

声级计也称噪声计,它是用来测量噪声的声压级和计权声级的最基本的测量仪器,适用于环境噪声和各种机器(如风机、空压机、内燃机、电动机)噪声的测量,也可用于建筑声学、电声学的测量。

(一)声级计的分类

声级计按其用途可以分为一般声级计、车辆噪声计、脉冲声级计、积分声级计和噪声剂量计等。声级计按其精度可分为四种类型,见表7-3。

表7-3　声级计精度分类

类型	0型	1型	2型	3型
误差/dB	±0.4	±0.7	±1	±2
用途	在实验室作为标准仪器使用	在实验室作为精密测量使用	现场测量的通用仪器	噪声监测和普及型声级计

(二)声级计工作原理

声级计一般由电容式传声器、前置放大器、衰减器、放大器、频率计权网络以及有效值指示表等组成,声级计工作原理见图7-5。

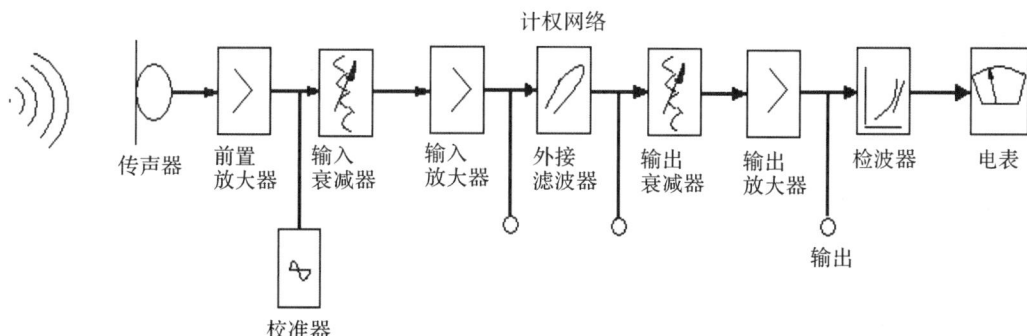

图7-5　声级计工作原理

声级计的工作原理:声压由传声器膜片接收后,将声压信号转换成电信号,经前置放大器做阻抗变换后送到输入衰减器。由于表头指示范围仅有 20dB,而声音变化范围可高达140dB,故必须使用衰减器来衰减信号,再由输入放大器进行定量放大。经放大后的信号由计权网络对信号进行频率计权(或外接滤波器),然后再先经衰减器、再经放大器将信号放大到一定的幅值,输出信号经均方根检波电路(RMS 检波)送出有效值电压,推动电流表,显示所测量的声压级噪声(dB)。

目前,测量噪声用的声级计,表头响应按灵敏度可分为四种。

(1)快:表头时间常数为 125ms,一般用于测量波动较大的不稳态噪声和交通运输噪声等,快挡接近人耳对声音的反应。

(2)慢:表头时间常数为 1000ms,一般用于测量稳态噪声,测得的数值为有效值。

(3)脉冲或脉冲:保持表针上升时间为 35ms,用于测量持续时间较长的脉冲噪声,如冲床、按锤等,测得的数值为最大有效值。

(4)峰值保持:表针上升时间小于 20ms,用于测量持续时间很短的脉冲声,如枪、炮和爆炸声,测得的数值是峰值,即最大值。

声级计可以外接滤波器和记录仪,对噪声做频谱分析。

声级计的示值表头刻度方式,通常采用由 −5(或 −10)到 0,以及 0 到 10,跨度共 15(或20)dB。

二 其他噪声测量仪器

(一)声级频谱仪

频谱仪是测量噪声频谱的仪器,它的基本组成大致与声级计相似。但是频谱分析仪中,设置了完整的计权网络(滤波器)。借助于滤波器的作用,可以将声频范围内的频率分成不同的频带进行测量,测量时只允许某个特定的频带声音通过,此时表头指示的读数是该频带的声压级,而不是总的声压级。根据规定,通常需要使用 10 个频挡,即中心频率为31.5Hz、63Hz、125Hz、250Hz、500Hz、1000Hz、2000Hz、4000Hz、8000Hz、16000Hz。

例如做倍频划分时,若将滤波器置于中心频率为 500Hz,通过频谱分析仪的则是 335～710Hz 噪声的声压级,其他类推。由于频谱分析仪能分别测量噪声中所包含的各种频带的声压级,所以它是进行噪声频谱分析不可缺少的仪器。

(二)录音机

在现场噪声测量中如果没有频谱仪和自动记录仪,可用录音机(磁带记录仪)将噪声消耗记录下来,以便在实验室用适当的仪器对噪声消耗进行分析。选用的录音机必须具有较好的性能,它要求频率范围宽(一般为 20～15000Hz),失真小(小于 3%),信噪比大(35dB以上)。此外,还必须具有较好的频率响应和较宽的动态范围。

(三)自动记录仪

在现场噪声测量中,为了迅速、准确、详细地分析噪声源的特性,常把声级频谱仪与自动记录仪连用。自动记录仪是将噪声频率信号做对数转换,用人造宝石或墨水将噪声的峰值、有效值、平均值表示出来。可根据噪声特性选用适当的笔速、纸速和电位计。

(四)实时分析仪

频谱仪是对噪声信号在一定范围内进行频谱分析,需花费很长的时间,且它只能分析稳态噪声信号,而不能分析瞬时态噪声信号。实时分析仪是一种数字式频线显示仪,它能把测量范围内的输入信号在极短时间内同时反映在显示屏上,通常用于较高要求的研究测量,特别适用于脉冲信号分析。

任务三　噪声监测方法

关于噪声的测量方法,国际标准化组织和各国都有相应的规范,下面简要介绍一下我国在城市区域环境噪声、工业企业噪声、飞机噪声等方面的监测方法。

一　城市区域环境噪声监测

我国《声环境质量标准》(GB 3096—2008)适用于城市区域环境、交通干线噪声的测量。

(一)测量条件

1.测量仪器

城市区域环境测量可采用测量精度>2的积分式声级计及环境噪声自动监测仪器,其性能应符合国际电工委员会标准 TEC(1979)《声级计》中的规定。声级计每年应校验1~2次。

测量的量是一定时间间隔(通常为5秒)的 A 声级瞬时值,动态特性选择慢响应。

2.测量条件

测量时一般应选在无雨、无雪时(特殊情况除外)进行,风速超过5.5m/s时,停止测量。测量时传声器应加风罩以避免风噪声干扰,同时也可保持传声器清洁。四级以上大风应停止测量。

声级计可以手持或固定在三脚架上。传声器离地面高1.2m。放在车内的,要求传声器伸出车外一定距离,尽量避免车体反射的影响,与地面距离仍保持在1.2m左右。如固定在车顶上要加以注明,手持声级计应使人体与传声器距离0.5m以上。

3.测量时间

分为白天(6:00—22:00)和夜间(22:00—6:00)两部分。白天测量一般选在8:00—12:00时或14:00—18:00时,夜间一般选在22:00—5:00时,随地区和季节不同,上述时间可稍做更改。

4. 测点选择

测点选在受影响者的居住或工作建筑物外 1m,传声器高于地面 1.2m 以上的噪声影响敏感处。传声器对准声源方向,附近应没有别的障碍物或反射体,无法避免时应背向反射体,应避免围观人群的干扰。测点附近有什么固定声源或交通噪声干扰时,应加以说明。

(二)测量方法

城市区域环境噪声测量方法主要有网格测量法和定点测量方法两种。

1. 网格测量法

为了解某一类区域或整个城市总体的环境噪声水平、环境噪声污染的时间与空间的分布规律,要进行城市区域环境噪声普查。普查常采用网格测量法。

将要普查测量的城市区域划分成等尺寸的网格(如 500×500)。每个网格中的工厂、道路及非建成区的面积之和不得大于网格面积的 50%,否则视为网格无效。有效网格总数应多于 100 个。测点布在每个网格的中心。若网格中心点不易测量(如为建筑物、厂区内等),应将测点移动到距离中心点最近的可测量位置处。可分别在昼间和夜间进行测量,并在规定的测量时间内,每次每个测点测量 10min 的连续等效 A 声级(L_{Aeq})。

将全部网格中心测点测得的 10min 的连续等效 A 声级做算术平均运算,所得到的平均值代表某一区域或全市的噪声水平。如果所测量的区域仅执行某一类区域环境噪声标准,那么该平均值可用该区适用的环境标准进行评价。噪声污染空间分布将测量到的连续等效 A 声级按 5dB 一挡分级(如 $60\sim65$dB、$65\sim70$dB、$70\sim75$dB)。用不同的颜色或阴影线表示每一挡等效 A 声级,绘制在覆盖测量城市区域的网格上,用于表示城市区域的噪声污染分布情况。

2. 定点测量方法

在标准规定的城市建成区中,优化选取一个或多个能代表某一区域或整个城市建成区环境噪声平均水平的测点,进行长期噪声定点监测,进行 24h 连续监测。测量每小时的 L_{Aeq},以及昼间的 L_{d} 和夜间的 L_{n}。

这个城市区域的环境噪声水平可由下式计算:

$$L = \sum_{i=1}^{n} L_i \cdot \frac{S_i}{S}$$

式中:L_i——第 i 个测点测得的昼间(或夜间)连续等效 A 声级;

S_i——第 i 个测点所代表的区域面积;

S——整个区域或城市的总面积。

将每小时测得的连续等效 A 声级按时间排列,得到 24h 的声级变化图形,用于表示某一区域或城市环境噪声的时间分布规律。

二　城市交通噪声监测

《声学环境噪声的描述、测量与评价 第 2 部分:环境噪声级测定》(GB/T 3222.2—2009)中规定了城市道路交通噪声测量方法。

(一)布点

在每两个交通路口之间的交通线上选择一个测点,测点设在马路边的人行道上,离马路 20cm,这样的点可代表两个路口之间的该段道路的交通噪声(图 7-6)。

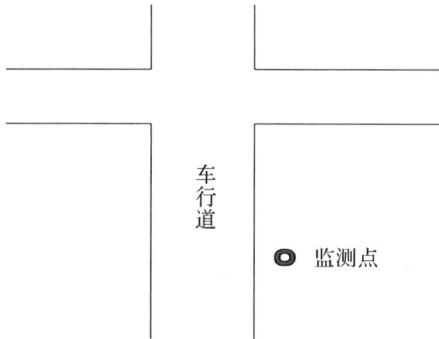

图 7-6　道路交通噪声测点示意

(二)测量

测量时应选在无雨、无雪的天气进行。测量时间同城市区域环境噪声要求一样,一般在白天正常工作时间内进行测量。每隔 5 秒记一个瞬时 A 声级(慢响应),连续记录 200 个数据。测量的同时记录车流量(辆/h)。

(三)数据处理

测量结果一般用统计噪声级和等效连续 A 声级来表示。将每个测点所测得的 200 个数据按从大到小顺序排列,第 20 个数据即为 L_{10},第 100 个数据即为 L_{50},第 180 个数据即为 L_{90}。经验证明城市交通噪声测量值基本符合正态分布,因此,可直接用近似公式计算等效连续 A 声级和标准偏差值。

$$L_{eq} \approx L_{50} + d^2/60, \qquad d = L_{10} - L_{90}$$

对全市的交通干线的噪声进行比较和评价,必须把全市各干线测点对应的 L_{10}、L_{50}、L_{90}、L_{eq} 的各自平均值、最大值和标准偏差列出。平均值的计算公式是:

$$L = \frac{1}{l} \sum_{i=1}^{n} l_i \cdot L_i$$

式中:L——全市道路交通噪声平均值,dB;

L_i——第 i 段道路测得的等效 A 声级 L_{eq} 或累积百分声级 L_5,dB;

l_i——第 i 段道路长,km;

l——全市道路总长。

【例】　在某条道路三个路段测量其交通噪声的等效声级,已知各路段的长度分别为7600m、800m 和 900m,对应路段的声级为 76dB、72dB、67dB,试求整条道路的等效声级。

解　$L = (7600 \times 76 + 800 \times 72 + 900 \times 67)/(7600 + 800 + 900)$

$= 74.8(dB)$

三 工业企业噪声测量方法

(一)车间内噪声测量方法

测点选择的原则是:

(1)若车间内各处 A 声级波动小于 3dB,则只需在车间择 1～3 个测点。

(2)测量时,将传声器放置在操作人员常在位置上,高度约在人耳处(人离开)。若车间内各处声级波动大于 3dB,则应按声级大小将车间分成若干区域,任意两区域的声级应大于或等于 3dB,而每个区域内的声级波动必须小于 3dB,每个区域取 1～3 个测点。这些区域必须包括所有工人为观察或管理生产过程而经常工作、活动的地点和范围。

如为稳态噪声则测量 A 声级,记为 dB(A),如为不稳态噪声,测量等效连续 A 声级或测量不同 A 声级下的暴露时间,计算等效连续 A 声级。测量时使用慢挡,取平均读数。测量时要注意减少环境因素对测量结果的影响,如应注意避免或减少气流、电磁场、温度和湿度等因素对测量结果的影响。

为便于计算,测量的 A 声级的暴露时间必须填入对应的中心声级栏。例如 78～82dBA 的暴露时间填在中心声级 80dBA 处,83～87dBA 的暴露时间填在中心声级 85dBA 处,以此类推。并按 5dB 间隔将声级从小到大排列,用中心声级表示。一个工作日内,将各段声级的总暴露时间统计出来,并填入表中(见表 7-4)。

表 7-4 各段声级暴露时间纪录

分段	1	2	3	4	5	6	7	8
中心声级 L_n/dB	85	90	95	100	105	110	115	120
暴露时间 /min	T_1	T_2	T_3	T_4	T_5	T_6	T_7	T_8

以每个工作日 8h 为基础,低于 78dB 的不予考虑,则 1d 的 A 等效连续声级可由下式近似计算:

$$L_n = 80 + 10\lg \frac{\sum_{i=1}^{n} 10^{\frac{n-1}{2}} \cdot T_n}{480}$$

(二)工厂企业厂界噪声测量方法

我国颁布有《工业企业厂界噪声排放标准》(GB 12348—2008)。按照规定,工业企业边界噪声测量的测点应布置在法定厂界外 1m 处,传声器高度在 1.2m 以上噪声敏感处。如厂界有围墙,测点应高于围墙。若厂界与居民住宅相连,厂界噪声无法测量时,测点应选在居室中央,室内限值应比相应标准值低 10dBA,围绕厂界布点,布点数及间距视实际情况而定。在每个测点测量,计算正常工作时间内的等效声级,填入工业企业厂界噪声测量纪录表(表 7-5)。

背景噪声的声级值应比待测噪声的声级值低 10dBA 以上,若测量值与背景值小于 10dBA,按表 7-6 进行修正。

表 7-5　工业企业厂界噪声测量纪录

工厂名称	适用标准型	测量仪器	测量时间	测量人	
测量编号	主要声源	测量值		测点示意图	
		昼间	夜间		
				备注	

表 7-6　测量噪声修正值表　　　　　　　　　　　　　　　　　　单位:dBA

差值	3	4～6	7～9
修正值	－3	－2	－1

进行工业企业厂界的噪声测量时,所采用的测量仪器、测量条件等要求与城市区域环境噪声测量时基本相同。

四　机动车辆噪声测量方法

(一)机动车辆定置噪声测量

机动车辆定置噪声测量方法(GB/T 14365—2017)规定:

(1)测量场地。测量场地应为开阔的,由混凝土、沥青等坚硬材料所构成的平坦地面。其边缘距车辆外廓至少 3m。测量场地之外的较大障碍物,例如:停放的车辆、建筑物、广告牌、树木、平行的墙等距离传声器不得小于 3m。测量现场除测量人员和驾驶员外,不得有影响测量的其他人员。

(2)背景。噪声测量过程中,传声器位置处的背景噪声(包括风噪声)应比被测噪声低10dBA以上;若背景噪声比车辆噪声低 6～10dBA,测量结果应按表 7-7 进行修正,即从测量结果中减去修正值;若差值小于 6dBA,则测量无效。

表 7-7　背景噪声修正值　　　　　　　　　　　　　　　　　　单位:dBA

测量噪声与背景噪声差值	6～8	9～10	＞10
修正值	1.0	0.5	0

（3）风速。风速超过 2m/s 时，声级计应使用防风罩，同时注意阵风对测量的影响。风速大于 5m/s 时，测量无效。

（4）测量仪器。测量时使用声级计的 A 计权，快挡。测量前后，仪器应按规定进行校准，两次校准值相差不应超过 1dB。

（5）车辆位置与状态。车辆位于场地的中央，变速器挂空挡，拉紧手制动器，离合器结合。没有空挡位置的摩托车，其后轮应架空。发动机机罩、车窗与车门应关上。车辆的空调器及其他辅助装置应关闭。

（6）测量次数。每个测点重复进行试验，直到连续三个读数的变化范围在 2dB 之内为止，并取其平均值作为测量结果。

（7）排气。噪声测量传声器与排气口等高，在任何情况下距地面不得小于 0.2m。传声器的参考轴应与地面平行，并和通过排气口气流方向且垂直地面的平面成 $45°\pm10°$ 的夹角。传声器朝向排气口，距排气口 0.5m，置于车辆外侧。排气管垂直向上的车辆，传声器放置高度应与排气管口等高，传声器朝上，其参考轴应垂直地面，传声器放在离排气管较近的车辆一侧，并距排气口端 0.5m。车辆由于设计原因不能满足规定条件时，应画出测点图，并标注传声器位置。

（8）发动机。噪声测量传声器放置高度距地面 0.5m，距车辆外廓 0.5m，传声器参考轴平行于地面，垂直平面的位置取决于发动机的位置。测量时，发动机从怠速尽可能快速地加速到一定的转速，测量由怠速加速到稳定转速过程的噪声，然后记录最高声级。

（9）测量数据记录于表 7-8、表 7-9、表 7-10。

表 7-8　机动车辆定置噪声测量纪录表

车辆单位		测量地点	
车辆牌照号		地面状况	
车辆型号		风速 $v/(m/s)$	
发动机型号		背景噪声，$L_{PA}/dB(A)$	
额定功率/kW		背景噪声修正值，$\Delta L_P/dB$	
额定转速 $n_r/(r/min)$		不规则测点图：	
测量转速 $n/(r/min)$			
测量仪器型号			

表 7-9　排气噪声测量结果

测量次数	1	2	3	4
声级，$L_{PA}/dB(A)$				

表 7-10　发动机噪声测量结果

测量次数	1	2	3	4
声级，$L_{PA}/dB(A)$				

(二)机动车辆行驶条件下噪声测量

机动车行驶条件下,噪声测量分为加速行驶测量和匀速行驶测量,并以最大值为测量结果。只取两种测量的任何一个都不具有代表性。

(1)测量场地:测量场地应平坦、空旷、干燥,在测试中心50m半径内不应有大的反射物,如建筑物、围墙等。测试场地应有100m以上平直的沥青路或混凝土路面,路面坡度不大于0.5%,不应有任何吸声材料(如积雪、松土等)。

(2)背景噪声:背景噪声(含风噪声)应至少比所测车辆噪声低10dB。为避免风噪声的干扰,可在传声器上戴防风罩。声级计旁除测量者外,不应有其他人员。

(3)车辆状态:被测车辆不载重,测量时发动机应处于正常使用温度,若车辆带有其他辅助设备亦为噪声源时,测量时应与正常使用情况一样开启或关闭。车辆用直接挡位,油门保持稳定,以50km/h的车速前进。测量加速行驶噪声时,其挡位为:四挡以上的车辆用三挡,四挡及以下的用第二挡。发动机转速为发动机额定转速的3/4。从车辆前端到达始端线,立即将油门踏板踏到底直线加速行驶。车辆后端达到终端线立即停止加速。要求被测车辆在后半区域发动机到达最高转速。

(4)测点位置:传声器距地面高度1.2m,距中心线7.5m,两侧各设一测量点。

(5)测量仪器及读数:测量时使用声级计的A计权,快挡。读取车辆驶过时声级计纪录的最大读数,车辆往返各测量一次,车辆同侧两次测定结果相差不应超过2dB,在另一侧进行同样测定。将测量结果记入表7-11中。

表7-11　机动车行驶条件下噪声测量纪录表

测量日期	出厂日期
测量地点	额定载客(重)量
路面状况	发动机额定转数
测量仪器	前进挡数
背景噪声	加速起始发动机转数
车辆牌照号	匀速行驶车速
车辆型号	行驶里程

	测量位置	次数	噪声级 L_{PA}/dB(A)	平均值 L_{PA}/dB(A)
加速行驶匀速行驶	左侧	1		
		2		
	右侧	1		
		2		
	左侧	1		
		2		
	右侧	1		
		2		

五　机场周围飞机噪声测量方法

机场周围飞机噪声测量方法(GB 9661—88)包括精密测量和简易测量。精密测量需要做时间函数的频谱分析,简易测量只需经频率计权的测量,现介绍简易测量方法。

测量条件:气候条件为无雨、无雪,地面上 10m 高处的风速不大于 5m/s,相对湿度不应超过 90%,不应小于 30%。

传声器位置:测量传声器应安装在开阔平坦的地方,高于此地面 1.2m,离其他反射壁面 1m 以上,注意避开高压电线和大型变压器。所有测量都应使传声器膜片基本位于飞机标称飞行航线和测点所确定的平面内,即是掠入射。

在机场的近处应当使用声压型传声器,其频率响应的平直部分要达到 10kHz。要求测量的飞机噪声级最大值至少超过环境背景噪声级 20dB,测量结果才被认为可靠。

表 7-12　机场周围飞机噪声测量记录表

测点编号_____　　测点位置_____　　环境背景噪声_____dB

测量日期____年____月___日　　监测人_____

气象条件:气温_____℃　　湿度_____%　　风向_____　　风速_____m/s

测量仪器:名称_____　　型号_____　　备注_____

监测时间 时分秒	飞行状态 起降	飞机型号	L_{Amax} /dB	持续时间 /s	L'_{Amax} /dB	L_{EPN} /dB	备注

注:风速指 10m 高处风速。

测量仪器:精度不低于 2 型的声级计或机场噪声监测系统及其他适当仪器。声级计的性能要符合 GB 3785 的规定。测量录音机及其他仪器的性能参照 IEC 561 有关规定。

声级计接声级记录器,或用声级计和测量录音机。读 A 声级或 D 声级最大值,记录飞行时间、状态、机型等测量条件。读取一次飞行过程的 A 声级最大值,一般用慢响应。在飞机低空高速通过及离跑道近处的测量点用快响应。当用声级计输出与声级记录器连接时,记录器的笔速对应于声级计上的慢响应为 16mm/s,快响应为 100mm/s。在记录纸上要注明所用纸速、飞行时间、状态和机型。没有声级记录器时可用录音机录下飞行信号的时间历程,并在录音带上说明飞行时间、状态、机型等测量条件,然后在实验室进行信号回放分析。

练习题

一、名词解释

噪声、声压、分贝、等响曲线、响度、计权网络、等效连续声级、声级计

二、问答题

1. 道路交通噪声测点的布点有哪些要求？

2. 声级计按表头响应灵敏度可分为几种？有什么不同的应用？

3. 根据《工业企业厂界噪声排放标准》(GB 12348—2008)规定,工业企业边界噪声测量的测点布点有什么要求？

4. 测量噪声时对环境的要求有哪些？

5. 简述声级计的工作原理及相关情况。

6. 用"分贝"表示声学量有什么好处？

能力拓展一　道路交通噪声监测

【项目所需时间】

2 学时。

【实验原理】

环境交通噪声是随时间而起伏的无规则噪声,本实验中采用等效连续声级及累计百分数声级对测量的噪声进行客观量度。

【实验目的】

1. 掌握城市道路交通噪声监测布点的要求。

2. 掌握对噪声监测数据的统计及评价方法。

3. 熟悉声级计的各种按键的用途。

【实验时间】

90min。

【实验准备】

仪器准备：
精度为 2 型及 2 型以上的积分平均声级计或环境噪声自动监测仪器 1 台。

【实验内容】

1. 布点

在每两个交通路口之间的交通线上选择一个测点，测点设在马路边的人行道上，离马路 20cm，这样的点可代表两个路口之间的该段道路的交通噪声。

2. 测量

一般在白天正常工作时间内进行测量。每隔 5 秒记一个瞬时 A 声级（慢响应），连续记录 200 个数据。测量的同时记录车流量（辆/h）。

3. 数据处理

测量结果一般用统计噪声级和等效连续 A 声级来表示。将每个测点所测得的 200 个数据按从大到小顺序排列，第 20 个数据即为 L_{10}，第 100 个数据即为 L_{50}，第 180 个数据即为 L_{90}。经验证明城市交通噪声测量值基本符合正态分布，因此，可直接用近似公式计算等效连续 A 声级和标准偏差值。

【实验流程图】

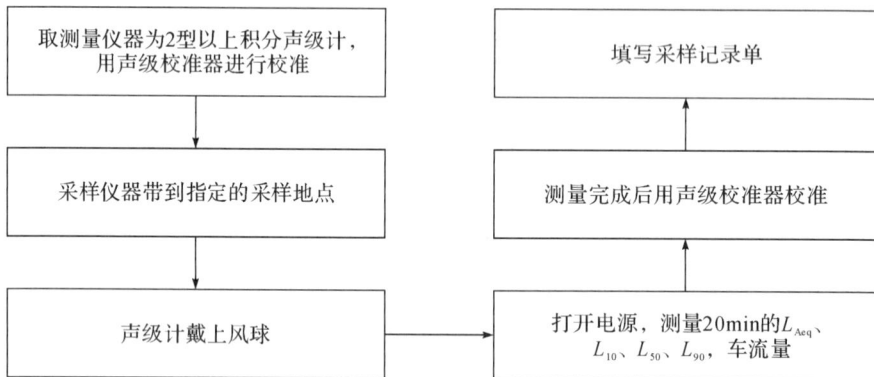

【仪器使用示意图】

见图 7-7 和图 7-8。

图 7-7　道路噪声监测(一)

图 7-8　道路噪声监测(二)

【实验注意事项】

1.测量时一般应选在无雨、无雪时(特殊情况除外)进行,当风速超过 5.5m/s 时,停止测量。测量时传声器应加风罩以避免风噪声干扰,同时也可保持传声器清洁。

2.群众出于好奇围观噪声仪,并发出询问或议论声,由此造成测量值偏高。此时应暂停监测,劝群众离开后,再行监测。

3.本底噪声(包括风噪声)应比所测车辆噪声至少低 10dB,并保证测量不被偶然的其他声源所干扰。注:本底噪声系指测量对象噪声不存在时,周围环境的噪声。

【实验安全】

1.交通安全:在路途中遵守交通规则,不能打闹。

2.采样现场安全:应有纪律、有秩序完成实验,注意现场危险因素。

【思考题】

1.在某条道路三个路段测量其交通噪声的等效声级,已知各路段的长度分别为 7600m、800m 和 900m,对应路段的声级为 76dB、72dB、67dB,试求整条道路的等效声级。

2.在无机动车辆通过时,监测点处的本底噪声约为多少?

实验记录

道路噪声监测记录表

被测路段			
检测方法依据		校准器及编号	
测试仪器及编号		校准器声级值	

续表

监测时间			测量前校准值	
噪声来源			测量后校准值	
天气状况			风速（m/s）	

<table>
<tr><td rowspan="2">测点示意图</td><td colspan="4"></td></tr>
<tr><td></td><td></td><td></td><td></td></tr>
</table>

测点编号	测点位置	声源类型 （稳态或非稳态）	测量值 L_{Aeq}/dB	大车	小车

实验评分标准

序号	考核项目	考核内容	分值	分配	评分标准	扣分
1	实验准备	仪器的选择	15	5	是否选择精度为 2 级以上的积分声级计	
		仪器的校正		10	对仪器正确进行校正，校正器使用正确，校正步骤正确，判断仪器校正情况正确	
2	实验过程	监测条件的确定	45	5	正确记录大气压和气温	
				5	正确确定合适的气候条件	
				5	正确设计监测点位	
		声级计使用		5	将声级计正确安装到支架上	
				5	正确设置时间计权网络	
				5	正确设置频率计权网络	
				5	正确设置监测时间	
				5	使用完后能调出，并打印数据	
				5	完成后，对声级计再次校正	

续表

序号	考核项目	考核内容	分值	分配	评分标准	扣分
3	实验数据结果	原始记录	25	10	正确使用计量单位,数据没有空项,数据没有涂改	
		样品结果计算		10	样品结果计算正确	
		有效数字		5	正确保留有效数字	
4	结束工作	整理	10	5	清洗、整理实验用仪器和台面	
		文明操作		5	无器皿破损、无仪器损坏	
5	实验时间		5	5	在规定时间内完成	

能力拓展二　固定污染源噪声监测

【项目所需时间】

2学时。

【实验原理】

通过声级计,对工业生产活动中使用固定设备等产生的、在厂界处进行测量和控制的干扰周围生活环境的声音进行客观量度。

环节一　工厂企业厂界噪声测量

【实验目的】

1.掌握企业厂界噪声监测布点要求。

2.掌握对噪声监测数据的统计及评价方法。

3.熟悉声级计的各种按键的用途。

【实验时间】

90min。

【实验准备】

仪器准备:

精度为2型及2型以上的积分平均声级计或环境噪声自动监测仪器1台。

【实验内容】

1. 布点

布置在法定厂界外 1m 处,传声器高度在 1.2m 以上,距任一反射面距离不小于 1m 的噪声敏感处。如厂界有围墙,测点应高于围墙 0.5m 以上。其中包括距噪声敏感建筑物较近以及受被测声源影响大的位置。

2. 测量

分别在昼间、夜间两个时段测量。夜间有频发、偶发噪声影响时同时测量最大声级。被测声源是稳态噪声,采用 1min 的等效声级。被测声源是非稳态噪声,测量被测声源有代表性时段的等效声级,必要时测量被测声源整个正常工作时段的等效声级。

3. 数据处理

各个测点的测量结果应单独评价。同一测点每天的测量结果按昼间、夜间进行评价。

【实验流程图】

```
┌────────────────────────┐        ┌────────────────────────┐
│ 取测量仪器为2型以上积分声级计, │        │     填写采样记录单      │
│   用声级校准器进行校准   │        └────────────────────────┘
└────────────────────────┘                     ↑
            ↓                       ┌────────────────────────┐
┌────────────────────────┐        │  测量完成后用声级校准器校准  │
│   采样仪器带到指定的采样地点  │        └────────────────────────┘
└────────────────────────┘                     ↑
            ↓                       ┌────────────────────────┐
┌────────────────────────┐        │  打开电源,测量有代表性    │
│      声级计戴上风球      │ ─────→ │     时段的等效声级      │
└────────────────────────┘        └────────────────────────┘
```

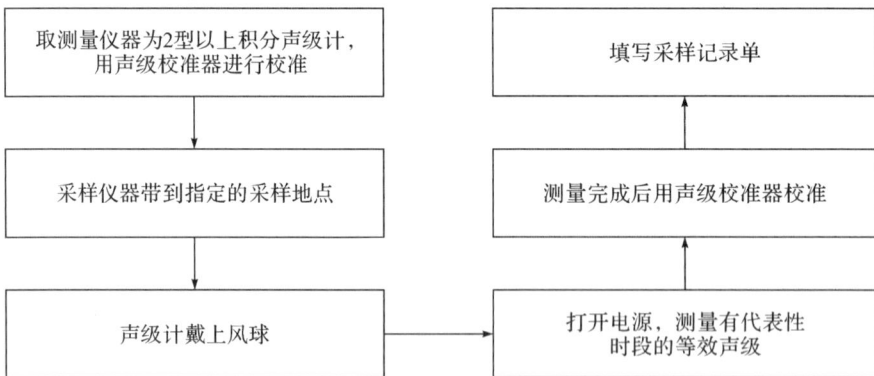

【仪器使用示意图】

图 7-9　固定污染源噪声监测

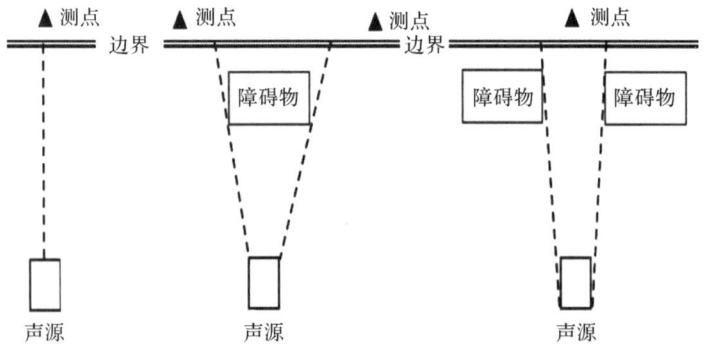

图 7-10　固定污染源噪声监测(避开障碍物)

【实验注意事项】

1.若厂界与居民住宅相连,厂界噪声无法测量时,测点应选在居室中央,室内限值应比相应标准值低 10dBA,围绕界布点,布点数及间距视实际情况而定。

2.背景噪声测量环境是不受被测声源影响且其他声环境与测量被测声源时保持一致的。

3.背景噪声的声级值应比待测噪声的声级值低 10dBA 以上,若测量值与背景值小于10dBA,按表 7-13 进行修正。

表 7-13　测量噪声修正值表　　　　　单位:dBA

差值	3	4～6	7～9
修正值	−3	−2	−1

【实验安全】

1.交通安全:在路途中遵守交通规则,不能打闹。

2.采样现场安全:应有纪律、有秩序完成实验,注意现场危险因素。

【思考题】

噪声源噪声的测量条件之一是本底噪声应低于所测噪声多少以上,否则应进行修正?

实验记录

工业企业噪声监测记录表

工厂名称			
检测方法依据		校准器及编号	
测试仪器及编号		校准器声级值	
监测时间		测量前校准值	
噪声来源		测量后校准值	
天气状况		风速（m/s）	
测点示意图			

续表 工业企业噪声监测记录表

测点编号	声源类型	测得数据 L_{Aeq}/dB	
		昼间	夜间

实验评分标准

序号	考核项目	考核内容	分值	分配	评分标准	扣分
1	实验准备	仪器的选择	15	5	是否选择精度为 2 级以上的积分声级计	
		仪器的校正		10	对仪器正确进行校正,校正器使用正确,校正步骤正确,判断仪器校正情况正确	
2	实验过程	监测条件的确定	45	5	正确记录大气压和气温	
				5	正确确定合适的气候条件	
				5	正确设计监测点位	
		声级计使用		5	将声级计正确安装到支架上	
				5	正确设置时间计权网络	
				5	正确设置频率计权网络	
				5	正确设置监测时间	
				5	使用完后能调出,并打印数据	
				5	完成后,对声级计再次校正	
3	实验数据结果	原始记录	25	10	正确使用计量单位,数据没有空项,数据没有涂改	
		样品结果计算		10	样品结果计算正确	
		有效数字		5	正确保留有效数字	
4	结束工作	整理	10	5	清洗、整理实验用仪器和台面	
		文明操作		5	无器皿破损、无仪器损坏	
5	实验时间		5	5	在规定时间内完成	

附　录

表 1　地表水环境质量标准基本项目标准限值　　　　　　　　　　　　　　　　单位:mg/L

序号	项目		I 类	II 类	III 类	IV 类	V 类
1	水温（℃）		人为造成的环境水温变化应限制在: 周平均最大温升≤1 周平均最大温降≤2				
2	pH 值(无量纲)		6～9				
3	溶解氧	≥	饱和率90％ （或 7.5）	6	5	3	2
4	高锰酸盐指数	≤	2	4	6	10	15
5	化学需氧量(COD)	≤	15	15	20	30	40
6	五日生化需氧量(BOD$_5$)	≤	3	3	4	6	10
7	氨氮(NH$_3$—N)	≤	0.15	0.5	1.0	1.5	2.0
8	总磷(以 P 计)	≤	0.02 (湖、库 0.01)	0.1 (湖、库 0.025)	0.2 (湖、库 0.05)	0.3 (湖、库 0.1)	0.4 (湖、库 0.2)
9	总氮(湖、库.以 N 计)	≤	0.2	0.5	1.0	1.5	2.0
10	铜	≤	0.01	1.0	1.0	1.0	1.0
11	锌	≤	0.05	1.0	1.0	2.0	2.0
12	氟化物(以 F$^-$计)	≤	1.0	1.0	1.0	1.5	1.5
13	硒	≤	0.01	0.01	0.01	0.02	0.02
14	砷	≤	0.05	0.05	0.05	0.1	0.1
15	汞	≤	0.00005	0.00005	0.0001	0.001	0.001
16	镉	≤	0.001	0.005	0.005	0.005	0.01
17	铬(六价)	≤	0.01	0.05	0.05	0.05	0.1
18	铅	≤	0.01	0.01	0.05	0.05	0.1

续表

序号	项目		I 类	II 类	III 类	IV 类	V 类
19	氰化物	≤	0.005	0.05	0.02	0.2	0.2
20	挥发酚	≤	0.002	0.002	0.005	0.01	0.1
21	石油类	≤	0.05	0.05	0.05	0.5	1.0
22	阴离子表面活性剂	≤	0.2	0.2	0.2	0.3	0.3
23	硫化物	≤	0.05	0.1	0.2	0.5	1.0
24	粪大肠菌群(个/L)	≤	200	2000	10000	20000	40000

表2　集中式生活饮用水地表水源地补充项目标准限值　　　　　单位:mg/L

序号	项目	标准值
1	硫酸盐(以 SO_4^{2-} 计)	250
2	氯化物(以 Cl^- 计)	250
3	硝酸盐(以 N 计)	10
4	铁	0.3
5	锰	0.1

表3　集中式生活饮用水地表水源地特定项目标准限值　　　　　单位:mg/L

序号	项目	标准值	序号	项目	标准值
1	三氯甲烷	0.06	41	丙烯酰胺	0.0005
2	四氯化碳	0.002	42	丙烯腈	0.1
3	三溴甲烷	0.1	43	邻苯二甲酸二丁酯	0.003
4	二氯甲烷	0.02	44	邻苯二甲酸二(2-乙基己基)酯	0.008
5	1,2-二氯乙烷	0.03	45	水合肼	0.01
6	环氧氯丙烷	0.02	46	四乙基铅	0.0001
7	氯乙烯	0.005	47	吡啶	0.2
8	1,1-二氯乙烯	0.03	48	松节油	0.2
9	1,2-二氯乙烯	0.05	49	苦味酸	0.5
10	三氯乙烯	0.07	50	丁基黄原酸	0.005
11	四氯乙烯	0.04	51	活性氯	0.01

序号	项目	标准值	序号	项目	标准值
12	氯丁二烯	0.002	52	滴滴涕	0.001
13	六氯丁二烯	0.0006	53	林丹	0.002
14	苯乙烯	0.02	54	环氧七氯	0.0002
15	甲醛	0.9	55	对硫磷	0.003
16	乙醛	0.05	56	甲基对硫磷	0.002
17	丙烯醛	0.1	57	马拉硫磷	0.05
18	三氯乙醛	0.01	58	乐果	0.08
19	苯	0.01	59	敌敌畏	0.05
20	甲苯	0.7	60	敌百虫	0.05
21	乙苯	0.3	61	内吸磷	0.03
22	二甲苯①	0.5	62	百菌清	0.01
23	异丙苯	0.25	63	甲萘威	0.05
24	氯苯	0.3	64	溴氰菊酯	0.02
25	1,2-二氯苯	1.0	65	阿特拉津	0.003
26	1,4-二氯苯	0.3	66	苯并[a]芘	$2.8*10^{-6}$
27	三氯苯②	0.02	67	甲基汞	$1.0*10^{-6}$
28	四氯苯③	0.02	68	多氯联苯⑥	$2.0*10^{-5}$
29	六氯苯	0.05	69	微囊藻毒素-ＬＲ	0.001
30	硝基苯	0.017	70	黄磷	0.003
31	二硝基苯④	0.5	71	钼	0.07
32	2,4-二硝基甲苯	0.0003	72	钴	1.0
33	2,4,6-三硝基甲苯	0.5	73	铍	0.002
34	硝基氯苯⑤	0.05	74	硼	0.5
35	2,4-二硝基氯苯	0.5	75	锑	0.005
36	2,4-一氯苯酚	0.093	76	镍	0.02
37	2,4,6-三氯苯酚	0.2	77	钡	0.7

续表

序号	项目	标准值	序号	项目	标准值
38	五氯酚	0.009	78	钒	0.05
39	苯胺	0.1	79	钛	0.1
40	联苯胺	0.0002	80	铊	0.0001

注:①二甲苯:指对-二甲苯、间-二甲苯、邻-二甲苯。

②三氯苯:指1,2,3-三氯苯、1,2,4-三氯苯、1,3,5-三氯苯。

③四氯苯:指1,2,3,4-四氯苯、1,2,3,5-四氯苯、1,2,4,5-四氯苯。

④二硝基苯:指对-二硝基苯、间-二硝基苯、邻-二硝基苯。

⑤硝基氯苯:指对-硝基氯苯、间-硝基氯苯、邻-硝基氯苯。

⑥多氯联苯:指 PCB-1016、PCB-1221、PCB-1232、PCB-1242、PCB-1248、PCB-1254、PCB-1260。

表 4 生活饮用水水质常规检验项目及限值

项目	限值
感官性状和一般化学指标	
色	色度不超过 15 度
浑浊度	不超过 1 度(NTU)
臭和味	不得有异臭、异味
肉眼可见物	不得含有
pH	6.5~8.5
总硬度(以 $CaCO_3$ 计)	450(mg/L)
铝	0.2(mg/L)
铁	0.3(mg/L)
锰	0.1(mg/L)
铜	1.0(mg/L)
锌	1.0(mg/L)
硫酸盐	250(mg/L)
氯化物	250(mg/L)
溶解性总固体	1000(mg/L)
高锰酸盐指数(以 O_2 计)	3(mg/L)
毒理学指标	
砷	0.05(mg/L)

项目	限值
镉	0.005(nlg/L)
铬(六价)	0.05(mg/L)
氰化物	0.05(mg/L)
氟化物	1.0(mg/L)
铅	0.01(mg/L)
汞	0.001(mg/L)
硝酸盐(以 N 计)	10(mg/L)
三氯甲烷	0.06(mg/L)
一氯二溴甲烷	0.1(mg/L)
二氯一溴甲烷	0.06(mg/L)
三溴甲烷	0.1(mg/L)
三卤甲烷(三氯甲烷、一氯二溴甲烷、二氯一溴甲烷和三溴甲烷的总和)	该类化合物的浓度与其限值的比值之和不能超过 1
二氯乙酸	0.05(mg/L)
三氯乙酸	0.1(mg/L)
溴酸盐	0.01(mg/L)
亚氯酸盐	0.7(mg/L)
氯酸盐	0.7(mg/L)
细菌学指标	
细菌总数	100(CFU/ml)
总大肠菌群	每 100ml 水样中不得检出
粪大肠菌群	每 100ml 水样中不得检出
放射性指标	
总 α 放射性	0.5(Bq/L)
总 β 放射性	1(Bq/L)

注:①表中 NTU 为散射浊度单位。②特殊情况包括水源限制等情况。③CFU 为菌落形成单位。④放射性指标规定数值不是限值,而是参考水平。放射性指标超过规定的数值时,必须进行核素分析和评价,以决定能否饮用。

表5 空气质量标准中污染物基本项目浓度限值

序号	污染物项目	平均时间	浓度限值		单位
			一级	二级	
1	二氧化硫 （SO₂）	年平均	20	60	μg/m³
		24 小时平均	50	150	
		1 小时平均	150	500	
2	二氧化氮 （NO₂）	年平均	40	40	
		24 小时平均	80	80	
		1 小时平均	200	200	
3	一氧化碳 （CO）	24 小时平均	4.0	4.0	mg/m³
		1 小时平均	10.0	10.0	
4	臭氧（O₃）	日最大 8 小时平均	100	160	
		1 小时平均	160	200	
5	可吸入颗粒物 （PM10）	年平均	40	70	μg/m³
		24 小时平均	50	150	
6	细颗粒物（PM2.5）	年平均	15	35	
		24 小时平均	35	75	

表6 室内空气质量标准

序号	参数类别	参数	单位	标准值	备注
1	物理性	温度	℃	22～28	夏季空调
				16～24	冬季采暖
2		相对湿度	%	40～80	夏季空调
				30～60	冬季采暖
3		空气流速	m/s	0.3	夏季空调
				0.2	冬季采暖
4		新风量	m³/h·p	30	

续表

序号	参数类别	参数	单位	标准值	备注
5		二氧化硫 SO_2	mg/m3	0.50	1 小时均值
6		二氧化氮 NO_2	mg/m³	0.20	1 小时均值
7		一氧化碳 CO	mg/m³	10	1 小时均值
8		二氧化碳 CO_2	%[a]	0.10	1 小时均值
9		氨 NH_3	mg/m³	0.20	1 小时均值
10		臭氧 O_3	mg/m³	0.16	1 小时均值
11		甲醛 HCHO	mg/m³	0.08	1 小时均值
12	化学性	苯 C_6H_6	mg/m³	0.03	1 小时均值
13		甲苯 C_7H_8	mg/m³	0.20	1 小时均值
14		二甲苯 C_8H_{10}	mg/m³	0.20	1 小时均值
15		总挥发性有机物 TVOC	mg/m³	0.60	8 小时均值
16		三氯乙烯 C_2HCl_3	mg/m³	0.006	8 小时均值
17		四氯乙烯 C_2Cl_4	mg/m³	0.12	8 小时均值
18		苯并[a]芘 B(a)P	mg/m³	1.0	日平均值
19		可吸入颗粒 PM10	mg/m³	0.10	日平均值
20		细颗粒物	mg/m³	0.05	日平均值
21	放射性	氡 222Rn	Bq/m³	300	年平均值（参考水平[b]）
22	生物性	菌落总数	cfu/m³	1500	

a 体积分数；

b 达到此水平建议采取干预行动以降低室内氡浓度。

表 7　环境噪声限值　　　　　　　　　　　　　　　　　单位:dB(A)

声环境功能类别		昼间	夜间
0		50	40
1		55	45
2		60	50
3		65	55
4	4a	70	55
	4b	70	60

表 8　城镇污水排放基本控制项目最高允许排放浓度(日均值)　　　单位 mg/L

序号	基本控制项目		一级标准		二级标准	三级标准
			A 标准	B 标准		
1	化学需氧量(COD)		50	60	100	120①
2	生化需氧量(BOD₅)		10	20	30	60①
3	悬浮物(SS)		10	20	30	50
4	动植物油		1	3	5	20
5	石油类		1	3	5	15
6	阴离子表面活性剂		0.5	1	2	5
7	总氮(以 N 计)		15	20	—	
8	氨氮(以 N 计)②		5(8)	8(15)	25(30)	—
9	总磷(以 P 计)	2005 年 12 月 31 日前建设的	1	1.5	3	5
		2006 年 1 月 1 日起建设的	0.5	1	3	5
10	色度(稀释倍数)		30	30	40	50
11	pH		6—9			
12	粪大肠菌群数(个/L)		10³	10⁴	10⁴	—

注:①下列情况下按去除率指标执行:当进水 COD 大于 350mg/L 时,去除率应大于 60%;BOD 大于 160mg/L 时,去除率应大于 50%。

②括号外数值为水温＞120℃时的控制指标,括号内数值为水温≤120℃时的控制指标。

表 9　工业企业厂界环境噪声排放限值　　　单位:dB(A)

边界处声环境功能区类型	时段	
	昼间	夜间
0	50	40
1	55	45
2	60	50
3	65	55
4	70	55

表 10　结构传播固定设备室内噪声排放限值(等效声级)　　　单位:dB(A)

房间类型时段噪声敏感建筑物环境所处功能区类别	A 类房间		B 类房间	
	昼间	夜间	昼间	夜间
0	40	30	40	30

续表

房间类型时段噪声敏感建筑物环境所处功能区类别	A 类房间		B 类房间	
	昼间	夜间	昼间	夜间
1	40	30	45	35
2.3.4	45	35	50	40

说明:A 类房间是指以睡眠为主要目的,需要保证夜间安静的房间。包括住宅卧室、医院病房、宾馆客房等 B 类房间是指主要在昼间使用,需要保证思考与精神集中、正常讲话不被干扰的房间包括学校教室、办公室、住宅中卧室以外的其他房间等。

表 11　结构传播固定设备室内噪声排放限值(倍频带声压级)　　　　单位:dB

噪声敏感建筑所处声环境动能区类别	时段	房间类别/频率 Hz/倍频程中心	室内噪声倍频带声压级限值				
			31.5	63	125	250	500
0	昼间	A、B 类间	76	59	48	39	34
	夜间	A、B 类间	69	51	39	30	24
1	昼间	A 类房间	76	59	48	39	34
		B 类房间	79	63	52	44	38
	夜间	A 类房间	69	51	39	30	24
		B 类房间	72	55	43	35	29
2、3、4	昼间	A 类房间	79	63	52	44	38
		B 类房间	82	67	56	49	34
	夜间	A 类房间	72	55	43	35	29
		B 类房间	76	59	48	39	34

表 12　社会生活噪声排放源边界噪声排放限值　　　　单位:dB(A)

时段功能区类别	昼间	夜间
0	50	40
1	55	45
2	60	50
3	65	55
4	70	55

表 13　建筑施工场界环境噪声排放限值　　　　单位:dB(A)

昼间	70
夜间	55

参考书目

[1]环境保护部.HJ 478—2009 水质多环芳烃的测定液液萃取和固相萃取高效液相色谱法[S].北京:中国环境科学出版社,2010.

[2]环境保护部.HJ 479—2009 环境空气氮氧化物(一氧化氮和二氧化氮)的测定盐酸萘乙二胺分光光度法[S].北京:中国环境科学出版社,2009.

[3]环境保护部.HJ 482—2009 环境空气二氧化硫的测定甲醛吸收-副玫瑰苯胺分光光度法[S].北京:中国环境科学出版社,2009.

[4]环境保护部.HJ 484—2009 水质氰化物的测定容量法和分光光度法[S].北京:中国环境科学出版社,2010.

[5]环境保护部.HJ 505—2009 水质五日生化需氧量(BOD5)的测定稀释与接种法[S].北京:中国环境科学出版社,2009.

[6]环境保护部.HJ 587—2010 水质阿特拉津的测定高效液相色谱法[S].北京:中国环境出版社,2010.

[7]环境保护部.HJ 597—2011 水质总汞的测定冷原子吸收分光光度法[S].北京:中国环境科学出版社,2011.

[8]环境保护部.HJ 604—2017 环境空气总烃、甲烷和非甲烷总烃的测定[S].北京:中国环境出版社,2017.

[9]环境保护部.HJ834—2017 土壤和沉积物半挥发性有机物的测定气相色谱质谱法[S].北京:中国环境科学出版社,2017.

[10]环境保护部.GB 3096—2008 声环境质量标准[S].北京:中国环境科学出版社,2008.

[11]国家环境保护总局.GB 7489—87 水质溶解氧的测定碘量法[S].北京:中国环境科学出版社,1987.

[12]国家环境保护总局.GB/T 11892—1989 水质高锰酸盐指数的测定[S].北京:中国环境科学出版社,1989.

[13]国家环境保护总局.GB/T 11893—1989 水质总磷的测定钼酸铵分光光度法[S].北京:中国环境科学出版社,1989.

[14]国家环境保护总局.GB/T 11896—1989 水质氯化物的测定硝酸银滴定法[S].北京:中国环境科学出版社,1989.

[15]国家环境保护总局.GB/T 11901—1989 水质悬浮物的测定重量法[S].北京:中国环境科学出版社,1989.

[16]国家环境保护总局.GB/T 11905—1989 水质钙和镁的测定原子吸收分光光度法[S].北京:中国环境科学出版社,1989.

[17]环境保护部.GB/T 12348—2008 工业企业厂界噪声排放标准[S].北京:中国环境科学出版社,2008.

[18]国家环境保护总局.GB/T 16489—1996 水质硫化物的测定亚甲基蓝分光光度法[S].北京:中国环境科学出版社,1996.

[19]国家环境保护总局.GB/T 7475—1987 水质铜、锌、铅、镉的测定原子吸收分光光度法[S].北京:中国环境科学出版社,1987.

[20]国家环境保护总局.GB/T 7494—1987 水质阴离子表面活性剂的测定亚甲蓝分光光度法[S].北京:中国环境科学出版社,1987.

[21]环境保护部.HJ 503—2009 水质 挥发酚的测定 4-氨基安替比林分光光度法[S].北京:中国环境科学出版社,2009.

[22]环境保护部.HJ 828—2017 水质 化学需氧量的测定 重铬酸盐法[S].北京:中国环境科学出版社,2017.

[23]国家环境保护总局.HJT 167—2004 室内环境空气质量监测技术规范[S].北京:中国环境科学出版社,2004.

[24]国家环境保护总局.HJT 194—2005 环境空气质量手工监测技术规范[S].北京:中国环境出版社,2005.

[25]李党生.环境监测[M].北京:化学工业出版社,2017.

[26]李广超.环境监测[M].北京:化学工业出版社,2017.

[27]李国刚.环境监测人员持证上岗考核试题集[M].北京:中国环境科学出版社,2011.

[28]刘德生.环境监测[M].北京:化学工业出版社,2008.

[29]魏复盛.空气和废气监测分析方法[M].北京:中国环境科学出版社,2006.

[30]魏复盛.水和废水监测分析方法指南[M].北京:中国环境科学出版社,1994.

[31]赵晓莉.环境监测综合实验[M].北京:气象出版社,2016.